全国大学生电子设计竞赛"十二五"规划教材

全国大学生电子设计竞赛 基于 TI 器件的模拟电路设计

黄智伟　编著

U0245924

北京航空航天大学出版社

内 容 简 介

模拟电路是电子系统的重要组成部分。本书从工程设计要求出发，以 TI 公司的模拟电路芯片为基础，图文并茂地介绍了 TI 公司的运算放大器、仪表放大器、全差动放大器、互阻抗放大器、跨导放大器、对数放大器、隔离放大器、比较器、模拟乘法器、滤波器、电压基准、模拟开关及多路复用器等模拟电路设计和制作中的一些方法和技巧，以及应该注意的问题。本书具有很好的工程性和实用性。

本书是为从事电子系统设计的工程技术人员编写的讲述模拟电路设计与制作的基本知识、方法和技巧的参考书；也可作为本科院校和高职高专院校电子信息工程、通信工程、自动化、电气工程等专业的模拟电路设计和制作的教材；还可作为全国大学生电子设计竞赛的培训教材。

图书在版编目(CIP)数据

全国大学生电子设计竞赛基于 TI 器件的模拟电路设计 / 黄智伟编著. -- 北京 ：北京航空航天大学出版社，2014.7

ISBN 978 - 7 - 5124 - 1315 - 3

Ⅰ. ①全… Ⅱ. ①黄… Ⅲ. ①模拟电路—电路设计—教材 Ⅳ. ①TN710.02

中国版本图书馆 CIP 数据核字(2013)第 274768 号

全国大学生电子设计竞赛基于 TI 器件的模拟电路设计

黄智伟　编著

责任编辑　苗长江　王　彤

*

北京航空航天大学出版社出版发行

北京市海淀区学院路 37 号(邮编 100191)　http://www.buaapress.com.cn
发行部电话:(010)82317024　传真:(010)82328026
读者信箱:emsbook@gmail.com　邮购电话:(010)82316524
北京九州迅驰传媒文化有限公司印装　各地书店经销

*

开本:710×1 000　1/16　印张:34.5　字数:735 千字
2014 年 7 月第 1 版　2021 年 1 月第 2 次印刷　印数:3 001～3 300 册
ISBN 978 - 7 - 5124 - 1315 - 3　定价:79.00 元

前 言

德州仪器（TI）是一家全球性的半导体公司，拥有超过 70 年的悠久历史，是世界一流的实时数字处理解决方案的设计商和提供商，可以提供种类齐全的创新型特色模拟芯片，以满足市场不断发展的需求。

模拟电路是电子系统的重要组成部分，作为数字与"现实世界"信号间的接口，模拟芯片在大多数电子设备中发挥着不可或缺的作用，特别是在电子系统的前端和末端。在电子系统数字化的今天，TI 的模拟芯片被广泛应用于各类电子设备中。

模拟电路在设计制作中会受到各种条件的约束和制约（如输入信号微弱、对温度敏感、易受噪声干扰等）。面对海量的技术资料，面对生产厂商可以提供的几十类、成百上千种型号的模拟电路芯片，面对数据表中的几十个参数，如何选择合适的模拟电路芯片，完成自己所需要的模拟电路设计，实际上是一件并不容易的事情。模拟电路设计已经成为电子系统设计过程中的瓶颈。对模拟电路芯片的技术参数、特点、类型、应用要求的不熟悉，是造成模拟电路设计制作困难的主要原因之一。

本书是为从事电子系统设计的工程技术人员编写的介绍模拟电路设计与制作的基本知识、方法和技巧的参考书。本书没有大量的理论介绍、公式推导和仿真分析，而是从工程设计要求出发，以 TI 公司的模拟电路芯片为基础，通过对模拟电路芯片的基本结构、技术特性、应用电路的介绍，并提供大量的、可选择的模拟电路芯片和应用电路以及 PCB 设计实例，图文并茂地说明模拟电路设计和制作中的一些方法和技巧，以及应该注意的问题。本书具有很好的工程性和实用性。

本书也可以作为本科院校和高职高专院校电子信息工程、通信工程、自动化、电气工程等专业的模拟电路设计和制作的教材，以及作为全国大学生电子设计竞赛的培训教材。

本书共分 14 章。

第 1 章 TI 公司的模拟及数/模混合器件，介绍了 TI 公司的模拟及数/模混合器件家族，TI 公司的信号链产品，TI 公司的放大器和线性器件树，设计工具与软件，技术文档，TI 放大器的命名方法等。

第 2 章 TI 的运算放大器应用电路设计基础，介绍了运算放大器的直流/交流参数模型，数据表中的绝对最大值、推荐的工作条件、电特性等运放参数，运算放大器的主要参数，一些典型的运算放大器（OP）应用电路结构，TI 的运算放大器应用电路，以及运算放大器电路设计中应注意的一些问题。

　　第3章仪表放大器电路设计,介绍了TI公司的仪表放大器产品,仪表放大器的应用模型,三运放结构的仪表放大器电路,仪表放大器应用中的误差分析,仪表放大器输入过载保护,仪表放大器输入偏置电流的接地回路,仪表放大器参考端的正确驱动,降低仪表放大器的射频干扰,以及仪表放大器应用电路。

　　第4章全差动放大器电路设计,介绍了全差动放大器模型,单端输入到差分输出电路,全差动放大器噪声模型和噪声系数,差分ADC驱动电路,差分滤波器电路,差分音频应用电路。

　　第5章互阻抗放大器电路设计,介绍了TI公司的互阻抗放大器(TIA),互阻抗放大器基础,Decompensated放大器,TIA应用电路有关参数,TIA应用中的常见问题,单位增益稳定的运放构成的互阻抗放大器电路,Decompensated放大器构成的互阻抗放大器电路,Decompensated放大器构成的其它应用电路。

　　第6章跨导放大器(OTA)电路设计,介绍了集成跨导运算放大器基础,OTA的基本电路结构,以及集成跨导运算放大器的应用电路 。

　　第7章对数放大器电路设计,介绍了对数放大器的分类和传递函数,二极管对数放大器,多级对数放大器 ,"真"对数放大器,连续检波对数放大器,以及对数放大器IC应用电路。

　　第8章隔离放大器电路设计,介绍了电路隔离的必要性,常用的电路隔离技术,隔离器的技术特性,以及隔离放大器和数字隔离器应用电路。

　　第9章比较器电路设计,介绍了单门限电压比较器和迟滞比较器的工作原理,比较器的性能指标,各种结构的比较器的选择,运算放大器用作比较器存在的一些问题,过零检测器电路设计,迟滞比较器电路设计,窗口比较器电路设计,逻辑电平转换电路设计,比较器构成的振荡器电路、锯齿波、三角波发生器电路、波形变换电路、电流检测电路、电压检测电路、温度检测与控制电路、单片机复位电路、驱动电路等。

　　第10章模拟乘法器电路设计,介绍了模拟乘法器的基本传输特性、线性与非线性特性,模拟乘法器MPY634的基本特性和应用电路形式,以及模拟乘法器应用电路。

　　第11章VFC和FVC电路设计,介绍了集成的VFC(电压－频率转换器)的工作原理,集成的VFC(电压-频率转换器)应用电路,集成的FVC(频率－电压转换器)应用电路。

　　第12章 滤波器电路设计,介绍了滤波器的基本特性、参数和类型的选择,以及利用Active Filters设计工具、利用FilterPro™滤波器设计软件和利用TINA－TI™电路仿真工具进行滤波器电路设计的方法。介绍了开关电容器的等效电阻、IC的内部结构和特性,以及开关电容滤波器IC应用电路。介绍了通用有源滤波器IC及应用电路,利用数字电位器和运算放大器实现数控的低通滤波器。

　　第13章电压基准电路设计,介绍了电压基准源选择的一些基本考虑,串联型或并联型电压基准的选择,并联型电压基准应用电路,串联型电压基准应用电路,电流源应用电路,通过调节电压基准来增加 ADC 的精度和分辨率等。

第 14 章模拟开关及多路复用器电路设计,介绍了模拟开关模型,影响模拟开关直流、交流性能的一些参数,模拟开关应用时应注意的一些问题,TI 的模拟开关和多路复用器选择树,模拟开关和多路复用器应用电路。

本书在编写过程中,参考了大量的国内外著作和文献资料,引用了一些国内外著作和文献资料中的经典结论,参考并引用了 Texas Instruments、Analog Devices、Maxim、Microchip Technology、Linear Technology、National Semiconductor 等公司提供的技术资料和应用笔记,得到了许多专家和学者的大力支持,听取了多方面的意见和建议。李富英高级工程师对本书进行了审阅,南华大学陈文光教授、王彦教授、朱卫华副教授、李圣副教授、任红炎、袁清、刘光达、刘鹏程、刘峰、胡孝平、彭坤、葛厚洋、刘广、胡景文、蒋万辉、杨福光、王希勤、徐花平、安庆隆、王守超、蒋智、王利、丑佳文、马宇辉、李彬鸿、邓松波、周斌、曾智、刘业、杨威、郝沛、戴宇明、邵卫龙、陈星源、袁帅春等人为本书的编写也做了大量的工作,在此一并表示衷心的感谢。同时感谢"国家级大学生创新创业训练计划项目"(201210555009)课题组,湖南省普通高等院校教学改革研究项目(20120216)课题组,湖南省大学生研究性学习与创新性实验计划项目(201209)课题组,对本书编写所做的大量工作和给予的支持。

由于水平有限,不足之处在所难免,敬请各位读者批评斧正。

黄智伟于南华大学

2014 年 5 月

目　　录

全国大学生电子设计竞赛基于 TI 器件的模拟电路设计

全国大学生电子设计竞赛基于 TI 器件的模拟电路设计

第 **1** 章

TI 的模拟及数/模混合器件

1.1 TI 公司的模拟及数/模混合器件家族

德州仪器公司(TI,Texas Instruments Incorporated)有着历史悠久的模拟器件设计和生产历史,其数字信号处理和模拟技术全球领先,其产品标准化程度高、规格齐全、技术先进、质量可靠、性能优异且性价比高,而且不断推陈出新。打开 TI 公司的主页(www.ti.com.cn),可以看到,TI 公司可以提供如下系列产品:

- 放大器和线性器件;
- 音频;
- 宽带 RF/IF 和数字音频广播;
- 时钟和计时器;
- 数据转换器;
- DLP 和微机电系统(MEMS);
- 高可靠性产品;
- 接口;
- 逻辑;
- 电源管理;
- 处理器:ARM 处理器,数字信号处理器(DSP),微控制器(MCU),OMAP 应用处理器;
- 模拟开关和多路复用器;
- 温度传感器与控制 IC;
- 无线连接。

单击这些选项,可以进入该类型产品树(系列),可以进一步选择自己所需要的产品。例如,TI 的数据转换器选择树如图 1.1.1 所示,RF(射频)数据转换器选择树如图 1.1.2 所示。

如图 1.1.3 所示,TI 公司的这些产品可以按照"信号的获取"、"信号的预处理"、"信号的数字化"、"数字信号处理"、"信号的后处理"以及"信号执行"进行分类[1,2]。

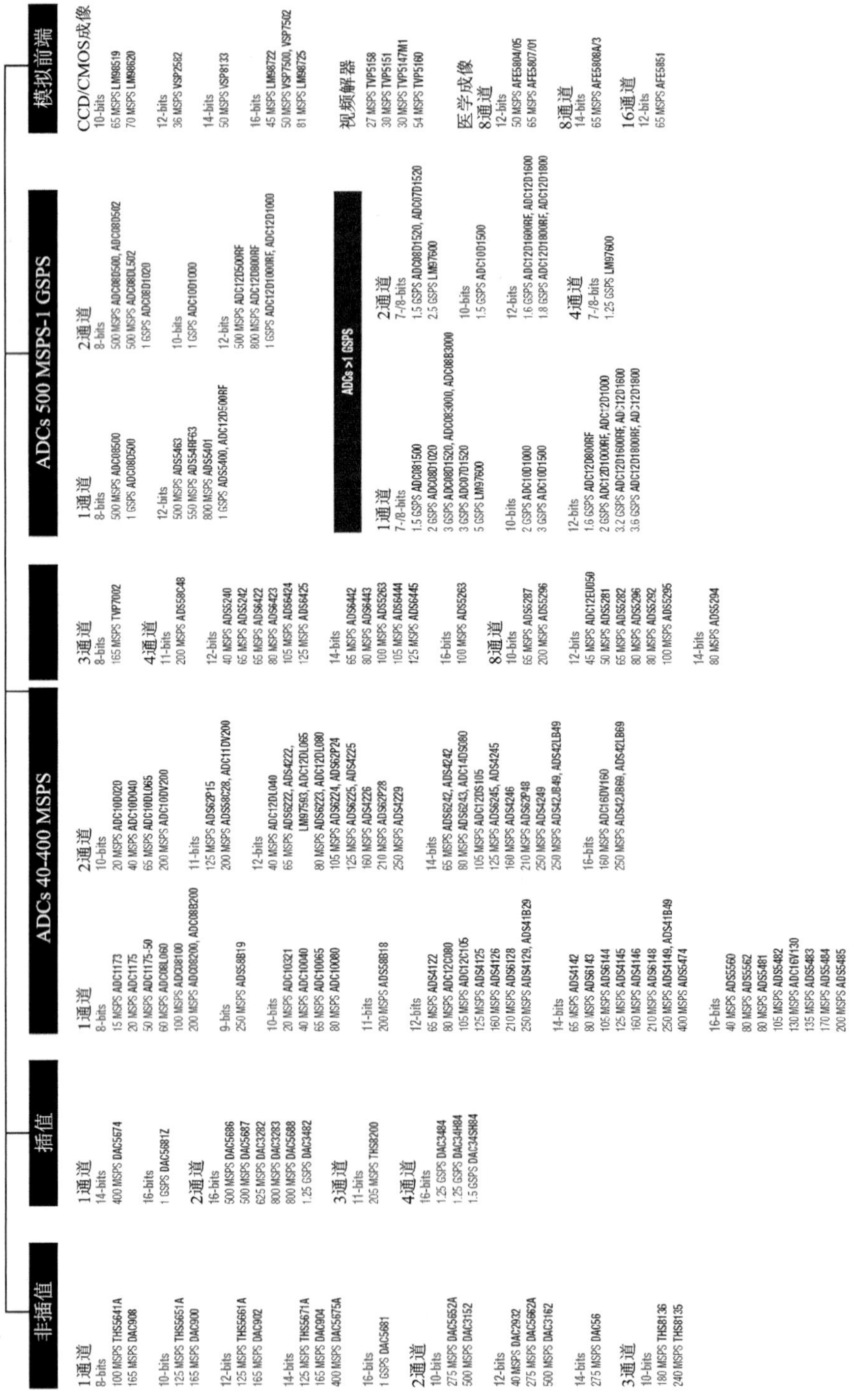

非插值
1通道
8-bits
100 MSPS THS5641A
165 MSPS DAC908
10-bits
125 MSPS THS5651A
165 MSPS DAC900
12-bits
125 MSPS THS5661A
165 MSPS DAC902
14-bits
125 MSPS THS5671A
165 MSPS DAC904
400 MSPS DAC5675A
16-bits
1 GSPS DAC5681
2通道
10-bits
275 MSPS DAC5652A
500 MSPS DAC3152
12-bits
40 MSPS DAC2932
275 MSPS DAC5662A
500 MSPS DAC3162
14-bits
275 MSPS DAC56
3通道
10-bits
180 MSPS THS8136
240 MSPS THS8135
插值
1通道
14-bits
400 MSPS DAC5674
16-bits
1 GSPS DAC5681Z
2通道
16-bits
500 MSPS DAC5686
500 MSPS DAC5687
625 MSPS DAC3282
800 MSPS DAC3283
800 MSPS DAC5688
1.25 GSPS DAC3482
3通道
11-bits
205 MSPS THS8200
4通道
16-bits
1.25 GSPS DAC3484
1.25 GSPS DAC34H84
1.5 GSPS DAC34SH84
ADCs 40-400 MSPS
1通道
8-bits
15 MSPS ADC1173
20 MSPS ADC1175
50 MSPS ADC1175-50
60 MSPS ADC08L060
100 MSPS ADC08100
200 MSPS ADC08200, ADC08B200
9-bits
250 MSPS ADS58B19
10-bits
20 MSPS ADC10321
40 MSPS ADC10040
65 MSPS ADC10065
80 MSPS ADC10080
11-bits
200 MSPS ADS58B18
12-bits
65 MSPS ADS4122
80 MSPS ADC12C080
105 MSPS ADC12C105
125 MSPS ADS4125
160 MSPS ADS4126
210 MSPS ADS6128
250 MSPS ADS4129, ADS41B29
14-bits
65 MSPS ADS4142
80 MSPS ADS6143
105 MSPS ADS6144
125 MSPS ADS4145
160 MSPS ADS4146
210 MSPS ADS6148
250 MSPS ADS4149, ADS41B49
400 MSPS ADS5474
16-bits
40 MSPS ADS5560
80 MSPS ADS5562
80 MSPS ADS5481
105 MSPS ADS5482
130 MSPS ADC16V130
135 MSPS ADS5483
170 MSPS ADS5484
200 MSPS ADS5485
2通道
10-bits
20 MSPS ADC10D020
40 MSPS ADC10D040
65 MSPS ADC10DL065
200 MSPS ADC10DV200
11-bits
125 MSPS ADS62P15
200 MSPS ADS58C28, ADC11DV200
12-bits
40 MSPS ADC12DL040
65 MSPS ADS6222, ADS4222, LM97593, ADC12DL065
80 MSPS ADS6223, ADC12DL080
105 MSPS ADS6224, ADS62P24
125 MSPS ADS6225, ADS4225
160 MSPS ADS4226
210 MSPS ADS62P28
250 MSPS ADS4229
14-bits
65 MSPS ADS6242, ADS4242
80 MSPS ADS6243, ADC14DS080
105 MSPS ADC12DS105
125 MSPS ADS6245, ADS4245
160 MSPS ADS4246
210 MSPS ADS62P48
250 MSPS ADS4249
250 MSPS ADS42JB49, ADS42LB49
16-bits
160 MSPS ADC16DV160
250 MSPS ADS42JB69, ADS42LB69
3通道
8-bits
165 MSPS TVP7002
4通道
11-bits
200 MSPS ADS58C48
12-bits
40 MSPS ADS5240
65 MSPS ADS5242
65 MSPS ADS6422
80 MSPS ADS6423
105 MSPS ADS6424
125 MSPS ADS6425
14-bits
65 MSPS ADS6442
80 MSPS ADS6443
100 MSPS ADS5263
105 MSPS ADS6444
125 MSPS ADS6445
16-bits
100 MSPS ADS5263
8通道
10-bits
65 MSPS ADS5287
200 MSPS ADS5296
12-bits
45 MSPS ADC12EU050
50 MSPS ADS5281
65 MSPS ADS5282
80 MSPS ADS5296
80 MSPS ADS5292
100 MSPS ADS5295
14-bits
80 MSPS ADS5294
ADCs 500 MSPS-1 GSPS
1通道
8-bits
500 MSPS ADC08500
1 GSPS ADC08D500
12-bits
500 MSPS ADS5463
550 MSPS ADS54RF63
800 MSPS ADS5401
1 GSPS ADS5400, ADC12D500RF
2通道
8-bits
500 MSPS ADC08D500, ADC08D502
500 MSPS ADC08DL502
1 GSPS ADC08D1020
10-bits
1 GSPS ADC10D1000
12-bits
500 MSPS ADC12D500RF
800 MSPS ADC12D800RF
1 GSPS ADC12D1000RF, ADC12D1000
ADCs >1 GSPS
1通道
7-/8-bits
1.5 GSPS ADC081500
2 GSPS ADC08D1020
3 GSPS ADC08D1520, ADC083000, ADC08B3000
3 GSPS ADC07D1520
5 GSPS LM97600
10-bits
2 GSPS ADC10D1000
3 GSPS ADC10D1500
12-bits
1.6 GSPS ADC12D800RF
2 GSPS ADC12D1000RF, ADC12D1000
3.2 GSPS ADC12D1600RF, ADC12D1600
3.6 GSPS ADC12D1800RF, ADC12D1800
2通道
7-/8-bits
1.5 GSPS ADC08D1520, ADC07D1520
2.5 GSPS LM97600
10-bits
1.5 GSPS ADC10D1500
12-bits
1.6 GSPS ADC12D1600RF, ADC12D1600
1.8 GSPS ADC12D1800RF, ADC12D1800
4通道
7-/8-bits
1.25 GSPS LM97600
模拟前端
CCD/CMOS成像
10-bits
65 MSPS LM98519
70 MSPS LM98620
12-bits
36 MSPS VSP2582
14-bits
50 MSPS VSP8133
16-bits
45 MSPS LM98722
50 MSPS VSP7500, VSP7502
81 MSPS LM98725
视频解码器
27 MSPS TVP5158
30 MSPS TVP5151
30 MSPS TVP5147M1
54 MSPS TVP5160
医学成像
8通道
12-bits
50 MSPS AFE5804/05
65 MSPS AFE5807/01
8通道
14-bits
65 MSPS AFE5808A/3
16通道
12-bits
65 MSPS AFE5851

图 1.1.1　TI 的数据转换器选择树

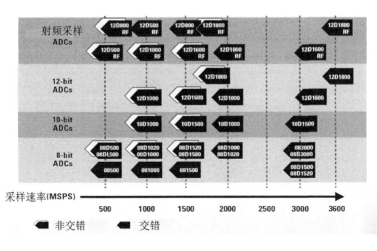

图 1.1.2　RF(射频)数据转换器选择树

1. 信号的获取

如图 1.1.3 所示,信号主要来自传感器、无线和有线通信信号。TI 器件所能接收的传感器信号主要包括:压力、应力、位移、角度、速度、加速度、流量等机械力—电转换类;热敏电阻、热电偶等热—电转换类,TI 的数字温度传感器可将温度信号直接转换为数字信号;光敏电阻、光电二极管、红外器件和其他新型光伏元件等光—电转换类;拾音器、话筒等声—电转换类;以及压电晶体、无线通信的接收天线等其他换能器。

这些信号大都是时间与幅度均为连续的信号,即模拟信号。

2. 信号的预处理

"信号的预处理"类器件是 TI 器件家族的重要分支,包括:适合各种频率范围(从直流、音频、视频到射频)的放大器;种类齐全的各种放大器,如精密运算放大器、高速运算放大器、音频及视频放大器、全差分放大器、仪表放大器、对数放大器、积分放大器、隔离放大器、电压控制增益放大器(VGC - Amp)、数字程控放大器等。

3. 信号的数字化

"信号的数字化"类器件主要是 ADC(即模/数转换器)。TI 的 ADC 系列包含有:一种基于增量调制和数字滤波的新型 ADC(Δ-ΣADC),Δ-ΣADC 的性价比高、精度高(14～24 位),主要用于直流、音频等速度不高的信号转换;一种精度与速度折中的逐次比较型(SAR) ADC;一种精度与速度都比较高的流水线 ADC,流水线 ADC 是当前发展很快的新型 ADC。

4. 数字信号处理

"数字信号处理"类器件主要包括:"DSP(数字信号处理器)"、"MUC(微控制

全国大学生电子设计竞赛基于 TI 器件的模拟电路设计

4

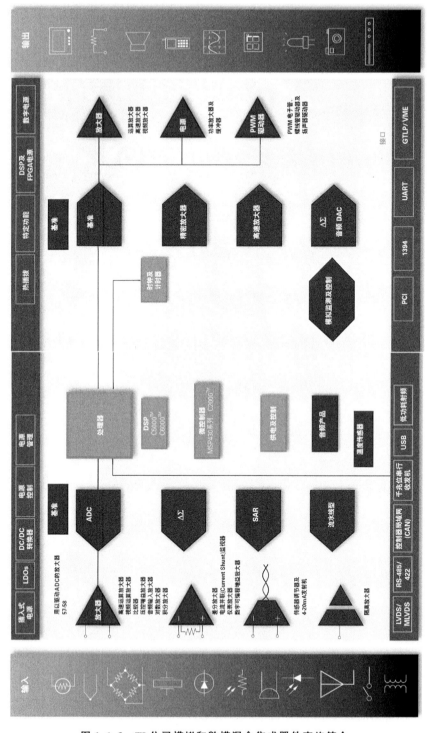

图 1.1.3　TI 公司模拟和数模混合集成器件家族简介

器)"、"音频、视频编/解码器"等。TI 的 DSP 其性能、品质和应用在世界范围都是著名的,有 C6000 系列、C5000 系列和 C2000 系列。TI 的 MUC 主要有 MSP430 串行微控制器和 MSC12 xx 串行微控制器。TI 时钟与计时器为处理器提供时钟与定时。TI 的音频、视频编/解码器主要有音频数据转换器 PCM 和 TLV320 系列。

5. 信号的后处理

"信号的后处理"类器件主要包括 DAC(数/模转换器)、电压放大器、功率放大器及功率驱动器等,TI 的 DAC 有串行型 R-2R 网络型、电流引导型和 Δ－Σ 型。TI 的功率放大器有 AB 类、D 类功放、缓冲器、脉宽调制驱动器等。

6. 信号的执行

"信号的后处理"输出可以直接连接"信号的执行"机构,包含有:信号显示、继电器、电动机、扬声器、LED(数码管)、螺线管等。

7. 接　口

TI 的"接口"类器件可以提供包括各种类型和标准的接口和总线、产品和解决方案,如 LVDS/MLVDS 逻辑接口、RS-485/422 接口总线、CAN 总线、串行千兆比特(bit)收发器、USB 接口、PCI 总线、1394 接口、UART(通用异步收发机接口)、GTLP/ VME 等。以及 TI 的低功耗无线及射频识别(RFID)。

8. 电源管理

TI 的"电源管理"类器件是模拟器件家族中的重要分支,包括插入式电源(Plug-in Power)、线性电源(LDO)、DC-DC 转换器、电源控制器、电池管理、热交换、特殊功能电源、DSP 及 FPGA 电源、数字电源等。

1.2　TI 公司的信号链产品

信号链产品,即指传感器、放大器与数据转换器组成的从模拟域到数字域的信号链路,TI 现在主要生产放大器和数据转换器[2]。

1. 放大器

其中放大器包括精密、高速、功率放大和特殊功能放大器 4 大部分:

(1) 精密放大器

精密放大器偏重时域测量,关注信号的直流精度,包括(所有的 y 代表通道数量和关断功能与否):

- 精密运算放大器(以 Bipolar、JFET 和 CMOS 分类,含 OPAy2xx、OPAylxx、OPAy3xx、OPAy7xx);
- 差动放大器(INAylxx);

- 仪表放大器(INAy1xx、INAy3xx);
- 电流检测放大器(INAy2xx/19x/16x/13x);
- 程控增益放大器(PGA1xx)。

(2) 高速放大器

高速放大器(带宽大于 50 MHz)偏重频域分析,关注信号的交流精度,包括:

- 高速运算放大器(以电压反馈和电流反馈型分类,含 OPAy8xx、OPAy6xx、THS4xxx 和 THS3xxx);
- 全差分放大器(THS45xx 和 OPA1632);
- 压控增益放大器(VCA8xx);
- 内建低通滤波器的视频放大器(THS73xx)。

(3) 功率放大器

功率放大器能输出大电压或大电流,驱动重负载,包括:

- 功率运算放大器(OPA4xx 和 OPA5xx);
- Class AB 音频功率放大器(TPA6xx 和 TPA7xx);
- Class D 音频放大器(TPA20xxx,TPA30xxx);
- DRVxxx:功率 PWM 驱动器。

(4) 特殊功能放大器

特殊功能放大器包括:

- XTRxxx:4～20 mA 发射器,RCVxx:4～20 mA 接收器;
- LOGxxx:对数放大器;
- IVCxxx:积分放大器。

2. 数据转换器

数据转换器当然可分为 ADC 和 DAC,并可进一步按照精密、音频应用和高速来区分:

(1) 精密 ADC 和 DAC

精密 ADC 和 DAC 偏重时域测量,关注信号的直流精度:

- 工业应用Σ-Δ ADC(ADS1xxx);
- 绝大多数 SAR ADC(ADS7xxx 和 ADS8xxx);
- 通用 DAC(TLV56xx、ADC75xx、ADC85xx):V_{REF} 不包括地电平;
- 乘法型和双极性 ADC(ADC78xx、ADC8xx):V_{REF} 包括地电平。

(2) 音频 ADC、DAC 和编解码器

音频 ADC、DAC 和编解码器:纯粹的频域测量,关注 20～20 kHz 内的带通声音信号:

- PCM16xx 和 PCM17xx:音频Σ-Δ DAC;
- PCM18xx 和 PCM42xx:音频Σ-Δ DAC;

- TLV320AICxx：音频 Σ-Δ Codec。

(3) 高速 ADC 和 DAC

高速 ADC 和 DAC(采样率大于 5 MHz)偏重频域测量,关注信号的交流精度:

- 流水线型 ADC(Pipeline ADC):ADS5xxx、ADS6xxx、ADS8xx;
- 少数高速 SAR ADC(ADS7xxx 和 ADS8xxx);
- 电流引导型 DAC(DAC56xx、DACy9xx)。

1.3　TI 公司的放大器和线性器件产品

TI 公司可以提供应用广泛的放大器和线性器件产品,其中包括精密和高速运算放大器、仪器放大器、差动放大器和比较器。TI 具有适合任何应用的放大器。

1.3.1　TI 公司的放大器和线性器件树

TI 公司的放大器和线性器件产品结构树(http://www.ti.com.cn/lsds/ti_zh/analog/amplifiersandlinears/amplifiersandlinears.page)如图 1.3.1 所示。

图 1.3.1　TI 公司的放大器和线性器件产品结构树

单击图 1.3.1 所示的选项,可以选择应用所需的放大器系列产品。例如:TI 的高速运算放大器选择树如图 1.3.2 所示,精密运算放大器选择树如图 1.3.3(a)和(b)所示。

全国大学生电子设计竞赛基于 TI 器件的模拟电路设计

高速运算放大器

VFB

低功耗
$I_Q<=5mA$
OPA2889
115MHz; 2-ch
THS4081
175MHz; 1,2-ch
OPA890
260MHz; 1,2-ch

低噪声
$Vn<=2nV/\sqrt{Hz}$
THS4031
100MHz; 1,2-ch
THS4021
350MHz; 1,2-ch
OPA843
500MHz; 1-ch
OPA846 (G>7V/V)
500MHz; 1-ch
OPA847 (G>12V/V)
600MHz; 1-ch

高压摆率
>1000V/μs
THS4271
390MHz; 1-ch
OPA698
450MHz; 1-ch
OPA690
500MHz; 1-ch

高电压30V
THS4031
100MHz; 1,2-ch
THS4081
175MHz; 1,2-ch
THS4061
180MHz; 1,2-ch
THS4021
350MHz; 1,2-ch

CFB

低功耗
$I_Q<=5mA$
OPA683
200MHz; 1,2-ch
OPA684
210MHz; 1,2,3,4-ch
OPA691
280MHz; 1,2,3-ch

低噪声
$Vn<=2nV/\sqrt{Hz}$
OPA691
280MHz; 1,2,3-ch
THS3001
420MHz; 1-ch
OPA695
1700MHz; 1,2,3-ch
THS3201
1800MHz; 1-ch

>1000V/μs
THS3091
235MHz; 1-ch
OPA691
280MHz; 1,2,3-ch
OPA694
1500MHz; 1,2-ch
OPA695
1700MHz; 1,2,3-ch
THS3201
1800MHz; 1-ch

高电压30V
THS3091
235MHz; 1-ch
THS3061
300MHz; 1,2-ch
THS3001
420MHz; 1-ch

轨-轨

低功耗
$I_Q<=5mA$
OPA835
56MHz; 1,2-ch
THS4281
95MHz; 1-ch
OPA836
205MHz; 1,2-ch
OPA830
310MHz; 1,2,4-ch

高压摆率
>900V/μs
THS4221
230MHz; 1-ch

电压限幅放大器
OPA698 (G>4V/V)
450MHz; 1-ch
OPA699
260MHz; 1-ch

JFET

单位增益稳定
OPA656
500MHz; 1-ch
OPA659
650MHz; 1-ch

低噪声
$Vn<=6nV/\sqrt{Hz}$
THS4601
180MHz; 1-ch
OPA657 (G>7V/V)
350MHz; 1-ch

高压摆率
>=2000V/μs
OPA653
500MHz; 1-ch
OPA659
650MHz; 1-ch

高电压30V
THS4601
180MHz; 1-ch
THS4631
325MHz; 1-ch

全差动

低功耗
$I_Q<=5mA$
THS4521
145MHz; 1,2,4-ch

低噪声
$Vn<=2nV/\sqrt{Hz}$
THS4131
150MHz; 1-ch
THS4511
1600MHz; 1-ch
THS4509
2000MHz; 1-ch
THS77006
2400MHz; 1-ch

高压摆率
>2000V/μs
PGA870
650MHz; 1-ch
THS4511
1600MHz; 1-ch
THS4509
2000MHz; 1-ch
THS77006
2400MHz; 1-ch

高电压
THS4131
150MHz; 1-ch

视频滤波器放大器

SD
OPA360
1-ch SD
THS7314
3-ch SD
THS7374
4-ch SD

HD
THS7316
3-ch HD
THS7373
1-ch SD+3-ch HD
THS7365
3ch SD+3-ch HD

全HD
THS7364
3-ch SD+3-ch SD/
ED/HD/Full HD
THS7368
3-ch SD+3-ch SD/
ED/HD/Full HD

高增益>4V/V
THS7360
3-ch SD+3-ch SD/
ED/HD/Full HD
THS7315
3-ch SD
THS7375
4-ch SD

低功耗
$I_Q<=4mA$
THS7318
3-ch ED
THS7319
3-ch ED

投影机
THS7327
3-ch RGBHV

DSL/电源

低功耗
$I_Q<=10mA$
THS6184 (+/-12V)
50MHz; 4-ch
THS6226 (+12V)
125MHz; 2-ch
OPA2684 (+/-6V)
210MHz; 2ch
OPA2613 (+/-6V)
230MHz; 2-ch

低噪声
$Vn<=3nV/\sqrt{Hz}$
OPA2613
230MHz; 2-ch
OPA2674
250MHz; 2ch
OPA2822
400MHz; 2-ch

高电流驱动
$I_O>500mA$
THS6182
100MHz; 2-ch
OPA2674
250MHz; 2-ch
OPA2670
420MHz; 2-ch
OPA2673
600MHz; 2-ch

图 1.3.2 高速运算放大器选择树

全国大学生电子设计竞赛基于 TI 器件的模拟电路设计

精密放大器选择树——低电压(Vs≤5.5 V)

低功耗 (I_Q<500 μA)	低I_B (≤10 pA)	高输出电流 (≥30 mA)	低V_OS (≤50 μV)	宽GBW (>5 MHz)	低噪声 (≤10 nV/√Hz)	轨–轨 In & Out
LPV521 0.4 μA, 6.2 kHz	LMP7721 0.02 pA, 17 MHz	OPA350 Isc=±80 mA, SR = 22 V/μs	OPA376 0.025 mV, 0.26 μV/C	LMV791 17 MHz, 9.5 V/μs	LMP7715 5.8 nV/√Hz	OPA335 V_OS=0.005 mV
OPA369 1.2 μA, 12 kHz	OPA320 0.9 pA, 20 MHz	OPA353 Isc=±80 mA, SR=22 V/μs	LMP7721 0.15 mV, 1.5 μV/C	OPA320 20 MHz, 10 V/μs	LMP7721 6.5 nV/√Hz	OPA333 V_OS=0.01 mV
OPA349 2 μA, 65 kHz	LMV791 1 pA, 17 MHz	OPA564 I_OUT=1.5 A, SR=20 V/μs	OPA320 0.15 mV, 1.5 μV/C	OPA322 20 MHz, 10 V/μs	OPA376, OPA377 7.5 nV/√Hz, 0.8 μVpp	OPA376 V_OS=0.025 mV
OPA333 25 μA, 350 kHz	LMC6001 2 pA, 1.3 MHz		LMP2231 0.15 mV, 0.3 μV/C	LMV861 31 MHz, 18 V/μs	LMV861 8 nV/√Hz	OPA320 0.15 mV, zero-crossover
OPA348 65 μA, 1 MHz	OPA314 10 pA, 3 MHz		OPA365 0.2 mV, 1 μV/C	OPA350 38 MHz, 22 V/μs	OPA320, OPA322 8.5 nV/√Hz, 2.8 μVpp	OPA365 V_OS=0.2 mV, zero-crossover
LMV651 116 μA, 12 MHz	OPA365 10 pA, 50 MHz		LMP7731 0.5 mV, 1 μV/C	OPA353 44 MHz, 22 V/μs	OPA365 13 nV/√Hz, 5 μVpp	OPA364 V_OS=0.5 mV, zero-crossover
OPA378 150 μA, 0.9 MHz	OPA348 10 pA, 1 MHz		OPA364 0.5 mV, 3 μV/C	OPA365 50 MHz, 25 V/μs		OPA369 V_OS=0.75 mV, zero-crossover
OPA314 190 μA, 3 MHz	OPA322 10 pA, 20 MHz		OPA350 0.5 mV, 4 μV/C	OPA354 100 MHz, 150 V/μs		LPV521 V_OS=1 mV
LMV831 270 μA, 3.3 MHz	OPA376 10 pA, 5.5 MHz		**零漂移**			OPA314 V_OS=2.5 mV
OPA335 350 μA, 2 MHz	LMV831 10 pA, 3.3 MHz		LMP2021 0.005 mV, 0.02 μV/C			OPA348 V_OS=5 mV
	LMV85x 10 pA, 8 MHz		OPA335 0.005 mV, 0.02 μV/C			
			OPA333 0.01 mV, 0.02 μV/C			
			OPA330 0.05 mV, 0.02 μV/C			

(a) V_s≤5 V的精密运算放大器选择树

精密放大器选择树——高电压(Vs >5.5 V)

低功耗 (I_Q<750 μA)	低I_B (≤20 pA)	高输出电流 (≥30 mA)	低V_OS (≤500 μV)	宽GBW (>5 MHz)	低噪声 (≤10 nV/√Hz)	音频(Noise, THD at 1 kHz)
LPV511 1.2 μA, 25 kHz	LM6211 10 pA, 17 MHz	LM7332 Iout=±70 mA, SR=15.2 V/μs	OPA277 0.02 mV, 0.1 μV/C	LMP8671 55 MHz, 20 V/μs	OPA211 1.1 nV/√Hz, 0.08 μVpp	LME49990 0.9 nV/√Hz, 0.00001%
OPA241 30 μA, 35 kHz	OPA627 10 pA, 16 MHz	LM7321 Iout=+65/-100 mA, SR=18 V/μs	OPA2180 0.075 mV, 0.35 μV/C	OPA211 45 MHz, 27 V/μs	OPA209 2.2 nV/√Hz, 0.13 μVpp	OPA1611 1.1 nV/√Hz, 0.000015%
OPA251 38 μA, 35 kHz	OPA140 10 pA, 11 MHz	OPA209 Isc=±65 mA, SR=6.4 V/μs	OPA140 0.12 mV, 1 μV/C	OPA827 22 MHz, 28 V/μs	LMP8671 2.5 nV/√Hz	OPA1632 1.3 nV/√Hz, 0.000022%
OPA170 145 μA, 1.2 MHz	OPA171 10 pA, 3 MHz	OPA827 Isc=±65 mA, SR=28 V/μs	OPA211 0.12 mV, 0.35 μV/C	OPA727 20 MHz, 30 V/μs	OPA227 3 nV/√Hz, 0.09 μVpp	OPA1602 2.5 nV/√Hz, 0.00003%
OPA2188 475 μA, 2 MHz	OPA170 10 pA, 1.2 MHz	OPA141 Isc=+36/-30 mA, SR=20 μs	OPA209 0.15 mV, 1 μV/C	LM7321 20 MHz, 18 V/μs	OPA827 4 nV/√Hz, 0.25 μVpp	LME49870 2.7 nV/√Hz, 0.00003%
TLV237x 560 μA, 3 MHz			OPA827 0.15 mV, 1.5 μV/C	LM7332 20 MHz, 13.2 V/μs	OPA140 5.1 nV/√Hz, 0.25 μVpp	LME49600 2.9 nV/√Hz, 0.000035%
TLV27x 660 μA, 3 MHz			LMP8671 0.4 mV, 2 μV/C		OPA2188 8.8 nV/√Hz, 0.25 μVpp	OPA1662 3.3 nV/√Hz, 0.00006%
			零漂移			OPA1652 4.5 nV/√Hz, 0.00005%
			OPA735 0.005 mV, 0.01 μV/C			
			OPA2188 0.025 mV, 0.085 μV/C			

(b) V_s>5 V的精密运算放大器选择树

图 1.3.3　精密运算放大器选择树

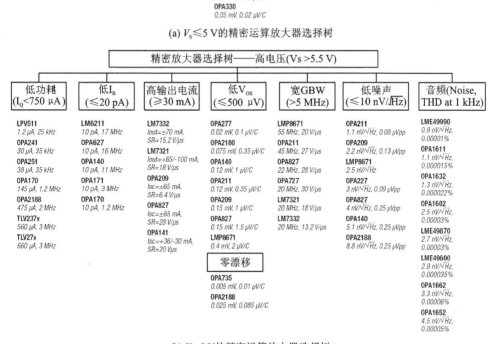

1.3.2　设计工具与软件

为了方便用户更好地使用德州仪器(TI)公司的放大器和线性器件,TI 公司全面提供技术文档、设计工具、软件和应用方面的支持。

在 TI 公司的主页,单击"应用",可以查找系统方框图、相关产品建议、应用笔记、工具和软件。单击"工具与软件",可以查找和下载相关设计工具与软件。与模拟电路设计有关的工具与软件如图 1.3.4 所示。

1. WEBENCH® 设计中心

单击"WEBENCH® 设计中心工具"可以进入"WEBENCH® 设计中心"(如图 1.3.5 所示)主页,利用这些工具可以方便快速地完成所需的设计。

模拟

WEBENCH® 设计中心工具

TINA-TI™ — 电路仿真

图 1.3.4　与模拟电路设计有关的工具与软件

WEBENCH® 设计中心

还在为您的设计发愁吗? WEBENCH设计工具是一款易于使用且可提供定制结果的设计工具,能在短短的几秒钟内提供完整的电源、照明和传感应用,让设计轻松一点。

WEBENCH® 使用Q&A
› 如何利用 WEBENCH您开始设计
› 如何选择您的最佳解决方案
› 如何定制个性化零件
› 更多

WEBENCH® 资料下载
› 图解WEBENCH为您提供的设计便利 立即下载

WEBENCH® 架构设计工具
› 电源架构(多电源)
› 系统电源架构
› 处理器电源架构
› FPGA电源架构
› LED架构(输入流明)
› 所有 WEBENCH 工具

WEBENCH® 设计工具
› 电源(单电源)
› LED(输入LED)
› 传感器模拟前端与传感器接口
› 有源滤波器/放大器
› EasyPLL
› 所有 WEBENCH 工具

WEBENCH Visualizer概述 WEBENCH...	06:50
WEBENCH电源/FPGA Architect概述 在本视频中、TI...	08:20
WEBENCH热仿真概述 在本视频中、TI...	04:53
WEBENCH设计导出工具WEBENCH Export介绍 来自TI硅谷实验室的Jeff为您介绍TI图表转换器的WEBENCH介绍	03:26
WEBENCH 系统电源架构概述	04:03

相关资源
› PowerLab™ 参考设计库
› WEBENCH 设计中心视频
› 应用手册技术文档
› 硬件设计工具和软件

供应链合作伙伴:
› TI长伴堂

图 1.3.5　"WEBENCH® 设计中心"主页

WEBENCH 设计工具把不同的软件算法与可视接口集结到同一个平台上,帮助设计人员针对电源、照明和传感应用轻松地创建出精简及功能强大的设计。

采用 WEBENCH 设计工具,只需进行几个步骤便可在数分钟内创建一个设计:

① 定义系统的性能要求,包括光输出、传感器精确度或电压和电流。

② 选择你偏爱的 FPGA、LED 或组件供货商。

③ 在可视荧幕上从大小、成本、效率和简易度检讨最后得出来的完整解决方案。

④ 分析和调整最后得出来的拓扑和组件供货商。

⑤ 打印项目或设计报告或订购短时间付运的完整建模(Build It)套件。

⑥ 完成设计,进行组装调试。

WEBENCH 设计工具提供超过 150 万个的成功设计,使 WEBENCH 设计工具的创意无限。TI 公司提供详细完整的"WEBENCH 使用说明"和"WEBENCH Designer 设计工具手册"。

2. 基于 SPICE 的模拟仿真程序 TINA-TI

单击"TINA-TI™——电路仿真"可以进入如图 1.3.6 所示的"基于 SPICE 的模拟仿真程序 TINA-TI"主页,选择下载这些软件可以方便快速地进行模拟仿真设计。

图 1.3.6　选择下载基于 SPICE 的模拟仿真程序 TINA-TI

TINA-TI 是一款易于使用但功能强大的电路仿真工具,基于 SPICE 引擎。TINA-TI 是完整功能版本的 TINA,和 TI 的宏模型以及无源和有源模型一起加载。

相比 7.0 版本,TINA-TI 的新版本 9 在以下方面进行了改进:

● 已包含原理图符号编辑器(可与宏向导配合使用),所以可以为导入的 SPICE 宏模型创建自己的符号。

● 宏不必一定得是 TI 出品——现在可以导入任何品牌的 SPICE 模型。

● 无需有源或非线性分析组件(因此可以立即运行采用无源的电路)。

- TINA-TI 包含初始条件和节点集组件。
- TINA-TI 包含线性和非线性受控源（VCVS、CCVS、VCCS、CCCS）和受控源向导。
- TINA-TI 现在允许 WAV 文件充当激励（信号源）。可以在 PC 的多媒体系统上播放计算波形，并将计算波形作为 *.wav 文件导出。
- TINA-TI 拥有多核处理器支持；它和其他优化性能使模拟运行速度快了 2～20 倍。
- 采用 XML 格式的原理图文件导入/导出。
- 包含的块向导用于制作方框图。
- TINA-TI 包括更多 SPICE 模型和示例电路。
- TINA-TI 9 中开发的电路将与 TINA Industrial 9 版本配合使用。
- TINA-TI 版本 7.0 与版本 9 向前兼容，而版本 9 支持版本 7.0 格式的节省原理图。
- 提供英语、繁体和简体中文、日语和俄语版本。

(1) 特　性

TINA-TI 提供了 SPICE 的所有传统直流、瞬态和频率域分析等。TINA 具有广泛的后处理功能，可以按照希望的方式设置结果的格式。虚拟仪器允许选择输入波形、探针电路节点电压和波形。TINA 的原理图捕捉非常直观——真正的"快速入门"。

辅助版本 TINA-TI 是完整功能版，但是不支持完整版 TINA 所具有的某些其他功能。TINA-TI 安装大约需要 200 MB 空间。可以直接安装，如果想卸载也很容易。TINA 是 DesignSoft 的一款产品，此特别辅助版本 TINA-TI 是由 DesignSoft 专为德州仪器（TI）而准备的。

(2) 宏模型

TINA-TI 版本 9 和 TI 模拟宏模型一起预加载。每个宏模型均已经过测试并且在工具中可用。有关可用 TINA-TI 模型的完整列表，请参见"SpiceRack——完整列表"。

(3) 应用原理图

TINA-TI 中包括了许多应用原理图。这是电路仿真最快捷、最容易的方式。可以修改它们并用"另存为"保存更改。这些应用原理图可以在 TINA 的全部版本上运行，可配置为运行示例中所示的分析类型。

可以从 TINA-TI 程序软件的 Examples 文件夹下获得这些文件。要在下载最新版本后查看工具中的此信息，请转到菜单栏中的"文件"，然后选择菜单选项"打开示例"。

应用原理图类别包括：

① 放大器和线性电路：

- 音频(音频运算放大器滤波器、麦克风前置放大器);
- 负载电容补偿(C-Load 补偿、线路驱动器);
- 比较器(比较器电路);
- 控制环路(PI 温度控制);
- 电流环路(4～20 mA、0～10 mA);
- 电流测量(电流发送、并联测量);
- 差动放大器差动到单端(差动输入到单端输出、单端输入到差动输出等);
- FilterPro 滤波器(多反馈,Sallen-Key:由 FilterPro 合成);
- 其他滤波器(全通、低通过、高通、可调、双 T 形);
- 振荡器(维恩电桥);
- 功率放大器(激光驱动器、TEC 驱动器、并行电源、LED 驱动器、光电二极管驱动器);
- 精密放大器(低漂移、低噪声、低偏移、分压器);
- 传感器调节(热敏、电阻电桥、电容电桥、Inst 放大器滤波器);
- 信号处理(峰值检测器、削波放大器);
- 单电源(单电源运算放大器电路);
- 测试(电容乘法器、调节电压基准、通用集成器、负载消除、×1 000 缩放放大器、准耦合 AC 放大器);
- 互阻抗放大器(光电二极管、光探测器);

电压电流转换器(电压至电流、电流至电流);

- 宽带(宽带运算放大器电路)。

② SMPS(开关式电源),针对 SMPS 器件的器件评估模块(EVM)参考设计。

以下文件目前尚未包括在 TINA-TI 的"示例"文件夹下,但可从下方的链接下载:

③ 噪声分析:噪声源。

④ 传感器仿真器:RTD 仿真器 。

(4) 软件安装要求

TINA-TI 版本 9 的最低硬件和软件要求是:与 IBM PC 兼容的计算机,带有 Pentium 或等效处理器,256 MB 的 RAM,至少有 200 MB 可用空间的硬盘驱动器,鼠标(Mouse),VGA 适配卡和监视器,Microsoft Windows 98/ME/NT/2000/XP/Vista/Windows 7。

(5) 使用手册

TI 公司提供《TINA-TI 使用入门:快速入门指南》,此快速入门用户指南(SBOU052)概括性地介绍了强大的电路设计和模拟工具 TINA-TI。TINA-TI 是对各种基本电路和高级电路(包括复杂架构)进行设计、测试和故障排除的理想选择,无任何节点或器件数量限制。此文档旨在帮助新的 TINA-TI 用户在尽可能短的时间内使用 TINA-TI 软件的基本功能,着手创建电路仿真。

1.3.3　技术文档

如图 1.3.7 所示,TI 公司可以提供丰富的技术文档,包括数据表、应用手册、用户指南、选择指南、解决方案指南、模型、白皮书等,阅读这些文档,可以帮助用户解决使用中的各种问题。

数据表

显示 10 项结果(共 1202 项)　查看前 100 个结果

标题	摘要	类型	大小 (KB)	日期	查看次数	下载最新英文版本
单电源、低功率运算放大器价值线(VALUE LINE) 系列产品		PDF	170	2013年 4月 11日		下载英文版本
低压双路½H 桥驱动器集成电路(IC)		PDF	518	2013年 4月 10日		下载英文版本
高端或低端测量,双向电流电流监视器,此监视器具有1.8V I2C™ 接口		PDF	628	2013年 4月 8日		下载英文版本
极低功耗,轨至轨输出,负轨输入,电压反馈型(VFB) 运算放大器		PDF	220	2013年 2月 21日		下载英文版本
高级LinCMOS™轨至轨极低功耗运算放大器		PDF	200	2013年 2月 21日		下载英文版本
超低功耗、轨到轨输出、全差分放大器 (Rev. A)		PDF	1654	2013年 2月 21日		下载英文版本 (Rev.A)
15V/±3A 高效率宽调制(PWM)功率驱动器		PDF	636	2013年 2月 21日		下载最新的英文版本 (Rev. A)
具有集成开关和缓冲器的250MHz、CMOS 转阻放大器(TIA)		PDF	566	2013年 2月 21日		下载英文版本
36V、单通道,低功耗运算放大器 (Rev. A)		PDF	1650	2013年 1月 21日		下载英文版本
具有集成升压转换器的压电式触觉驱动器 (Rev. A)		PDF	1265	2012年 12月 29日		下载英文版本 (Rev.A)

(a)

应用手册

显示 10 项结果(共 648 项)　查看前 100 个结果

标题	摘要	类型	大小 (KB)	日期	查看次数	下载最新英文版本
放大器噪声系数计算	浏览摘要	PDF	805	2013年 4月 8日		
如何设计一个廉价 HART 变送器		PDF	619	2012年 12月 6日		下载英文版本
利用能源浪费在4-20mA电流环路系统		PDF	664	2012年 12月 6日		下载英文版本
4Q2012 期模拟应用学报		PDF	1503	2012年 12月 6日		下载英文版本
跨阻型放大器应用指南	浏览摘要	PDF	797	2012年 10月 10日		
高分辨率触觉体验		PDF	980	2012年 9月 10日		下载英文版本
双级步进马达加速和减速过程应用		PDF	672	2012年 9月 10日		下载英文版本
固定阈值在超声波测距车载应用中的使用		PDF	722	2012年 9月 10日		下载英文版本
模拟应用期刊 2012 年第 3 季度		PDF	1396	2012年 9月 10日		下载英文版本
放大器的电源电阻和噪声考虑因素		PDF	638	2012年 6月 1日		下载英文版本

(b)

用户指南

显示 10 项结果(共 285 项)　查看前 100 个结果

标题	摘要	类型	大小 (KB)	日期	查看次数	下载最新英文版本
AN-1942 LMH6517 Evaluation Board		PDF	10013	2013年 4月 26日	451	
AN-1975 LMP8640 / LMP8645 Evaluation Board User Guide		PDF	503	2013年 4月 26日	673	
AN-1958 LMP860X SOIC Eval Board User's Guide		PDF	1571	2013年 4月 26日	985	
AN-1940 LMP8501 Evaluation Board User's Manual		PDF	291	2013年 4月 26日	945	
AN-1923 Current Sense Demo Board (SOIC) User's Guide		PDF	9737	2013年 4月 26日	731	
AN-1868 EMIRR Evaluation Boards for LMV861/LMV862		PDF	363	2013年 4月 26日	449	
AN-2223 LMP8278Q MSOP Evaluation Board User's Manual		PDF	720	2013年 4月 26日	884	
AN-1867 EMIRR Evaluation Boards for LMV831/LMV832/LMV834		PDF	520	2013年 4月 26日	479	
AN-1760 EMIRR Evaluation Boards for LMV851/LMV852/LMV854		PDF	402	2013年 4月 26日	503	
AN-1662 LMV551 Evaluation Board		PDF	729	2013年 4月 26日	189	

(c)

图 1.3.7　TI 公司提供的技术文档

选择指南

显示 10 项结果（共 23 项）

标题	摘要	类型	大小 (KB)	日期	查看次数	下载最新英文版本
标准线性器件指南 (Rev. A)	.	PDF	5029	2013年 2月 22日		下载英文版本 (Rev.A)
模拟汽车电子指南 (Rev. H)		PDF	3412	2012年 10月 15日		下载英文版本 (Rev.H)
心电图 (ECG) 和脑电图 (EEG) 应用		PDF	3152	2012年 6月 18日		下载英文版本
高精度运算放大器		PDF	4187	2012年 5月 30日		下载英文版本
标准线性指南		PDF	11741	2011年 11月 1日		下载最新的英文版本 (Rev.A)
模拟信号链路产品指南		PDF	3582	2011年 2月 11日		下载最新的英文版本 (Rev.A)
医用应用指南 2010 (Rev. E)		PDF	5301	2010年 9月 7日		下载最新的英文版本 (Rev.G)
放大器和数据转换器选择指南 (Rev. C)		PDF	4660	2009年 1月 13日		
标准线性产品交叉参考 (Rev. D)		PDF	1058	2008年 10月 16日		
信号链路及电源 管理特色产品指南		PDF	1370	2008年 8月 7日		下载英文版本

(d)

解决方案指南

显示 10 项结果（共 21 项）

标题	摘要	类型	大小 (KB)	日期	查看次数	下载最新英文版本
音频指南 1Q 2012 (Rev. G)		PDF	2882	2012年 4月 17日		下载英文版本 (Rev.G)
内窥镜快速参考指南		PDF	2345	2012年 3月 28日		下载英文版本
面向平板电脑和电子书的 TI 解决方案 (Rev. B)		PDF	2666	2012年 2月 13日		下载最新的英文版本 (Rev.D)
面向平板电脑和电子书的 TI 解决方案		PDF	3565	2011年 10月 24日		下载最新的英文版本 (Rev.D)
医疗成像应用指南 (Rev. A)		PDF	6294	2010年 9月 7日		下载最新的英文版本 (Rev.B)
笔记本电脑指南 (Rev. A)		PDF	2774	2008年 11月 12日		下载英文版本 (Rev.A)
电机控制指南		PDF	776	2008年 11月 3日		
安全和监控解决方案指南		PDF	965	2008年 10月 16日		
工业流程计量及控制指南		PDF	1422	2008年 8月 7日		下载英文版本
2008年第一季度通信基础设施方案指南 (Rev. G)		PDF	1551	2008年 8月 7日		

(e)

模型

显示 10 项结果（共 1652 项）　查看前 100 个结果

标题	摘要	类型	大小 (KB)	日期	查看次数	下载最新英文版本
HSPICE Model for RC4580		ZIP	98	2007年 8月 24日	246	
DRV3204 IBIS Model		ZIP	42	2013年 3月 22日	71	
DRV3201 IBIS Model		ZIP	84	2013年 3月 1日	116	
INA231 IBIS Model		ZIP	45	2013年 2月 28日	122	
DRV3211 IBIS Model		ZIP	41	2013年 1月 2日	147	
DRV3202 IBIS Model		ZIP	44	2013年 1月 2日	162	
DRV8834 IBIS Model		ZIP	57	2012年 8月 10日	183	
INA3221 IBIS Model		ZIP	56	2012年 5月 10日	195	
INA230 IBIS Model		ZIP	34	2012年 3月 2日	160	
AFE030 IBIS Model		ZIP	60	2011年 12月 14日	140	

(f)

图 1.3.7　TI 公司提供的技术文档(续)

15

白皮书

显示 10 项结果（共 23 项）

标题	摘要	类型	大小 (KB)	日期	查看次数	下载最新英文版本
Developing a smart HEV/EV Infrastructure based charger around a single processor		PDF	350	2012年12月4日	2,806	
LM193xRLQMLV ELDRS Charaterization Paper		PDF	1102	2012年5月11日	532	
LM139AxRLQMLV ELDRS SET Paper		PDF	821	2012年5月10日	569	
LM139AxRLQMLV ELDRS Charaterization Paper		PDF	1102	2012年5月10日	530	
LM124AxRLQMLV ELDRS Charaterization Paper		PDF	1102	2012年5月10日	540	
LM119xRLQMLV ELDRS Characterization Paper		PDF	405	2012年5月10日	502	
LM111xRLQMLV ELDRS Characterization Paper		PDF	405	2012年5月9日	546	
LF411MWGRLWQMLV ELDRS Characterization Paper		PDF	339	2012年5月9日	610	
TI helps developers design affordable, robust and high-performance communication		PDF	259	2012年3月28日	982	
HVAC Dual AC Motor Control with Active PFC Implementation Using Piccolo™ MCUs		PDF	315	2010年4月15日	1,831	

(g)

图 1.3.7　TI 公司提供的技术文档(续)

1.3.4　TI 放大器的命名

如图 1.3.1 所示，TI 放大器的产品系列十分丰富，各种类型放大器的性能优良，特点也比较突出，具体的内容请参考各类放大器的详细描叙。TI 放大器的一般命名方法如图 1.3.8[2] 所示。了解 TI 放大器的命名方法，可以初步了解 TI 放大器的性能，也有助于方便地选择放大器产品。

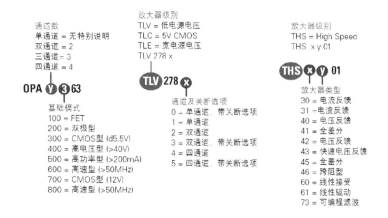

图 1.3.8　TI 放大器的一般命名方法

例如，OPA378 为单通道 CMOS 运算放大器，OPA2211 为双通道双极型运算放大器，TLV2404 为低电压四通道运算放大器，TLC2202 为双通道双极型运算放大器，TLE2144 为宽电源范围四通道运算放大器，THS4281 为高速电压反馈式运算放大器等。

第**2**章

TI 的放大器电路设计

2.1 运算放大器的参数模型

2.1.1 运算放大器的直流参数模型

运算放大器(以下简称运放)的直流参数模型如图 2.1.1[3]所示,利用这个模型可以方便地进行电路评估和误差分析。图 2.1.1 中误差电压 V_{ERR} 为:

$$V_{\mathrm{ERR}} = V_{\mathrm{OS}} + \mathrm{PSRR}_{\mathrm{ERROR}} + \mathrm{CMRR}_{\mathrm{ERROR}} + A_{\mathrm{OL\ ERROR}} \tag{2.1.1}$$

式中:$\mathrm{PSRR}_{\mathrm{ERROR}}$ 为电源抑制比误差,$\mathrm{CMRR}_{\mathrm{ERROR}}$ 为共模抑制比误差,$A_{\mathrm{OL\ ERROR}}$ 为开环增益误差。

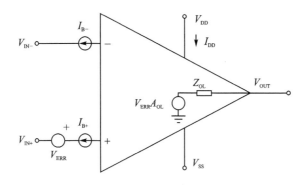

图 2.1.1 运放的直流参数模型

运算放大器的一些主要直流参数如下:

输入失调电压(V_{OS}),输入偏置电流(I_{B}),输入电压范围(V_{IN} 或 V_{CM}),开环增益(A_{OL}),电源抑制比(PSRR 或 PSR),共模抑制比(CMRR),输出电压摆幅(V_{OUT}、V_{OH} 或 V_{OL}),输出阻抗(R_{OUT}、R_{OL}、R_{CL}、Z_{OL} 或 Z_{CL}),电源范围(V_{SS}、V_{DD}、I_{DD} 和 I_{Q}),温度范围(规定温度、工作温度、存储温度)。

2.1.2 运算放大器的交流参数模型

电压反馈型运算放大器(运放)的交流参数可以分成频域参数和时域参数两类。

1. 频域参数

频域参数包含:增益带宽积(GBWP),开环增益/相位(A_{OL} 和 PH),负载电容(C_L),输出阻抗(Z_O),满功率带宽(FPBW)。

2. 时域参数

时域参数包含:压摆率(SR),稳定时间(t_S),超调。

3. 电压反馈和电流反馈运放的频率模型

运放的很多交流参数既可以在频域中进行描述,也可以在时域中进行描述。例如,运放的稳定性在频域中描述为闭环相位裕量及其与运放开环增益的关系。在时域中,以度表示的相位裕量可以直接映射成稳定时间和超调。

电压反馈和电流反馈运放的频率模型[4]如图 2.1.2 所示。

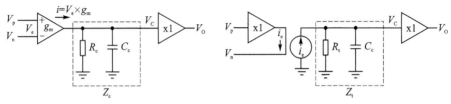

(a) 电压反馈运放的频率模型　　　　　(b) 电流反馈运放的频率模型

图 2.1.2　电压反馈和电流反馈运放的频率模型

电压反馈运放是一个电压放大器。对于图 2.1.2(a)所示的电压反馈运放,有:

$$V_O = V_C = i \times Z_C = V_e \times g_m \times (R_c \parallel C_c) \tag{2.1.2}$$

式中,$R_c \parallel C_c = \dfrac{R_c}{1 + \mathrm{j}2\pi f R_c C_c}$。

电流反馈运放是一个互导倒数放大器。对于图 2.1.2(b)所示的电流反馈运放,有:

$$V_O = V_C = i_e \times Z_t = i_e \times R_t \parallel C_C \tag{2.1.3}$$

式中,$R_t \parallel C_C = \dfrac{R_t}{1 + \mathrm{j}2\pi f R_t C_C}$。

2.2　数据表中的运算放大器参数

在数据表(Datasheet)中的运算放大器参数可以分成 3 种主要类型:绝对最大值、推荐工作条件和电特性[5]。

2.2.1　绝对最大值

绝对最大值(也称为绝对最大额定值)是一些极限值,超过了这些极限值,器件的寿命也许会受损。所以,在使用和测试中绝不可超过这些极限值。根据定义,所谓极限值就是最大值,极限值指定的两个端点所包含的区域就叫作范围(比如,工作温度范围)。例如,放大器 THS3092/THS3096 的绝对最大额定值[6]如图 2.2.1 所示。从图 2.2.1 中可见 THS3092/THS3096 的一些极限值,如电源电压 V_{S+} 到 V_{S-} 不能够超过 33 V,输入电压不能够超过电源电压 $\pm V_S$,差分输入电压为 ± 4 V,输出电流为 300 mA,存储温度范围为 $-65\sim+150$ ℃等。

		UNIT
Supply voltage, V_{S-} to V_{S+}		33 V
Input voltage, V_I		$\pm V_S$
Differential input voltage, V_{ID}		± 4 V
Output current, I_O		350 mA
Continuous power dissipation		See Dissipation Ratings Table
Maximum junction temperature, T_J		150°C
Maximum junction temperature, continuous operation, long term reliability, T_J[2]		125°C
Storage temperature, T_{stg}		-65°C to 150°C
Lead temperature 1,6 mm (1/16 inch) from case for 10 seconds		300°C
ESD ratings:		
	HBM	2000
	CDM	1500
	MM	150

图 2.2.1　THS3092/THS3096 的绝对最大额定值

2.2.2　推荐的工作条件

推荐的工作条件与上面的最大值有这样的一个相似性,就是,超出了规定的工作范围,可以导致不满意的性能。但是,推荐工作条件并不表示超出规定范围时器件会损坏。

例如,放大器 THS3092/THS3096 推荐的工作条件[6]如图 2.2.2 所示。从中可见 THS3092/THS3096 的电源电压 V_{CC+} 到 V_{CC-} 能够使用 $\pm 5\sim\pm 15$ V,或者单电源 $10\sim30$V,THS3092/THS3096 的工作温度范围为 $-40\sim+85$ ℃。

		MIN	MAX	UNIT
Supply voltage	Dual supply	±5	±15	V
	Single supply	10	30	
Operating free-air temperature, T_A		-40	85	°C

图 2.2.2　THS3092/THS3096 推荐的工作条件

2.2.3　电特性

电特性是器件的可测量的电学特性,这些电特性是由器件设计确定的。电特性被用来对器件用作电路元件时的性能进行预测。出现在电特性表中的数据是根据工作在推荐工作条件下的器件而获取的。例如,在图 2.2.3 所示的"$T_A=25$ ℃,$R_L=150$ Ω,$R_F=1$ kΩ,(除非另有说明,环境温度 $T_A=25$ ℃,$R_L=150$ Ω,$R_F=1$ kΩ)"和"TEST CONDITIONS(测试条件)"规定的一些工作条件下所获得的。

例如,放大器 THS3092/THS3096 的电特性[6]如图 2.2.3 所示。在图 2.2.3 中的表格列出了放大器 THS3092/THS3096 的参数(Parameter)、参数符号(Symbol)、

$V_S = \pm 15$ V, $R_F = 909\ \Omega$, $R_L = 100\ \Omega$, and $G = 2$ (unless otherwise noted)

PARAMETER	TEST CONDITIONS		TYP 25°C	OVER TEMPERATURE 25°C	0°C to 70°C	-40°C to 85°C	UNIT	MIN/TYP/MAX
AC PERFORMANCE								
Small-signal bandwidth, -3 dB	$G = 1$, $R_F = 1.1\ k\Omega$, $V_O = 200\ mV_{PP}$		135				MHz	TYP
	$G = 2$, $R_F = 909\ \Omega$, $V_O = 200\ mV_{PP}$		145					
	$G = 5$, $R_F = 715\ \Omega$, $V_O = 200\ mV_{PP}$		160					
	$G = 10$, $R_F = 604\ \Omega$, $V_O = 200\ mV_{PP}$		145					
0.1 dB bandwidth flatness	$G = 2$, $R_F = 909\ \Omega$, $V_O = 200\ mV_{PP}$		50					
Large-signal bandwidth	$G = 5$, $R_F = 715\ \Omega$, $V_O = 5\ V_{PP}$		150					
Slew rate (25% to 75% level)	$G = 2$, $V_O = 10$-V step, $R_F = 909\ \Omega$		4000				V/µs	TYP
	$G = 5$, $V_O = 20$-V step, $R_F = 715\ \Omega$		5700					
Rise and fall time	$G = 2$, $V_O = 5$-V_{PP}, $R_F = 909\ \Omega$		5				ns	TYP
Settling time to 0.1%	$G = -2$, $V_O = 2\ V_{PP}$ step		42				ns	TYP
Settling time to 0.01%	$G = -2$, $V_O = 2\ V_{PP}$ step		72					
Harmonic distortion								
2nd Harmonic distortion	$G = 2$, $R_F = 909\ \Omega$, $V_O = 2\ V_{PP}$, $f = 10$ MHz	$R_L = 100\Omega$	66				dBc	TYP
		$R_L = 1\ k\Omega$	66					
3rd Harmonic distortion		$R_L = 100\Omega$	76					
		$R_L = 1\ k\Omega$	78					
Input voltage noise	$f > 10$ kHz		2				nV / √Hz	TYP
Noninverting input current noise	$f > 10$ kHz		13				pA / √Hz	TYP
Inverting input current noise	$f > 10$ kHz		13				pA / √Hz	TYP
Differential gain	$G = 2$, $R_L = 150\ \Omega$, $R_F = 909\ \Omega$	NTSC	0.013%					TYP
		PAL	0.011%					
Differential phase		NTSC	0.020°					
		PAL	0.026°					
Crosstalk	$G = 2$, $R_L = 100\ \Omega$, $f = 10$ MHz	Ch 1 to 2	60				dB	
		Ch 2 to 1	56					
DC PERFORMANCE								
Transimpedance	$V_O = \pm 7.5$ V, Gain = 1		850	350	300	300	kΩ	MIN
Input offset voltage			0.9	3	4	4	mV	MAX
Average offset voltage drift					±10	±10	µV/°C	TYP
Noninverting input bias current	$V_{CM} = 0$ V		4	15	20	20	µA	MAX
Average bias current drift					±20	±20	µA/°C	TYP
Inverting input bias current			3.5	15	20	20	µA	MAX
Average bias current drift					±20	±20	µA/°C	TYP
Input offset current			1.7	10	15	15	µA	MAX
Average offset current drift					±20	±20	µA/°C	TYP
INPUT CHARACTERISTICS								
Common-mode input range			±13.6	±13.3	±13	±13	V	MIN
Common-mode rejection ratio	$V_{CM} = \pm 10$ V		78	68	65	65	dB	MIN
Noninverting input resistance			1.3				MΩ	TYP
Noninverting input capacitance			0.1				pF	TYP
Inverting input resistance			30				Ω	TYP
Inverting input capacitance			1.4				pF	TYP
OUTPUT CHARACTERISTICS								
Output voltage swing	$R_L = 1\ k\Omega$		±13.2	±12.8	±12.5	±12.5	V	MIN
	$R_L = 100\ \Omega$		±12.5	±12.1	±11.8	±11.8		
Output current (sourcing)	$R_L = 40\ \Omega$		280	225	200	200	mA	MIN
Output current (sinking)	$R_L = 40\ \Omega$		250	200	175	175	mA	MIN
Output impedance	$f = 1$ MHz, Closed loop		0.06				Ω	TYP
POWER SUPPLY								
Specified operating voltage			±15	±16	±16	±16	V	MAX
Maximum quiescent current	Per channel		9.5	10.5	11	11	mA	MAX
Minimum quiescent current			9.5	8.5	8	8	mA	MAX
Power supply rejection (+PSRR)	$V_{S+} = 15.5$ V to 14.5 V, $V_{S-} = 15$ V		75	70	65	65	dB	MIN
Power supply rejection (-PSRR)	$V_{S+} = 15$ V, $V_{S-} = -15.5$ V to -14.5 V		73	68	65	65	dB	MIN
POWER-DOWN CHARACTERISTICS (THS3096 ONLY)								
REF voltage range[1]			$V_{S+} - 4$				V	MAX
			V_{S-}					MIN
Power-down voltage level[1]	Enable		$\overline{PD} \geq REF + 2$					MIN
	Disable		$\overline{PD} \leq REF + 0.8$					MAX
Power-down quiescent current	$\overline{PD} = 0$ V		500	700	800	800	µA	MAX
V_{PD} quiescent current	$V_{PD} = 0$ V, REF = 0 V,		11	15	20	20	µA	MAX
	$V_{PD} = 3.3$ V, REF = 0 V		11	15	20	20		
Turnon time delay	90% of final value		60				µs	TYP
Turnoff time delay	10% of final value		150					

图 2.2.3　THS3092/THS3096 的电特性

测试条件(Test Conditions)、参数值(分为最小值(Min)、典型值(Typ)和最大值(Max))以及它们的单位(Unit)和使用说明等。在图 2.2.3 的表格中有些符号是参数,有些符号是测试条件。测试条件是指在参数测试时对运放施加的条件。表中的有些符号则同时用作条件和参数。参数或条件所使用的单位,属于标准的 SI 计量单位(国际单位制,来自法语:Système International d'Unités)。在数据手册中,还经常在这些单位前使用一些乘数,比如 p(皮)和 M(兆)。

2.2.4　温度范围

通常运算放大器指定 3 种温度范围。

- 规定温度范围 ——放大器工作性能满足参数表规定的温度范围,例如,+25 ℃。
- 工作温度范围 ——放大器不会损坏,但性能不一定能够保障的放大器工作范围,例如,−40~+85 ℃。
- 存储温度范围 ——定义可能会导致封装永久损坏的最高和最低温度,例如,−65~+125 ℃。在这个温度范围内的最高和最低温度点,放大器可能无法正常工作。

2.3　运算放大器的主要参数

2.3.1　输入失调电压 V_{OS}

一个理想的运算放大器,当输入电压为零(或者相同)时,输出电压也应为 0 V(不加调零装置)。但实际上它的差分输入级很难做到完全对称,由于某种原因(如温度变化)使输入级的零点稍有偏移,输入级的输出电压发生微小的变化。这种缓慢的微小变化会逐级放大,使运放输出端产生较大的输出电压(常称为漂移),所以通常在输入电压为零时,存在一定的输出电压。在室温(25 ℃)及标准电源电压下,输入电压为零时,为了使集成运放的输出电压为零,必须在输入端上施加一个小的电压(如图 2.3.1 所示),在输入端加的补偿电压叫作失调电压 $V_{OS}^{[5,7,8]}$。实际上指输入电压 $V_I = 0$ V 时,输出电压 V_O 折合到输入端的电压的负值,即:

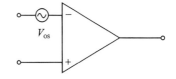

图 2.3.1　输入失调电压 V_{OS}

$$V_{OS} = -(V_O |_{V_I = 0})/A_{VO} \qquad (2.3.1)$$

V_{OS} 的大小反映了运算放大器在制造中电路的对称程度和电位配合情况。V_{OS} 值愈大,说明电路的对称程度愈差。

不同结构(类型)的运算放大器,输入失调电压(Input Offset Voltage)V_{OS} 不同。

输入失调电压值范围依工艺和设计技术而异：

- 自稳零运算放大器：$<1\ \mu V$；
- 精密运算放大器：$50\sim500\ \mu V$；
- 最佳双极性运算放大器：$10\sim25\ \mu V$；
- 最佳 JFET 输入运算放大器：$100\sim1\ 000\ \mu V$；
- 最佳双极性高速运算放大器：$100\sim2\ 000\ \mu V$；
- 未调整的 CMOS 运算放大器：$>2\ mV$；
- DigiTrimCMOS 运算放大器：$<100\ \mu V$ 至 $1\ 000\ \mu V$。

同时，对应不同的环境温度，输入失调电压 V_{OS} 也不同。

2.3.2　输入失调电压温漂 $\Delta V_{OS}/\Delta T$

输入失调电压温漂 $\Delta V_{OS}/\Delta T$ 是指在规定温度范围内 V_{OS} 的温度系数，它也是衡量电路温漂的重要指标[5,7,8]。输入失调电压 V_{OS} 参数是在标称电源电压、温度范围、零共模输入电压条件下定义的。输入失调电压温漂 $\Delta V_{OS}/\Delta T$ 随温度的变化而变化，一般是温度上升，输入失调电压增大。

注意：$\Delta V_{OS}/\Delta T$ 不能用外接调零装置的办法来补偿。不同结构的放大器芯片，温度漂移系数有较大差别，要求具有低温漂特性的放大器电路常常需要选用低温漂的器件来组成，例如：

① 斩波稳零和自动调零型运算放大器（Chopper Stabilized OP Amps）。

例如：OPA4188 低漂移、低噪声、轨到轨输出、36 V、零漂移运算放大器输入失调漂移 $\Delta V_{OS}/\Delta T$ 为 0.03 $\mu V/℃$。

② 双极性运算放大器（Bipolar OP Amps）。

例如：LM158/LM158A/LM258/LM258A/LM358/LM358A/LM2904/LM2904V 的输入失调漂移 $\Delta V_{OS}/\Delta T$ 为 7 $\mu V/℃$。

③ FET 运算放大器（FET OP Amps）。例如：OPA445 的输入失调漂移 $\Delta V_{OS}/\Delta T$ 为 10 $\mu V/℃$；LF412 JFET 输入运算放大器的输入失调漂移 $\Delta V_{OS}/\Delta T$ 为 7 ～ 20 $\mu V/℃$。

④ 高速运算放大器（High Speed OP Amps）。

例如：THS4271/ THS4275 的输入失调漂移 $\Delta V_{OS}/\Delta T$ 为 $\pm10\ \mu V/℃$。

2.3.3　输入失调电流 I_{OS} 与输入失调电流温漂 $\Delta I_{OS}/\Delta T$

输入失调电流（I_{OS}）等于放大器同相输入端的输入偏置电流（I_{B+}）与反相输入端的输入偏置电流（I_{B-}）之差（当输入电压为零时）[5,7,8]，即：

$$I_{OS} = I_{B+} - I_{B-} \qquad (2.3.2)$$

由于信号源内阻的存在，I_{OS} 会引起一个输入电压，破坏放大器的平衡，使放大器输出电压不为零。所以，希望 I_{OS} 愈小愈好，它反映了输入级差分对管的不对称程度，

全国大学生电子设计竞赛基于 TI 器件的模拟电路设计

一般约为 1 nA～0.1 μA。

输入失调电流温漂 $\Delta I_{OS}/\Delta T$ 是指在规定温度范围内 I_{OS} 的温度系数,也是对放大电路电流漂移的度量。输入失调电流(Input Offset Current)参数是在标称电源电压、温度范围、零共模输入电压条件下定义的。输入失调电流温漂 $\Delta I_{OS}/\Delta T$ 随温度的变化而变化,一般是温度上升,输入失调电流增大。

注意:输入失调电流温漂 $\Delta I_{OS}/\Delta T$ 同样不能用外接调零装置的办法来补偿。不同结构的放大器芯片,温度漂移系数有较大差别,要求具有低温漂特性的放大器电路常常需要选用低温漂的器件来组成。例如:

① 斩波稳零型运算放大器(Chopper Stabilized OP Amps)。

例如:OPA4188 低漂移、低噪声、轨到轨输出、36 V、零漂移运算放大器输入失调电流与温度的关系如表 2.3.1 所列,最大值变化范围为 2.8～6 nA。

表 2.3.1　OPA4188 的输入失调电流与温度的关系

参　数	符　号	条　件	最小值	典型值	最大值	单　位
输入失调电流(Input Offset Current)	I_{OS}	$T_A=25\ ℃$		±320	$\pm2\ 800$	pA
		$-40\ ℃\leqslant T_A\leqslant+125\ ℃$			±6	nA

$V_S=\pm4\sim\pm18$ V $(V_S=+8\sim+36$ V$)$,$T_A=+25\ ℃$,$R_L=10$ kΩ 连接到 $V_S/2$,$V_{COM}=V_{OUT}=V_S/2$(除非另有说明)。

② 双极性运算放大器(Bipolar OP Amps)。

例　如:LM158/LM158A/LM258/LM258A/LM358/LM358A/LM2904/LM2904V的输入失调电流与温度的关系:在 $T_A=25\ ℃$ 时 I_{OS} 为 2～50 nA;在 $-40\ ℃\leqslant T_A\leqslant+125℃$ 温度范围内,I_{OS} 最大值为 150 nA。

③ FET 运算放大器(FET OP Amps)。

例如:OPA445 的输入失调电流在 $-40\ ℃\leqslant T_A\leqslant+85\ ℃$ 温度范围内,I_{OS} 最大值变化范围为 $\pm4\sim\pm20$ pA。

LF412 JFET 输入运算放大器的输入失调电流与温度的关系如表 2.3.2 所列,最大值变化范围为 70～400 pA。

表 2.3.2　LF412 的输入失调电流与温度的关系

参　数	符　号	条　件	最小值	典型值	最大值	单　位
输入失调电流(Input Offset Current)	I_{OS}	$T_A=25\ ℃$	25		100	pA
		$T_A=70\ ℃$			2	nA
		$T_A=125\ ℃$			25	nA

在 $V_S=\pm15$ V(除非另有说明)。

④ 高速运算放大器(High Speed OP Amps)。

例如:THS4271/ THS4275 的输入失调电流与温度的关系如表 2.3.3 所列,I_{OS} 最大值变化范围为 70～400 pA。

表 2.3.3　THS4271/ THS4275 的输入失调电流与温度的关系

参　数	符　号	条　件	最小值	典型值	最大值	单　位
输入失调电流（Input Offset Current）	I_{OS}	$T_A = 25\ ℃$		1		μA
		$0\ ℃ \leqslant T_A \leqslant +70\ ℃$		8		μA
		$-40\ ℃ \leqslant T_A \leqslant +85\ ℃$		8	25	μA

在 $V_S = \pm 5$ V，$V_{CM} = 0$ V，$R_F = 249$ Ω，$R_L = 499$ Ω，$G = +2$（除非另有说明）。

2.3.4　输入电压范围

1. 运放的输入电压范围有明确的限制

运算放大器的传输特性[5,7,8]如图 2.3.2 所示，在输入电压为 $\pm u_{im}$ 范围内，放大器保持线性放大状态。输入电压超过 $\pm u_{im}$，运算放大器将进入饱和状态。

对于运放的两个输入引脚端，均有输入电压范围（摆幅）的限制要求。这些限制是由运算放大器的输入级设计所导致的。

运放的输入电压范围与放大器输入级的拓扑有关，放大器输入级的拓扑可以分为：PMOS 差分输入级，NMOS 差分输入级，PMOS 和 NMOS 组合的差分输入级。采用 PMOS 器件构建的差分输入放大器可以允许输入摆幅的下限低于负电源，采用 NMOS 差分输入放大器对可以允许输入摆幅的上限高于正电源。使用 PMOS 和 NMOS 差分 输入对组合的输入级，可以将输入电压范围扩展至从大于正电源轨到小于负电源轨。

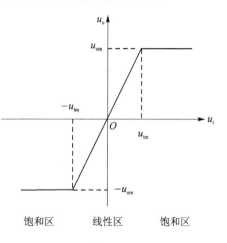

图 2.3.2　运算放大器的传输特性

在器件产品的数据手册里，通常采用以下两种方式之一对输入电压限制进行了明确的定义。最常用的是输入电压范围 V_{IN}，它通常作为独立项在参数表中单独列出。该参数通常也被定义为 CMRR 参数——输入共模电压范围 V_{CM}。在这两种参数中，较为保守的是作为 CMRR 测试条件的输入电压范围（即共模输入电压），因为 CMRR 测试利用另一个参数验证了输入电压范围。

2. 运放的输入电压范围与放大器电源电压有关

例如，THS4011/THS4012 型运放在电源电压 V_{CC} 为 ± 15 V 时，共模输入电压范围为 $\pm 13 \sim \pm 14.1$ V。在电源电压 V_{CC} 为 ± 5 V 时，共模输入电压范围为 $\pm 3.8 \sim \pm 4.3$ V。THS4011/THS4012 运放的共模输入电压范围与放大器工作电压关系如

图 2.3.3 所示。

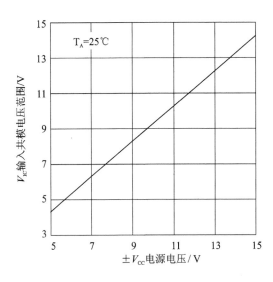

图 2.3.3　THS4011/THS4012 的共模输入电压范围与放大器电源电压关系

3. 输入"轨到轨"的运算放大器

输入"轨到轨"的运算放大器指的是:在双电源供电情况下,其共模电压输入范围允许涵盖 $-V_{CC} \sim +V_{CC}$。在单电源供电情况下,其共模输入电压范围允许涵盖 $0 \sim +V_{CC}$。如果同时具备,则称输入/输出(I/O)"轨对轨"运放。

"非轨到轨"的运算放大器则指在距离电源轨较远处已经出现限幅现象。

实际上"轨到轨"的运算放大器也不可能完全到达电源轨,而是留有几十毫伏到几百毫伏的余地,因为完全到达电源轨时,非线性失真就会大大增加。

2.3.5　输入偏置电流 I_B

在理想情况下,流入运算放大器两个输入端的电流为零。如图 2.3.4 所示,所有的运算放大器在两个输入端都存在灌或拉泄漏电流,通常称这种泄漏电流为输入偏置电流 I_B,即两个输入端总需要一定的输入电流 $I_{BN}(I_{B-})$ 和 $I_{BP}(I_{B+})$[5,7,8]。输入偏置电流是指运算放大器的两个输入端静态电流的平均值。输入偏置电流 I_B 为:

$$I_B = (I_{BN} + I_{BP})/2 \qquad (2.3.3)$$

输入偏置电流 I_B 的大小,在电路外接电阻确定之后,主要取决于运算放大器的差分输入级的性能。输入偏置电流是一个重要的技术指标。从使用角度来看,输入偏置电流愈小,由于信号源内阻变化引起的输出电压变化也愈小。

以 BJT 为输入级的运算放大器,输入偏置电流 I_B 一般为 10 nA~1 μA 数量级,例如 LM158/LM158A/LM258/LM258A/LM358/LM358A/LM2904/LM2904V 的 2 nA(25 ℃)~150 nA;采用 MOSFET 输入级的运放,输入偏置电流 I_B 在 pA 数量

级,例如,LF412 的输入偏置电流 I_B 为 50～200 pA。而一些器件可以达到 fA 数量级,例如 LMP7721 的输入偏置电流 I_B 为 20 fA。

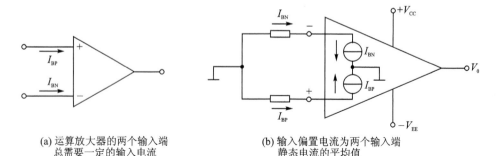

(a) 运算放大器的两个输入端　　　　(b) 输入偏置电流为两个输入端
　　总需要一定的输入电流　　　　　　　静态电流的平均值

图 2.3.4　输入偏置电流模型

　　输入偏置电流 I_B 会给运放使用者带来麻烦,输入偏置电流 I_B 流过外部阻抗时产生电压,会增大系统误差。比如,例如,对于一个接有 1 MΩ 源阻抗的同相单位增益缓冲驱动电路,如果 I_B 为 10 nA,那么将在该阻抗上产生 10 mV 的误差,这是任何系统都无法忽视的。

　　注意:在任何形式的运放电路中都决不能忽略输入偏置电流 I_B 的影响。特别是在采用容性耦合的电路中,如果设计者忘记了输入偏置电流 I_B 的存在,那么电路将根本无法工作。或者,当输入偏置电流 I_B 足够小时,运放也只能随电容变化而间歇性工作,造成更加混乱的结果。

2.3.6　开环增益 A_{OL} 和相位 PH 的频率特性

　　在理想情况下,运放的开环增益等于运放输出端的电压与施加到运放两个输入端的电压差值的比值的绝对值[8]。

$$A_{OL}(dB) = 20 \log\left(\frac{V_{OUT}}{V_{IN+} - V_{IN-}}\right) \qquad (2.3.4)$$

　　运放的开环增益(A_{OL})为输出电压变化与差分输入电压变化之比,是指运放工作在线性区,在标称电源电压范围内,连接规定的负载(或不带负载),无负反馈情况下的直流差模电压增益。理想情况下,放大器的开环增益应该是无穷大,而事实上,开环增益 A_{OL} 要小于理想情况。另外,开环增益 $A_{OL}(j\omega)$ 的完整频率响应要低于直流增益,并且在传递函数的第一个极点频点处开始以 20 dB/十倍频进行衰减,如图 2.3.5 所示。

　　一般运放的 A_{OL} 在 60～130 dB。可使用以下公式将其转换为 V/V 值:

$$A_{OL}(V/V) = 10^{(A_{OL}(dB)/20)} \qquad (2.3.5)$$

　　从式(2.3.4)可知,对于一个开环增益为 100 dB (10^5 V/V)的放大器,在开环配置下时,一个 10 μV 的差分输入信号将会放大到 1 V,即在输出端有 1 V 的输出电压。

　　除非将放大器用作比较器(不建议这样做),放大器不能够工作开环状态,使用放大器时最好将其配置为闭环系统。

　　放大器构成闭环系统的增益与电路中电阻的精度有关。在闭环系统中,可使用以下公式方便地定义开环增益误差的影响:

$$A_{OL}(dB) = 20 \log (\Delta V_{OUT} / \Delta V_{OS}) \tag{2.3.6}$$

　　式(2.3.6)表明闭环系统输出电压的变化会使失调电压产生较小的变化。失调电压误差会被闭环系统放大,产生增益误差。

　　负载会使开环增益性能下降。许多生产商已经意识到了这一点,因而指定了多个测试条件。在一些数据手册中,用 A_{VD}(大信号差分电压放大倍数)表示放大器的开环增益,A_{VD} 表示是在输出有负载的情况下的测量值。

　　A_{OL} 与输出电压 V_{OUT} 的大小有关。通常是在规定的输出电压幅度(如 $V_{OUT} = \pm 10\ V$)测得的值。例如,TL022C 的 A_{VD} 为 60～80 dB,测试条件为 $R_L \geqslant 10\ k\Omega, V_O = 10\ V$。

　　A_{OL} 也是频率的函数,例如,THS4081/THS4082 型运放的开环增益和相位的频率特性图[9]如图 2.3.5 所示,随着频率的升高,A_{OL} 的数值开始下降。

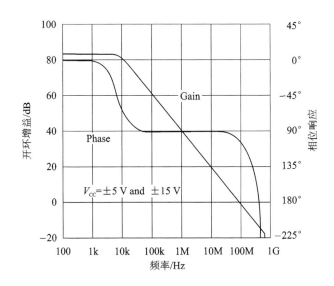

图 2.3.5　开环增益和相位的频率特性

　　开环配置下运放的相位响应也能够被很好地预测。在直流条件下,运放同相输入与输出间的相移为 0°。相反,在直流时,反相输入端与输出间的相移为 −180°。

　　相位也是频率的函数,如图 2.3.5 所示,在开环增益曲线的第一个极点 (f_1) 出现的地方,相位已经下降了几十度。其中有一段频率范围相位保持不变,但随着频率的继续升高,相位继续下降。

需要注意的是,运放输入到输出间相位关系变化的后果。随着相位继续下降,同相输入端的相移可以到达 $-180°$。在同样的频点,反相输入到输出间的相移也可以到达 $0°$ 或 $-360°$。在此类相移下,V_{IN+} 实际上反转信号到输出。换句话说,两个输入端的极性互换了。

2.3.7 增益带宽积

1. 放大器的增益带宽积

放大器的增益带宽积(GBWP)为运算放大器的响应开始以 -20 dB/十倍频开始衰减的频点处,运算放大器的开环增益与频率的乘积。根据定义,如果运算放大器具有单位增益稳定性,则当同相输入端作为信号输入,反相输入直接连接到输出时,运算放大器不会产生振荡。此时运算放大器的单位增益带宽等同于运放的 GBWP[5,7,8]。

2. 单位增益稳定性

运放具有单位增益稳定性,也意味着 0 dB 直线 经过开环增益曲线时,其同相输入与输出之间的相移位于 $0°$ 和 $-180°$ 之间。如图 2.3.6 所示,TLV246x(低电压低功耗输入/输出轨到轨运算放大器)在增益经过 0 dB 的频点处的相移接近 $-130°$,是一个具有单位增益稳定性的运算放大器。

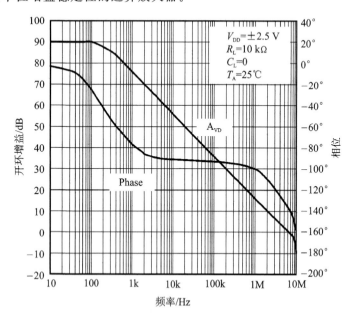

图 2.3.6 TLV246x 的开环频率响应(具有单位增益稳定性)

有些运放不具有单位增益稳定性,此时,开环增益经过 0 dB 点的频率低于 GBWP。如图 2.3.7 所示的是一个不具有单位增益稳定性的运放的波德图[10]。此时,

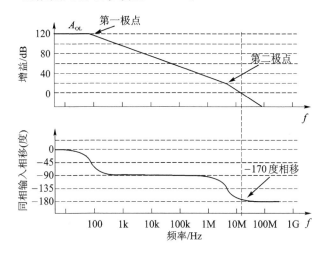

在增益经过 0 dB 的频点处的相移接近 —180°。

图 2.3.7　不具有单位增益稳定性的运放的波德图

2.3.8　满功率带宽(FPBW)

运放的满功率带宽（FPBW）为运放的输出摆幅在未发生明显失真的情况下能够达到满量程动态范围时的最大频率[5,8]。即指输出信号在不发生压摆率受限时可达到的最高频率。

在频率较低时,FPBW 由运放的输出摆幅限制。在频率较高时,运放的响应受其压摆率限制。压摆率(SR,Slew Rate)的定义见 2.3.12 小节。由于运放压摆率限制导致的失真开始出现在正弦波具有最大 $\mathrm{d}V/\mathrm{d}t$ 时或波形峰—峰值的中间点。使正弦波的最大斜率等于运放在较高频率下的压摆率,则满功率带宽等于:

$$f_{\mathrm{FPBW}} = SR/2\pi V_{\mathrm{P-P}} \tag{2.3.7}$$

OPA445 高电压 FET 输入运算放大器的 FPBW 如图 2.3.8 所示。从图 2.3.8 可见,超过 70 kHz 后,输出电压摆幅随频率上升急速下降。

满功率带宽也与放大器的增益有关,例如图 2.3.9 所示的 INA114 仪表放大器,满功率带宽随增益的增加而减少,G＝1 时,满功率带宽为 10 kHz;G＝1 000 时,满功率带宽为 600 Hz。

在 ADC(模数转换器)应用中,ADC 的输入通常由运算放大器来驱动。可以根据单位增益带宽来选择运算放大器,但是,如果应用中需要使用到 ADC 的整个动态范围,此时,所需要的放大器带宽将大大小于单位增益带宽。对于满量程信号驱动,FPBW 必须大于采样频率的 1/2 奈奎斯特频率的一定倍数(例如,3 倍)以上,才能够满足性能要求。

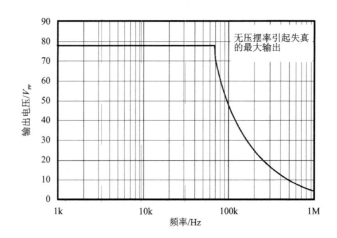

图 2.3.8 OPA445 的满功率带宽

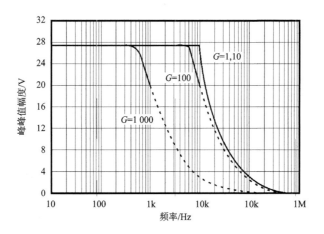

图 2.3.9 INA114 的满功率带宽

2.3.9 闭环增益与频率响应(带宽)

放大器的闭环频率响应(带宽)与闭环增益的大小有关。随着闭环增益增加,放大器的带宽减小。例如,THS4271/THS4275 低噪声高压摆率单位增益稳定的电压反馈放大器的闭环频率响应(带宽)与闭环增益的大小关系如图 2.3.10 所示,随着闭环增益增加从 6 dB(增益=2)增加到 20 dB(增益=10),放大器的带宽从 300 MHz 减小到 30 MHz。

值得注意的是,电流反馈放大器的闭环增益与频率关系相比电压反馈放大器有所不同。例如,电流反馈放大器 THS3092/THS3096 的闭环增益与频率(带宽)关系如图 2.3.11 所示,放大器的带宽不随增益的增加而减小。

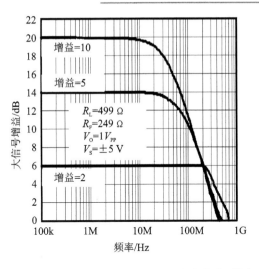

图 2.3.10 THS4271/THS4275 的闭环增益与频率 (带宽) 关系

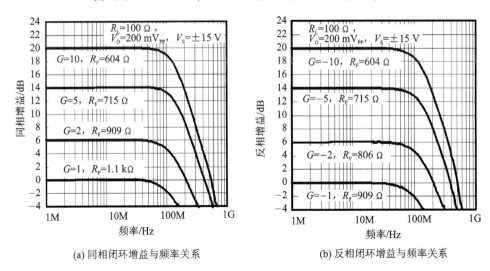

(a) 同相闭环增益与频率关系

(b) 反相闭环增益与频率关系

图 2.3.11 THS3092/THS3096 的闭环增益与频率 (带宽) 关系

2.3.10 增益裕度和相位裕度

1. 增益裕度 A_m

增益裕度 A_m 被定义为单位增益频率点与 $-180°$ 相移频率点之间的增益之差的绝对值。它是在开环下测量的,以分贝为单位。增益裕度 A_m 示意图[5,8]如图 2.3.12 所示。

2. 相位裕度参数 Φ_m

相位裕度 Φ_m 被定义为 $180°$ 的相移与单位增益 (0 dB) 处相移之差的绝对

全国大学生电子设计竞赛基于 TI 器件的模拟电路设计

值。相位裕度 Φ_m 是开环测量的,以度为单位:

$$\Phi_m = 180° - B_1 \text{ 处的 } \Phi$$

(2.3.8)

相位裕度 Φ_m 示意图[5,8]如图 2.3.12 所示。

增益裕度 A_m 和相位裕度 Φ_m 可以用来确定电路的稳定性。理论上,在单位增益(0 dB)处,相位裕度 Φ_m 在 $0°\sim180°$,这个电路是稳定的。但是,由于电路板上的寄生电容和寄生电感会引入额外的相位误差。因此,如果相位裕度 Φ_m 越小,可以认为这个电路越不稳定。

由于轨到轨输出的运放有较大的输出阻抗,所以在驱动容性负载时会产生很大的相移。这个额外的相移会使相位裕度变坏。由于这个原因,大多数轨到轨输出的 CMOS 运放在驱动容性负载时只有很有限的驱动能力。

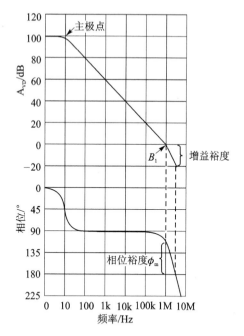

图 2.3.12　增益裕度 A_m 和相位裕度 Φ_m
与频率的关系

2.3.11　0.1 dB 带宽和 0.1 dB 带宽平坦度

1. 0.1 dB 带宽平坦度

在专业视频这类的应用中,要求带宽充分平坦并且相角在达到最大标称频率时始终线性变化,因此仅有 -3 dB 带宽要求是远远不够的。实际中,通常还需要 0.1 dB 带宽和 0.1 dB 带宽平坦度指标。这意味着放大器在 0.1 dB 带宽频率范围内,增益波动不超过 0.1 dB[5,8]。

视频缓冲放大器通常有 -3 dB 和 0.1 dB 指标。例如,LMH6739 视频缓冲放大器 -3 dB 带宽为 400 MHz($V_{OUT}=2\ V_{P-P}$),0.1 dB 带宽约为 150 MHz($V_{OUT}=2\ V_{P-P}$)。

例如,电流反馈放大器 THS3092/THS3096 的 0.1 dB 带宽平坦度如图 2.3.13 所示,0.1 dB 带宽为 50 MHz($G=2$,$R_F=909\ \Omega$,$V_{OUT}=200\ mV_{P-P}$)。

2. 任何容性负载都会导致增益和频率响应改变

需要注意的是,任何容性负载都会导致增益和频率响应改变,如图 2.3.14 所示。

3. 不同 R_F 对 0.1 dB 带宽和 0.1 dB 带宽平坦度有直接影响

例如,电流反馈放大器 THS3092/THS3096 的不同 R_F 对 0.1 dB 带宽和 0.1 dB

带宽平坦度的影响如图 2.3.15 所示。从图中可见,R_F 值越小,峰化越严重。

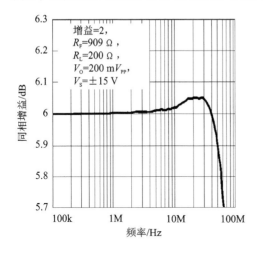

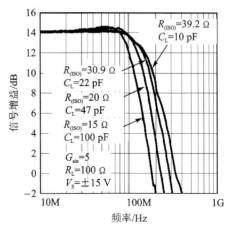

图 2.3.13 THS3092/THS3096 的 0.1 dB 带宽平坦度

图 2.3.14 容性负载会导致增益和频率 响应(带宽)改变

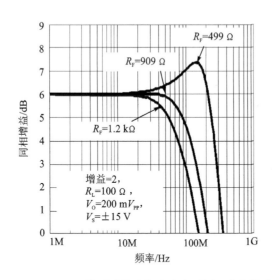

图 2.3.15 R_F 值对增益和频率响应(带宽)峰化影响

注意:对于电压反馈放大器,不同 R_F 对 0.1 dB 带宽和 0.1 dB 带宽平坦度的影响与电流反馈放大器有不同,由于 R_F 与输入杂散电容所形成的额外极点下移到较低频率,并与放大器内部的极点发生显著的相互作用,R_F 值越大,峰化越严重。为获得所需的 0.1 dB 带宽,可以调整反馈电阻 R_F,如果无法调整 R_F,可以在 R_F 上并联一个小电容器 C_F,以降低峰化。反馈电容 C_F 与反馈电阻 R_F 形成一个零点,抵消输入杂散电容与反馈电阻 R_F 所形成的额外极点。在很多时候,C_F 的值是凭经验确定的。注意:在电流反馈放大器中不能够采用在 R_F 上并联一个小电容器 C_F 的方法,这会引起放大器电路振荡。

2.3.12　压摆率(SR)

如图 2.3.16[5,8]所示,压摆率(SR,Slew Rate)被定义为由输入端的阶跃变化所引起的输出电压的变化速率,SR = dV/dt,即放大器输入端驱动输出端达到满幅电压变化的最大速度。运放的压摆率由运放内部电路决定,运放的压摆率(SR)单位为 V/s(或者是 V/μs)。

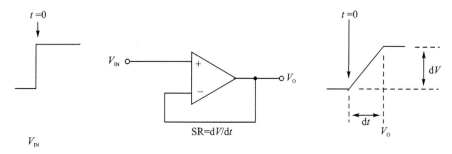

图 2.3.16　压摆率(SR)的定义

对于峰峰值为 $2V_P$,频率为 f 的正弦信号源,其输出电压[5,8]为:

$$V(t) = V_p \sin 2\pi ft \tag{2.3.9}$$

正弦信号在零电压处(过零点)具有最大的电压变化率(SR),其大小为:

$$\frac{dV}{dt}\Big|_{max} = 2\pi f V_p \tag{2.3.10}$$

为了重现不含扰动的正弦信号,运算放大器必须响应不小于该输出电压变化率的信号。当运算放大器达到其最大输出变化率(或压摆率)时,就称为压摆率受限(有时也称转换速率受限)。

因此可以看出,在不发生压摆率受限的情况下,可以输出的信号的最高频率与信号斜率成正比,与信号幅度呈反比。由此也可定义运算放大器的满功率带宽(Full Power Band Width,FPBW)指标,它是指输出信号在不发生压摆率受限时可达到的最高频率。令式(6.1.2)中的 $2V_P$ 等于运算放大器的最大峰峰摆动值,dV/dt 等于运算放大器的压摆率,就可以计算出:

$$FPBW = SR/2\pi V_P \tag{2.3.11}$$

必须注意:压摆率和满功率带宽都与运算放大器使用的供电电源及驱动的负载有关(特别是负载呈容性时)。

例如,当重构峰值为 1 V 频率为 1 MHz 的正弦信号时,所用运算放大器的压摆率至少为 6.28 V/μs。

注意:对于实际电路,由于运算放大器在达到限制转换速率点之前扰动会增大,因此设计者应该超额选择压摆率充分大的运算放大器。

　　SR 有时被表示为 SR＋和 SR－。其中的 SR＋表示正向转移时的压摆率,SR－表示负向转移时的压摆率。

　　注意:运算放大器在正极性信号传输和负极性信号传输时的压摆率不同,一些性能优异的高速运算放大器,它们的压摆率才具有极好的对称性。

　　在大多数运算放大器中,影响 SR 的主要因素是内部的补偿电容,而加上这个电容的目的是为使运算放大器有稳定的单位增益。但同时还应该知道,不是每一个运算放大器都是有补偿电容的。在没有内部补偿电容的运算放大器中,SR 是由运算放大器内部的分布电容确定的。未补偿的运算放大器通常比减补偿(Decompenated)运算放大器有更快的 SR,而减补偿运算放大器比全补偿运算放大器有更快的摆速。当使用未补偿或减补偿运算放大器时,设计者必须采取其他措施以保证电路的稳定性。

　　TI 公司可以提供几十种压摆率从几百伏/微秒到上千伏/微秒的高速电流反馈型运算放大器,与电压反馈型运算放大器相比,电流反馈型运算放大器的带宽更宽,压摆率更高,并且不存在电压反馈型放大器相关的增益带宽限制。例如,THS3201－EP 压摆率为 10 500 V/μs, THS3202 压摆率为 9 000 V/μs,THS3201 压摆率为 6 700 V/μs,LMH6703 压摆率为 4 200 V/μs。

2.3.13　建立时间(t_s)

　　在一个具有高转换速率的数字系统中使用的运算放大器,要求确定运算放大器的时间响应特性。例如一个典型的问题是,将快速变化的信号(如阶跃函数)加在缓冲放大器上,该缓冲放大器必须在微秒级时间(甚至更短的时间)内高精度地、如实地再现这个输入信号。这就要求在设计时,必须考虑放大器的建立时间(也有资料称为稳定时间),并进行优化。

　　要求高精度快速建立时间的典型应用包括采样保持电路、多路复用器和与 ADC 及 DAC 相配合的放大器。在这些应用中,建立时间非常重要,因为它是在给定精度下的最大数据或信息传输速率的主要决定因素。

　　需要注意的是,作为一个具有高速转换速率的数字系统,缓冲放大器是限制系统速度的主要因素之一。

　　建立时间是指从加一个理想的瞬时阶跃信号输入到闭环放大器,闭环放大器输出信号进入并保持在指定误差带(通常与最终值对称)之间所花费的时间。即指运放对阶跃信号的开始响应直至达到并保持在规定的误差带之内的时间,也就是运放输出开始变化并到达在规定的误差带宽内稳定所需的时间[5,8]。

　　建立时间包括极短的传播延时,输出摆动到最终值附近的时间,从压摆相关联的过载条件恢复的时间,以及最终达到指定误差的时间。这个参数也叫总响应时间 t_{tot}。

　　建立时间的定义[11]如图 2.3.17 所示。

建立时间还可根据放大器从阶跃或负载脉冲变化引发的瞬时误差恢复所需时间来定义。由于建立时间取决于放大器的多种非线性和线性特性，而且建立时间属于一种闭环参数，因此不能直接基于压摆率、小信号带宽等开环参数预测。

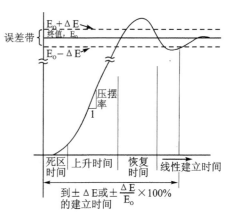

图 2.3.17　建立时间的定义

如图 2.3.15 所示，在满量程摆幅顶端或底部的瞬变区域，会发生一定程度的振铃。这种振铃直接与闭环系统的相移有关，使用超调和信号在规定的误差带宽内达到稳定的时间来描述。超调的百分比（％）由系统开始振铃时出现的波形的最高峰值定义。系统超调的幅度及其稳定所需的时间直接与系统在频域的相移有关。

误差带通常定义为阶跃信号的 0.1％、0.05％、0.01％等，与 DAC 器件不同，运放自身并没有自然误差带（而 DAC 本身就有 1 LSB 或者 ±1 LSB 的误差带）。因此，必须根据阶跃幅度（1 V、5 V、10 V 等）选择并定义一个误差带。所选用的误差带与运放的性能有关，但是由于器件不同，所选值也不同。建立时间又是非线性的，此外还涉及很多时间常数，因此建立时间通常很难相互比较。例如，早期采用电介质隔离工艺的运放，它们至满量程 1％ 的建立时间非常短，但是至 0.1％ 的建立时间几乎是无穷大。类似的，有些超高精度运放至 0.025％ 的建立时间仅为数微秒，而其热效应将导致至 0.001％ 的建立时间需要数十毫秒。

还需注意的是，热效应将导致短期建立时间（通常是纳秒级）与长期建立时间（通常是微秒或毫秒级）之间有显著差别。在很多交流应用中，长期建立时间并不重要；但是如果并非如此，那么它就与短期建立时间不在同一个时间级别上。

快速测量高精度地建立时间是很困难的，必须非常小心才能产生出快速、高精度、低噪声、顶部平坦的脉冲信号。此外，当示波器的输入幅度被设为高精度时，大幅度的阶跃电压还可能超出示波器的前端量程。

2.3.14　共模抑制比（CMRR）

1. 共模抑制比的定义

共模抑制比（Common Mode Rejection Ratio，CMRR，或 k_{CMR}）被定义为差分电压放大倍数与共模电压放大倍数之比，即运放差模增益与共模增益之比。这个参数是通过确定输入共模电压的改变量与由此引起的输入失调电压的改变量之比来测定的。共模抑制比以 dB 为单位时，表示共模抑制能力[5,8]。

在理想状态下，CMRR 或 k_{CMR} 是无穷大，因而使共模电压被完全抑制。即如果

全国大学生电子设计竞赛基于 TI 器件的模拟电路设计

向运放的两个输入端同时施加同一个信号,那么输入电压的差不变,输出也不改变。而实际上,改变共模电压会引起输出电压的变化。

共模输入电压会影响到输入差分对的偏置点。由于输入电路固有的不匹配,偏置点的改变会引起失调电压的改变,进而引起输出电压的改变。这个参数的实际的计算方法是 $\Delta V_{OS}/\Delta V_{COM}$。

例如,在 TI 公司的数据表(手册)中,CMRR $=\Delta V_{COM}/\Delta V_{OS}$,所以会给出正的分贝数。在数据表中,CMRR 被归入 DC 参数。当画出 CMRR 与频率的关系曲线时,这条曲线将随频率的增加而下降。

注意:50 Hz 或 60 Hz 的 AC 噪声是一个常见的共模干扰电压源。运放芯片使用时务必小心设计,以保证运放的 CMRR 不会因其他电路元件而变坏。采用大电阻的电路容易受到共模(和其他)噪声的干扰。设计时,一般可以把电阻按比例缩小,而把电容按比例放大,以保持电路的响应不变。

2. 共模抑制比的频率响应

与放大器的开环增益(A_{OL})特性一样,共模抑制比也是频率的函数,随着频率的升高,CMRR 的数值开始下降,如图 2.3.18 所示[12]。在直流和低频时,放大器的共模抑制比能力高于高频时的的共模抑制比。同时也能够看出,电源电压也会影响 CMRR 的大小。

对于仪表放大器,共模抑制比与电路增益也相关,如图 2.3.19 所示[13](INA333 精密仪表放大器)。不同增益的带宽不同。在同一的频点,增益越高,共模抑制比也越高。

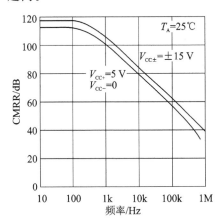

图 2.3.18　共模抑制比与频率响应
(LT1014D - EP)

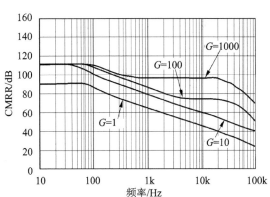

图 2.3.19　共模抑制比的频率响应与
增益(INA333)

2.3.15　共模输入电压和输出电压的关系

两个输入端共模电压的大小受最大输入共模电压 V_{icmax} 限制。这是指运放所能承受的最大共模输入电压。超过 V_{icmax} 值，它的共模抑制比将显著下降。一般是指运放在作为电压跟随器时，使输出电压产生 1% 跟随误差时的共模输入电压幅值，对于高质量的运放可接近电源电压。

例如，INA333 的共模输入电压与输出电压关系如图 2.3.20 所示[13]。共模输入电压范围与电源电压有关，随电源电压增加而增加。同时与供电电压形式（单电源供电和双电源供电）有关。在单电源供电时也与 V_{REF} 电压有关。

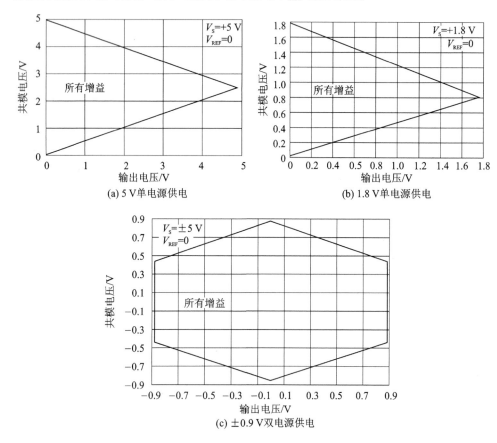

图 2.3.20　输入共模电压与输出电压关系

2.3.16　折合到输入端的电压噪声

在放大器输出端，噪声通常以电压的形式表现出来，然而，这种噪声却是电压源和电流源共同产生的。一般来讲，所有内部噪声源都被折算到输入端，也就是说，内部噪声源都被当作与理想的无噪声放大器的输入相串联或并联的不相关或独立的随机噪声发生器，运算放大器的噪声模型如图 2.3.19[8,14] 所示。

在图 2.3.21 中，e_n 为输入电压噪声密度，对于运算放大器，输入电压噪声可以看作是连接到任意一个输入端的串联噪声电压源，e_n 通常以 nV/$\sqrt{\text{Hz}}$ 为单位表示，定义在指定频率。i_n 为输入电流噪声密度,对于运算放大器,输入电流噪声可以看作是两个噪声电流源,连接到每个输入端和公共端,i_n 通常以 $pA/\sqrt{Hz}$ 为单位表示,定义在指定频率。

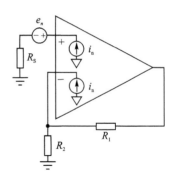

由于这些噪声源被视为随机噪声,并/或表现为遵循高斯分布,因此,在叠加噪声源时,需要特别注意。如果同一个噪声在电路中出现在 2 个或以上的点(比如,输入偏置电流补偿电路),那么这两个噪声源为相关噪声源,在分析噪声的时候,应该考虑到相关噪声叠加因子的因素。在

图 2.3.21　运算放大器的噪声模型

一般情况下,相关噪声源的影响一般都小于 10% 或者 15%,并且往往可以省略掉。

不相关噪声电压的和通常以"平方和根值"形式相加,即噪声电压 V_1、V_2、V_3 的和等于 $\sqrt{(V_1^2+V_2^2+V_3^2)}$;噪声功率则按普通方式直接相加。因此,如果一个噪声比其他噪声大 3~5 倍,那么它就是起主导作用的,此时其他噪声就可以忽略。利用这个原则可以简化噪声分析。

放大器的内部噪声可分以下几类:

● 折合到输入端(RTI)的电压噪声;

● 折合到输入端(RTI)的电流噪声;

● 闪烁噪声;

● "爆米花"噪声。

折合到输入端的电压噪声和折合到输入端的电流噪声是放大器噪声分析中最常见的指标。通常定义为折合到输入端的谱密度函数或 Δf 带宽中所包含的均方根(RMS)噪声值,一般以 $nV/\sqrt{Hz}$(电压噪声)或 $pA/\sqrt{Hz}$(电流噪声)为单位。使用 $\sqrt{Hz}$ 的原因在于,噪声功率随带宽(Hz)而增加,或者说,电压和电流噪声密度随带宽的平方根值($\sqrt{Hz}$)而增加。

折合到输入端的电压噪声(e_n)通常被视为一种噪声电压源。电压噪声是经常被强调的噪声指标;然而,如果输入阻抗较高,电流噪声往往会成为系统噪声性能的制约因素。这与失调电压极为类似,输入失调电压通常成为输出失调的替罪羊,而实际上,当输入阻抗较高时,造成输出失调的罪魁祸首是偏置电流[8,14]。

对于折合到输入端的电压噪声,需注意以下几点:

● 不同类型的运算放大器的噪声电压不同,可以为 1~20 $nV/\sqrt{Hz}$,甚至更多。对于最高性能的运算放大器,电压噪声可能低于 1 $nV/\sqrt{Hz}$,例如,LME49990 超低失真、超低噪声运算放大器的电压噪声为 0.88 $nV/\sqrt{Hz}@1\ kHz$。

● 双极型运算放大器的电压噪声通常会低于 FET 运算放大器,但是其电流噪

声会明显较大,当然也有低噪声的 JFET 运放(例如,低噪声 JFET 输入运算放大器 TL072 - EP、TL074 - EP,电压噪声为 18 nV/$\sqrt{\text{Hz}}$@1 kHz)。

● 电压噪声指标无法由其他参数计算得出,只能查阅运放的数据手册。

2.3.17　折合到输入端的电流噪声

1. 输入偏置电流的散粒噪声

折合到输入端的电流噪声(i_n)通常表现为通过两个差分输入端输出电流的两个噪声电流源。

散粒噪声(Shot Noise)(也称为散弹噪声,肖特基噪声)是由于流过某个势垒(如一个 PN 结)的电流中的载荷子随机分布而产生的电流噪声。散粒噪声电流(i_n)通过以下公式计算得出:

$$i_n = \sqrt{2I_B qB} \tag{2.3.12}$$

式中:I_B 表示输入偏置电流(单位:A),q 表示电子电荷(单位:1.6×10^{19} C),B 表示带宽(单位:Hz)。

简单双极型和 JFET 运算放大器的电流噪声通常在输入偏置电流的散粒噪声的 1~2 dB 之内。该指标并不经常列于数据手册之中。

对于折合到输入端的噪声,需注意以下几点[8,14]:

● 电流噪声因输入电路结构的不同而变化范围较大,它可从 0.1 fA/$\sqrt{\text{Hz}}$(JFET 型运放)变化至数 pA/$\sqrt{\text{Hz}}$(高速双极性运放)。典型的双极型晶体管运算放大器,如 OPA211,电流噪声为 3.2 pA/$\sqrt{\text{Hz}}$(@10 Hz)~1.7 pA/$\sqrt{\text{Hz}}$(@1 kHz),$I_B = \pm 50$ nA,除偏置电流补偿放大器外,不会随温度而发生大幅变化。

● JFET 输入运算放大器(如 OPA827 电流噪声为 2.2 fA/$\sqrt{\text{Hz}}$(@1 kHz),其中,$I_B = \pm 3 \sim 10$ pA 的电流噪声尽管稍低,但芯片温度每增加 20 ℃,其电流噪声就会增加 1 倍,因为温度每增加 10 ℃,JFET 运算放大器的偏置电流会增加 1 倍。

● 传统的带平衡输入的电压反馈运算放大器通常在其反相和同相输入端具有相等的(相关或不相关的)电流噪声。

● 许多放大器,尤其是那些带输入偏置电流消除电路的放大器,其相关噪声成分比不相关噪声成分大得多。总体而言,可通过添加阻抗平衡电阻(使正负输入引脚上的阻抗相匹配)来改善噪声性能。

● 电流噪声既可以在数据手册中查出,也可以像 BJT 或者 JFET 那样计算得出。由于所有偏置电流都流入输入节点,因此可以将其简化为偏置电流的肖特基(或散弹)噪声。

2. 应根据输入端的阻抗合理选择低噪声的运放

电流噪声只在流过的电阻上产生影响,并会产生电压噪声。降低运放输入端的电阻有助于减小电流噪声的影响(这与降低失调电压的方法相同)[8,14]。

例如,OPA211 的电压噪声为 $1.1\ \text{nV}/\sqrt{\text{Hz}}$,电流噪声典型值为 $3.2\ \text{pA}/\sqrt{\text{Hz}}$($@10\ \text{Hz}$)～$1.7\ \text{pA}/\sqrt{\text{Hz}}$($@1\ \text{kHz}$)。

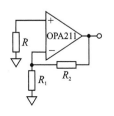

如图 2.3.22 所示,输入电阻为零时,电压噪声起主导作用;输入电阻为 $3\ \text{k}\Omega$ 时,流过电阻的电流噪声将产生 $9.6\ \text{nV}/\sqrt{\text{Hz}}$ 电压噪声;输入电阻为 $300\ \text{k}\Omega$ 时,电流噪声的影响高达 $960\ \text{nV}/\sqrt{\text{Hz}}$,电压噪声不变,约翰逊噪声增大 10 倍(其大小与电阻值的平方根成正比),此时电流噪声起主导作用。

图 2.3.22　输入端电阻 R 的影响

从上面的示例可以看到,应根据输入信号源的阻抗来选择合适的低噪声运算放大器。当阻抗较大时,电流噪声起主导作用。不同阻抗的输入源应选用不同运算放大器。对于低阻抗电路,显然应该选择像 OPA211 这样的低电压噪声型运算放大器,因为它们价格便宜,且电流噪声相对较大不影响应用;对于中等阻抗电路,电阻的约翰逊噪声起主导作用;对于高阻抗电路,必须选用电流噪声极低的 JFET 运算放大器,如 OPA827 电流噪声为 $2.2\ \text{fA}/\sqrt{\text{Hz}}$($@1\ \text{kHz}$),其中,$I_B = \pm 3 \sim \pm 10\ \text{pA}$ 等。

输入端电阻 R(源电阻 R_S)产生的噪声对不同型号的运算放大器的影响如图 2.3.23 和图 2.3.24 所示[15,16]。

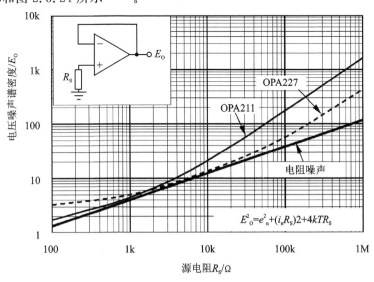

图 2.3.23　OPA211 和 OPA227 噪声与源电阻(包括电阻噪声)关系

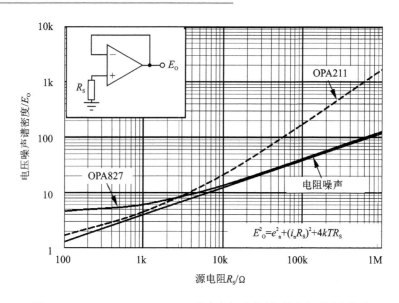

图 2.3.24　OPA211 和 OPA827 噪声与源电阻(包括电阻噪声)关系

2.3.18　$1/f$ 噪声

1. 噪声谱密度[8,14,17]

高频下的噪声为白噪声(即其频谱密度不会随频率而变化)。这种情况适用于运算放大器的大部分频率范围,但在低频率条件下,噪声频谱密度会以 3 dB/倍频程上升,如图 2.3.25 所示。功率频谱密度在此区域内与频率成反比,所以电压噪声频谱密度与频率的平方根成反比。因此,这种噪声通常称为"$1/f$ 噪声"。但应注意,在有些教材中仍旧使用"闪烁噪声(Flicker Noise)"这个旧术语。

如图 2.3.25 所示,在对数坐标图中,-3 dB/倍频程(CMOS 类放大器)的外推 $1/f$ 噪声谱密度线与宽带常数噪声谱密度值相交的频率被称为 $1/f$ 转折频率(f_C)。双极型 JFET 放大器的 $1/f$ 拐角频率通常低于 CMOS 放大器。

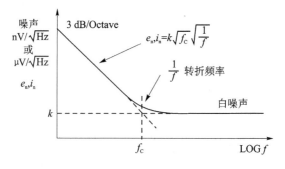

图 2.3.25　噪声谱密度

运算放大器的噪声具有高斯特性,其谱密度(自噪声)在较宽频率范围内为一个常数。随着频率的下降,受制造工艺、IC 器件布局和器件类型的影响,谱密度将开始按以下速率升高:3 dB/倍频程(CMOS 放大器);3.5～4.5 dB/倍频程(双极型放大器);或最高 5 dB/倍频程(JFET 放大器)。

噪声开始增大时对应的频率称为 $1/f$ 转折频率(f_C),该值越小越好。电压噪声和电流噪声的 $1/f$ 转折频率不一定相等,电流反馈型运放甚至有 3 个 $1/f$ 转折频率:电压噪声的 $1/f$ 转折频率,反相输入端的电流噪声的 $1/f$ 转折频率,以及同相输入端的电流噪声的 $1/f$ 转折频率。例如,OPA211 的电压噪声和电流噪声的 $1/f$ 转折频率[15] 如图 2.3.26 所示,电压噪声的 $1/f$ 转折频率约为 20 Hz,而电流噪声的 $1/f$ 转折频率约为 40 Hz。

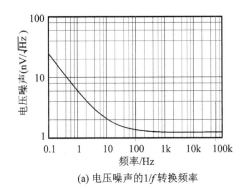
(a) 电压噪声的 1/f 转换频率

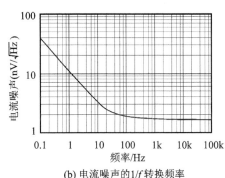
(b) 电流噪声的 1/f 转换频率

图 2.3.26 OPA211 的电压噪声和电流噪声的 $1/f$ 转折频率

用于描述电压噪声或电流噪声在 $1/f$ 范围内的频谱密度公式为:[8,17]:

$$e_n,i_n,=k\sqrt{f_C}\sqrt{\frac{1}{f}} \qquad (2.3.13)$$

其中,k 等于电流或电压白噪声的大小,f_C 是 $1/f$ 转折频率。

一些好的低频低噪声运放的转折频率约为 1～10 Hz,而 JFET 型器件和通用型运放则为 100 Hz。然而高速运放尽管具有较高速度,但是 $1/f$ 转折频率性能却较差,通常为数百赫兹,甚至 1～2 kHz。这对于宽带应用场合通常是无关紧要的,但是对于音频电路特别是均衡电路应用场合则有重要影响。

2. 均方根噪声[17]

如上所述,噪声频谱密度与频率成函数关系。为了获得均方根噪声,噪声频谱密度曲线必须在整个目标带宽上积分。

在 $1/f$ 区域中,带宽 f_L 至 f_C 内的均方根噪声由下式给出:

$$v_{n,\text{rms}}(f_L,f_C)=v_{\text{nw}}\sqrt{f_C}\sqrt{\int_{f_L}^{f_C}\frac{1}{f}\mathrm{d}f}=v_{\text{nw}}\sqrt{f_C\ln\left[\frac{f_C}{f_L}\right]} \qquad (2.3.14)$$

其中，v_{nw} 表示"白噪声"区域内的电压噪声频谱密度，f_L 表示 $1/f$ 区域中的最低目标频率，而 f_C 表示 $1/f$ 转折频率。

下一目标区域是从 f_C 至 f_H 的"白噪声"区。该带宽内的均方根噪声由下式给出：

$$v_{n,\text{rms}}(f_C, f_H) = v_{nw}\sqrt{f_H - f_C} \tag{2.3.15}$$

将式(2.3.14)和(2.3.15)可以合并，得出 f_L 至 f_H 的总均方根噪声：

$$v_{n,\text{rms}}(f_L, f_H) = v_{nw}\sqrt{f_C\ln\left[\frac{f_C}{f_L}\right] + (f_H - f_C)} \tag{2.3.16}$$

在许多情况下，低频峰峰值噪声是 0.1～10 Hz 带宽内的额定值，采用运算放大器与测量器件之间的 0.1～10 Hz 带通滤波器测得。如图 2.3.27 所示，测量结果通常表示为示波图[15]，时间刻度为 1 s/div。

注意：在 0.1～10 Hz 带宽内测量的 $1/f$ 噪声可与电压噪声频谱密度相关。

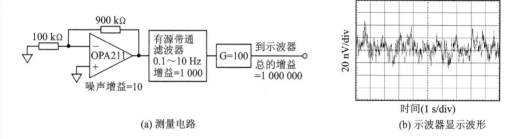

(a) 测量电路　　　　　　　　　(b) 示波器显示波形

图 2.3.27　0.1～10 Hz 的电压噪声(OPA211)

应注意，在较高频率下，包含自然对数的公式项变得微不足道，均方根噪声表达式变为：

$$V_{n,\text{rms}}(f_H, f_L) \approx v_{nw}\sqrt{f_H - f_L} \tag{2.3.17}$$

如果 $f_H \gg f_L$，有：

$$V_{n,\text{rms}}(f_H) \approx v_{nw}\sqrt{f_H} \tag{2.3.18}$$

然而，一些运算放大器具有在高频下略微增加的电压噪声特性。所以使用此近似值计算高频噪声时，应仔细检查运算放大器电压噪声与频率关系曲线的平坦度。

在极低频率下，当仅在 $1/f$ 区域内工作时，$f_C \gg f_H - f_L$，均方根噪声表达式简化为：

$$V_{n,\text{rms}}(f_H, f_L) \approx v_{nw}\sqrt{f_C\ln\left[\frac{f_H}{f_L}\right]} \tag{2.3.19}$$

请注意，如果工作范围扩展至直流，则无法通过滤波减少该 $1/f$ 噪声。问题是，对长时间内的大量测量结果求平均值实际上对 $1/f$ 噪声的均方根值无影响。进一步减少 $1/f$ 噪声的方法是使用斩波稳定型运算放大器，从而消除低频噪声。

在实际操作中,几乎不可能在特定频率限值内测量噪声而不受限值外噪声的影响,因为实际滤波器的滚降特性有限。幸运的是,单极点低通滤波器引起的测量误差很容易计算。单极点低通滤波器截止频率 f_C 以上频谱内的噪声将转折频率扩展至 $1.57f_C$。同样,双极点滤波器的视在转折频率约为 $1.2f_C$。对具有两个以上极点的滤波器而言,误差校正因数通常可忽略。校正后的净带宽称为滤波器的"等效噪声带宽"。

2.3.19　谐波失真

描述运算放大器的动态范围的规格很多。最常见的描述运放失真的指标有:谐波失真(Harmonic Distortion)、总谐波失真(Total Harmonic Distortion,THD)以及总谐波失真加噪声(Total Harmonic Distortion plus Noise,THD+N)。在与通信系统有关的放大器中,还包含有如交调(互调)失真(Intermodulation Distortion,IMD)、二阶/三阶截点(IP2/IP3,Second/Third Intercept Points,)、无杂散动态范围(Spurious Free Dynamic Range,SFDR)、多音功率比(Multitone Power Ration,MTPR)等[5,8]。

1. 总谐波失真参数 THD

总谐波失真参数 THD 被定义为输出信号中基频信号的各谐波分量的均方根电压值与输出信号总的均方根电压值之比。THD 以 dBc(相对于载波的分贝数)为单位,或以百分比为单位。THD 中不包括噪声,而总谐波失真与噪声这个参数则要考虑噪声。

$$\text{THD} = \frac{\sqrt{V_2^2 + V_3^2 + V_4^2 + \cdots V_n^2}}{V_s} \tag{2.3.20}$$

式中,V_s 为信号幅度(RMS 伏),V_2 为二次谐波幅度(RMS 伏),V_n 为 n 次谐波幅度(RMS 伏),V_{noise} 为可测带宽内的所有噪声的 RMS 值。

注意:对于造成谐波失真的失真成分,通常只计算其前 5 或 6 项分量的方和根。然而,在很多实际应用中,如果只考虑前 2 到 3 项分量也是可以的。

2. 总谐波失真与噪声参数 THD+N

总谐波失真与噪声参数 THD+N 被定义为输出信号中的均方根噪声电压加上基频信号的各谐波分量的均方根电压与输出信号的基频的均方根电压值之比。它以 dBc 或百分比为单位。

THD+N 将输出信号的频率分量与输入信号的频率分量进行比较。在理想情况下,如果输入信号是一个纯粹的正弦波,那么输出信号也是一个纯粹的正弦波。由于运放内部的非线性和各种噪声源,输出就永远不会是纯正弦波。

$$\text{THD} + N = \frac{\sqrt{V_2^2 + V_3^2 + V_4^2 + \cdots V_n^2 + V_{\text{noise}}^2}}{V_s} \tag{2.3.21}$$

需要特别注意的是，THD 不包括噪声项 V_{noise}，而 THD＋N 则包括噪声项 V_{noise}，THD＋N 中的噪声必须包括被测带宽内的所有噪声。在音频应用中，带宽通常选为大约 100 kHz；在窄带应用中，可以通过滤波减小噪声的电平。

另一方面，由于谐波和交调的乘积（其大小在带宽内下降）不能被滤除，因此必须适当限制系统的动态范围。

THD＋N 也可以更简洁地表示为所有其他频率分量与基频分量的比率：

$$THD＋N = \frac{\sum 谐波电压 ＋ 噪声电压}{基频} \times 100\% \qquad (2.3.22)$$

例如，假设一个 THD＋N＝1％的频谱，基频与输入信号的频率相同，运放的非线性特性产生了输出信号中基频的各次谐波，输出信号中的噪声是由运放的输入噪声和其他噪声源产生的，所有的谐波分量和噪声加在一起等于基频的 1％。

注意：信号的相对功率常用 dB 和 dBc 两种形式表示，其区别在于：dB 是任意两个功率的比值的对数表示形式，而 dBc 是某一频点输出功率和载频（Carrier）输出功率的比值的对数表示形式。

输出摆幅的限制、A－B 类放大器的交越非线性以及压摆率是运放中产生失真的 3 个最大原因。一般来说，运放必须工作在等于或者小于它的推荐工作状态下，才可获得很低的 THD。输出电压摆幅的限制会产生被削波了的信号。A－B 类的交越非线性会产生交越失真。压摆率的限制对于较高频率的信号会产生失真。

例如，宽度电压反馈运算放大器 OPA2889 的谐波失真与负载、电源电压、频率、输出电压摆幅、同相增益、反相增益关系[18]如图 2.3.28 所示。

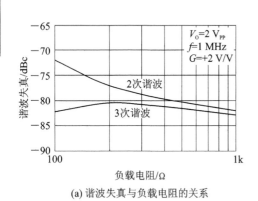

(a) 谐波失真与负载电阻的关系　　(b) 1 MHz谐波失真与电源电压的关系

图 2.3.28　谐波失真与一些电路参数的关系

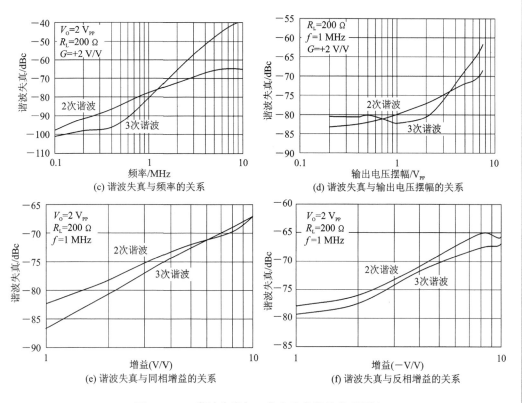

图 2.3.28　谐波失真与一些电路参数的关系(续)

2.3.20　输入阻抗

1. 输入电阻

(1) 输入电阻 R_i(R_N 和 R_P)

输入电阻 R_i(R_N 和 R_P)被定义为当任意一个输入端接地时的两个输入端之间的 DC 电阻[5,7],它的单位是欧姆(Ω)。

运算放大器每个输入端与地以及两个输入端之间的电阻和电容的模型如图 2.3.29 所示。R_i(R_N 和 R_P)是一组影响到输入阻抗的分布元件之一。在高频时还需要考虑输入电路中的分布电感,但这些电感在低频区的影响是可以忽略的。因为输入电路是信号源的负载,当信号源阻抗很高时,输入阻抗就成为一个设计需要考虑的重点。

输入电阻 R_i(R_N 和 R_P)是两个输入端之间的电阻,但有一个输入端需接地。在图 2.3.29 中,如果＋输入端(V_P)接地,那么 $R_i = R_D \parallel R_N$,R_D 为差模输入电阻。R_i 的值与输入电路的类型有关,阻值范围为 $10^7 \sim 10^{12}$ Ω。

有时候,在放大器芯片的数据手册中会给出共模输入电阻 R_{ic}。在图 2.3.29 中,

如果把输入端 V_P 与 V_N 短接,那么那么 $R_{ic} = R_P \parallel R_N$。$R_{ic}$ 是一个以地为参照的共模信号源所看见的输入电阻。

(2) 差分输入电阻 R_{id}

在图 2.3.29 中,差分输入电阻 $R_{id} = R_D$。差分输入电阻 R_{id} 被定义为在两个未接地的输入端之间的小信号电阻,它以欧姆(Ω)为单位。

(3) 开环跨阻 R_t

在跨阻抗放大器或电流反馈放大器中,开环跨阻参数 R_t 被定义为 DC 输出电压的改变量与反相输入端 DC 电流改变量之比。它以欧姆(Ω)为单位。

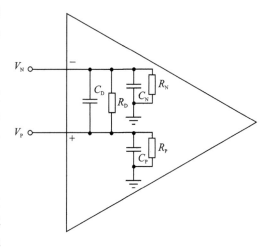

图 2.3.29　运放输入端的电阻和电容

2. 输入电容

(1) 输入电容 C_i

输入电容参数 C_i 被定义为运放的两个输入端之间的电容,而这两个输入端中有一个是接地的,该参数以法拉为单位[5,7]。

如图 2.3.29 所示,C_i 也是一组影响到输入阻抗的分布元件之一。输入电容 C_i 是在两个输入端之间测量的,而其中的一个输入端要接地。C_i 一般是几皮法(pF)。在图 2.3.26 中,如果+输入端(V_P)接地,那么 $C_i = C_D \parallel C_N$,C_D 为差模输入电容。

(2) 共模输入电容 C_{ic}

共模输入电容 C_{ic} 被定义为一个共模信号源所见到的对地之间的输入电容。该参数的单位是法拉,一般是几皮法(pF)。

C_{ic} 也是一组影响到输入阻抗的分布元件之一。有时候,在放大器芯片的数据手册中会给出共模输入电容 C_{ic}。在图 2.3.29 中,如果把输入端 V_P 与 V_N 短接,那么 $C_{ic} = C_P \parallel C_N$。$C_{ic}$ 是一个以地为参照的共模信号源所看见的输入电容。

(3) 差分输入电容 C_{id}

差分输入电容参数 C_{id} 与共模输入电容 C_{ic} 是相同的。它是一个以地为参照的共模信号源所看见的输入电容,该参数以法拉为单位,一般是几皮法(pF)。

3. 电压和电流反馈型运放的输入阻抗

(1) 电压反馈型运放的输入阻抗[7,8]

在放大器芯片的数据表中通常都会列出差模和共模输入阻抗参数。Z_{cm+} 和 Z_{cm-} 为共模输入阻抗,共模输入阻抗(Z_{cm+} 和 Z_{cm-})是指由任何一个输入端到地的阻抗(注意不是两个输入端同时到地的阻抗)。

Z_{diff} 为差模输入阻抗,差模输入阻抗(Z_{diff})是指两个输入端之间的阻抗。

差模和共模输入阻抗为电阻和电容的并联形式,呈现高阻抗性,电阻值高达 $10^5 \sim 10^{12}\ \Omega$,电容为 pF 级。

在大多数运算放大器应用电路中,反相输入端的阻抗通常受负反馈影响而变得很小,因此只有 $Z_{\text{cm}+}$ 和 Z_{diff} 还起作用。

(2) 电流反馈型运放的输入阻抗[7,8]

电流反馈型运放的输入阻抗 Z_+ 连接到地,呈高阻态($10^5 \sim 10^9\ \Omega$),并伴有并联电容。而输入阻抗 Z_- 呈电抗性(L 或者 C,取决于器件),并且依类型不同而伴有 $10 \sim 100\ \Omega$ 电阻。

2.3.21　输出阻抗

1. 输出电阻 R_O

输出电阻 R_O 被定义为在对实际器件建模时,串联在理想放大器的输出端与器件输出端之间的一个 DC 电阻。它的单位是欧姆(Ω)。

输出电阻 R_O 这个参数是很难测量的,因为当放大器被置于开环状态时,由于极高的开环增益,我们很难把输入平衡到使输出为零(或在单电源时为 $V_{\text{CC}}/2$)。测量输出电阻 R_O,需要将输入平衡到使输出为零之后,从输出端取出一个负载电流,并测定电压的改变量,然后用欧姆定律计算出 R_O。

2. 输出阻抗 Z_{OUT}

理想放大器的输出阻抗 $Z_{\text{OUT}} = 0\ \Omega$。而实际放大器的输出阻抗可以用 R_{OUT}、R_{CL}、R_{OL}、Z_{CL} 或 Z_{OL} 参数来表述。

低输出阻抗是运放的一个重要特性,但通常不会给出精确的输出阻抗值。指定输出阻抗时,通常以闭环配置(R_{CL} 或 Z_{CL})或开环配置(R_{OL} 或 Z_{OL})条件下的电阻或阻抗的形式提供。最常见的情况是使用电阻值来指定输出阻抗。例如,运算放大器 OPA606 数据表给出的输出阻抗为 $40\ \Omega$(@DC,开环)。

可以方便地测量闭环输出电阻。闭环输出电阻等于:

$$R_{\text{CL}} = \Delta V_{\text{OUT}}/\Delta I_L \qquad (2.3.23)$$

其中 $\Delta V_{\text{OUT}} =$ 输出电压的变化,$\Delta I_L =$ 输出电压变化时输出电流的变化量。

对于图 2.3.30 所示的电路,开环输出电阻等于:

$$R_{\text{CL}} = R_{\text{OL}}/(A_{\text{OL}}/(1+R_F/R_{\text{IN}})) \qquad (2.3.24)$$

式中,$(1+R_F/R_{\text{IN}})$ 为同相闭环增益。该闭环增益也被称为 $1/\beta$。放大器的闭环输出电阻缩小的比例等于放大器的开环增益。

例如,图 2.3.31 所示电路,电路采用 ±5 V 供电,DC 耦合,电路中 $R_F = 402\ \Omega$,$R_L = 100\ \Omega$,$G = +2$,运算放大器 OPA690 的闭环输出阻抗为 $0.04\ \Omega$[19]。

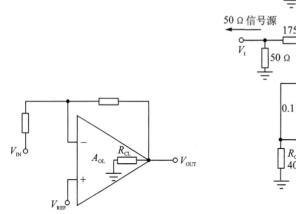

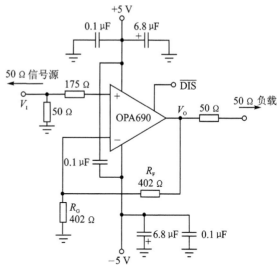

图 2.3.30　放大器的闭环输出电阻　　　**图 2.3.31　直流耦合,增益为＋2,双电源供电电路**

如图 2.3.32 和图 2.3.33 所示,输出阻抗与频率有关,随着频率的上升,输出阻抗增加[19,20]。

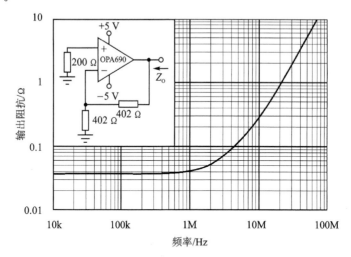

图 2.3.32　OPA690 输出阻抗与频率的关系

2.3.22　电源参数(V_{SS}、V_{DD}、I_{DD} 或 I_Q)

电源电压定义为,可使放大器工作在线性区的可接受的 V_{DD} 和 V_{SS} 之间的差值。如果电压差小于规定值,则放大器很可能不能可靠地工作。如果电源电压高于规定值,放大器很可能可以按预期工作,但由于施加给放大器内晶体管的电压过大,很可能导致器件损坏。在产品数据手册的参数表中,通常会给出该放大器的绝对最大额

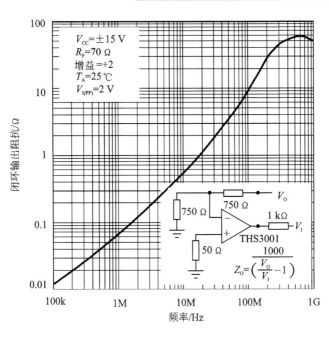

图 2.3.33　THS3001 输出阻抗与频率的关系

定值(Absolute Maximum Ratings),放大器的电源电压一定不能够超过该数值。例如,OPA690 的电源电压最大额定值为±6.5 V。

　电源电流(I_{DD} 或 I_Q)指定为空载条件下的电流。通常,当放大器带有负载时,拉电流主要会从 V_{DD} 引脚输出,流经运放的输出级然后流向负载,而灌电流主要会导致 V_{SS} 增加。

　电源参数(V_{SS}、V_{DD}、I_{DD} 或 I_Q)通常作为独立项出现在产品数据手册的参数表中。该参数偶而也会作为 PSRR 参数的测试条件。例如图 2.3.34 所示的[19] OPA690 数据表的电源参数(POWER SUPPLY)。

51

PARAMETER	TEST CONDITIONS	OPA690ID,IDBV				UNIT	MIN/MAX	TEST LEVELS
		TYP	MIN/MAX OvER TEMPERATURE					
		+25℃	+25℃	0℃~+70℃	−40℃~+85℃			
POWER SUPPLY								
Specified Operating Voltage		±5				V	type	C
Maximum Operating Voltage Range			±6.0	±6	±6	V	max	A
Maximum Quiescent Current	$V_S=\pm5$ V	5.5	5.8	6.2	6.6	mA	max	A
Minimum Quiescent Current	$V_S=\pm5$ V	5.5	5.3	4.6	4.3	mA	min	A
Power-Supply Rejection Ratio(+PSRR)	Input-Referred	75	68	66	64	dB	min	A

图 2.3.34　OPA690 数据表的电源参数

2.3.23　电源抑制比

1. 电源电压抑制比的定义和测量

电源抑制比（Power Supply Rejection Ratio，PSRR）与电源抑制比参数 k_{SVR} 相同，它被定义为电源电压的改变量与由此引起的输入失调电压改变量之比的绝对值。在一般情况下，电源的两个端电压是对称变化的。它的单位是分贝（dB）[5]。

电源电压会影响到输入差分对的偏置点。由于输入电路固有不匹配，偏置点的改变会引起失调电压的改变，进而引起输出电压的改变。

对于双电源运放，PSRR＝$\Delta V_{CC\pm} / \Delta V_{OS}$ 或者 $\Delta V_{DD\pm} / \Delta V_{OS}$。$\Delta V_{CC\pm}$ 中的正负号表示正负电源是对称地改变的。对于单电源运放，PSRR＝$\Delta V_{CC} / \Delta V_{OS}$ 或者 $\Delta V_{DD} / \Delta V_{OS}$。同时还应该看到，PSRR 的生成机理是与共模抑制比 CMRR 相同的。因此，在数据手册中，PSRR 也被归入 DC 参数。当把 PSRR 与频率的关系画成曲线时，这条曲线将随频率的增加而下降。

如果改变运放的供电电压，其输出电压本不应该发生变化，但是实际上它的确会有变化。如果供电电压改变 X 伏时引起的输出电压变化量与差分输入改变 Y 伏引起的输出变化相等，那么运放的电源抑制比（PSRR）等于 X/Y。在 PSRR 的定义中，假设电源正负电压同时向相反反向改变同样的大小，否则将引起共模变化，令分析更为复杂。PSRR 不同，对电源正负电压的抑制效果也不同[5]。

一个电源电压抑制比（PSRR）的测量电路如图 2.3.35 所示，有：

$$\text{PSRR} = 101 \left[\frac{1\text{ V}}{\Delta V_{OUT}} \right] \tag{2.3.25}$$

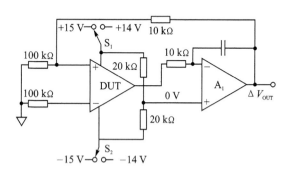

图 2.3.35　PSRR 测量电路

电路通过开关（转换）电源来改变电源电压，电源电压对称地改变值为 1 V，当然也可以选择其他合适的值。积分放大器 A_1 必须采用具有较高增益和较小的 V_{OS} 和 I_B，例如可以采用 OPA277/ OPA2277/ OPA4277 等运放。

2. 电源抑制比的频率响应

电源抑制比参数量化了放大器对电源变化的敏感度。理想情况下，电源抑制比应该是无穷大。一般放大器的电源抑制比的范围为 60 dB 到 100 dB。

与放大器的开环增益（A_{OL}）特性一样，电源抑制比也是频率的函数，随着频率的升高，PSRR 的数值开始下降。如图 2.3.36 所示[21]，电源产生的变化（或者噪声，叠加在电源上的噪声也会引起电源电压的变化）在 1 kHz 以下，+PSRR 约为 130 dB；之后，随着频率的上升，PSRR 不断下降。而－PSRR 随着频率的上升，不断下降。很明显，对高频电源变化（噪声）的抑制能力要低于对直流和低频电源变化（噪声）的抑制能力。

注意：开关电源产生的噪声频率从 50 kHz 到 500 kHz 或者更高。在这些频率范围，PSRR 几乎为零。所以，在电源上的噪声会引起运算放大器在输出端产生噪声。对此，必须采用适当的旁路（去耦）技术。

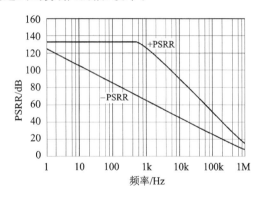

图 2.3.36 电源抑制比与噪声频率（OPA2734）

在闭环系统中，放大器的电源抑制能力略低于理想情况，它表现为失调电压误差的形式（$\text{PSRR}_{ERROR} = \Delta V_{OS}$）。描述这一误差的公式如下：

$$\text{PSRR(dB)} = 20 \log (\Delta V_{SUPPLY} / \Delta V_{OS}) \tag{2.3.26}$$

描述电源抑制能力的公式为：

$$\text{PSR(V/V)} = \Delta V_{OS} / \Delta V_{SUPPLY} \tag{2.3.27}$$

其中：$V_{SUPPLY} = V_{DD} - V_{SS}$。式中 ΔV_{OS} 表示电源电压变化 ΔV_{SUPPLY} 时，引起输出电压变化 ΔV_O 折合到输入端的失调电压 $\Delta V_{OS} = \Delta V_O / \Delta A_{vd}$。

例如，带有最小 5 倍增益的宽电源范围、轨到轨输出仪器放大器 INA827 的 PSRR（电源抑制比）与增益和频率的关系[22]如图 2.3.37 所示，（PSRR（电源抑制比）随着增益的增加而加大，随着频率的增加而减小。

2.3.24　电源抑制比参数 k_{SVR}

电源抑制比参数 k_{SVR} 是与电源抑制比 PSRR 相同的[5]。它被定义为电源电压的

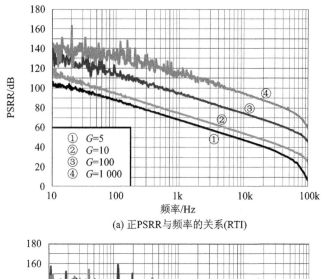

(a) 正PSRR与频率的关系(RTI)

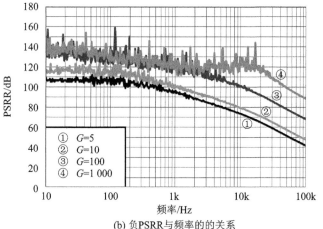

(b) 负PSRR与频率的的关系

图 2.3.37　PSRR 与频率的关系

改变量与由此引起的输入失调电压改变量之比的绝对值。在一般情况下,电源的两个端电压是对称变化的。该参数以分贝(dB)为单位。

电源电压会影响到输入差分对的偏置点。由于输入电路固有的不匹配,偏置点的改变会引起失调电压的改变,进而引起输出电压的改变。

对于双电源运放, $k_{SVR} = \Delta V_{CC\pm} / \Delta V_{OS}$ 或者 $\Delta V_{DD\pm} / \Delta V_{OS}$。 $\Delta V_{CC\pm}$ 中的正负号表示正负电源是对称地改变的。对于单电源运放, $k_{SVR} = \Delta V_{CC} / \Delta V_{OS}$ 或者 $\Delta V_{DD} / \Delta V_{OS}$。同时还应该看到,产生 k_{SVR} 的机理是与共模抑制比 CMRR 相同的。因此,在数据手册中, k_{SVR} 也被归入 DC 参数。当把 k_{SVR} 与频率的关系画成曲线时,这条曲线将随频率的增加而下降。

例如,LMV321 – Q1/LMV358 – Q1/LMV32 的 k_{SVR} 与频率的关系[23] 如图 2.3.38 所示。从中可见, k_{SVR} 随频率的增加而下降。

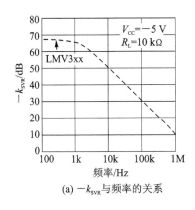 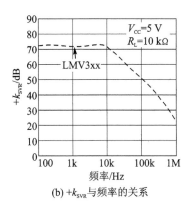

(a) $-k_{SVR}$ 与频率的关系　　　　(b) $+k_{SVR}$ 与频率的关系

图 2.3.38　k_{SVR} 与频率的关系

2.3.25　IC 的封装

与其他类型的集成电路一样,运算放大器芯片也有多种封装形式,例如:DIP、SOIC、SOT、SOP、QFP、SIP、LCC、PGA、BGA 等,一个相同型号的芯片也可以有几种封装形式。通常,在运算放大器芯片的数据手册(数据表)中都会给出相关型号和尺寸等参数。各运算放大器芯片生产商网站也可以提供有关 IC 封装的信息。

登录 TI 公司的网站,可以查询 TI 公司的 IC 封装参数。登录 TI Home→Support→Quality & Eco-Info →Packaging Information(http://focus. ti. com/quality/docs/gencontent. tsp? templateId＝5909&navigationId＝12626&contentId＝5071)可以找到"Package Selection Guides(封装选择指南)",如图 2.3.39 所示。

Package Selection Guides

∷　By Package Type

∷　By Industry Standard Terms

∷　By JEDEC Code

∷　By Package Pitch

∷　By Package Max Height

∷　By TI Package Designator

图 2.3.39　封闭选择指南

例如,单击 By Package Type,可以查询到按类型的半导体封装信息,如图 2.3.40 所示。单击在图 2.3.40 中所示的 Type(类型)中的封装代码,可以查询到该封装的详细信息。例如,单击 SOIC,可以查询到 SOIC 封装的详细信息,如图 2.3.41 所示。单击具体的型号,例如 DVA-8,可以查询到该封装 DVA (R-PDSO-G8/28)的详细封装外形和尺寸参数(如图 2.3.42 所示)。

Type	Package Designator Codes
B1QFN	RKG, RUQ
BGA	GDH, GDJ, GDP, GDQ, GDU, GDW, GDY, GEA, GFM, GFN, GFS, GFT, GFU, GFV, GFW, GFX, GGC, GGD, GGE, GGH, GGN, GGP, GGQ, GGR, GGS, GHQ, GJQ, GJY, GJZ, GKN, GKP, GKQ, GKZ, GLM, GLW, GND, GNH, GNP, GNT, GPG, GPV, GVM, GWM, NSA, NSB, NSC, NSE, NWA, NWB, NWC, NWD, NXA, SAE, ZAK, ZDB, ZDH, ZDJ, ZDL, ZDP, ZDQ, ZDR, ZDT, ZDU, ZDW, ZDY, ZEA, ZED, ZEL, ZEN, ZER, ZEU, ZEV, ZEW, ZFE, ZFF, ZJZ, ZKB, ZND, ZPG, ZPV, ZVA, ZWD, ZWL, ZWM, ZWQ, ZXF
	⋯⋯
QFP	FR, NAU, NBH, NBK, NBL, NNC, NND, PAF, PAK, PAL, PBM, PBR, PCM, PF, PFF, PG, PGJ, PH, PJ, PJM, PJS, PJU, PJY, RC
SDIP	NEV
SIP	EEN, PK
SIP MODULE	EAA, EAC, EAD, EAF, EAH, EAJ, EAL, EAM, EAU, EBA, EBC, EBD, EBE, EBG, EBK, ECA, ECC, ECD, ECE, ECG, ECK, ECV, ECW, EDA, EDC, EDD, EDE, EDF, EDG, EDJ, EDK, EDN, EDP, EEA, EEC, EED, EEE, EEF, EEG, EEK, EEL, EEM, EEQ, EFA, EFC, EFD, EFF, EFH, EFJ, EFK, EFL, EFM, EFN, EFP, EFQ, EHA, EHC, EHD, EHE, EHF, EHG, EHH, EHJ, EHK, EHL, EJA, EJC, EJD, EJE, EJF, EJG, EJH, EJJ, EJK, EKA, EKC, EKD, EKE, EKF, EKG, EKH, ELA, ELC, ELD, ELF, ELG, ELH, ELJ, ELK, ELL, EMA, EMC, EMD, EME, EMF, EMG, ENA, ENC, END, ENE, ENF, ENG, ENH, ENJ, ENK, ENL, ENM, ENN, ENP, EPA, EPC, EPD, EPE, EPF, EPG, EPH, EPJ, EPK, EPL, EPM, EPN, EPP, EPQ, EPS, ERA, ERC, ERD, EVA, EVC
SOIC	D, DVA, DW, DWC, NPA
SON	DQA, DQH, DQP, DQS, DQU
SOP	DCW, DTA, DTC, DTE, DTL, DUA, DUB, DVB, DVK, DVL, DVM, DVP, DVQ, DVS, DWU, DZD, NBD, NBE, NS, PS, PSA
SOT	DBV, DBZ, DCK, DCQ, DCY, DDC, DRL, DRT, NDC
SSOP	DB, DBQ, DCE, DCN, DCT, DCV, DL
	⋯⋯
csBGA	NYA, NYB, NYC
uCSP	ZSU, ZSV, ZSZ
uSiP	SIP

图 2.3.40　By Package Type 中按类型的半导体封装信息(注:该图有删减)

Pkg	Pins	Footprint	Industry Standard Term	Description	Width (mm)	Length (mm)	Thickness (mm)	Pitch (mm)	Maximum Height (mm)	JEDEC
D	14		SOIC	Plastic Small Outline	3.91	8.65	1.58	1.27	1.75	R-PDSO-G
D	16		SOIC	Plastic Small Outline	3.91	9.9	1.58	1.27	1.75	R-PDSO-G
D	7		SOIC	Plastic Small Outline	3.91	4.9	1.58	1.27	1.75	R-PDSO-G
D	8		SOIC	Plastic Small Outline	3.91	4.9	1.58	1.27	1.75	R-PDSO-G
DVA	8		SOIC	Plastic Small Outline	7.5	17.9	2.3	1.27	2.65	R-PDSO-G
DW	16		SOIC	Plastic Small Outline	7.5	10.3	2.35	1.27	2.65	R-PDSO-G
DW	18		SOIC	Plastic Small Outline	7.5	11.5	2.35	1.27	2.65	R-PDSO-G
DW	20		SOIC	Plastic Small Outline	7.5	12.8	2.35	1.27	2.65	R-PDSO-G
DW	24		SOIC	Plastic Small Outline	7.5	15.4	2.35	1.27	2.65	R-PDSO-G
DW	28		SOIC	Plastic Small Outline	7.5	17.9	2.35	1.27	2.65	R-PDSO-G
DWC	8		SOIC	Plastic Small Outline	3.9	4.85	1.45	1.27	1.72	R-PDSO-G
NPA	14		SOIC	Plastic Small Outline	7.498	8.992	2.301	1.27	2.65	R-PDSO-G

图 2.3.41　SOIC 封装的详细信息

2.3.26　与 IC 封装热特性有关的一些参数

1. 结到周围环境的热阻 θ_{JA}

热阻一般用符号 θ 来表示,单位为℃/W。除非另有说明,热阻指热量在从 IC 热结点传导至环境空气时遇到的阻力。也可以将其表示为 θ_{JA},即结至环境的热阻。θ_{JC} 和 θ_{CA} 是 θ 的另外两种表示形式。

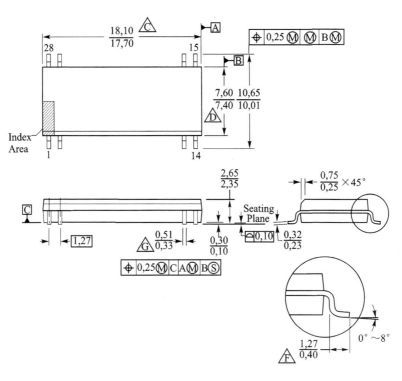

图 2.3.42　DVA – 8/28 封装的封装外形和尺寸

结到周围环境的热阻 θ_{JA} 被定义为从芯片的 PN 结到周围空气的温差与芯片所耗散的功率之比。θ_{JA} 的单位是 ℃/W。

θ_{JA} 这个参数取决于管壳与周围环境之间的热阻以及 θ_{JC} 参数。

当电路的封装不是很好地向部件内其他元件散热的时候，θ_{JA} 是较好的热阻指示参数。

在 IC 数据手册中，通常会给出各种不同封装的 θ_{JA}。在评估哪一种封装不会过热，以及在环境温度和功耗已知的情况下确定芯片结温的时候，这是一个非常有用的参数。

热阻 θ_{JA} 与周围空气温度 T_A、半导体结温 T_J、半导体的功耗 P_D 的关系如下所示：

$$T_J = T_A + P_D \times \theta_{JA} \tag{2.3.28}$$

式中，T_J（℃）为半导体结温，T_A（℃）为周围空气温度，P_D（W）为半导体的功耗，θ_{JA}（℃/W）为热阻（结到周围环境），$\theta_{JA} = \theta_{JC} + \theta_{CH} + \theta_{HA}$，$\theta_{JC}$（℃/W）为热阻（结到外壳），$\theta_{CH}$（℃/W）为热阻（外壳到散热器），$\theta_{HA}$（℃/W）为热阻（散热器到周围空气）。

2. 结到外壳的热阻 θ_{JC}

结至到外壳的热阻 θ_{JC} 被定义为从芯片的 PN 结到外壳的温差与芯片所耗散的

功率之比。θ_{JC} 的单位是℃/W。

θ_{JC} 这一参数与管壳到周围环境的热阻无关,而 θ_{JA} 参数是与此热阻有关的。当电路的封装被安排成可以向部件中其他元件散热的时候,θ_{JC} 是较好的热阻指示参数。

在 IC 数据手册中,通常会给出各种不同封装的 θ_{JC}。在评估哪一种封装最不会过热以及在外壳温度和功耗已知的情况下确定出芯片结温的时候,这是一个非常有用的参数。

3. 自由空气工作温度 T_A

自由空气工作温度条件 T_A 被定义为运放工作时所处的自由空气的温度,在一些资料中也称为环境温度。其他一些参数可以随温度而变,导致在极值温度下工作性能的下降。T_A 以摄氏度为单位。

在 IC 数据手册(数据表)中,T_A 的范围被列入绝对最大值的表内,因为如果超过了表中的这些应力值,则可以引起器件的永久性损坏;同时也不表示在这一极值温度下器件仍可正确工作,也许会影响到产品的可靠性。T_A 的另一个温度范围在数据手册(数据表)中被列为推荐工作条件。T_A 还可以在数据手册(数据表)中用做参数测试条件,以及用于典型曲线图中。此外,这个参数还可以用作曲线图中的一个坐标变量。T_A 的单位是℃。

4. 最高结温 T_J

最高结温 T_J 被定义为芯片可以工作的最高温度。其他一些参数会随温度而变,导致在极值温度下性能变坏。T_J 的单位是℃。

T_J 这一参数被列在绝对最大值的表内,因为超过这些数据的应力值可以引起器件的永久性损坏。同时也不表示在这一极值温度下器件可以正确工作,也许会影响到产品的可靠性。

5. 存储温度参数 T_S 或 T_{stg}

存储温度参数 T_S 或 T_{stg} 被定义为运放可以长期储存(不加电)而不损坏的温度。T_S 或 T_{stg} 的单位是℃。

6. 60 s 壳温

60 s 壳温被定义为管壳可以安全地暴露 60 s 的温度。这个参数通常被规定为绝对最大值,并用作自动焊接工艺的指导数据。它的单位是℃。

7. 10 s 或 60 s 引脚温度

10 s 或 60 s 引脚温度被定义为引脚可以安全地暴露 10 s 或 60 s 的温度。这个参数通常被归入绝对最大值,并用作自动焊接工艺的指导数据。这个参数的单位是℃。

8. 功耗 P_D

功耗 P_D 被定义为提供给器件的功率减去由器件传递给负载的功率。可以看出,在空载时,$P_D = V_{cc} \times I_{cc}$ 或者 $P_D = V_{DD+} \times I_{DD}$。功耗 P_D 的单位是 W(瓦)。

9. 连续总功耗参数

连续总功耗参数被定义为一个运放封装所能耗散的功率,其中包括负载。这个参数一般被规定为绝对最大值。在数据手册表中,它可以分为周围温度和封装形式两部分。连续总功耗以 W(瓦)为单位。

10. IC 封装的基本热关系

IC 封装的基本热关系[24]如图 2.3.43 所示。

需要注意的是,图 2.3.43 中的串行热阻模拟的是一个器件的总的热阻路径。因此,在计算时,总热阻 θ(℃/W)为两个热阻之和,即 $\theta_{JA} = \theta_{JC} + \theta_{CA}$,$\theta_{JA}$ 为结到环境的热阻,θ_{JC} 为结到外壳热阻,θ_{CA} 为外壳到环境的热阻。

给定环境温度 T_A、P_D(器件总功耗(W))和热阻 θ,即可算出结温 T_J。

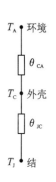

$$T_J = T_A + (P_D \times \theta_{JA}) \qquad (2.3.29)$$

注意:$T_{J(MAX)}$ 通常为 150 ℃(有时为 175 ℃)

根据图 2.3.43 中所示关系和式(2.3.29)可知,要维持一个低的结温 T_J,必须使热阻 θ 或功耗 P_D(或者二者同时)较低。

图 2.3.43　IC 封装的基本热关系

在 IC 中,温度参考点通常选择芯片内部最热的那一点,即在给定封装中芯片内部的最热点。其他相关参考点为 T_C(器件的外壳温度)或 T_A(环境空气的温度)。由此可以得到上面提及的各个热电阻 θ_{JC} 和 θ_{CA}。

以最简单的情况为例,θ_{JA} 是给定器件的结到环境空气的热电阻。对于运算放大器这样的低功耗 IC 芯片,该电阻通常较小,其功耗约为 1 W 或以下。一般而言,对于采用 8 引脚 DIP 塑封或者 SOIC 封装的运算放大器,典型的 θ_{JA} 值为 90～100℃/W 的水平。

需要明确的是,这些热阻在很大程度上取决于封装,因为不同的材料拥有不同水平的导热性。一般而言,导体的热阻类似于电阻,铜最好(铜的热电阻最小),其次是铝、钢等。因此,铜管脚封装具有最佳的散热性能,即最小(最低)的热阻 θ。

通常,一个热阻 θ 等于 100 ℃/W 的器件,表示 1 W 功耗将产生 100 ℃ 的温差,例如功耗减小 1 W 时,温度可以降低 100 ℃。请注意,这是一种线性关系,例如 500 mW 的功耗将产生 50 ℃ 的温度差。

低的温度差 ΔT 是延长半导体寿命的关键,因为,低的温度差 ΔT 可以降低最大结温。对于任意功耗 P_D（单位：W），都可以用以下等式来计算有效温差（ΔT）（单位为℃）：

$$\Delta T = P_D \times \theta \qquad\qquad (2.3.30)$$

式中，θ 为总热阻。

例如，一个热阻 θ 为 95 ℃/W 器件，1.3 W 的功耗将使结-环境温度差达到 124 ℃。利用这一公式就可以预测芯片内部的温度，以便判断热设计的可靠性。当环境温度为 25 ℃ 时，允许约 150 ℃ 的内部结温。实际上，多数环境温度都在 25 ℃ 以上，因此允许的功耗更小。

2.3.27　器件的功耗额定值

由于可靠性原因，运算放大器电路也越来越需要考虑热管理的要求。所有半导体都针对结温（T_J）规定了安全上限，通常为 150 ℃（有时为 175 ℃）。与最大电源电压一样，最大结温是一种最差情况限制，不得超过此值。在保守的（可靠的）设计中，一般都应留有充分的安全裕量。请注意，由于半导体的寿命与工作结温成反比，留有充分的安全裕量这一点至关重要。简言之，IC 芯片的温度越低，越有可能达到最长寿命。

对功耗和温度限制是很重要的，在运算放大器的数据手册中都有描述，例如图 2.3.44 所示内容。图 2.3.44 中所示为数据手册中给出的 THS3092/THS3096 器件的功耗额定值[6]。THS3092/THS3096 具有 8 引脚 D - 8 封装（θ_{JA} = 97.5 ℃/W）、8 引脚 DDA - 8 封装（θ_{JA} = 45.8 ℃/W）、14 引脚 PWP - 14 封装（θ_{JA} = 37.5 ℃/W）多种封装形式。

这些数据说明了器件的工作条件，比如器件功耗、印刷电路板（PCB）的封装安装细则等[5,8]。

DISSIPATION RATING TABLE

PACKAGE	Θ_{JC} (°C/W)	Θ_{JA} (°C/W)[1]	POWER RATING[2]	
			$T_A \leq 25°C$	$T_A = 85°C$
D-8	38.3	97.5	1.02 W	410 mW
DDA-8[3]	9.2	45.8	2.18 W	873 mW
PWP-14[3]	2.07	37.5	2.67 W	1.07 W

(1) This data was taken using the JEDEC standard High-K test PCB.
(2) Power rating is determined with a junction temperature of 125°C. This is the point where distortion starts to substantially increase. Thermal management of the final PCB should strive to keep the junction temperature at or below 125°C for best performance and long term reliability.
(3) The THS3092 and THS3096 may incorporate a PowerPAD™ on the underside of the chip. This acts as a heatsink and must be connected to a thermally dissipating plane for proper power dissipation. Failure to do so may result in exceeding the maximum junction temperature which could permanently damage the device. See TI Technical Brief SLMA002 for more information about utilizing the PowerPAD™ thermally enhanced package.

图 2.3.44　THS3092/THS3096 器件的功耗额定值

2.3.28　最大功耗与器件封装和温度的关系

不同型号的器件采用相同的或者不同的封装形式，由于器件的功能不同，器件的最大功耗与器件封装和温度的关系也会不同，例如：

1. TLV246x 的最大功耗与器件封装和温度的关系

TLV246x 系列运算放大器采用 SOT23、MSOP 和 TSSOP 多种封装形式,工作温度范围为 $0\sim70$ ℃ 和 $-40\sim125$ ℃。其最大功耗与器件封装和温度的关系如图 2.3.45 所示,PDIP 封装的 $\theta_{JA}=104$ ℃/W,MSOP 封装的 $\theta_{JA}=260$ ℃/W,SOIC 封装的 $\theta_{JA}=176$ ℃/W,SOT-23 封装的 $\theta_{JA}=324$ ℃/W。所有数据是在没有空气流通和使用 JEDEC 标准低 K 测试 PCB(Low-K test PCB)条件下测试获得[25]。

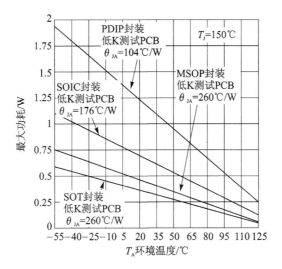

图 2.3.45　TLV246x 最大功耗与器件封装和温度的关系

2. THS3110/THS3111 的最大功耗与器件封装和温度的关系

THS3110 和 THS3111 采用具有热增强型(PowerPAD)的 MSOP-8 封装,其封装形式如图 2.3.46 所示,其热阻、功耗和温度的关系[26]如图 2.3.47 所示。

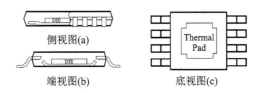

图 2.3.46　热增强型封装(PowerPAD)的视图

图 2.3.47 所示数据是在没有空气流动和 PCB 尺寸=3 in × 3 in (7.62 mm×7.62 mm) 条件下测试获得。

注意:具有 PowerPAD(DGN)的 MSOP-8 封装,$\theta_{JA}=58.4$ ℃/W;没有焊接时,$\theta_{JA}=158$ ℃/W。$\theta_{JA}=95$ ℃/W 是 SOIC-8 封装(使用 JEDEC 标准低 K 测试 PCB(Low-K test PCB))。

器件的最大功耗为:

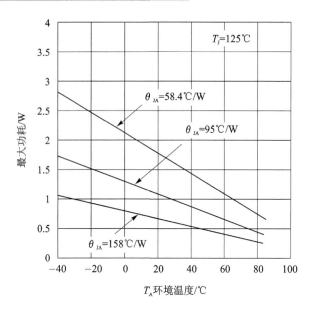

图 2.3.47　热阻、功耗和温度的关系

$$P_{Dmax} = \frac{T_{max} - T_A}{\theta_{JA}} \qquad (2.3.31)$$

式中：P_{Dmax} 是放大器的最大功耗（W），T_{max} 是最大绝对值接点温度（℃），T_A 是环境温度（℃），$\theta_{JA} = \theta_{JC} + \theta_{CA}$，$\theta_{JC} =$ 结到外壳的热阻（℃／W），$\theta_{CA} =$ 外壳到环境空气的热阻（℃／W）。

3. THS4601 的最大功耗与器件封装和温度的关系

THS4601 采用 D 和 DDA 两种封装形式，对于 8D 封装，$\theta_{JA} = 170$ ℃／W，而 8DDA 封装的 $\theta_{JA} = 66.6$ ℃／W，8DDA 封装是具有 PowerPAD 的 8 引脚 SOIC 封装形式。最大功耗与环境温度的关系[27]如图 2.3.48 所示。

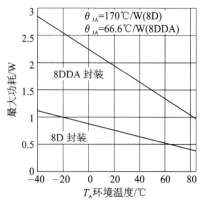

图 2.3.48　最大功耗与环境温度的关系

2.4   一些典型的运算放大器(OP)应用电路结构

运算放大器可以构成形式多样的应用电路[7,8,28~35],例如:

1. 波形变换电路

波形变换电路属非线性变换电路,其传输函数随输入信号的幅度、频率或相位而变,使输出信号波形不同于输入信号波形。

2. 函数发生器电路

函数发生器电路是一种能使输出电压与输入电压之间保持某一特定函数关系的变换电路。它主要应用于工业测量及自动控制系统中,常用于传感器输入量与输出电压间的线性补偿网络,及信号的调节、压缩与扩张;也常用于产生其低频波形或作波形变换。集成运算放大器构成的函数发生器,通常是利用运放组件和外接非线性器件(如二极管、三极管)形成非线性传输特性来逼近实际要求的非线性函数曲线。

3. 电压—电流(V/I)变换电路

在控制系统及测量设备中,通常要利用电压—电流(V/I)变换电路,进行信号的电压—电流之间的变换。例如,对电流进行数字测量时,首先需将电流变换成电压,然后再由数字电压表进行测量,因而需采用电流—电压(I/V)变换电路。又如,在远距离监控系统中,必须把监控电压信号变换成电流信号进行传输,以消除传输导线阻抗对信号的影响。

4. 电压—频率变换电路

电压—频率变换(VFC)电路能把输入信号电压变换成相应的频率信号,即它的输出信号频率与输入信号电压值成比例,故又称之为电压控制振荡器(VCO)。VFC广泛地应用于调频、调相、模/数变换(A/D)、数字电压表、数据测量仪器及远距离遥测遥控设备中。采用通用模拟集成电路可以组成的 VFC 电路,但专用模拟集成 V/F 转换器,其性能更稳定、灵敏度更高、非线性误差更小。

5. 采样—保持(S/H)电路

采样—保持(S/H)电路具有采集某一瞬间的模拟输入信号,并根据需要保持并输出所采集的电压数值的功能。S/H 电路广泛应用于多路快速数据检测系统。

6. 信号发生器电路

信号发生器电路可分为正弦波发生器和非正弦波发生器(又称为张弛振荡器)两大类。由模拟集成电路构成的正弦波发生器,其工作频率多数是 1 MHz 以下,其电路通常由工作于线性状态的运算放大器和外接移相选频网络构成。选用不同的移相选频网络便构成不同类型的正弦波发生器。非正弦波发生器通常由运放构成的滞回比较器(又称施密特触发器)和有源或无源积分电路构成。不同形式的积分电路便构成各种不同类型的非正弦波发生器,如方波发生器、三角波发生器、锯齿波发生器、单稳态及双稳态触发脉冲发生器、阶梯波发生器等。此外,用模拟集成电路构成的信号发生器均需附设非线性稳幅或限幅电路,以确保信号发生器产生信号的频率及幅度的高稳定度。

7. 触发器电路

用集成运算放大器构成的单稳态触发器及双稳态触发器电路,温度稳定性好,脉冲宽度调节范围大,调试简单方便,广泛应用于脉冲整形、定时及延时电路中。

8. 滤波器电路

滤波器是一种能够选择性地通过或阻止(抑制)某频段信号的电路。采用运算放大器和集总参数无源元件可以构成低通滤波器、高通滤波器、带通滤波器和带阻滤波器等有源滤波器电路。

2.4.1　检波电路

线性检波电路和电路传输特性[7,28~35]如图 2.4.1 所示。电路中,把检波二极管 D_1 接在反馈支路中,D_2 接在运放 A 输出端与电路输出端之间。该电路能克服普通小信号二极管检波电路失真大,传输效率低及输入的检波信号需大于起始电压(约为 0.3 V)的固有缺点,即使输入信号远小于 0.3 V,也能进行线性检波,因而检波效率能大大地提高。

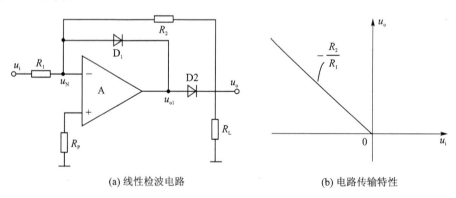

(a) 线性检波电路　　　　　　　(b) 电路传输特性

图 2.4.1　线性检波电路和电路传输特性

线性检波电路工作原理如下:

1. 大信号输入时

输入信号幅度较大时,$u_i > 0$,则 $u_{o1} < 0$,D_1 导通,D_2 截止,$u_o = 0$;$u_i < 0$,则 $u_{o1} > 0$,D_1 截止,D_2 导通,输出电压 u_o 为:

$$u_o = -\frac{R_2}{R_1}u_i \quad (u_i < 0) \tag{2.4.1}$$

其传输特性如图 2.4.1(b)所示。

2. 小信号输入时

当输入信号负半周幅度很小时，D_1 截止，运放 A 起初工作于开环状态，$u_{o1} = A_V u_i$（A_V 为运放 A 的开环电压增益），由于 A_V 值很大，即使 u_i 很小，u_{o1} 亦足于使 D_2 导通，迫使运放 A 处于深度负反馈状态，输出失真非常小。

线性检波电路的死区电压大小不决定于二极管的导通电压值，而是取决于 D_2 正向压降 V_D 的影响程度。

2.4.2 绝对值电路

绝对值电路又称为整流电路，其输出电压等于输入信号电压的绝对值，而与输入信号电压的极性无关。采用绝对值电路能把双极性输入信号变成单极性信号。

在线性检波器的基础上，加一级加法器，让输入信号 u_i 的另一极性电压不经检波，而直接送到加法器，与来自检波器的输出电压相加，便构成绝对值电路。绝对值电路[7,28~35]如图 2.4.2 所示。

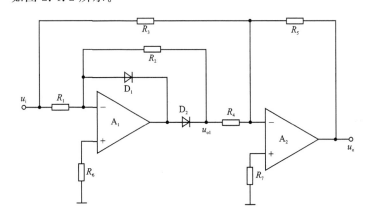

图 2.4.2　绝对值电路

由图 2.4.2 可知：

当 $u_i > 0$ 时，检波器 A_1 输出电压为 $u_{o1} = 0$。

加法器 A_2 输出电压为：

$$u_o = -\frac{R_5}{R_3}u_i \quad (u_i > 0) \tag{2.4.2}$$

当 $u_i < 0$ 时，检波输出电压为：

$$u_{o1} = -\frac{R_2}{R_1}u_i \tag{2.4.3}$$

加法器 A_2 的输出电压为：

$$u_o = -\frac{R_5}{R_4}u_{o1} - \frac{R_5}{R_3}u_i = \left(\frac{R_2 R_5}{R_1 R_4} - \frac{R_5}{R_3}\right)u_i \quad (u_i < 0) \tag{2.4.4}$$

从(2.4.3)和(2.4.4)两式可知,若取 $R_1 = R_2 = R_3 = R_5 = 2R_4$,则绝对值电路输出电压为:

$$u_o = -\mid u_i \mid \tag{2.4.5}$$

即输出电压值等于输入电压的绝对值,而且输出总是负电压。

若要输出正的绝对值电压,只需把图 2.4.2 所示电路中的二极管 D_1、D_2 的正负极性对调即可。

2.4.3　限幅电路

限幅电路的功能是:当输入信号电压进入某一范围(限幅区)后,其输出信号电压不再跟随输入信号电压变化,或是改变了传输特性。

1. 串联限幅电路

简单串联限幅电路和电路传输特性[7,28~35]如图 2.4.3 所示。起限幅控制作用的二极管 D 与运放 A 输入端串联,参考电压($-V_{REF}$)作为二极管 D 的反偏电压,以控制限幅器的限幅门限电压 V_{th}。

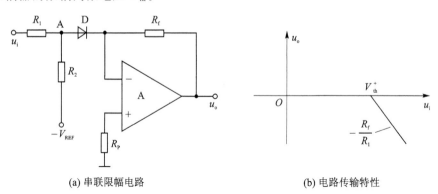

(a) 串联限幅电路　　　　　　　　　　(b) 电路传输特性

图 2.4.3　串联限幅电路和电路传输特性

由图 2.4.3(a)所示电路可知,当 $u_i < 0$ 或 u_i 为数值较小的正电压时,二极管 D 截止,运放 A 输出 $u_o = 0$;仅当 $u_i > 0$ 且数值大于或等于某一个正电压值 V_{th}^+(V_{th}^+ 称为正门限电压)时,D 才正向偏置导通,电路有输出,且 u_o 跟随输入信号 u_i 变化。其传输特性如图 2.4.3(b)所示。

从图 2.4.3(b)所示可见,由于输入信号 $u_i = V_{th}^+$,电路开始有输出,此时 A 点电压 V_A 应等于二极管 D 的正向导通电压 V_D,故使 $V_A = V_D$ 时的输入电压值即为门限电压 V_{th}^+,即:

$$u_A = \frac{R_2}{R_1 + R_2}V_{th}^+ - \frac{R_1}{R_1 + R_2}V_{REF} = V_D \tag{2.4.6}$$

可求得 V_{th}^+ 为：

$$V_{th}^+ = \frac{R_1}{R_2}V_{REF} + \left(1 + \frac{R_1}{R_2}\right)V_D \tag{2.4.7}$$

可见，当 $u_i < V_{th}^+$ 时，运放 A 输出 $u_o = 0$，因此 $u_i < V_{th}^+$ 的区域称为限幅区；当 $u_i > V_{th}^+$ 时，u_o 随输入信号 u_i 变化，因此 $u_i > V_{th}^+$ 的区域称为传输区，传输系数 A_{VF} 为：

$$A_{VF} = -\frac{R_f}{R_1} \tag{2.4.8}$$

如果把电路中的二极管 D 的正负极性对调，参考电压改为正电压 $+V_{REF}$，则门限电压值为：

$$V_{th}^- = -\left[\frac{R_1}{R_2}V_{REF} + \left(1 + \frac{R_1}{R_2}\right)V_D\right] \tag{2.4.9}$$

从(2.4.7)和(2.4.9)可知，改变 $\pm V_{REF}$ 的数值和改变 R_1 与 R_2 的比值，均可以改变门限电压。

2. 并联限幅电路

并联限幅电路和电路传输特性[7,28~35]如图 2.4.4 所示。二极管 D 与运放 A 输入端呈并联关系。改变 V_{REF} 的数值和改变 R_1、R_2 与 R_F 的比值，均可以改变门限电压。

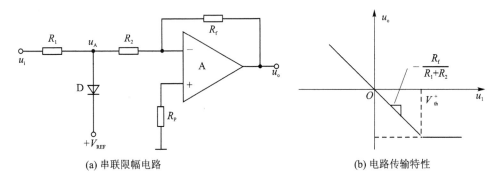

(a) 串联限幅电路　　　　　　　　　　(b) 电路传输特性

图 2.4.4　并联限幅电路和电路传输特性

当输入信号 u_i 为负值或较小的正值时，D 截止，电路输出电压为：

$$u_o = -\frac{R_F}{R_1 + R_2}u_i \tag{2.4.10}$$

电路传输系数为：

$$A_{VF} = -\frac{R_F}{R_1 + R_2} \tag{2.4.11}$$

当输入信号 u_i 为正值，且大于、等于门限电压 V_{th}^+ 时，使 D 正向偏置导通，A 点电压被箝位于 $V_A = V_D + V_{REF}$，u_i 的进一步增加只能导致二极管电流的增加，不影响输出，输出电压限于 $u_o = A_{VF} \cdot V_{th}^+$ 值而不再随 u_i 变化，进入限幅区。

全国大学生电子设计竞赛基于 TI 器件的模拟电路设计

当 $v_i = V_{th}^+$ 时,D 开始导通,故:

$$u_A = \frac{R_2}{R_1 + R_2} V_{th}^+ = V_{REF} + V_D \tag{2.4.12}$$

可得 V_{th}^+ 为:

$$V_{th}^+ = \left(1 + \frac{R_1}{R_2}\right)(V_D - V_{REF}) \tag{2.4.13}$$

限幅输出电压为:

$$u_o = -\frac{R_F}{R_2} u_A = -\frac{R_F}{R_2}(V_D + V_{REF}) = -\frac{R_F}{R_2} \frac{V_{th}^+}{\left(1 + \frac{R_1}{R_2 2}\right)} = A_{VF} V_{th}^+$$

$$\tag{2.4.14}$$

将电路中二极管 D 正负极性对调,参考电压改为负电压 $-V_{REF}$,则构成具有负限幅门限电压的并联限幅电路。此时门限电压为:

$$V_{th}^- = -\left(1 + \frac{R_1}{R_2}\right)(V_D + V_{REF}) \tag{2.4.15}$$

限幅输出电压为:

$$u_o = A_{VF} V_{th}^- = -\frac{R_F}{R_1 + R_2}\left[-\left(1 + \frac{R_1}{R_2}\right)(V_D + V_{REF})\right] = \frac{R_F}{R_2}(V_D + V_{REF})$$

$$\tag{2.4.16}$$

3. 稳压管双向限幅电路

稳压管构成的双向限幅电路和电路传输特性[7,28~35]如图 2.4.5 所示。双向稳压管(例如,2DW7 等)与负反馈电阻 R_F 并联。稳压管构成的双向限幅器电路简单,无需调整;但限幅特性受稳压管参数影响大,而且输出限幅电压完全取决于稳压管的稳压值。因而,这种稳压器只适用于限幅电压固定,且限幅精度要求不高的电路。

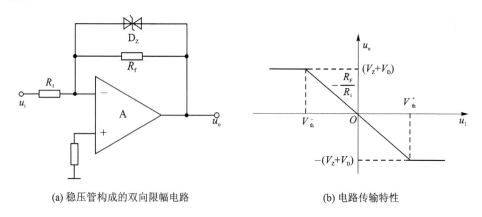

(a) 稳压管构成的双向限幅电路 (b) 电路传输特性

图 2.4.5 稳压管构成的双向限幅电路和电路传输特性

在图 2.4.5 所示电路中,双向稳压管与负反馈电阻 R_F 并联。当 u_i 较小而且 u_o 亦较小时,D_Z 没有击穿,输出电压 u_o 随输入电压 u_i 变化,传输系数为

$$A_{VF} = -\frac{R_F}{R_1} \qquad (2.4.17)$$

当 u_i 幅值增大,使 u_o 幅值增大至使 D_2 击穿时,输出 u_o 的幅度保持 $\pm(V_Z + V_D)$ 值不变,电路进入限幅工作状态。限幅正门限电压 V_{th}^+ 和负门限电压 V_{th}^- 的数值为

$$V_{th}^+ = |V_{th}^-| = \frac{R_1}{R_F}(V_Z + V_D) \qquad (2.4.18)$$

4. 二极管双向限幅电路

电阻分压二极管双向限幅电路和电路传输特性$[?\sim?]$如图 2.4.6 所示。

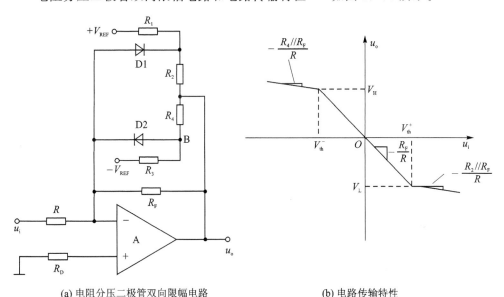

(a) 电阻分压二极管双向限幅电路　　　　(b) 电路传输特性

图 2.4.6　电阻分压二极管双向限幅电路和电路传输特性

从图 2.4.6 可知,当输入信号 u_i 幅度较小时,二极管 D_1、D_2 均截止,输出电压 u_o 随输入信号 u_i 变化。电路传输系数为:

$$A_{VF} = -\frac{R_F}{R_1} \qquad (2.4.19)$$

当输入信号 $u_i > 0$,且幅度增大至正向限幅门限值 V_{th}^+ 时,D_2 仍截止,D_1 导通,电路开始进入上限幅区,$u_i = V_{th}^+$ 时,输出电压 $u_o = V_L$,故:

$$u_A = V_{REF} + \frac{R_1}{R_1 + R_2}(V_L - V_{REF}) = -V_{D1} \qquad (2.4.20)$$

$$V_L = -\left[\frac{R_2}{R_1}V_{REF} + \left(1 + \frac{R_2}{R_1}\right)V_{D1}\right] \qquad (2.4.21)$$

根据式(2.4.20)和(2.4.21)可求得 V_{th}^{+} 为：

$$V_{\mathrm{th}}^{+} = \frac{V_{\mathrm{L}}}{A_{\mathrm{VF}}} = \frac{R}{R_{\mathrm{F}}}\left[\frac{R_2}{R_1}V_{\mathrm{REF}} + \left(1 + \frac{R_2}{R_1}\right)V_{\mathrm{D1}}\right] \tag{2.4.22}$$

输入信号 u_{i} 进入上限幅区后，传输系数 A_{VF}^{+} 为：

$$A_{\mathrm{VF}}^{+} = -\frac{R_{\mathrm{F}} \mathbin{/\!/} (R_2 + R_{\mathrm{d1}})}{R} \approx -\frac{R_{\mathrm{F}}/R_2}{R} \tag{2.4.23}$$

其中，R_{d1} 为二极管 D_1 导通电阻。

当输入信号 $u_{\mathrm{i}} < 0$，且幅度增大至等于负向限幅门限值 V_{th}^{-} 的绝对值时，D_1 截止、D_2 导通，电路开始进入下限幅区，$u_{\mathrm{i}} = V_{\mathrm{th}}^{-}$ 时，输出电压 $u_{\mathrm{o}} = V_{\mathrm{H}}$，故：

$$u_{\mathrm{B}} = -V_{\mathrm{REF}} + \frac{R_3}{R_3 + R_4}(V_{\mathrm{H}} + V_{\mathrm{R}}) = +V_{\mathrm{D2}} \tag{2.4.24}$$

$$V_{\mathrm{H}} = \frac{R_4}{R_3}V_{\mathrm{REF}} + \left(1 + \frac{R_4}{R_3}\right)V_{\mathrm{D2}} \tag{2.4.25}$$

负向限幅门限 V_{th}^{-} 为：

$$V_{\mathrm{th}}^{-} = \frac{V_{\mathrm{H}}}{A_{\mathrm{VF}}} = -\frac{R}{R_{\mathrm{F}}}\left[\frac{R_4}{R_3}V_{\mathrm{REF}} + \left(1 + \frac{R_4}{R_3}\right)V_{\mathrm{D2}}\right] \tag{2.4.26}$$

输入信号 u_{i} 进入下限幅区后，传输系数 A_{VF}^{+} 为：

$$A_{\mathrm{VF}}^{-} = -\frac{R_{\mathrm{F}} \mathbin{/\!/} (R_4 + R_{\mathrm{d2}})}{R} \approx -\frac{R_{\mathrm{F}} \mathbin{/\!/} R_4}{R} \tag{2.4.27}$$

其中，R_{d2} 为二极管 D_2 导通电阻。

2.4.4　死区电路

死区电路又称失灵区电路。当输入信号 u_{i} 进入某个范围(死区)时，电路输出电压为零；当 u_{i} 脱离此范围时，电路输出电压随输入信号变化。死区电路在计算机及产品自动检测设备中应用广泛。

1. 二极管桥式死区电路

二极管桥式死区电路和电路传输特性[7,28~35]如图 2.4.7 所示。二极管桥路接在负反馈网络中，其导通情况与参考电压 $\pm V_{\mathrm{REF}}$，R 及输入电压 u_{i} 有关。二极管的导通与截止，将改变负反馈量而导致传输系数的改变，达到死区输出电压 $u_{\mathrm{o}} = 0$ 的目的。

设 A 为理想运放，4 个二极管性能对称，正向偏置导通时，压降均为 V_{D}，内阻 $R_{\mathrm{d}} \approx 0$。

当 $u_{\mathrm{i}} = 0$，$i_{\mathrm{i}} = 0$ 时，4 个二极管均导通，参考电压 $\pm V_{\mathrm{REF}}$ 提供的电流 I_1 和 I_2 分别为：

$$I_1 = \frac{V_{\mathrm{REF}} - V_{\mathrm{D}}}{R} \tag{2.4.28}$$

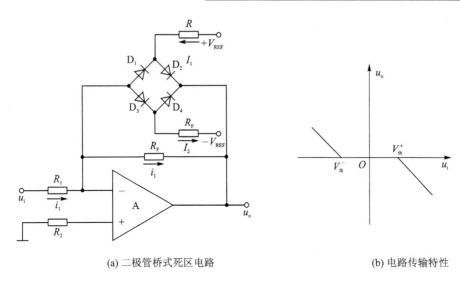

(a) 二极管桥式死区电路　　　　　　　　(b) 电路传输特性

图 2.4.7　二极管桥式死区电路和电路传输特性

$$I_2 = \frac{-V_D - (-V_{REF})}{R} = \frac{V_{REF} - V_D}{R} \qquad (2.4.29)$$

由于 $I_1 = I_2$，电桥将 R_F 短路，故输出 $u_o = 0$。

当 $u_i \neq 0$，但 $|u_i|$ 较小时，输入电流 i_i 较小，全被桥路吸收，负反馈电阻 R_F 上电流 $i_F = 0$，输出电压 u_o 保持零，出现死区。仅当 $|u_i|$ 增大到限幅门限电压 $|V_{th}|$ 时，i_i 较大，桥路无法全部吸收，负反馈电阻 R_F 上电流 $i_F \neq 0$，电路进入线性放大区，产生输出电压。

例如，$u_i > 0$，随着输入信号幅度的增大，$i_i(>0)$ 增大，D_1 的电流 i_{D1} 减小、D_3 的电流 i_{D3} 则增大。当 $u_i = V_{th}^+$，$i_i = I_2$ 时，D_4 的电流 $i_{D4} = 0$，D_4 截止，$i_{D1} = 0$，D_1 亦截止。反馈网络中，由 D_1、D_2 和 D_3、D_4 构成的两条起短路作用的支路切断，仅剩 R_F，电路开始对输入信号反相放大。

根据 $u_i = V_{th}^+$，$i_i = I_2$ 及上式可得：

$$i_1 = \frac{V_{th}^+}{R_1} = \frac{V_{REF} - V_D}{R} \qquad (2.4.30)$$

从上式可求得正向限幅门限电压 V_{th}^+ 为：

$$V_{th}^+ = \frac{R_1}{R}(V_{REF} - V_D) \qquad (2.4.31)$$

如取 $V_{REF} \gg V_D$ 可 V_{th}^+ 表示为：

$$V_{th}^- \approx \frac{R_1}{R}V_{REF} \qquad (2.4.32)$$

当 $u_i < 0$，且负方向增大时，$i_i(<0)$ 负方向增大，i_{D1} 增大，i_{D3} 减小。当 $u_i = V_{th}^-$，$i_i = I_1$ 时，D_2 的电流 $i_{D2} = 0$，D_2 截止，$i_{D3} = 0$，D_3 截止。二极管桥路构成的两条起短

路作用的支路切断,反馈网络仅剩 R_F,电路开始对输入信号反相放大。因为:

$$|i_i| = -\frac{V_{th}^-}{R_1} = \frac{V_{REF} - V_D}{R} \tag{2.4.33}$$

所以负向限幅门限电压 V_{th}^- 为:

$$V_{th}^- = -\frac{R_1}{R}(V_{REF} - V_D) \tag{2.4.34}$$

如取 $V_{REF} \gg V_D$,则 V_{th}^- 可表示为:

$$V_{th}^- \approx -\frac{R_1}{R}V_{REF} \tag{2.4.35}$$

从上面分析可知,当 $V_{th}^- < u_i < V_{th}^+$ 时,有 $-I_1 < i_i < I_2$,输入电流全部被二极管吸收,4 个二极管维持导通状态,桥路把 R_F 短路,输出电压 $u_o = 0$,电路处于死区状态。

当 $u_i \leqslant V_{th}^-$ 或 $u_i \geqslant V_{th}^+$ 时,有 $i_i \leqslant -I_1$ 或 $i_i \geqslant I_2$,输入电流未能全部被二极管吸收,桥中必有对应两个臂上的二极管截止而被切断,电路进入线性放大区,其传输系数为:

$$A_{VF} = -\frac{R_F}{R_1} \tag{2.4.36}$$

输出电压 u_o 表示为:

$$u_o = \begin{cases} A_{VF}(u_i - V_{th}^+) & (u_o \geqslant V_{th}^+) \\ A_{VF}(u_i - V_{th}^-) & (u_i \leqslant V_{th}^-) \end{cases} \tag{2.4.37}$$

2. 精密死区电路

精密死区电路和电路传输特性[7,28~35]图 2.4.8 所示。电路中,把带偏置电压($\pm$E)的两个半波检波(整流)电路 A_1、D_1、D_2 及 A_2、D_3、D_4 组合起来。输入信号 u_i 的正、负极性电压分别由正半波检波电路 A_2 和负半波检波电路 A_1 限幅检波后,送入反相加法器 A_3 相加,获得输出电压 u_o。

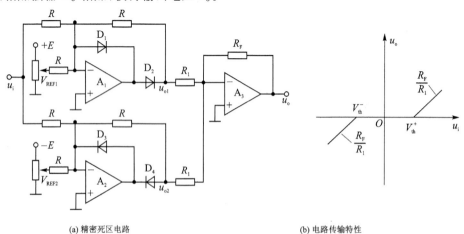

(a) 精密死区电路　　　　　　　　　　　　　　　　(b) 电路传输特性

图 2.4.8　精密死区电路和电路传输特性

在图 2.4.8 所示电路中,由于二极管 D_1 和 D_3 均加上正向偏置电压,因而 A_1、A_2 检波输出不是以 $u_i = 0$ 作起点。当 $u_i < 0$,且 $u_i < -V_{REF1} < V_{th}^-$ 时,A_1 才有线性检波输出电压 u_{o1};同理时,$u_i > 0$,且 $u_i > -V_{R2} = V_{th}^+$ 时,A_2 才有线性检波输出电压 u_{o2}。两检波电路的传输系数均为 -1。u_{o1}、u_{o2} 送入 A_3 放大获输出电压 u_o。

可见,当 $V_{th}^- < u_i < V_{th}^+$ 时,两检波电路均无输出电压,$u_o = 0$,电路处于死区状态;当 $u_i \leqslant V_{th}^-$ 或 $u_i \geqslant V_{th}^+$ 时,A_1 或 A_2 有检波输出电压,电路处于同相线性放大状态,整个电路的传输系数为 $A_{VF} = R_F / R_1$。

2.4.5 非线性传输特性电路

运算放大电路的闭环传输特性,主要取决于运算放大器外接的反馈网络及输入端网络,与运算放大器本身的关系不大,因而只要在外电路中接入合适的非线性网络,便能获得所需的非线性传输特性。其基本电路结构有非线性元件接在输入端和非线性元件接在反馈支路两种。

1. 非线性元件接在输入端[7,28~35]

图 2.4.9(a)所示运算放大电路中,反相输入端外接了一个非线性元件,反馈支路接电阻 R_F。

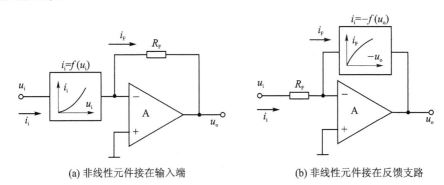

(a) 非线性元件接在输入端　　　　　(b) 非线性元件接在反馈支路

图 2.4.9　产生非线性传输特性的基本电路结构

已知输入端所接非线性元件的电流与电压之间的关系为:

$$i_i = f(u_i) \tag{2.4.38}$$

而 R_F 流过的电流 i_F 为:

$$i_f = -\frac{u_o}{R_F} \approx i_i \tag{2.4.39}$$

故输出电压 u_o 为:

$$u_o \approx -R_F \cdot f(u_i) \tag{2.4.40}$$

可见,输出电压是与输入信号电压的函数值成比例。即 u_o 与 u_i 之间具有某确定的函数关系。

2. 非线性元件接在反馈支路[7,28~35]

图 2.4.9(b)所示运算放大电路中,反相输入端接电阻 R_1,反馈支路接非线性元件。由图 2.4.9(b)可知:

$$i_f = -f(u_o) \approx \frac{u_i}{R_1} \tag{2.4.41}$$

故输出电压 u_o 为:

$$u_o \approx A_n t_i f\left(-\frac{u_i}{R_1}\right) \tag{2.4.42}$$

可见,输出电压与输入信号电压的反函数值成比例。

根据上述分析,可以设想:若依输入信号 u_i 的幅度大小,把 u_i 分成若干个区域,而让每个区域的输入信号分别经过具有特定传输特性的有源网络,然后再把各有源网络的输出信号相加获总的输出电压 u_o,则 u_o 与 u_i 之间便具有某种非线性函数关系。这就是电路上实现用折线来逼近非线性函数的方法之一。

2.4.6　二极管函数发生器

1. 二极管网络接在反相输入端

二极管网络接在反相输入端的函数发生器电路和电路传输特性[7,28~35]如图 2.4.10 所示。

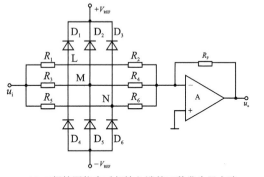

(a) 二极管网络在反相输入端的函数发生器电路

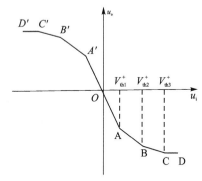

(b) 电路传输特性

图 2.4.10　二极管网络接在反相输入端的函数发生器电路和电路传输特性

当输入信号幅度$|u_i|$较小时,D_1、D_2 和 D_3 反向偏置截止,运放 A 反相输入端总串联电阻 $R = (R_1 + R_2) /\!/ (R_3 + R_4) /\!/ (R_5 + R_6)$阻值最小,传输特性曲线 AA′ 段的传输系数 A_{VF0} 为:

$$A_{VF0} = -\frac{R_F}{R} = -\frac{R_F}{(R_1 + R_2) /\!/ (R_3 + R_4) /\!/ (R_5 + R_6)} \tag{2.4.43}$$

设 D 为理想二极管,当 $u_i > 0$ 时,如 u_i 增大到:

$$u_i = V_{th1}^+ = \frac{R_1 + R_2}{R_2} V_{REF} \tag{2.4.44}$$

则 D_1 导通，L 点电位被箝位于 $+V_{REF}$，R_2 上的电流不再变化，R_1、R_2 不影响输出 u_o 的变化量，于是特性曲线 AB 段的传输系数 A_{VF1} 为：

$$A_{VF1} = -\frac{R_F}{(R_3 + R_4) /\!\!/ (R_5 + R_6)} \tag{2.4.45}$$

当 u_i 进一步增大到：

$$u_i = V_{th2}^+ = \frac{R_3 + R_4}{R_4} V_{REF} \tag{2.4.46}$$

则 D_1、D_2 均导通，L 点和 M 点均被箝位于 $+V_{REF}$，于是特性曲线 BC 段的传输系数 A_{VF2} 为：

$$A_{VF2} = -\frac{R_F}{R_5 + R_6} \tag{2.4.47}$$

当 u_i 增大到：

$$u_i = V_{th3}^+ = \frac{R_5 + R_6}{R_6} V_{REF} \tag{2.4.48}$$

则 D_1、D_2、D_3 均导通，L、M、N 各点电位均被箝位于 $+V_{REF}$，流过 R_2、R_4、R_5 的电流都不再变化，相当于 R→∞，于是特性曲线 CD 段的传输系数 A_{VF3} 为：

$$A_{VF3} = 0 \tag{2.4.49}$$

同理可得，$u_i < 0$ 时，特性曲线 $OA'B'C'D'$ 各级的传输系数。

由此可见，只要合理选取 R_F 及 $R_1 \sim R_6$ 各电阻值，便能使输出电压 u_o 与输入电压 u_i 之间具有设定的函数关系。

2. 二极管网络接在反馈支路

二极管网络接在反馈支路函数发生器电路和电路传输特性[7,28~35]如图 2.4.11 所示。

图 2.4.11 中，运放 A_1、A_2、A_3 与其相应的外接元件构成具有不同偏置电压值的线性检波器。输入信号 u_i 分段经 3 个检波器输出，然后送到反相加法器 A_4，获总输出电压 u_o。如果 V_{REF} 取正值，则可以作出如图 2.4.11(b)所示的传输特性，这一组折线可逼近抛物线。

由图 2.4.11 可知，由于电路中设有参考电压 $-V_{REF}$，检波二极管 D_1、D_3、D_5 加上了不同值的反偏压，使线性检波器 A_1、A_2、A3 的门限电压 V_{th1}^+、V_{th2}^+、V_{th3}^+ 不再是零，而是各不相同的确定值。

现以线性检波器 A_1 为例，求门限电压 V_{th1}^+ 值。根据线性检波器工作原理可知，A_1 反相输入端电压 $u_{N1} = 0$ 时，D_1 导通，D_2 截止，$u_{o1} = 0$，使 $u_{o1} = 0$ 时的输入电压 u_i 值就是门限电压 V_{th1}^+。即：

$$V_{th1}^+ - \frac{V_{th1}^+ - (-V_{REF})}{R + R_1} R = 0 \tag{2.4.50}$$

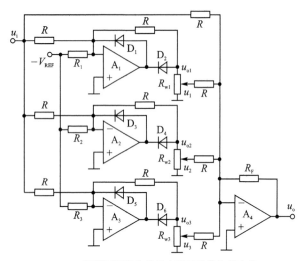

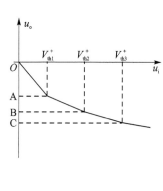

(a) 二极管网络接在反馈支路函数发生器电路　　　　(b) 电路传输特性

图 2.4.11　二极管网络接在反馈支路函数发生器电路和电路传输特性

从上式可求得 V_{th1}^+，为：

$$V_{th1}^+ = \frac{R}{R_1} V_{REF} \tag{2.4.51}$$

同理可求得检波器 A2、A3 的门限电压 V_{th2}^+、V_{th3}^+ 分别为：

$$V_{th2}^+ = \frac{R}{R_2} V_{REF} \tag{2.4.52}$$

$$V_{th3}^+ = \frac{R}{R_3} V_{REF} \tag{2.4.53}$$

可见：

$$u_i < V_{th1}^+ \text{ 时}, u_{o1} = 0; u_i > V_{th1}^+ \text{ 时}, u_{o1} = -(u_i - V_{th1}^+) \tag{2.4.54}$$

$$u_i < V_{th2}^+ \text{ 时}, u_{o2} = 0; u_i > V_{th2}^+ \text{ 时}, u_{o2} = -(u_i - V_{th2}^+) \tag{2.4.55}$$

$$u_i < V_{th3}^+ \text{ 时}, u_{o3} = 0; u_i > V_{th3}^+ \text{ 时}, u_{o3} = -(u_i - V_{th3}^+) \tag{2.4.56}$$

设电位器 R_{w1}、R_{w2}、R_{w3} 的分压系数分别为 n_1、n_2、n_3，则分压所获电压 u_1、u_2、u_3，分别是 $u_1 = n_1 u_{o1}$，$u_2 = n_2 u_{o2}$，$u_3 = n_3 u_{o3}$。A4 输出电压 u_o 为：

$$u_o = -\frac{R_F}{R_1}(u_i + u_1 + u_2 + u_3) \tag{2.4.57}$$

如果取 $R_1 > R_2 > R_3$，使 $V_{th1}^+ < V_{th2}^+ < V_{th3}^+$，则输入电压 u_i 在不同区段时，u_o 与 u_i 之间的传输特性不同。

当 $u_i < V_{th1}^+$ 时，$u_{o1} = u_{o2} = u_{o3} = 0$，则：

$$u_o = -\frac{R_F}{R} u_i \tag{2.4.58}$$

当 $V_{\text{th1}}^{+} < u_i < V_{\text{th2}}^{+}$ 时，$u_{o2} = u_{o3} = 0$，则：

$$u_o = -\frac{R_F}{R}(u_i + u_1) = -\frac{R_F}{R}(u_i + n_1 u_{o1})$$

$$= -\frac{R_F}{R}(1 - n_1)u_i - n_1 \frac{R_F}{R_1}V_{\text{REF}}$$

$$= -\frac{R_F}{R}(1 - n_1)u_i + K_1 \tag{2.4.59}$$

式中 K_1 为：

$$K_1 = -n_1 \frac{R_F}{R_1}V_{\text{RFE}} \tag{2.4.60}$$

当 $V_{\text{th2}}^{+} < u_i < V_{\text{th3}}^{+}$ 时，$u_{o3} = 0$，则：

$$u_o = -\frac{R_F}{R}(u_i + u_1 + u_2)$$

$$= -\frac{R_F}{R}(u_i + n_1 u_{o1} + n_2 u_{o2})$$

$$-\frac{R_F}{R}(1 - n_1 - n_2)u_i - \left(n_1 \frac{R_F}{R_1} + n_2 \frac{R_F}{R_2}\right)V_{\text{REF}}$$

$$= -\frac{R_F}{R}(1 - n_1 - n_2)u_i + K_2 \tag{2.4.61}$$

式中 K_2 为：

$$K_2 = -\left(n_1 \frac{R_F}{R_1} + n_2 \frac{R_F}{R_2}\right)V_{\text{REF}} \tag{2.4.62}$$

当 $u_i > V_{\text{th3}}^{+}$ 时，则：

$$u_o = -\frac{R_F}{R}(u_i + u_1 + u_2 + u_3)$$

$$= -\frac{R_F}{R}(u_i + n_1 u_{o1} + n_2 u_{o2} + n_3 u_{o3})$$

$$= -\frac{R_F}{R}(1 - n_1 - n_2 - n_3)u_i - \left(n_1 \frac{R_F}{R_1} + n_2 \frac{R_F}{R_2} + n_3 \frac{R_F}{R_3}\right)V_{\text{REF}}$$

$$= -\frac{R_F}{R}(1 - n_1 - n_2 - n_3)u_i + K_3 \tag{2.4.63}$$

式中 K_3 为：

$$K_3 = -\left(n_1 \frac{R_F}{R_1} + n_2 \frac{R_F}{R_2} + n_3 \frac{R_F}{R_3}\right)V_{\text{REF}} \tag{2.4.64}$$

2.4.7　电流—电压(I/V)变换电路

电流—电压(I/V)变换电路[7,28~35]如图 2.4.12 所示。

设 A 为理想运算放大器，则：

$$i_F = i_S, \quad u_o \approx -i_F R_F \approx -i_S R_F \tag{2.4.65}$$

可见,输出电压 u_o 正比于输入电流 i_S,与负载 R_L 无关,可以实现电流—电压(I/V)变换。

图 2.4.12 所示电路,要求电流源 i_S 的内阻 R_S 必须很大,否则,输入失调电压将被放大 $(1+R_f/R_S)$ 倍,产生很大的误差。而且,电流 i_S 须远大于运放输入偏置电流 I_B。

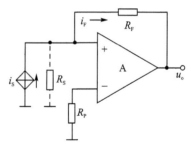

图 2.4.12　电流—电压(I/V)变换电路

2.4.8　电压—电流(V/I)变换电路

1. 负载不接地电压—电流(V/I)变换电路

负载不接地电压—电流(V/I)变换电路[7,28~35]如图 2.4.13 所示。负载 R_L 接在反馈支路,兼作反馈电阻。

设 A 为理想运算放大器,利用虚断,则:

$$i_L \approx i_R \approx \frac{u_i}{R} \tag{2.4.66}$$

可见,负载 R_L 的电流大小与输入电压 u_i 成正比例,而与负载大小无关,实现 V/I 变换。如果 u_i 不变,则 i_L 为恒流源。

图 2.4.13 所示电路,最大负载电流受运放最大输出电流的限制;最小负载电流又受运放输入偏置电流 I_B 的限制而取值不能太小,而且 $u_o=i_L \cdot R_L$ 值不能超过运放输出电压范围。

2. 负载接地电压—电流(V/I)变换电路

负载接地电压—电流(V/I)变换电路[7,28~35]如图 2.4.14 所示。

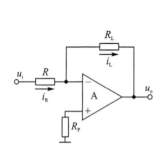

图 2.4.13　负载不接地电压—电流(V/I)变换电路

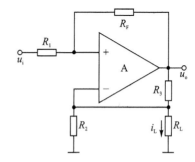

图 2.4.14　负载接地 V/I 变换电路

由图 2.4.14 可知:

$$u_o = -\frac{R_F}{R}u_i + \left(1+\frac{R_F}{R_1}\right)i_L R_L \tag{2.4.67}$$

$$i_{\mathrm{L}} R_{\mathrm{L}} = \frac{R_2 \; /\!/ \; R_{\mathrm{L}}}{R_3 + R_2 \; /\!/ \; R_{\mathrm{L}}} u_{\mathrm{o}} \qquad (2.4.68)$$

联解上述(2.4.67)和(2.4.68)两式可得：

$$i_{\mathrm{L}} = -\frac{u_{\mathrm{i}} \dfrac{R_{\mathrm{F}}}{R_1}}{\dfrac{R_3}{R_2} R_{\mathrm{L}} - \dfrac{R_{\mathrm{F}}}{R_1} R_{\mathrm{L}} + R_3} \qquad (2.4.69)$$

如取 $\dfrac{R_{\mathrm{F}}}{R_1} = \dfrac{R_3}{R_2}$，则：

$$i_{\mathrm{L}} = -\frac{u_{\mathrm{i}}}{R_2} \qquad (2.4.70)$$

2.4.9　恒流源电路

1. 负载不接地恒流源电路[7,28~35]

图 2.4.15 所示为两种负载不接地电压—电流(V/I)变换电路,由于输入信号改为直流电压 E,故称为恒流源电路。

在图 2.4.15(a)所示电路中,设 A 为理想运算放大器,忽略 $I_{\mathrm{B}}(I_{\mathrm{B}} \ll I_{\mathrm{R}})$,利用虚短,有 $u_{\mathrm{P}} = E$,则 $i_{\mathrm{R}} \approx u_{\mathrm{P}}/R \approx E/R$, $i_{\mathrm{R}} \approx i_{\mathrm{L}}$。

在图 2.4.15(b)所示电路中,设 A 为理想运算放大器,利用虚短,有 $u_{\mathrm{P}} = E$,则 $i_{\mathrm{R}1} \approx u_{\mathrm{P}}/R_1 \approx E/R_1$, $i_{\mathrm{R}1} \approx i_{\mathrm{E}} \approx i_{\mathrm{C}}$。运放 A 输出电流 I_{o} 为：

$$I_{\mathrm{o}} = \frac{I_{\mathrm{L}}}{\beta} = \frac{E}{(1+\beta) R_1} \qquad (2.4.71)$$

输出恒流电流被扩大 β 倍。

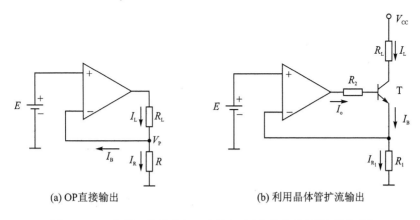

(a) OP直接输出　　　　　　　　　(b) 利用晶体管扩流输出

图 2.4.15　负载不接地电压—电流(V/I)变换电路(恒流源电路)

2. 负载接地恒流源电路[7,28~35]

图 2.4.16 所示为负载接地电压—电流(V/I)变换电路,由于输入信号改为直流

电压 E,故称为恒流源电路。

在图 2.4.16 所示电路中,设 A 为理想运算放大器,利用虚短,有 $u_P = u_N = u_o = E$,则 $i_R \approx u_o/R \approx E/R$,$i_R \approx i_L$。

理想运算放大器 A 的输出电压为:

$$u_o = E + I_L R_L = I_L(R + R_L) \quad (2.4.72)$$

从(2.4.72)式也可解得恒流源输出电流 I_L 为:

$$I_L = \frac{E}{R} \quad (2.4.73)$$

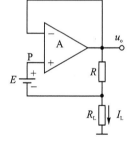

图 2.4.16　负载接地恒流源

2.4.10　电压—频率变换(VFC)电路

VFC 电路通常主要由积分器、电压比较器、自动复位开关电路等 3 部分组成。各种类型 VFC 电路的主要区别在于复位方法及复位时间不同而已。

1. 简单的 VFC 电路

一个简单的 VFC 电路[7,28~35]如图 2.4.17 所示。

从图 2.4.17 可知,当外输入信号 $u_i = 0$ 时,电路为方波发生器电路。振荡频率 f_o 为:

$$f_o = \frac{1}{2R_1 C_1 \ln\left(1 + \dfrac{2R_4}{R_3}\right)} \quad (2.4.74)$$

当 $u_i \neq 0$ 时,运放同相输入端的基准电压由 u_i 和反馈电压 $F_v u_o$ 决定。如 $u_i > 0$,则输出脉冲的频率降低,$f < f_o$;如 $u_i < 0$,则输出脉冲的频率升高,$f > f_o$。可见,输出信号频率随输入信号电压 u_i 变化,实现 V/F 变换。

按图 2.4.17 所示参数,振荡频率 f_o 约为 67 Hz。

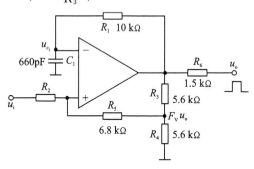

图 2.4.17　简单的 VFC 电路

2. 场效应管开关复位型 VFC 电路

复位型 VFC 电路采用各种不同形式的模拟电子开关对 VFC 电路中的积分器进行复位。采用场效应管开关复位型 VFC 电路和电路波形[7,28~35]如图 2.4.18 所示。

由图 2.4.18 可知,接通电源后,由于比较器 A_2 的反相输入端仅受 $V_B(V_B > 0)$ 的作用,其输出端处于负向饱和状态 $u_{o2} = u_{o2L}(<0)$,复位开关管 T_1 栅极电位被箝位在数值很大的负电平上而截止,输出管 T_2 截止,输出电压 $u_o = V_{oL}(<0)$,VFC 电路处于等待状态。

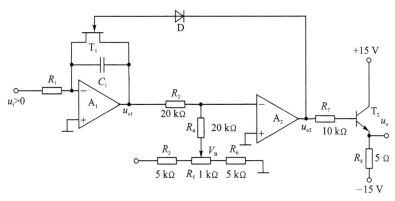

(a) 场效应管开关复位型VFC电路

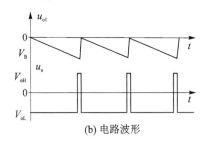

(b) 电路波形

图 2.4.18　场效应管开关复位型 VFC 电路和电路波形

当输入正的信号 u_i 后,反相积分器 A_1 输出端电压 u_{ol} 从零开始向负方向线性增加,当 u_{ol} 的幅值 $|V_{ol}|$ 略大于 V_B(注意: $R_2 = R_4$)时, A_2 输出状态翻转,从负向饱和状态跳变到正向饱和状态, $u_{o2} = V_{o2H}(>0)$, T_2 饱和导通, $u_o = V_{oH}(>0)$,二极管 D 截止, T_1 因栅极开路而导通, C_1 通过 T_1 快速放电, $|V_{ol}|$ 快速下降, A_2 的输出状态很快又翻转, $u_{o2} = V_{o2L}$, T_2 截止, $u_o = V_{OL}$, T_1 截止, u_i 又通过 A_1 对 C_1 充电, u_{ol} 又从接近零值开始向负方向线性增加,重复上述工作过程,因而输出端输出频率与输入信号 u_i 的幅度大小有关的脉冲串。当 u_i 增大时, u_{ol} 向负方向增加的速度加快, A_2 输出端从负向饱和跳变到正向饱和状态的时间提前,脉冲频率升高;当 u_i 减小时,则相反,脉冲频率降低。

由图 2.4.18 所示电路可知,积分器电容 C_1 充电时间 t_1 为:

$$t_1 = R_1 C_1 \frac{V_B}{u_i} \tag{2.4.75}$$

复位时间(即 C_1 放电时间) t_2 可近似表示为:

$$t_2 \approx R_{ds} C_1 \tag{2.4.76}$$

式中 R_{ds} 为场效应管导通时漏源极间电阻。

因为 $R_{ds} C_1 \ll R_1 C_1$,所以脉冲串频率 f_o 为:

$$f_o \approx \frac{1}{t_1} = \frac{1}{R_1 C_1 V_B} u_i \tag{2.4.77}$$

可见,当电路参数选定时,输出脉冲串频率 f_o 与正输入信号 V_i 的电压值成单值性正比例关系。

注:场效应管开关也可以采用双极型三极管开关代替。

3. 反馈型 VFC 电路

反馈型 VFC 电路和电路波形[7,28~35] 如图 2.4.19 所示。

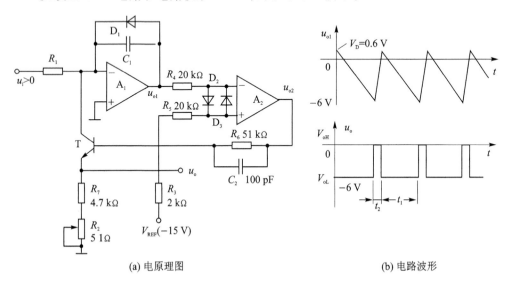

(a) 电原理图　　　　　　　　　　(b) 电路波形

图 2.4.19　反馈型 VFC 电路及其波形

由图 2.4.19 可知,它由积分器 A_1、比较器 A_2 及开关管 T 组成。开关管不再与积分电容 C_1 并联,而是接在运放 A_1 的反相输入端与地之间。

当接通电源,且 $u_i = 0$ 时,由于 $V_{REF}(<0)$ 的影响,使 A_2 输出处于负向饱和状态,$u_{o2} = u_{o2L}(<0)$,开关管 T 截止,输出电压 u_o 为低电平 V_{oL},其值为:

$$V_{oL} = \frac{R_2 + R_7}{R_2 + R_3 + R_7} V_{REF} \qquad (2.4.78)$$

如取 $V_{REF} = -15\ \text{V}$,可调节 R_2,使 $u_o = u_{o1} = 6\ \text{V}$。此时 VFC 电路处于等待状态。

当输入正信号 $u_i(>0)$ 时,u_i 经 A_1 对 C_1 充电,积分输出电压 u_{o1} 负方向线性增加,待 u_{o1} 稍小于 V_{oL} 时,A_2 输出从负向饱和状态跳变到正向饱和状态,$u_{o2} = u_{o2H}(>0)$,迫使 T 饱和导通,晶体管的 $V_{CE} \approx 0$,故输出电压 $u_o = V_{oH} \approx 0$。积分电容 C_1 通过 T 快速放电,u_{o1} 随之上升,待 $u_{o1} = V_D$ 时,A_2 输出又从正向饱和状态跳变到负向饱和状态,$u_{o2} = u_{o2L}$,迫使 T 重新截止。C_1 又被充电。u_{o1} 从 V_D 值开始负方向线性增加,重复上述工作过程。

VFC 进入稳定工作状态后,其输出电压 u_o 保持低电平 V_{oL} 的时间 t_1 恰好是 C_1 被充电,使 u_{o1} 从 V_D 值负方向增加到 V_{oL} 的时间。根据积分器输出电压与输入电压

之间的关系,不难求得 t_1 为:

$$t_1 = \left[\left(\frac{R_2+R_8}{R_2+R_3+R_7}+|V_{REF}|+V_D\right)R_1C_1\right]/u_i \qquad (2.4.79)$$

又因为 C_1 放电时间($u_o=V_{oH}\approx0$ 的维持时间)$t_2\ll t_1$ 可忽略,故输出信号频率 f_o 为:

$$f_o \approx \frac{1}{t_1} = u_i \Big/ \left[\left(\frac{R_2+R_7}{R_2+R_3+R_7}|V_{REF}|+V_D\right)R_1C_1\right] \qquad (2.4.80)$$

若取 $V_{oL}=-6\ V$,$V_D=0.6\ V$,则:

$$f_o \approx \frac{u_i}{6.6R_1C_1} \qquad (2.4.81)$$

2.4.11　采样—保持电路

采样—保持(S/H)电路具有采集某一瞬间的模拟输入信号,并根据需要保持并输出所采集的电压数值的功能。S/H 电路广泛应用于多路快速数据检测系统。

1. S/H 电路基本工作原理

S/H 电路的原理电路、电路符号及波形[7,28~35]如图 2.4.20 所示。

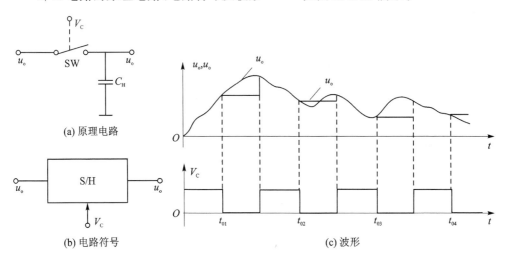

图 2.4.20　S/H 电路的原理电路、电路符号及波形

在图 2.4.20(a)所示电路中,SW 为模拟电子开关,其状态由逻辑控制信号 V_C 控制。C_H 为保持电容,其两端电压即为 S/H 电路输出电压 u_o。

当控制信号 V_C 为高电平"1"时,模拟电子开关 SW 闭合,S/H 电路进入采样状态,输入信号 $u_s(t)$ 迅速对 C_H 充电,$u_o(t)$ 精确地跟踪输入信号;当 V_C 为低电平"0"时,SW 断开,C_H 立即停止充电,S/H 电路进入保持状态,$u_o(t)$ 保持 SW 断开瞬间的输入信号电压值不变。理想采样—保持特性如图 2.4.20(c)所示,其数学表达式为

$$u_o(t) = \begin{cases} u_s(t) & (V_C="1",\text{采样期}) \\ u_s(t_0) & (V_C="0",\text{保持期}) \end{cases} \qquad (2.4.82)$$

式中，t_o 为逻辑控制信号 V_C 从"1"变为"0"的时间。

实际的采样—保持电路，常需设置缓冲级把模拟开关 SW，保持电容 C_H 与信号源及负载隔离开，以提高采样—保持电路的性能。

2. S/H 电路性能指标

S/H 电路的主要性能指标有采样时间、断开时间、采样精度、保持精度等。

(1) 采样时间和断开时间

S/H 电路由保持状态变为采样状态，或由采样状态变为保持状态并不是瞬间完成，需要一定的时间。

从发出采样指令开始到输出信号达到所规定的误差范围内的数值为止，所需的时间称为采样时间（又称捕捉时间），一般为 $0.1 \sim 10\ \mu s$ 数量级。

从发出保持指令开始到模拟开关断开，输出稳定下来为止，所需的时间称为断开时间（又称孔径时间），一般为 $10 \sim 150\ ns$ 数量级。

采样时间长，电路的跟踪特性差；断开时间长，电路的保持特性不好。两者都限制了 S/H 电路工作频率的提高，即限制了电路工作速度。

(2) 采样精度和保持精度

实际的 S/H 电路，采样期间，输出信号难于准确稳定地跟踪输入信号，两信号间存在一定的偏差，称为采样偏移误差。保持期间，输出信号也不可能绝对维持不变，总是有所下降，即实际保持值与理想保持值之间存在一定的误差。

采样精度和保持精度分别说明采样期和保持期实际特性与理想特性接近的程度。精度越高，误差越小，说明实际特性就越接近理想特性。

一般来说，对快速变化信号，应采用高速 S/H 电路，其采样精度和保持精度相应会比较高，而对于慢速变化信号，当要求保持期较长时，采用高速 S/H 电路，则其保持精度不一定高。

3. 简单反相型 S/H 电路

简单的反相型 S/H 电路[7,28~35] 如图 2.4.21 所示，电路由场效应管 T 构成的模拟电子开关、保持电容 C_H 及反相工作的运放 A 组成。

当控制信号 $V_C > 0$ 时，隔离二极管 D 截止，N 沟道结型场效应管 T 导通，输入信号 u_s 通过运放 A 及 R_F、R_1 对 C_H 充电，电路处于采样状态。

当 $V_C < 0$ 时，D 导通，T 的栅极加上比夹断电压 $V_P (<0)$ 的数值更大的负电压而截止，C_H 停止充电，电路处于保持

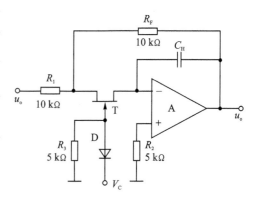

图 2.4.21　简单反相型 S/H 电路

状态。

S/H 电路处于采样状态时,若忽略场效应管导通内阻 R_{on},电路实质上是一个一阶 RC 有源低通滤波器,其低频传输系数为 $-R_F/R_1$,高频端截止频率 $f_H = 1/2\pi R_F C_H$。为使 u_o 能跟踪 u_s 的变化,应取 $R_F = R_1$,而且 f_H 应尽可能提高,否则会延长采样时间。但由于场效应管 T 导通电阻 R_{on} 约几百欧姆,而且受工作电流及温度的影响,因而将影响采样精度及延长采样时间。S/H 电路处于保持状态时,由于场效应管截止时存在泄漏电流,将影响保持精度。这种简单的反相型 S/H 电路仅适用于对精度和速度要求较低的应用场合。

4. 改进的反相型 S/H 电路

改进的反相型 S/H 电路[7,28~35]如图 2.4.22 所示,与图 2.4.21 所示电路相比,电路中增加了双极型 PNP 管 T_2、二极管 D_2 及 R_4。

当 $V_C > 0$ 时,采样期,T_2 截止,不影响采样工作状态。当 $V_C < 0$ 时,保持期,T_2 饱和导通使场效应管 T_1 源极电压箝位于 T_2 的饱和压降 V_{ces},电压很低,T_1 的泄漏电流大大减小,从而减小对保持精度的影响。

反相型 S/H 电路输入电阻低,其值等于 R_1,而且精度较低。

5. 简单同相型 S/H 电路

简单的同相型 S/H 电路[7,28~35]如图 2.4.23 所示,电路由场效应管 T 构成的模拟电子开关、保持电容 C_H 和运放 A 构成的电压跟随器等组成。

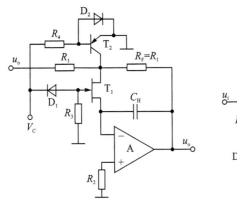
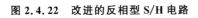
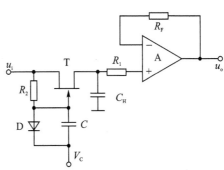

图 2.4.22　改进的反相型 S/H 电路　　图 2.4.23　简单的同相型 S/H 电路

当 $V_C > 0$ 时,T 导通,S/H 电路处于采样状态;当 $V_C < 0$ 时,T 截止,S/H 电路处于保持状态。

这种电路,场效应管参数对电路精度的影响与反相型相同,电路精度较低,而输入电阻比反相型 S/H 电路大。

6. 改进的同相型 S/H 电路

图 2.4.24 为改进的同相型 S/H 电路[7,28~35]。

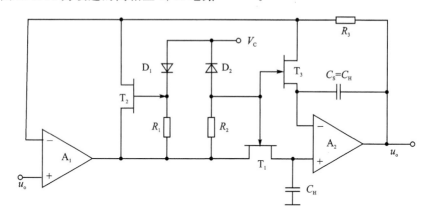

图 2.4.24　改进的同相型 S/H 电路

由图 2.4.24 可知,当 V_C>0 时,P 沟道结型场效应管 T_2 截止,N 沟道结型场效应管 T_1 和 T_3 导通,其导通电阻分别为 R_{on1} 和 R_{on2},电路处于采样状态。运放 A_1、A_2 和 R_3 构成负反馈电路,其中 A_1 为误差放大器,当输出电压 u_o≠0 时,通过反馈校正作用,使 $u_o = u_s$。环内 R_{on1} 和 R_{on2} 及 A_1、A_2 的失调和漂移对精度的影响均大大地削弱。因而提高了 S/H 电路的采样精度。

当 V_C<0 时,T_1 和 T_3 截止,T_2 导通,电路处于保持状态。T_2 导通使 A_1 继续处于负反馈闭环状态,避免 A_1 处于开环应用而进入深度饱和状态,以缩短 S/H 电路从保持状态到采样状态的过渡时间。由于 T_1 和 T_3 为对称管,两管的泄漏电流值相等,且反馈补偿电容 $C_S = C_H$,因而开关管泄漏电流、A_2 的基极偏置电流将在 C_S、C_H 上产生数值相同的电压变化量,而且两电容电压的变化对输出电压 u_o 的影响刚好相反,互相抵消,大大地提高了 S/H 电路的保持精度。

2.4.12　峰值检出电路

1. 峰值检出电路原理

峰值检出电路是一种由输入信号自行控制采样或保持的特殊采样—保持电路。当复位指令 V_C 未到时,输出信号自动跟踪输入信号的峰值,并自动保持相邻两复位指令期间的输入信号的最大峰值。一旦下一个复位指令到来,保持电容 C_H 上的信号立即回零,并接着进行下一次峰值检出。理想峰值检出电路的输入电压 u_i 和输出电压 u_o 波形[7,28~35]如图 2.4.25 所示。

2. 同相峰值检出电路

同相峰值检出电路[7,28~35]如图 2.4.26 所示,电路由 A_1 和 D_1、D_2 构成的半波整

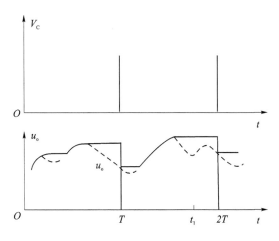

图 2.4.25　理想峰值检出电路波形

流电路,保持电容 C_H,起缓冲作用的电压跟随器 A_2 及复位开关管 T 组成。

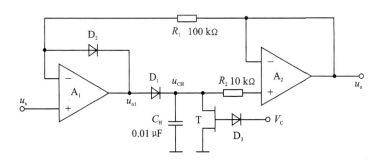

图 2.4.26　同相峰值检出电路

由图 2.4.26 可知,A_1 和 A_2 构成负反馈系统。当复位信号电压 $V_C < 0$ 时,场效应管 T 截止,电路处于采样—保持状态,$u_o = u_{CH}$,如 $u_s > u_o$,则 $u_{o1} > u_{CH}$,D_2 截止、D_1 导通,误差电压经 A_1 放大后,通过 D_1 对 C_H 充电,使 u_{CH}、u_o 跟踪 u_s;如 $u_s < u_o$,则 D_2 导通、D_1 截止,$u_o = u_{CH}$ 不再跟踪 u_s,保持已检出的 u_s 的最大峰值。D_2 导通提供 A_1 负反馈通路,防止 A_1 进入饱和状态。当 $V_C > 0$ 时,即复位指令到,T 导通,C_H 通过 T 快速放电,$u_{CH} = 0$,当 $V_C < 0$ 时,电路又开始进入峰值检出过程。

3. 反相峰值检出电路

反相峰值检出电路[7,28~35]如图 2.4.27 所示。A_2 为反相积分器,输出 u_o 经 R_F 反馈到 A_1 的同相输入端形成负反馈。电子开关 SW 断开时,如 $u_s > -u_o$,则 $u_{o1} > 0$,D_2 截止、D_1 导通,电路处于采样跟踪状态,迫使 $u_o = u_s$。如 $u_s < -u_o$,则 $u_{o1} < 0$,D_1 截止、D_2 导通,电路处于保持状态。D_2 导通,使 A_1 处于负反馈限幅状态,防止 A_1 饱和。C_1 和 C_2 为校正电容。SW 为复位电子开关。

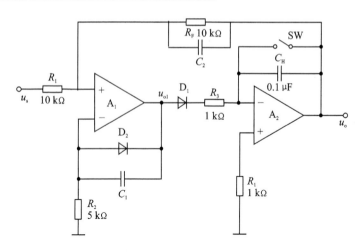

图 2.4.27　反相峰值检出电路

2.4.13　正弦波发生器电路

1. 移相式正弦波发生器

由两个运放组成的移相式正弦信号发生器[7,28~35]如图 2.4.28 所示。移相式正弦波发生器是由三节 RC 超前或滞后移相反馈网络和反相放大器组成,常用于产生低频正弦信号。三节 RC 电路含 180°相移,与负反馈放大器正好在该频率上构成正

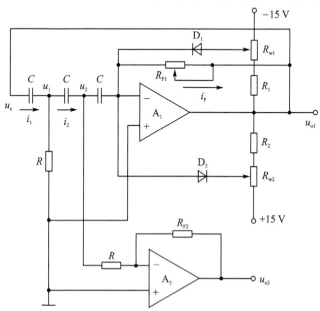

图 2.4.28　由两个运放组成的移相式正弦信号发生器

反馈,满足振荡的相位平衡条件 $\varphi_{AF}(\omega)=0°$,若适当选择稳幅负反馈网络的反馈电阻 R_F,使放大器闭环增益大于 1,即满足振荡的振幅平衡条件 $A(\omega)F(\omega)=1$,就能在输出端得到正弦波振荡信号。

三节 RC 网络由 C、R 及 A_1 的闭环输入电阻构成,与运放 A_1 组成正反馈放大器。由图 2.4.28 可列出下列各式:

$$u_a = \frac{1}{j\omega C}i_1 + u_1 \tag{2.4.83}$$

$$i_1 = \frac{1}{j\omega C}u_1 + i_2 \tag{2.4.84}$$

$$u_1 = \frac{1}{j\omega C}i_2 + u_2 \tag{2.4.85}$$

$$i_2 = \frac{1}{R}u_2 + i_F \tag{2.4.86}$$

$$i_F = -\frac{1}{R_{F1}}u_{o1} \tag{2.4.87}$$

由上列各式,可得:

$$A_v(j\omega) \cdot F_v(j\omega) = \frac{u_{o1}}{u_a} = \frac{1}{\dfrac{4}{R \cdot R_{F1}C^2\omega^2} - j\dfrac{1 - 3R^2C^2\omega^2}{R^2 \cdot R_{F1}C^3\omega^3}} \tag{2.4.88}$$

令(2.4.88)式分母虚部为 0、实部为 1,则可求出满足振荡的相位平衡条件和振荡平衡条件的频率和电路参数,即振荡角频率 ω_0 和负反馈电阻 R_{F1},它们的取值为:

$$\omega_0 = \frac{1}{\sqrt{3}RC} \tag{2.4.89}$$

$$R_{F1} = 12R \tag{2.4.90}$$

实际设计计算时,考虑到集成运算放大器的开环增益不是无穷大,为确保起振,一般选取 R_{F1} 的数值略大于式(2.4.90)的计算值。

二极管 D_1、D_2 及 R_1、R_2、R_{w1}、R_{w2} 为限幅电路,调节 R_{w1}、R_{w2} 可使 A_1 输出对称正弦波,A_2 输出信号相位正好与 A_1 输出相差 90°,若 A_1 输出为正弦波:

$$u_{o1} = V_{om}\sin\omega_0 t \tag{2.4.91}$$

则 A_2 输出为余弦波:

$$u_{o2} = \frac{\sqrt{3}}{12}\frac{R_{F2}}{R}V_{om}\cos\omega_0 t \tag{2.4.92}$$

调节 R_{F2} 可使 u_{o1},u_{o2} 为幅度相同的正交振荡信号。

2. 文氏桥式正弦波发生器

(1) 文氏桥式正弦波发生器基本电路

文氏桥式正弦波发生器基本电路[7,28~35]如图 2.4.29 所示。文氏桥式正弦波发

全国大学生电子设计竞赛基于 TI 器件的模拟电路设计

生器亦是常用的 RC 低频振荡器,由运放构成的同相放大器和文氏电桥反馈网络组成,其中 R_1、C_1、R_2、C 正反馈网络与 R_3、R_4 负反馈网络构成文氏电桥。

(2) 双向稳压管稳幅文氏桥式振荡器电路

一个双向稳压管稳幅文氏桥式振荡器电路[7,28~35]如图 2.4.30 所示。在振荡幅度较小时,稳压管支路开路,闭环增益 A_{VF} 较大,决定于 R_3、R_4、R_5。当振荡幅度达到稳压管击穿电压 V_Z 时,稳压管(例如,2DW 7B)击穿,负反馈加深,使 A_{VF} 下降而稳定输出幅度。R_6 与稳压管串联,在稳压管击穿时可避免 A_{VF} 值变化太大而造成波形失真。

在图 2.4.30 所示电路,当 R_1、R_2 取 1.5 kΩ±5%,C_1、C_2 取 107 200 pF±0.5% 时,振荡器可获得失真度小于 0.5% 的 1 kHz 正弦信号。

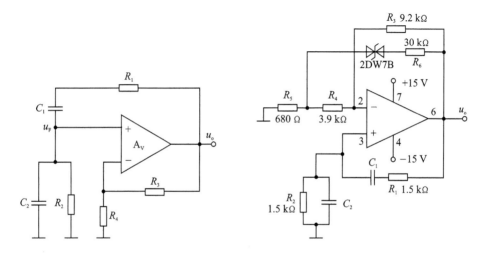

图 2.4.29　文氏桥式正弦波发生器基本电路　图 2.4.30　双向稳压管稳幅文氏桥式振荡器电路

(3) 双二极管稳幅文氏桥式振荡器电路

一个双二极管稳幅文氏桥式振荡器电路[7,28~35]如图 2.4.31 所示。起振时及振荡幅度较小时,R_1 上压降不足于使 D_1、D_2 导通,A_{VF} 较大;当振荡幅度增至某一值时,两二极管分别在输出电压的正负两个半周轮流导通,而且由于二极管正向导通的非线性,正向电压越大,正向电阻越小,使振荡器的负反馈深度加深,A_{VF} 相对下降,使 u_o 幅度稳定在某一值。

(4) 场效应管稳幅文氏桥式振荡器电路

一个场效应管稳幅文氏桥式振荡器电路[7,28~35]如图 2.4.32 所示。当场效应管的漏源电压 V_{DS} 较小时,它工作于可变电阻区,漏源电阻 R_{DS} 几乎随栅源电压 V_{GS} 线性变化,此时场效应管相当于压控电阻。

如图 2.4.32 所示,当电路起振时及振荡幅度较小时,由于稳压管 D_Z 未击穿,场效应管 $V_{GS}=0$,R_{DS} 小,负反馈量小,A_{VF} 较大。当输出幅度达到某值时,D_Z 击穿,信

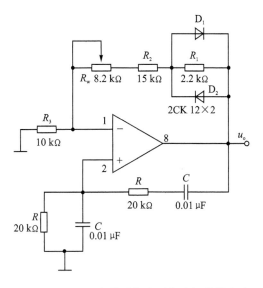

图 2.4.31　双二极管稳幅文氏桥式振荡器电路

号负半周经二极管 D 整流,R_3、C_3 滤波,在 C_3 上获得上负下正的电压 V_{C3},经分压电阻分压及 R_w 调节加到场效应管栅源之间,使 $V_{GS}<0$,且输出信号幅度越大,V_{GS} 的负值越大,R_{DS} 越大,负反馈深度越深,A_{VF} 越低,从而稳定振荡器输出信号幅度。

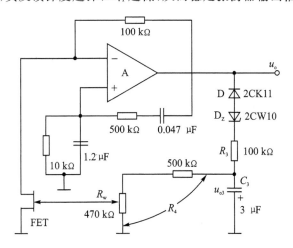

图 2.4.32　场效应管稳幅文氏桥式振荡器电路

3. 双 T 选频网络正弦波发生器电路[7,28~35]

把双 T 网络并接在具有正反馈的运算放大器的负反馈回路中,便构成双 T 选频网络正弦波发生器,其电路如图 2.4.33 所示。由图 2.4.33 可知,两个 T 型网络分别由 R、R、$2C$ 和 C、C、$R/2$ 所构成。利用星形电路与三角形电路互相转换的方法,可将双 T 网络简化成图 2.4.34 所示的等效电路。

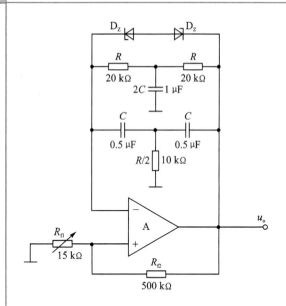

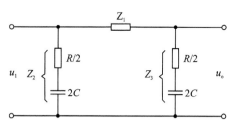

图 2.4.33　双 T 选频网络正弦波发生器　　　　**图 2.4.34　双 T 网络简化的等效电路**

其中:

$$Z_1 = \frac{2R(1+j\omega RC)}{1-\omega^2 R^2 C^2} \tag{2.4.93}$$

$$Z_2 = Z_3 = \frac{1}{2}\left(R + \frac{1}{j\omega C}\right) \tag{2.4.94}$$

双 T 网络传输函数为:

$$f(j\omega) = \frac{\dot{u}_o}{\dot{u}_i} = \frac{Z_3}{Z_1 + Z_3}$$

$$= \frac{\dfrac{1}{2}\left(R + \dfrac{1}{j\omega C}\right)}{\dfrac{2R(1+j\omega RC)}{1-\omega^2 R^2 C^2} + \dfrac{1}{2}\left(R + \dfrac{1}{j\omega C}\right)}$$

$$= \frac{1-(\omega RC)^2}{[1-(\omega RC)^2] + j4\omega RC} \tag{2.4.95}$$

令 $\omega = 1/RC$,则上式可写成:

$$f(j\omega) = \frac{1-\left(\dfrac{\omega}{\omega_0}\right)^2}{\left[1-\left(\dfrac{\omega}{\omega_0}\right)^2\right] + j4\left(\dfrac{\omega}{\omega_0}\right)} \tag{2.4.96}$$

其幅频特性和相频特性分别为:

$$f(\omega) = \frac{\left| 1 - \left(\dfrac{\omega}{\omega_0} \right)^2 \right|}{\sqrt{\left[1 - \left(\dfrac{\omega}{\omega_0} \right) \right]^2 + \left[4 \left(\dfrac{\omega}{\omega_0} \right) \right]^2}} \tag{2.4.97}$$

$$\varphi_{\mathrm{f}}(\omega) = \begin{cases} - \operatorname{tg}^{-1} \dfrac{4 \left(\dfrac{\omega}{\omega_0} \right)}{1 - \left(\dfrac{\omega}{\omega_0} \right)^2} & \left(\text{当} \dfrac{\omega}{\omega_0} < 1 \text{ 时} \right) \\[4mm] - \pi - \operatorname{tg}^{-1} \dfrac{4 \left(\dfrac{\omega}{\omega_0} \right)}{1 - \left(\dfrac{\omega}{\omega_0} \right)^2} & \left(\text{当} \dfrac{\omega}{\omega_0} > 1 \text{ 时} \right) \end{cases} \tag{2.4.98}$$

可见,当 $\omega = \omega_0 = 1/RC$ 时,$F(\omega_0) = 0$,而 $\varphi_{\mathrm{f}}(\omega)$ 呈现突跳。

在图 2.4.33 所示电路中,双 T 网络并接于运放 A 的反相输入端与输出端之间,对 $\omega = \omega_0$ 之外的其他频率分量产生较强的负反馈,足以抵消由正反馈网络 R_{F1}、R_{F2} 引入的正反馈量。而对于 $\omega = \omega_0$ 的频率分量,负反馈极弱,而 R_{F1}、R_{F2} 引入的正反馈量足够使电路振荡在 ω_0 上,输出频率 $f_0 = 1/2\pi RC$ 的正弦信号。为了稳定振荡信号的幅度,R_{F1} 或 R_{F2} 应选用特性合适的非线性元件。

应该特别指出的是,上述分析结果是在 R、C 参数值完全对称的条件下获得的,如果参数值不对称,例如仅将电阻 $R/2$ 的取值减小,则双 T 网络的相频特性便会发生明显变化。在 $\omega = \omega_0$ 处,$\varphi(\omega_0)$ 将达到 $-180°$,此时,并接于负反馈回路的双 T 网络,在 $\omega = \omega_0$ 频率分量上将构成正反馈,而其他频率分量仍为较强的负反馈,因此取消正反馈网络亦能构成正弦信号发生器,其实用电路如图 2.4.35 所示。

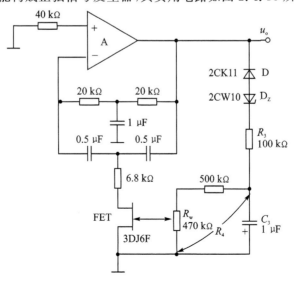

图 2.4.35　参数值不对称双 T 网络正弦信号发生器

2.4.14　正交信号发生器

正交信号发生器可输出两个相位差为 90°的正弦信号,即一个是正弦信号,另一个是余弦信号。正交信号发生器的电路构成与工作原理的分析方法与前面 3 种类型的正弦波发生器不同。它由运放构成的有源积分电路组成,通过求解描述正弦振荡的二阶微分方程来理解电路工作原理。

正交信号发生器原理电路[7,28~35]如图 2.4.36 所示。

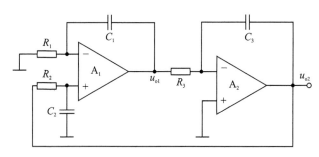

图 2.4.36　正交信号发生器原理电路

其中,A_1 构成同相积分器,A_2 构成反相积分器。当 $R_1 \cdot C_1 = R_2 \cdot C_2$ 时,由图 2.4.36 可得:

$$u_{o1}(t) = \frac{1}{R_1 C_1} \int u_{o2}(t)\, dt \tag{2.4.99}$$

$$u_{o2}(t) = -\frac{1}{R_3 C_3} \int u_{o1}(t)\, dt = -\frac{1}{R_1 R_3 C_1 C_3} \iint u_{o2}(t)\, dt \tag{2.4.100}$$

(2.4.105)式对 t 两次求微分得:

$$\frac{d^2 u_{o2}(t)}{dt^2} + \frac{1}{R_1 R_3 C_1 C_3} u_{o2}(t) = 0 \tag{2.4.101}$$

若取 $R_1 = R_3 = R$,$C_1 = C_3 = C$,并设 $\omega_0^2 = 1/R_1 R_3 C_1 C_3 = 1/R_2 C_2$,则:

$$\frac{d^2 u_{o2}(t)}{dt^2} + \omega_0^2 u_{o2}(t) = 0 \tag{2.4.102}$$

(2.4.107)式是一个标准的正弦波振荡微分方程,其解为:

$$u_{o2}(t) = \alpha \sin \omega_0 t \tag{2.4.103}$$

$$u_{o1}(t) = \frac{1}{R_1 C_1} \int u_{o2}(t)\, dt = \omega_0 \int u_{o2}(t)\, dt = -\alpha \cos \omega_0 t \tag{2.4.104}$$

其中,α 是由初始条件决定的常数。

2.4.15　方波发生器电路

方波发生器基本电路和波形[7,28~35]如图 2.4.37 所示,电路由运放 A 及 R_1、R_2 构成的滞回比较器和 R_F、C 构成的无源积分器所组成。稳压管 D_Z 及限流电阻 R_3 起限幅作用,使输出电压 $u_o(t)$ 的幅度限于 $-V_Z$ 与 $+V_Z$(设稳压管正向导通压降 $V_D \ll V_Z$,可忽略)。

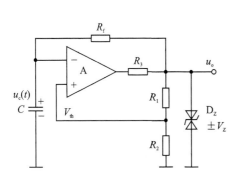

(a) 方波发生器基本电路

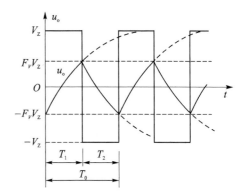

(b) 电路波形

图 2.4.37　方波发生器基本电路和波形

由图 2.4.37 可知,运放 A 同相输入端的基准电压为:

$$V_{th} = F_V u_o(t) \tag{2.4.105}$$

其中,$F_V = R_2/(R_1 + R_2)$ 为正反馈系数。

运放 A 反相输入端的比较电压为积分电容 C 上的电压 $u_C(t)$。

当比较器输出 $u_o(t)$ 为高电平,$u_o(t) = +V_Z$ 期间,$V_{th}^+ = F_V V_Z$,$+V_Z$ 通过 R_F 对 C 充电,待 $u_C(t) = V_{th}^+ = F_V V_Z$ 时,比较器翻转 $u_o(t)$ 跳变为低电平,$u_o(t) = -V_Z$,而 $V^-_{th} = -F_V \cdot V_Z$。此后,首先 C 经 R_F 对 $-V_Z$ 放电至零,然后 $-V_Z$ 又经 R_F 对 C 反方向充电,$u_C(t)$ 极性变为上负下正,即 $u_C(t) < 0$,待 $u_C(t) = V_{th}^- = -F_V V_Z$ 时,比较器又翻转,输出 $u_o(t)$ 又跳变为高电平 $u_o(t) = +V_Z$,$V_{th}^+ = F_V V_Z$,$+V_Z$ 又通过 R_F 对 C 充电。如此周而复始形成振荡。当电路稳定后,输出端 $u_o(t)$ 为方波信号,而 $u_C(t)$ 为锯齿波信号,其波形如图 2.4.37(b)所示。

方波和锯齿波的周期 T_o 取决于电容 C 充放电时间常数 $\tau = R_F C$ 和 $u_o(t)$ 的正、负幅值。

当 $u_o(t)$ 的正、负幅值相等时,则 T_o 仅与 τ 有关。根据电容充放电规律,当 $0 \leqslant t \leqslant \dfrac{T_0}{2}$ 时,$u_C(t)$ 为:

$$u_C(t) = u_C(\infty) + [u_C(0^+) - u_C(\infty)]\exp\left[-\frac{t}{\tau}\right]$$

$$= V_Z - V_Z(1 + F_V)\exp\left(-\frac{t}{\tau}\right) \tag{2.4.106}$$

由 $u_C\left(\dfrac{T_0}{2}\right) = F_V V_Z$ 可求得:

$$T_0 = T_1 + T_2 = 2\tau\ln\frac{1+F_V}{1-F_V} = 2R_fC\ln\left(1+\frac{2R_2}{R_1}\right) \qquad (2.4.107)$$

$$f_0 = \frac{1}{T_0} = \frac{1}{2R_fC\ln\left(1+\dfrac{2R_2}{R_1}\right)} \qquad (2.4.108)$$

2.4.16　三角波发生器电路

一个三角波发生器电路和波形[7,28~35]如图 2.4.38 所示,电路由 A_1 构成的同相滞回比较器(基准信号和比较信号均加到同相输入端)和 A_2 构成的单时间常数有源积分器组成。因而 A_2 输出三角波 $u_o(t)$,A_1 输出对称方波 $u_{o1}(t)$。

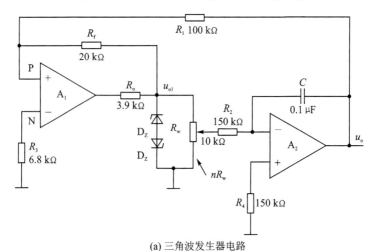

(a) 三角波发生器电路

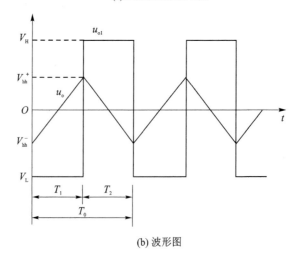

(b) 波形图

图 2.4.38　三角波发生器电路和波形

设稳压管 D_Z 的稳压值为 V_Z,正向压降为 V_D,则 $v_{o1}(t)$ 的高、低电平值分别为:

$$V_{o1H} = V_Z + V_D \tag{2.4.109}$$

$$V_{o1L} = -(V_Z + V_D) \tag{2.4.110}$$

由图 2.4.38 可知，A_1 反相输入端电压 $u_N = 0$，而同相输入端电压 u_P 为

$$u_P = \frac{R_1}{R_1 + R_f} u_{o1}(t) + \frac{R_f}{R_1 + R_f} u_o(t) \tag{2.4.111}$$

当 $u_P = u_N = 0$ 时，A_1 输出状态翻转，故状态翻转条件为：

$$u_o(t) = -\frac{R_1}{R_f} u_{o1}(t) \tag{2.4.112}$$

即 A_1 输出状态翻转时，三角波 $u_o(t)$ 达到正幅值 V_{th}^+ 或负幅值 V_{th}^-，幅值大小与状态翻转前方波 $u_{o1}(t)$ 的幅值成正比，而电压极性相反。因而三角波幅度值为：

$$V_{th}^+ = -\frac{R_1}{R_f} V_{o1L} = \frac{R_1}{R_f}(V_Z + V_D) \tag{2.4.113}$$

$$V_{th}^- = -\frac{R_1}{R_f} V_{o1H} = -\frac{R_1}{R_f}(V_Z + V_D) \tag{2.4.114}$$

三角波峰—峰值 u_{oP-P} 为：

$$u_{oP-P} = 2\frac{R_1}{R_f}(V_Z + V_D) \tag{2.4.115}$$

三角波和方波发生器的振荡频率可根据有源积分器的输出、输入电压间的关系求得。

设电位器 R_W 的分压比为 $n(\leqslant 1)$，$t = 0$ 时，$u_o(0) = V_{th}^-$，$u_{o1}(t) = V_{o1L}$，则：

$$u_o(t) = -\frac{t}{R_2 C} n u_{o1}(t) + u_o(0) = -\frac{t}{R_2 C} n V_{o1L} + V_{th}^-$$

$$= \left(\frac{t \cdot n}{R_2 C} - \frac{R_1}{R_f}\right)(V_Z + V_D) \tag{2.4.116}$$

由积分器可求得：

$$T_0 = T_1 + T_2 = 2T_1 = \frac{4R_1 R_2 C}{n R_f} \tag{2.4.117}$$

振荡频率 f_o 为：

$$f_o = \frac{1}{T_0} = \frac{n R_f}{4R_1 R_2 C} \tag{2.4.118}$$

可见，

① 改变 V_Z 值，方波幅度及三角波幅度均改变；

② 改变比值 R_1/R_F，会改变三角波幅度及频率，若要保持频率不变，应同时改变分压比 n 值；

③ 改变分压比 n 或 $\tau = R_2 C$ 值仅改变频率而不影响信号幅度。

2.4.17　锯齿波发生器电路

如果把图 2.4.38 所示三角波发生器中的单时间常数有源积分器改为双时间常

数有源积分器便变成了锯齿波发生器[7,28~35]，如图 2.4.39 所示。该电路的工作原理与图 2.4.38 相同。锯齿波电压幅度、电压峰—峰值与三角波相同。

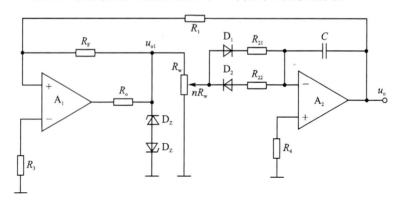

(a) 锯齿波发生器电路

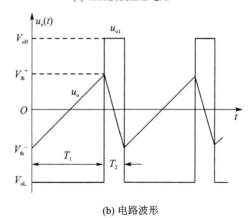

(b) 电路波形

图 2.4.39　锯齿波发生器电路和波形

如果忽略二极管 D_1、D_2 导通电阻，则锯齿波上升时间 T_1 和下降时间 T_2、振荡频率 f_0 分别为：

$$T_1 = \frac{2R_1 R_{22} C}{nR_f} \tag{2.4.119}$$

$$T_2 = \frac{2R_1 R_{21} C}{nR_f} \tag{2.4.120}$$

$$f_0 = \frac{1}{T_0} = \frac{1}{T_1 + T_2} = \frac{nR_f}{2R_1 C(R_{21} + R_{22})} \tag{2.4.121}$$

矩形波 $u_{o1}(t)$ 的占空系数 D 为：

$$D = \frac{T_2}{T_0} = \frac{R_{21}}{R_{21} + R_{22}} \tag{2.4.122}$$

一个 JFET 恒流源线性锯齿波发生器电路如图 2.4.40 所示，电路由简单的 JFET 自偏置式恒流源及电容 C 构成的有源积分器和运放 A 构成的滞回比较器组成。

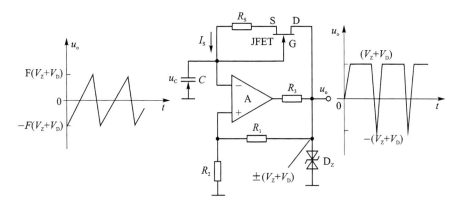

图 2.4.40　JFET 恒流源线性锯齿波发生器

由图 2.4.40 可知,当 $u_o(t)=V_{oH}=+(V_Z+V_D)$ 时,结型场效应管的栅源反向偏置,以恒定的漏电流向 C 充电,$u_C(t)$ 上升至 $u_C(t)=F_V(V_Z+V_D)$（注:$F_V=R_2/(R_1+R_2)$）时,比较器 A 输出状态翻转,$u_o(t)=V_{oL}=-(V_Z+V_D)$。场效应管栅源正偏,漏源间内阻很小,电容 C 通过漏源极快速放电,并被反向充电,当 $u_C(t)=-F_V(V_Z+V_D)$ 时,比较器 A 又翻转,当 $u_o(t)=V_{oH}=+(V_Z+V_D)$ 时,周而复始,C 上获线性良好的锯齿波电压 $u_C(t)$。

如设 C 放电时间 T_2 很小,远小于 C 充电时间 T_1,即 $T_1 \gg T_2$,则锯齿波周期 $T_o \approx T_1$。T_1 是 $u_C(t)$ 从 $-F_V(V_Z+V_D)$ 上升到 $F_V(V_Z+V_D)$ 所需时间。因为:

$$F_V(V_Z+V_D)-[-F_V(V_Z+V_D)]=\frac{I_S}{C} \cdot T_1 \tag{2.4.123}$$

所以:

$$T_o \approx T_1 = \frac{2F_V(V_Z+V_D) \cdot C}{I_S} \tag{2.4.124}$$

振荡频率为:

$$F_0 = \frac{1}{T_0} \approx \frac{I_S}{2\left(\dfrac{R_2}{R_1+R_2}\right)(V_Z+V_D)} \tag{2.4.125}$$

式中,I_S 是流过 R_S 的源极电流。

2.4.18　单稳态及双稳态触发器电路

1. 单稳态触发器电路

一个由 OP 构成的单稳态触发器电路和电路波形[7,28~35]如图 2.4.41 所示,电路与图 2.4.37 所示方波发生器电路相比,增加了充放电电容 C 的箝位二极管 D_1,在运放 A 的同相输入端增设了由隔离二极管 D_2 及微分电路 R_d、C_d 组成的触发脉冲输入电路。

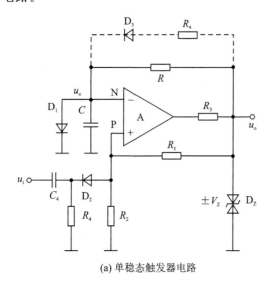
(a) 单稳态触发器电路

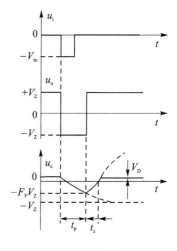
(b) 电路波形

图 2.4.41　单稳态触发器电路和电路波形

由图 2.4.41 可知，当输出 $u_o(t)=V_{oH}=+V_Z$（设稳压管正向压降 $V_D \ll V_Z$，可忽略）时，如没触发脉冲 $u_i(t)$ 输入，运放 A 同相输入端基准电压 $V_{th}^+ = F_V V_Z$，$F_V = R_2/(R_1 + R_2)$，通常取 $R_d \gg R_1$，不影响 V_{th} 值，而 C 被充电并箝位于 $u_C(t)=V_{D1}$，若选 $V_{th}^+ > V_{D1}$，则运放 A 输出电压 $u_C(t)$ 保持 $+V_Z$ 不变，形成唯一的稳定状态。如果负触发脉冲 $u_i(t)$ 到达，而且其幅度 $V_{im} \geqslant (V_{th}^+ - V_{D1})$，则 A 输出状态翻转，输出变为 $u_o(t)= V_{oL}=-V_Z$，基准电压亦变为 $V_{th}^- = -F_V V_Z$，C 先经 R 向 $-V_Z$ 放电（D_1 截止），接着被 $-V_Z$ 反方向充电，当 $u_C(t)<V_{th}^-$ 时，运放 A 输出状态又自动翻转，输出 $u_o(t)=V_{oH}= +V_Z$。可见，输出 $u_o(t)=V_{oL}=-V_Z$ 是一个暂稳定状态。即暂稳态期间，$u_C(t)$ 从 V_{D1} 下降到 $-F_V V_Z$，而运放 A 输出一个宽度为 t_P 的负向脉冲。

根据电容充放电规律，有：

$$u_C(t) = u_C(\infty) + [u_C(0^+) - u_C(\infty)]\exp\left(-\frac{t}{\tau}\right) \tag{2.4.126}$$

考虑到 $\tau=RC$，$u_C(0^+)=V_{D1}$，$u_C(\infty)=-V_Z$，而 $u_C(t_P)=-F_V V_Z$，可得负向脉冲宽度 t_P 为：

$$t_P = RC\ln\frac{V_Z + V_{D1}}{V_Z(1 - F_V)} = RC\ln\left[\frac{1 + V_{D1}/V_Z}{R_1/(R_1 + R_2)}\right] \tag{2.4.127}$$

如果 $V_Z \gg V_{D1}$，$R_1 = R_2$，则上式可简化成：

$$t_P = RC\ln 2 \approx 0.693RC \tag{2.4.128}$$

2. 双稳态触发器

一个双稳态触发器电路[7,28~35]如图 2.4.42 所示，电路实际上是由具有二极管双向限幅的滞回比较器构成。当无触发脉冲 $u_i(t)$ 时,电路处于某一稳定状态,$u_o(t)=V_{D1}=+0.6$ V 或者 $u_o(t)=-V_{D2}=-0.6$ V。

设电路原处于正向稳定状态,$u_o(t)=V_{oH}=+0.6$ V,如此时加入具有一定幅度的正触发脉冲 $u_i(t)$,则电路翻转,由正向稳定状态变成负向稳定状态,$u_o(t)=V_{oH}=-0.6$ V。若此后再加入一负触发脉冲 $u_i(t)$,则电路又翻转到正向稳定状态。可见,电路有两种稳定状态,当加入相应极性的、且幅度足够大的触发脉冲时,电路才会从一种稳定状态转换到另一种稳定状态。

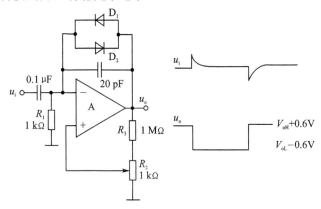

图 2.4.42 双稳态触发器电路

2.4.19 阶梯波发生器电路

一个阶梯波发生器电路[7,28~35]如图 2.4.43 所示,电路由矩形波发生器 A_1、积分器 A_2 和滞回比较器 A_3 组成。

矩形波发生器 A_1 输出电压 $u_{o1}(t)$ 的高、低电平值 V_{HI}、V_{LI} 分别取决于运放 A_1 的正、负向饱和压降,其周期 T' 及窄负脉冲的占空系数 τ_d/T' 可分别通过调整 R_{W1} 和 R_{W2} 进行调节。

积分器 A_2 将 A_1 产生的一个个周期性负脉冲波积分成一个台阶波 $u_{o2}(t)$。滞回比较器 A_3 用作阶梯波周期 T_o 的控制电路,其同相输入端的输入信号与 A_2 的输出 $u_{o2}(t)$ 成正比,当 $u_{o2}(t)$ 上升至某一值,使 A_3 同相输入端电压 u_{P3} 略高于反相输入端的基准电压 V_{R3} 时,A_3 输出状态翻转。

电路工作过程如下:在 $u_{P3}<V_{R3}$ 期间,A_3 输出 $u_{o3}(t)<0$,D_2 截止,不影响 A_2 的工作状态。当 A_1 输出负脉冲电压 V_{LI} 时,D_1 导通,V_{LI} 被 A_2 积分,$u_{o2}(t)$ 快速上升一个台阶值 ΔV;A_1 输出为正电压 V_{HI} 时,D_1 截止,A_2 输出电压保持不变,形成一个平台阶电平。因而 A_1 每输出一个负脉冲,$u_{o2}(t)$ 便上升一级台阶。当 $u_{o2}(t)$ 上升至使 $u_{P3} \geqslant V_{R3}$ 时,A_3 输出高电压使 D_2 导通,迫使 A_2 反向积分,而且反向积分电流比 V_{LI} 产生的正向积分电流大,导致 $u_{o2}(t)$ 迅速下降,u_{P3} 亦随之下降,直至 $u_{P3} \leqslant V_{R3}$ 时,A_3 输出翻转成负电压为止,完成了一个阶梯波周期,接着下一个阶梯波周期又开始。

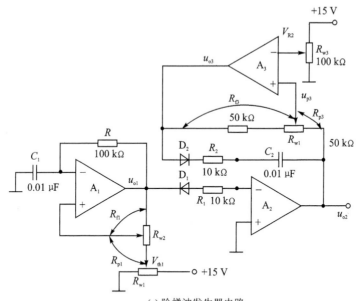

(a) 阶梯波发生器电路

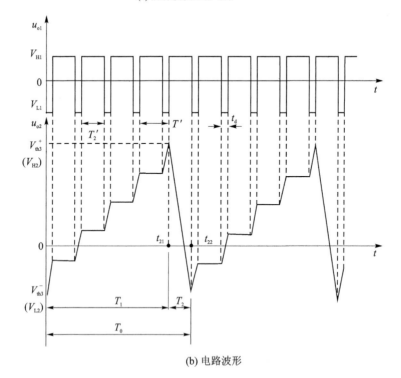

(b) 电路波形

图 2.4.43　阶梯波发生器电路和电路波形

阶梯波的有关参数计算如下：

1. 台阶上升时间 t_d 与平台维持时间 T_2'

阶梯波的台阶上升时间 t_d 等于 A_1 输出负向窄脉冲的宽度，平台维持时间 T_2' 等于 A_1 输出正向脉冲的宽度，上升时间与维持时间之和等于 A_1 输出矩形波的周期 T'。

根据方波发生器的推理方法可得：

$$t_d = RC_1 \ln \left[1 + \frac{2R_{P1} \mid V_{L1} \mid}{R_{f1}(\mid V_{L1} \mid + V_{th1})} \right] \tag{2.4.129}$$

$$T_2' = RC_1 \ln \left[1 + \frac{2R_{P1} V_{H1}}{R_{f1}(V_{H1} - V_{th1})} \right] \tag{24.130}$$

其中，V_{th1} 为 R_{W1} 滑动触点对地的电压值。

设 $V_{H1} = \mid V_{L1} \mid$，则一个台阶总时间 T' 为：

$$T' = t_d + T_2' = RC_1 \ln \left[1 + \frac{4R_{P1} R_{W2} V_{H1}^2}{R_{f1}^2(V_{H1}^2 - V_{th1}^2)} \right] \tag{2.4.131}$$

2. 台阶高度 ΔV 与台阶数 N

台阶高度 ΔV 等于 A_2 对 A_1 输出的一个负向窄脉冲进行积分时，电容 C_2 上的电压增量。即：

$$\Delta V = \Delta v_{C2} = -\frac{1}{(R_1 + R_{d1})C_2} \int_0^{t_d} V_{L1} \, dt = \frac{t_d}{(R_1 + R_{d1})C_2} \mid V_{L1} \mid$$

$$\tag{2.4.132}$$

其中 R_{d1} 为二极管正向导通内阻。

阶梯波 u_{o2} 的高电平 V_{H2} 和低电平 V_{L2} 分别是 A_3 的上门限电压 V_{th}^+ 和下门限电压 V_{th}^-。

设 A_3 输出高、低电平分别为 V_{H3} 和 V_{L3}，而且 $V_{H3} = \mid V_{L3} \mid$，则当 $u_{o2} = V_{H2}$ 时，A_3 输出从 V_{L3} 正跳变到 V_{H3}，此时有：

$$u_{p3} = \frac{R_{p3}}{R_{f3} + R_{p3}} V_{L3} + \frac{R_{f3}}{R_{f3} + R_{p3}} V_{H2} = V_{R3} \tag{2.4.133}$$

当 $u_{o2} = V_{L2}$ 时，A_3 输出又从 V_{H3} 负跳变到 V_{L3}，此时有：

$$u_{p3} = \frac{R_{p3}}{R_{f3} + R_{p3}} V_{H3} + \frac{R_{f3}}{R_{f3} + R_{p3}} V_{L2} = V_{R3} \tag{2.4.134}$$

从上两式可求得 u_{o2} 的峰—峰值 u_{o2PP} 为：

$$u_{o2PP} = V_{H2} - V_{L2} = \frac{R_{p3}}{R_{f3}}(V_{H3} - V_{L3}) = \frac{2R_{p3}}{R_{f3}} V_{H3} \tag{2.4.135}$$

每一个阶梯波周期的台阶数 N 为：

$$N = \frac{u_{o2PP}}{\Delta V} = \frac{(R_1 + r_{d1})C_2}{t_d \mid V_{L1} \mid} u_{o2PP} = \frac{2R_{p3}(R_1 + r_{d1})C_2}{R_{f3} t_d} \frac{V_{H3}}{\mid V_{L1} \mid}$$

$$\tag{2.4.136}$$

若计算出的 N 值是非整数,则可取整数部分值,而且可通过调节 R_{W4},改变 R_{W3} 与 R_{F3} 的比值进行调整。

3. 阶梯波周期 T_0 与频率 f_0

阶梯波周期 T_0 包括阶梯电压上升时间 T_1 和阶梯电压从 V_{H2} 复位到 V_{L2} 所需时间 T_2。其中 T_1 为:

$$T_1 = N \cdot T' = \frac{(R_1 + r_{d1})C_2}{t_d \mid V_{L1} \mid} u_{o2PP} T' \tag{2.4.137}$$

T_2(略去 D_2 导通所需时间的影响)可从下列关系中求出:

$$\frac{T_2}{(R_2 + r_{d2})C_2} V_{H3} = u_{o2PP} \tag{2.4.138}$$

故 T_2 为:

$$T_2 = \frac{(R_1 + r_{d2})C_2 u_{o2PP}}{V_{H3}} = \frac{R_{p3}(R_2 + r_{d2})C_2}{R_{f3}} \tag{2.4.139}$$

实践中,可通过设计选择合适的 R_2 值和调节 V_{R3},使 $T_2 = T'$。阶梯波周期 T_0 和频率 f_0 分别为:

$$T_0 = T_1 + T_2 \tag{2.4.140}$$

$$f_0 = \frac{1}{T_0} = \frac{1}{T_1 + T_2} \tag{2.4.141}$$

如取 $R_1 = 2R_2$,$V_{H3} = \mid V_{L1} \mid$,且忽略 R_{d1}、R_{d2},则:

$$T_0 = 2R_2 C_2 \left(1 + \frac{2T'}{t_d}\right) \frac{R_{p3}}{R_{f3}} \tag{2.4.142}$$

2.5　TI 的运算放大器应用电路

2.5.1　零漂移运放构成的仪表放大器电路

TI 公司推荐的零漂移运算放大器如表 2.5.1 所列。

一个采用零漂移运算放大器 OPA188 和 INA159[36] 构成的能够驱动单电源供电 ADC 的仪表放大器电路[37] 如图 2.5.1 所示,电路能够将一个双极性信号输入转换为单极性信号输出,电路能够转换一个 ±10 V 的输入信号,驱动一个单电源供电 (3.3 V 或者 5 V)的 ADC。

在图 2.5.1 中,OPA188 是一个具有 6 μV 失调电压,0.03 μV/℃失调电压漂移,8.8 nV/$\sqrt{Hz}$低噪声,轨至轨输出,电源电压范围为 ±2 V～±18 V 的零漂移运算放大器。INA159 是一个增益为 0.2,增益精度为 ±0.024% 的精密增益差动放大器。

电路输出为:

$$V_{OUT} = V_{DIFF} \times (41/5) + (V_{Ref1})/2 \qquad (2.5.1)$$

注意:图 2.5.1 所示电路,也可以采用 OPA2188、OPA4188 等零漂移运算放大器构成。

表 2.5.1　TI 公司推荐的零漂移运算放大器

版　　本	型　　号	失调电压 (μV, max)	失调电压漂移 ($\mu V/℃$, max)	带　宽 (MHz)	输入电压噪声 (μV_{P-P}, $f = 0.1 \sim 10$ Hz)
单通道	OPA188(4～36 V)	± 25	± 0.085	2	0.25
	OPA333(5 V)	± 10	± 0.05	0.35	1.1
	OPA378(5 V)	± 50	± 0.25	0.9	0.4
	OPA735(12 V)	± 5	± 0.05	1.6	2.5
双通道	OPA2188(4～36 V)	± 25	± 0.085	2	0.25
	OPA2333(5 V)	± 10	± 0.05	0.35	1.1
	OPA2378(5 V)	± 50	± 0.25	0.9	0.4
	OPA2735(12 V)	± 5	± 0.05	1.6	2.5
四通道	OPA4188(4～36 V)	± 25	± 0.085	2	0.25
	OPA4330(5 V)	± 50	± 0.25	0.35	1.1

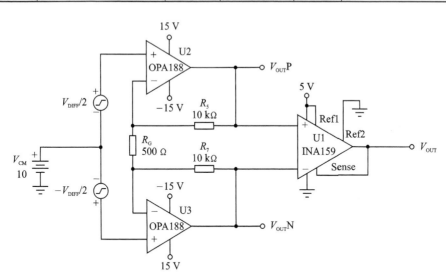

图 2.5.1　驱动单电源供电 ADC 的仪表放大器电路

2.5.2　零漂移运放构成的桥式传感器放大电路

一个采用 OPA188 构成的桥式传感器放大电路[37]如图 2.5.2 所示。

注意:图 2.5.2 所示电路,也可以采用 OPA2188、OPA4188 等零漂移运算放大器构成。

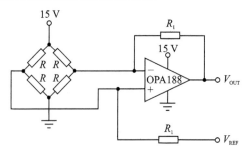

图 2.5.2　桥式传感器放大电路

2.5.3　零漂移运放构成的差分输出桥式传感器放大电路

一个采用 OPA734/OPA2734/OPA735/OPA2735 构成的差分输出桥式传感器放大电路[21]如图 2.5.3 所示，电路中 C_1、C_2 和 C_3 应尽可能靠近放大器输入端安装。电路增益为：

$$G = 1 + 2\frac{R_3}{R_G} \tag{2.5.2}$$

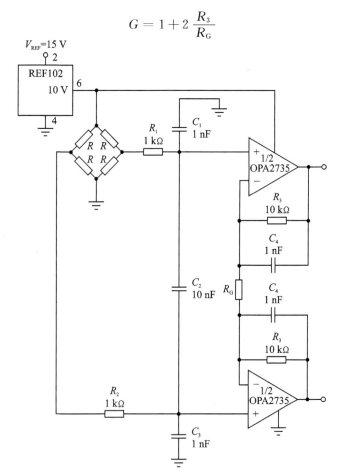

图 2.5.3　差分输出桥式传感器放大电路

2.5.4　零漂移运放构成的低侧端电流检测电路

一个采用 OPA188 构成的低侧端电流检测电路[37]如图 2.5.4 所示,电路输出为:

$$V_{OUT} = I_{LOAD} \times R_{SHUNT}(1 + R_F/R_{IN}) \tag{2.5.3}$$

$$V_{OUT}/I_{LOAD} = 1 \text{ V}/49.75 \text{ mA} \tag{2.5.4}$$

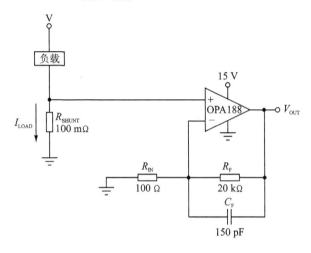

图 2.5.4　低侧端电流检测电路(OPA188)

一个采用 OPA734/OPA2734/OPA735/OPA2735 构成的低侧端电流检测电路[21]如图 2.5.5 所示。电路输出 $V_{OUT} = 1$ V/A。

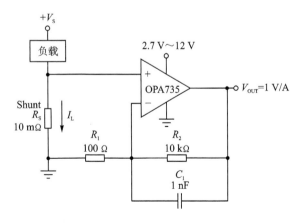

图 2.5.5　低侧端电流检测电路(OPA735)

2.5.5　零漂移运放构成的高侧端电流检测电路

一个采用 OPA378/OPA2378 构成的高侧端电流检测电路[38]如图 2.5.6 所示。

电路中,稳压管电压选择与运算放大器兼容,对于 OPA378,选择为 5.1 V。R_1 为 OPA378 输入端限流电阻。稳压管偏置电流通过 R_{BIAS} 或者 NMOSFET(2N7002、NTZD511ON、SM6K2T110)选择。

注意:图 2.5.6 所示电路,也可以采用 OPA333、OPA2333 等零漂移运算放大器构成。

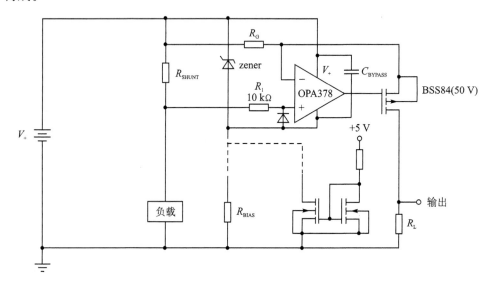

图 2.5.6　高侧端电流检测电路

2.5.6　零漂移运放构成的 RTD Pt100 线性温度检测电路

一个采用 RTD Pt100、OPA188 和 REF5050 构成的线性温度检测电路[37] 如图 2.5.7 所示,电路输出:在 0 ℃时,等于 0 V,200 ℃时,等于 5 V。在图 2.5.7 所示电路中,R_5 提供一个正反馈,用来改善电路的线性特性。REF5050 是一个输出 5 V 电压的低噪声、极低漂移、高精度的电压基准。

2.5.7　零漂移运放构成的 K 型热电偶温度检测电路

一个采用 OPA378/OPA2378 构成的 K 型热电偶温度检测电路[38] 如图 2.5.8 所示。电路中,K 型热电偶输出为 40.7 μV/℃。REF3333 是一个输出 3.3 V 电压的低噪声、极低漂移、高精度的电压基准。

注意:图 2.5.8 所示电路,也可以采用 OPA333、OPA2333 等零漂移运算放大器构成。

2.5.8　零漂移运放构成的单电源低功耗 ECG(心电图)检测电路

一个采用 OPA378/OPA2378 构成的单电源低功耗 ECG(心电图)检测电路[38]

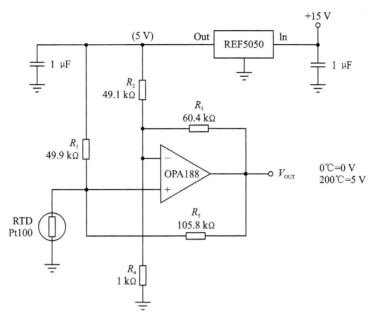

图 2.5.7 RTD Pt100 线性温度检测电路

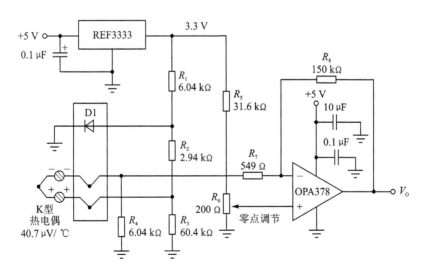

图 2.5.8 K 型热电偶温度检测电路

如图 2.5.9 所示。电路中,电源电压 V_S 为 +2.7~+5.5 V,电路 BW(带宽)为 0.5~150 Hz,INA321 仪表放大器也可以采用 INA326 等仪表放大器。

注意:图 2.5.9 所示电路,也可以采用 OPA333、OPA2333 等零漂移运算放大器构成。

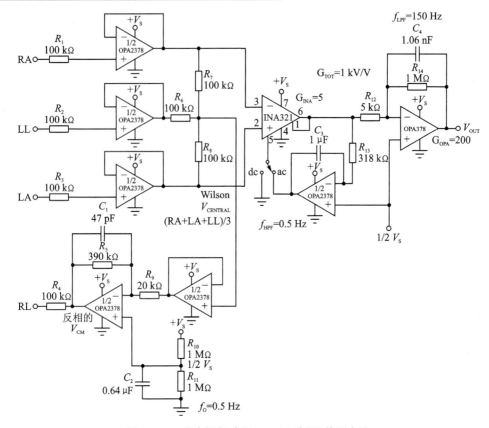

图 2.5.9　单电源低功耗 ECG(心电图)检测电路

2.5.9　零漂移运放构成的数字听诊器电路

一个采用 OPA378/OPA2378 构成的数字听诊器电路[38]如图 2.5.10 所示。电路中,听诊器输入传感器采用 FET 的驻极体麦克风元件。

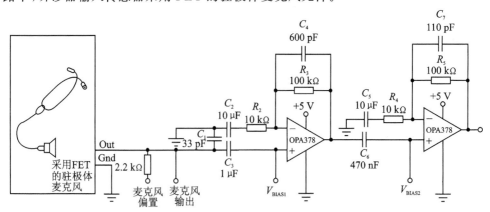

图 2.5.10　数字听诊器电路

2.5.10　零漂移运放构成的可编程控制的电源电路

一个采用 16 位 DAC8581、OPA188 和 OPA548 构成的可编程控制的电源电路[37]如图 2.5.11 所示。

在图 2.5.11 所示电路中,DAC8581 是一个 16 位高速低噪声电压输出数模转换器。OPA548 是一个高电压大电流运算放大器,电源电压范围为:单电源供电为 +8~+60 V,双电源供电为 ±4~±30 V,连续输出电流为 3 A,峰值输出电流为 5 A。

DAC8581 输出电压范围为 ±5 V,可编程控制的电源电路输出电压范围为 ±25 V。

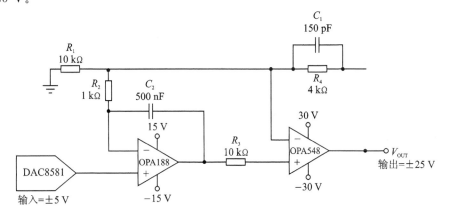

图 2.5.11　可编程控制的电源电路

2.5.11　输出电压 0~+91 V 的可编程控制的电源电路

一个采用高电压(100 V)、高电流(50 mA)运算放大器 OPA454 和 16 位 DAC8811 构成的输出电压 0~+91 V 的可编程控制的电源电路[39]如图 2.5.12 所示。

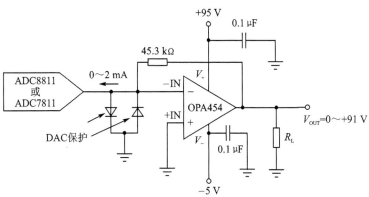

图 2.5.12　输出电压 0~+91 V 的可编程控制的电源电路

2.5.12　输出电压和输出电流可编程控制的电源电路

一个采用高电压(60 V)、高电流(750 mA)运算放大器 OPA547 和 DAC7800/1/2/构成的输出电压和输出电流可编程控制的电源电路[40]如图 2.5.13 所示,可编程控制输出电压 0～+25 V,输出电流 0～750 mA。

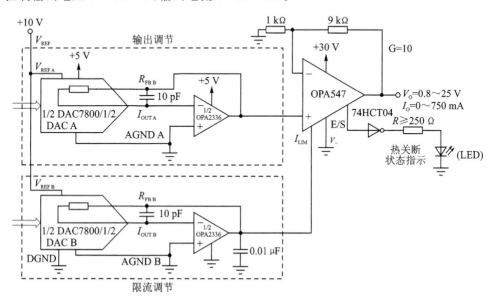

图 2.5.13　输出电压和输出电流可编程控制的电源电路

输出电流调节电路如图 2.5.14 所示。在电阻调节方式,电阻选择如下:

$$R_{CL} = \frac{5\ 000(4.75\ \text{V})}{I_{LIM}} - 31.6\ \text{k}\Omega \tag{2.5.5}$$

在 DAC 调节方式,DAC 输出电流和电压如下:

$$I_{DAC} = I_{LIM}/5\ 000 \tag{2.5.6}$$

$$V_{DAC} = (V_-) + 4.75\ \text{V} - (31.6\ \text{k}\Omega)I_{LIM})/5\ 000 \tag{2.5.7}$$

输出电流大小与电阻和 DAC 输出电流和电压的关系如表 2.5.2 所列。

表 2.5.2　输出电流大小与电阻和 DAC 输出电流和电压的关系

限　流	电阻(R_{CL})	电流(I_{DAC})	电压(V_{DAC})
0 mA	I_{LIM} Open	0 μA	$(V_-) + 4.75$ V
100 mA	205 kΩ	20 μA	$(V_-) + 4.12$ V
375 mA	31.6 kΩ	75 μA	$(V_-) + 2.38$ V
500 mA	15.8 kΩ	100 μA	$(V_-) + 1.59$ V
750 mA	I_{LIM} Shorted to V_-	150 μA	$(V_-) + 0.01$ V

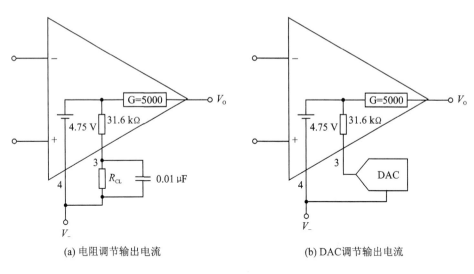

(a) 电阻调节输出电流　　　　　　(b) DAC调节输出电流

图 2.5.14　输出电流调节电路

2.5.13　DC 电平移位电路

在使用单电源运算放大器时,信号通常必须被放大,并且同时进行电平移位。图 2.5.15 所示电路[41] 可以完成这两个任务。确定电路中的电阻值的步骤如下所示:

(1) 确定输入电压。

(2) 计算输入电压的中点,$V_{\text{INMID}} = V_{\text{INMIN}} + (V_{\text{INMAX}} - V_{\text{INMIN}})/2$。

(3) 确定所需的输出电压。

(4) 计算输出电压的中点,$V_{\text{OUTMID}} = V_{\text{OUTMIN}} + (V_{\text{OUTMAX}} - V_{\text{OUTMIN}})/2$。

(5) 计算所需的增益,增益 = $(V_{\text{OUTMAX}} - V_{\text{OUTMIN}})/(V_{\text{INMAX}} - V_{\text{INMIN}})$。

(6) 计算从输入到输出的电压所需要的电平移位,$\Delta V_{\text{OUT}} = V_{\text{OUTMID}} - $ 增益 $\times V_{\text{INMID}}$。

(7) 设置要使用的电源电压。

(8) 计算的噪声增益,噪声增益 = 增益 $+ \Delta V_{\text{OUT}}/V_{\text{S}}$。

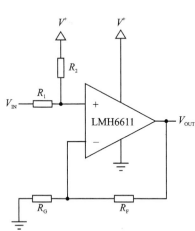

图 2.5.15　DC 电平移位电路

(9) 设置 R_{F}。

(10) 计算 R_1,$R_1 = R_{\text{F}}/$增益。

(11) 计算 R_2,$R_2 = R_{\text{F}}/$(噪声增益 − 增益)。

(12) 计算 R_{G},$R_{\text{G}} = R_{\text{F}}/$(噪声增益 − 1)。

（13）检查 V_{IN} 和 V_{OUT} 的电压在 LMH6611 的电压范围内。

设计例：下面的设计例输入电压 V_{IN} 从 0～1 V，输出电压 V_{OUT} 从 2～4 V。

（1）$V_{IN}=0\ V\sim1\ V$

（2）$V_{INMID}=0\ V+(1\ V-0\ V)/2=0.5\ V$

（3）$V_{OUT}=2\ V\sim4\ V$

（4）$V_{OUTMID}=2V+(4V-2V)/2=3\ V$

（5）增益＝$(4\ V-2\ V)/(1\ V-0\ V)=2$

（6）$\Delta V_{OUT}=3\ V-2\times0.5\ V=2$

（7）电源电压为 +5 V

（8）噪声增益＝$2+2/5\ V=2.4$

（9）$R_F=2\ k\Omega$

（10）$R_1=2\ k\Omega/2=1\ k\Omega$

（11）$R_2=2\ k\Omega/(2.4-2)=5\ k\Omega$

（12）$R_G=2\ k\Omega/(2.4-1)=1.43\ k\Omega$

2.5.14 VFB 构成的 50 Ω 同相宽带放大器电路

一个采用 650 MHz 单位增益稳定 JFET 输入运算放大器 OPA659 构成的 50 Ω 同相宽带放大器电路[42]如图 2.5.16 所示，电路增益与各电阻匹配关系如表 2.5.3 所列。

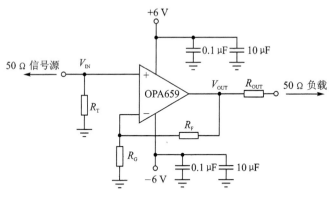

图 2.5.16　50 Ω 同相宽带放大器电路

表 2.5.3　电路增益与各电阻匹配关系

同相增益	$R_F(\Omega)$	$R_G(\Omega)$	$R_T(\Omega)$	$R_{OUT}(\Omega)$
+1	0	Open	49.9	49.9
+2	249	249	49.9	49.9
+5	249	61.9	49.9	49.9
+10	249	27.4	49.9	49.9

2.5.15　VFB 构成的 50 Ω 反相宽带放大器电路

一个采用 650 MHz 单位增益稳定 JFET 输入运算放大器 OPA659 构成的 50 Ω 反相宽带放大器电路[42]如图 2.5.17 所示,电路增益与各电阻匹配关系如表 2.5.4 所列。

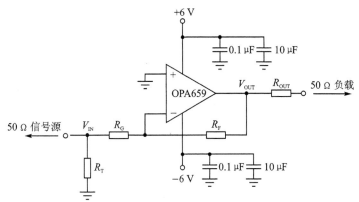

图 2.5.17　50 Ω 反相宽带放大器电路

表 2.5.4　电路增益与各电阻匹配关系

反相增益	$R_F(\Omega)$	$R_G(\Omega)$	$R_T(\Omega)$	$R_{OUT}(\Omega)$
—1	249	249	61.9	49.9
—2	249	124	84.5	49.9
—5	249	49.9	Open	49.9
—10	499	49.9	Open	49.9

2.5.16　CFB 构成的 50 Ω 同相宽带放大器电路

一个采用 210 MHz 高电压低失真 CFB 运算放大器 THS3091/THS3095 构成的 50 Ω 同相宽带放大器电路[43]如图 2.5.18 所示,电路增益与各电阻匹配关系如表 2.5.5 所列。

表 2.5.5　电路增益与各电阻匹配关系

增益(V/V)	电源电压(V)	$R_G(\Omega)$	$R_F(\Omega)$
1	±15	—	1.78 k
	±5	—	1.78 k
2	±15	1.21 k	1.21 k
	±5	1.15 k	1.15 k
5	±15	249	1 k
	±5	249	1 k
10	±15	95.3	866
	±5	95.3	866

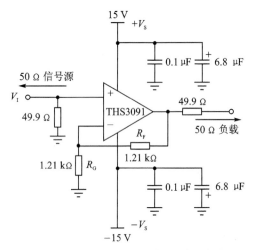 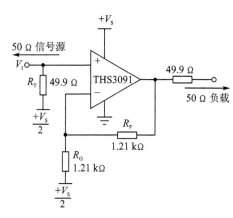

(a) ±15 V供电的50 Ω同相宽带放大器电路　　　　(b) 单电源供电的50 Ω同相宽带放大器电路

图 2.5.18　50 Ω 同相宽带放大器电路

注意：THS3091/THS3095 采用 8 - SOIC(D)、8 - SOIC(DDA)两种封装形式，8 - SOIC(DDA)具有 PowerPAD™。两种封装形式器件的额定功率不同，8 - SOIC(D)封装为 410 mW($T_J = 125\ ℃$，$T_A = 85\ ℃$)，8 - SOIC(DDA)封装为 873 mW($T_J = 125\ ℃$，$T_A = 85\ ℃$)。

芯片的 PowerPAD™ 是该芯片的一个散热通道，该芯片需要利用 PowerPAD™ 进行散热。使用 THS3091/THS3095 制作放大器电路时需要注意，一定要利用 PowerPAD™，为该芯片设计一个散热通道。

有关"PowerPAD™"的更多介绍，请参考"slos423g THS3091 THS3095 HIGH - VOLTAGE, LOW - DISTORTION, CURRENT - FEEDBACK OPERATIONAL AMPLIFIERS"的第 23 页至第 24 页介绍。

PowerPAD™ 焊盘在芯片的底部，如果采用的是单面板，可以将芯片底部的 PowerPAD™ 焊盘延长画出超过(超出)芯片的封装，并保持足够大的铜箔面积，也可以在此超过(超出)芯片的 PCB 铜箔上加散热器，芯片与 PCB 之间加导热胶。如果采用的是双面板，可以将芯片底部的 PowerPAD™ 焊盘通过过孔连接到另一面的接地板上。

2.5.17　CFB 构成的 50 Ω 反相宽带放大器电路

一个采用 210 MHz 高电压低失真 CFB 运算放大器 THS3091/THS3095 构成的 50 Ω 反相宽带放大器电路[43]如图 2.5.19 所示，电路增益与各电阻匹配关系如表 2.5.6 所示。

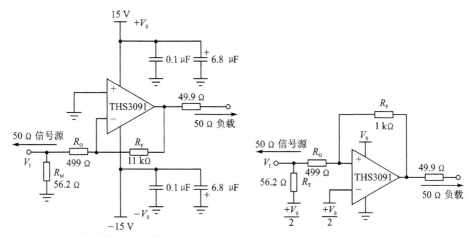

(a) ±15 V供电的50 Ω 反相宽带放大器电路　　(b) 单电源供电的50 Ω 反相宽带放大器电路

图 2.5.19　50 Ω 反相宽带放大器电路

表 2.5.6　电路增益与各电阻匹配关系

增　　益	电源电压	$R_G(\Omega)$	$R_F(\Omega)$
—1	±15 和±5	1.05 k	1.05 k
—2	±15 和±5	499	1 k
—5	15 和±5	182	909
—10	15 和±5	86.6	866

2.5.18　反相宽带放大器电路

一个采用 1.7 GHz 超低失真宽带放大器 LMH6702QML 构成的反相宽带放大器电路和频率响应[44]如图 2.5.20 所示,电路增益如下所示:

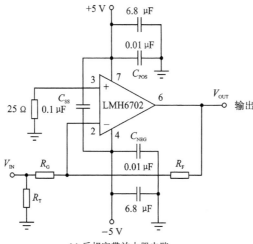

(a) 反相宽带放大器电路

图 2.5.20　反相宽带放大器电路和频率响应

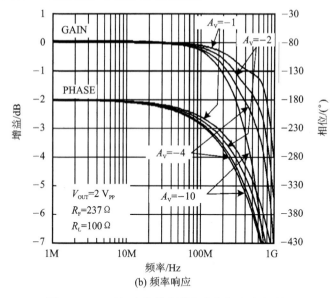

(b) 频率响应

图 2.5.20　反相宽带放大器电路和频率响应(续)

$$A_V = -\frac{R_F}{R_G} = \frac{V_{OUT}}{V_{IN}} \qquad (2.5.8)$$

输入电阻为：

$$R_{IN} = R_T \parallel R_G \qquad (2.5.9)$$

2.5.19　同相宽带放大器电路

一个采用 1.7 GHz 超低失真宽带放大器 LMH6702QML 构成的同相宽带放大器电路和频率响应[44]如图 2.5.21 所示，电路增益如下所示：

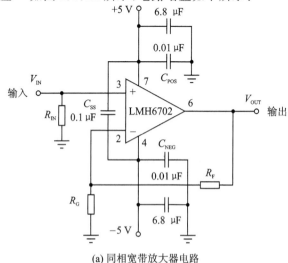

(a) 同相宽带放大器电路

图 2.5.21　同相宽带放大器电路和频率响应

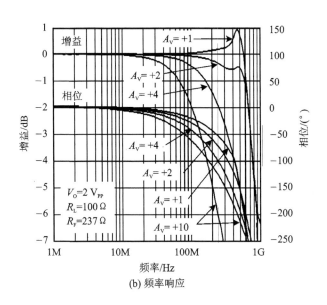

(b) 频率响应

图 2.5.21　同相宽带放大器电路和频率响应(续)

$$A_V = 1 + R_F/R_G = V_{OUT}/V_{IN} \tag{2.5.10}$$

负载电阻对频率响应的影响如图 2.5.22 所示,从图 2.5.22 可见,增益不同,负载电阻的影响也不同。

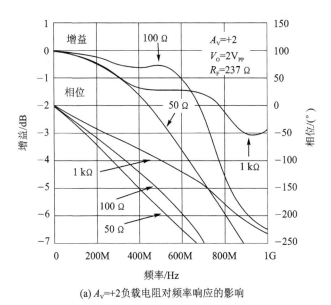

(a) A_V=+2负载电阻对频率响应的影响

图 2.5.22　负载电阻对频率响应的影响

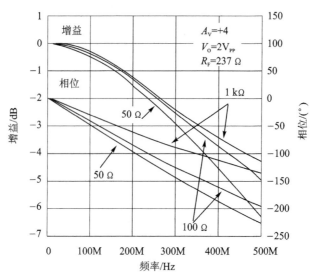

(b) AV=+4 负载电阻对频率响应的影响

图 2.5.22　负载电阻对频率响应的影响 (续)

2.5.20　宽带直流放大器电路

1. 宽带直流放大器电路结构

一个宽带直流放大器电路结构方框图[45] 如图 2.5.23 所示,电路能够实现的技术指标如下:输入电压 2.8 mV$_{PP}$～480 mV$_{PP}$,电压增益 A_V 0 dB～80 dB 可调,−3 dB 通频带 0～10 MHz,最大输出电压正弦波有效值 V_o≥10 V(28 V$_{PP}$)@ 50 Ω 负载。

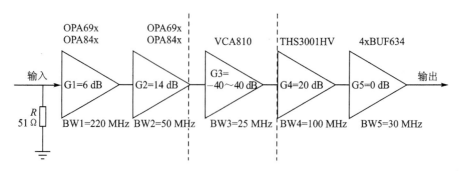

图 2.5.23　宽带直流放大器电路结构方框图

2. 电路放大器芯片选择

(1) 输入缓冲器和放大器电路

输入缓冲器和放大器电路的电路增益为＋20 dB,一些可供选择的运算放大器产品如表 2.5.7 所列,推荐选择 OPA69x 或者 OPA84x 系列运算放大器。低功耗产品也可以选择表 2.5.8 所列的低功耗运算放大器。

表 2.5.7　可选择的运算放大器产品

器 件	电 源	带 宽	压摆率	输入噪声	失 真	注 释
THS4304	5 V	3 000 MHz	830 V/μs	2.4 nV/$\sqrt{\text{Hz}}$	−95 dBc(10 MHz)	单位增益 VFB
OPA842	10 V	400 MHz	400 V/μs	2.6 nV/$\sqrt{\text{Hz}}$	−93 dBc (5 MHz)	单位增益 VFB
OPA690	10 V	500 MHz	1 700 V/μs	4.5 nV/$\sqrt{\text{Hz}}$	−83 dBc (5 MHz)	单位增益 VFB
OPA691	10 V	400 MHz	2 100 V/μs	2.5 nV/$\sqrt{\text{Hz}}$	−80 dBc (5 MHz)	CFB
OPA694	10 V	1 500 MHz	1 700 V/μs	2.1 nV/$\sqrt{\text{Hz}}$	−92 dBc (5 MHz)	CFB
OPA695	10 V	1 400 MHz	4 300 V/μs	1.8 nV/$\sqrt{\text{Hz}}$	−78 dBc (5 MHz)	CFB
THS4271	15 V	1 400 MHz	1 000 V/μs	3.0 nV/$\sqrt{\text{Hz}}$	−92 dBc (30 MHz)	单位增益 VFB
THS4031	30 V	100 MHz	100 V/μs	1.6 nV/$\sqrt{\text{Hz}}$	−96 dBc (1 MHz)	单位增益 VFB

表 2.5.8　可选择的低功耗运算放大器产品

器 件	电 源	Supply Current	带 宽	压摆率	输入噪声	注 释
OPA2889	10 V	460 μA/ch	115 MHz	250 V/μs	8.4 nV/$\sqrt{\text{Hz}}$	单位增益 VFB
OPA890	10 V	1 100 μA/ch	260 MHz	500 V/μs	8.0 nV/$\sqrt{\text{Hz}}$	单位增益 VFB
OPA683	10 V	940 μA/ch	200 MHz	540 V/μs	4.4 nV/$\sqrt{\text{Hz}}$	CFB
OPA684	10 V	1 700 μA/ch	210 MHz	820 V/μs	3.7 nV/$\sqrt{\text{Hz}}$	CFB
THS4281	15 V	750 μA/ch	90 MHz	35 V/μs	12.5 nV/$\sqrt{\text{Hz}}$	单位增益 VFB, RRIO

(2) 可调增益放大器电路

可调增益放大器的增益调节范围为 −40～+40 dB,可以选择表 2.5.9 所列的增益可调的放大器,推荐选择 VCA810。

表 2.5.9　可以选择的增益可调放大器

器 件	电 源	带 宽	压摆率	输入噪声	增益范围	注 释
ACA810	10 V	35 MHz	350 V/μs	2.4 nV/$\sqrt{\text{Hz}}$	80 dB(±40 dB)	增益规则 dB/V
VCA820	10 V	150 MHz	1 700 V/μs	8.2 nV/$\sqrt{\text{Hz}}$	>40 dB(±20 dB)	增益规则 dB/V
VCA821	10 V	710 MHz	2 500 V/μs	6 nV/$\sqrt{\text{Hz}}$	>40 dB(±20 dB)	增益规则 dB/V
VCA822	10 V	150 MHz	1 700 V/μs	8.2 nV/$\sqrt{\text{Hz}}$	>40 dB(±20 dB)	增益规则 V/V
VCA824	10 V	710 MHz	2 500 V/μs	6 nV/$\sqrt{\text{Hz}}$	>40 dB(±20 dB)	增益规则 V/V
VCA7001	32 V	70 MHz	175 V/μs	1.7 nV/$\sqrt{\text{Hz}}$	40 dB(−22～20 dB)	6 dB/步进

(3) 功率输出级电路

功率输出级电路的电路增益为 +20 dB,一些可供选择的功率驱动放大器产品如表 2.5.10 所列,推荐选择:

表 2.5.10　可选择的功率驱动放大器产品

器 件	电 源	带 宽	压摆率	输入噪声	失　真	注　释
THS3001HV	36 V	420 MHz	6 500 V/μs	1.6 nV/$\sqrt{Hz}$	−80 dBc(10 MHz)	CFB,±100 mA 输出
THS3091	32 V	210 MHz	7 300 V/μs	2 nV/$\sqrt{Hz}$	−69 dBc(10 MHz)	CFB,±250 mA 输出
OPA2674	10 V	250 MHz	2 000 V/μs	2 nV/$\sqrt{Hz}$	−82 dBc(5 MHz)	CFB,±500 mA 输出
BUF634	36 V	180 MHz	2 000 V/μs	4 nV/$\sqrt{Hz}$	N/A	Buffer,±250 mA 输出
BUF602	缓冲器,10 V,BW=1 200 MHz,SR=8 000 V/μs,±80 mA 连续输出						
OPA693	缓冲器,G=1 or 2,10 V,GBW=1 400 MHz,SR=2 500 V/μs,±120 mA 连续输出						
OPA692	缓冲器,G=1 or 2,10 V,GBW=280 MHz,SR=2 000 V/μs,±190 mA 连续输出						

3. 典型应用电路形式

(1) OPA694 典型应用电路

OPA694 典型应用电路[46]如图 2.5.24 所示,改变 R_F 和 R_G 的数值,可以获得所需要的电路增益。OPA694 相关的运算放大器产品如表 2.5.11 所列。

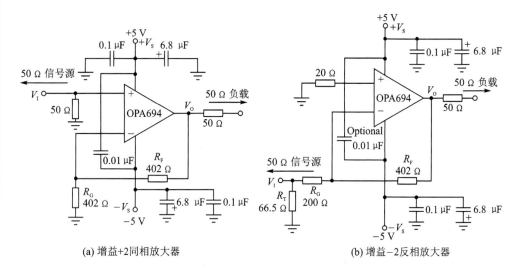

(a) 增益+2同相放大器　　　　　　　(b) 增益−2反相放大器

图 2.5.24　OPA694 典型应用电路

表 2.5.11　OPA694 相关的运算放大器产品

单	双	三	四	特　点
—	OPA2694	—	—	双
OPA683	OPA2683	—	—	低功耗,CFBPlus
OPA684	OPA2684	OPA3684	OPA4684	低功耗,CFBPlus
OPA691	OPA2691	OPA3691	—	高输出
OPA695	OPA2695	OPA3695	—	高截距

(2) VCA810 典型应用电路

VCA810 典型应用电路[47]如图2.5.25所示。VCA810 增益控制特性如表 2.5.12 所列。VCA810 相关的可调增益放大器产品如表 2.5.13 所列。

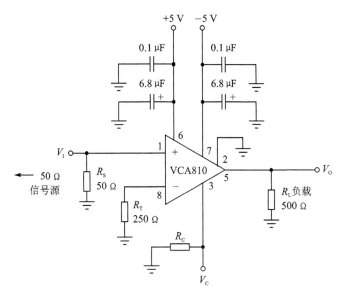

图 2.5.25　VCA810 典型应用电路

表 2.5.12　VCA810 增益控制特性

参　数	条　件	VCA810					
		典型值	温度范围				
		+25 ℃	+25 ℃	0 ℃～+70 ℃	−40 ℃～+85 ℃	单　位	最小值/最大值
增益控制(V_c, Pin 3)	单端或差分输入						
指定增益范围	$\Delta V_c/\Delta dB=25$ mV/dB	±40				dB	典型值
最大控制电压	G＝−40 dB	0				V	典型值
最小控制电压	G＝+40 dB	−2				V	典型值
增益准确性	−1.8 V≤V_c≤−0.2 V	±0.4	±1.5	+2.5	±3.5	dB	最大值
	V_c<−1.8 V, V_c>−0.2 V	±0.5	±2.2	±3.7	±4.7	dB	最大值
增益漂移	−1.8 V≤V_c≤−0.2 V			±0.02	±0.03	dB/℃	最大值
	V_c<−1.8 V, V_c>−0.2 V			±0.03	±0.04	dB/℃	最大值
增益控制斜率		−40				db/v	典型值
增益控制线性度	−1.8 V≤V_c≤0 V	±0.3	±1	±1.1	±1.2	dB	最大值
	V_c<−1.8 V	±0.7	±1.6	±2.5	±3.2	dB	典型值
增益控制带宽		25	20	19	19	MHz	最小值
增益控制压摆率	80 dB增益步进	900				dB/ns	典型值
增益建立时间	1%, 80 dB 步进	0.8				μs	典型值
输入偏置电流	V_c＝−1 V	−1.5	−3.5	−4.5	−8	μA	最大值

续表 2.5.12

参　数	条　件	VCA810					
		典型值	温度范围				最小值/ 最大值
		+25 ℃	+25 ℃	0 ℃～ +70 ℃	-40 ℃～ +85 ℃	单　位	
增益+PSRR	$V_c=-2$ V,G=+40 dB, $+V_s=5$ V±0.5 V	0.5	1.5	1.8	2	dB/V	最大值
增益-PSRR	$V_c=-2$ V,G=+40 dB, $-V_s=-5$ V±0.5 V	0.7	1.5	1.8	2	dB/V	最大值

表 2.5.13　VCA810 相关的可调增益放大器产品

单	双	增益调节范围(dB)	输入噪声(nV/$\sqrt{Hz}$)	信号带宽(MHz)
VCA811	—	80	2.4	80
—	VCA2612	45	1.25	80
—	VCA2613	45	1	80
—	VCA2614	45	3.6	40
—	VCA2616	45	3.3	40
—	VCA2618	45	5.5	30

(3) THS3001＋BUF634 功率输出级电路

THS3001＋BUF634 功率输出级电路如图 2.5.26 所示,单个 BUF634/THS3091 可以提供±250 mA 电流,输出采用 3 个 BUF634 并联输出,电源电压为±18 V,输出电压幅度为 28 V_{PP},输出电流 0.6 A。

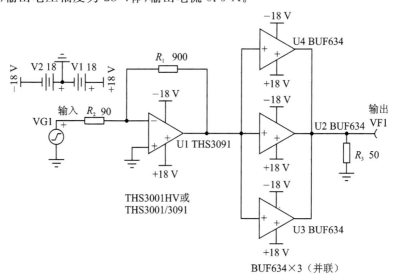

图 2.5.26　THS3001＋BUF634 功率输出级电路

124

输出级也可以采用 THS3091/THS3095 等放大器芯片。与 THS3091/THS3095 相关的放大器芯片有：THS3092、THS3110 、THS3120、THS3061、OPAx691、OPA2674 等。

注意：如图 2.5.27 所示，BUF634 有 8 引脚 DIP、8 引脚 SO - 8 表面安装、5 引脚 TO - 220 和 5 引脚 DDPAK 表面安装 4 种封装形式[48]，作为功率放大器使用时，需要进行散热处理。

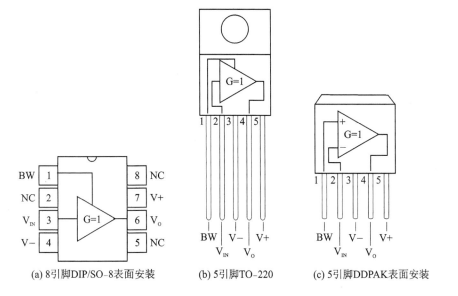

(a) 8引脚DIP/SO-8表面安装　　(b) 5引脚TO-220　　(c) 5引脚DDPAK表面安装

图 2.5.27　BUF634 的封装形式

2.5.21　低漂移高输出电压(92 V_PP)的放大器电路

一个采用高电压（100 V）、高电流（50 mA）运算放大器 OPA454 和低漂移（0.05 μV/℃）放大器 OPA735 构成的低漂移高输出电压的放大器电路[39]如图 2.5.28 所示，电路第 1 级增益为 4.9 V/V，第 2 级增益为 9.45 V/V，输出电压为±46 V（92 V_PP）。

与 OPA454 相关的高电压运算放大器产品如表 2.5.14 所列。

表 2.5.14　相关的高电压运算放大器产品

器　件	描　　述	器　件	描　　述
OPA445	80 V,15 mA	OPA549	60 V,9 A
OPA452	80 V,50 mA	OPA551	60 V,200 mA
OPA547	60 V,750 mA	OPA567	5 V,2 A
OPA548	60 V,3 A	OPA569	5 V,2.4 A

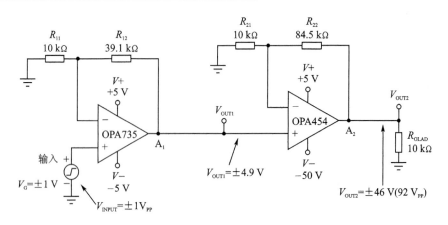

图 2.5.28　低漂移高输出电压的放大器电路

2.5.22　高输出电压(90 V$_{PP}$)大输出电流(1 A)的放大器电路

一个采用高电压(100 V)、高电流(50 mA)运算放大器 OPA454 和晶体管构成的高输出电压(90 V$_{PP}$)大输出电流(1 A)放大器电路[39]如图 2.5.29 所示,电路中,运算放大器的输出电压摆幅从 +47 V 到 −48 V。在负载电流为 1 A 时,晶体管输出电压摆幅从 +44.1 V 到 −45.1 V。R_3 为 OPA454 提供一个限流。

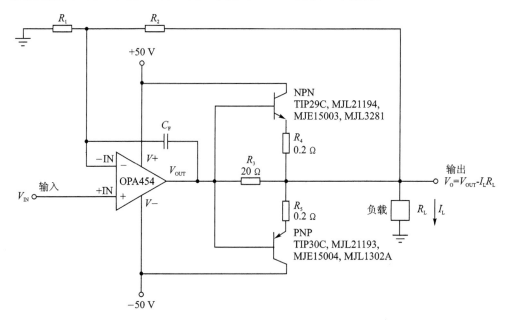

图 2.5.29　高输出电压(90 V$_{PP}$)大输出电流(1 A)的放大器电路

NPN 晶体管可以选择:TIP29C、MJL21194、MJE15003、MJL3281 等。PNP 晶体管可以选择:TIP30C、MJL21193、MJE15004、MJL1302A 等。

2.5.23　直接驱动 ADC 的桥式传感器电路

一个采用 LMP2021/LMP2022 构成的直接驱动 ADC 的桥式传感器电路[49]如图 2.5.30 所示。

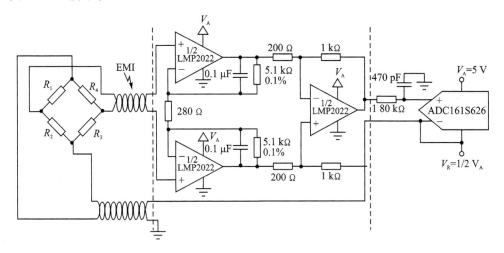

图 2.5.30　直接驱动 ADC 的桥式传感器电路

在图 2.5.30 所示电路中，LMP2021/LMP2022 是一个零漂移、低噪声放大器，输入失调电压为 0.4 μV，输入失调电压漂移为 0.004 μV/℃，输入电压噪声为 11 nV/$\sqrt{\text{Hz}}$(@ A_v=1 000)。

设电阻桥输出是 8 mV/1 V，桥激励电压选择 1/2 的模拟电源电压(等于 ADC161S626 的 2.5 V 基准电压)，电桥输出信号为：2.5 V×8 mV/V＝20 mV。20 mV电桥输出信号必须精确地由放大器放大，以适合 ADC 的动态输入范围。LMP2022 和 LMP2021 构成一个精密的仪表放大器电路，电路增益为(18×2＋1)×5＝185。利用 LMP2022 放大器的反馈路径中的两个电容器，设置了一个 300 Hz 滤波器，用来消除这个电路的高频噪声。LMP2021 的共模抑制比(CMRR)为 139 dB，能够消除电桥引入的共模信号，提高系统的性能。

20 mV 电桥输出信号经过 LMP2022 和 LMP2021 构成一个精密的仪表放大器电路放大，电路输出为 3.7 V，能够满足 ADC 的输入动态范围。

ADC161S626 是一个 16 位 50 kSPS～ 250 kSPS 的 5 V ADC。在此配置中，为了利用的 ADC161S626 最大的位数，使用一个 2.5 V 的基准电压。这 2.5 V 的基准电压还用于电桥传感器和 ADC 的反相输入。在电路中的这 3 个点使用相同的电压源，有利于消除由电源变化产生的误差。

2.5.24　直接驱动 ADC 的低侧端电流检测电路

一个采用 OPA378/OPA2378 构成的直接驱动 ADC 的低侧端电流检测电路[38]

如图 2.5.31 所示,电路的 R_{SHUNT} 为 1 Ω,ADS1100 满量程输入为 3 V,OPA378 电路增益为 10,I_{LOAD} 为 300 mV/1 Ω。

在图 2.5.31 所示电路中,OPA378/OPA2378 是一个新的零漂移、微功耗的运算放大器,最小输入失调电压为 20 μV,失调电压漂移为 0.1 μV/℃,增益带宽为 900 kHz,噪声为 0.4 μVPP(0.1 Hz 至 10 Hz 和 20 nV/$\sqrt{Hz}$(在 1 kHz 频率下),静态电流为 125 μA。此外,卓越的 PSRR 性能与 2.2 V 至 5.5 V 宽输入电源范围及轨至轨输入和输出相结合,还使其成为直接采用电池供电运行(不进行稳压)的单电源应用的绝佳选择。

ADS1100 是一个自校准的 16 位模数转换器。REF3330 是一个输出 3 V 电压的低噪声、极低漂移、高精度电压基准。

注意:图 2.5.31 所示电路,也可以采用 OPA333、OPA2333 等零漂移运算放大器构成。

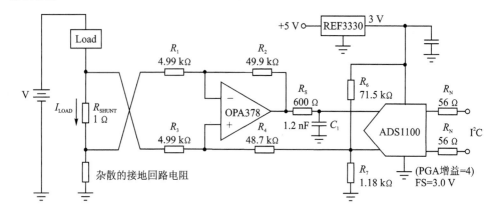

图 2.5.31　直接驱动 ADC 的低侧端电流检测电路(OPA378)

2.5.25　SAR 型 ADC 驱动电路

一个采用 OPA734/OPA2734/OPA735/OPA2735 构成的 ADC 驱动电路[21]如图 2.5.32 所示。电路中,R_1 和 R_2 为限流电阻,电阻值的选择如表 2.5.15 所列。R_F 和 C_F 为可选择的带通滤波器,适用采样速率为 50 kHz 的 SAR 型 ADC。

表 2.5.15　R_1 和 R_2 电阻值的选择

V_{IN}	V_{REF}	R_1	R_2
±10 V	5 V	42.2 kΩ	14.7 kΩ
±5 V	5 V	20.8 kΩ	19.6 kΩ
0~10 V	5 V	20.8 kΩ	5.11 kΩ
0~5 V	5 V	10.5 kΩ	10 kΩ

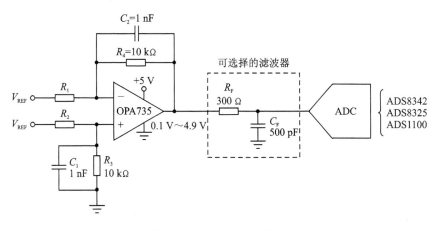

图 2.5.32　ADC 驱动电路

2.5.26　超高动态范围的差分 ADC 驱动电路

一个采用 OPA847 构成的超高动态范围的差分 ADC 驱动电路[50]如图 2.5.33 所示。电路采用 2 片 OPA847,增益为 24.6dB,ADC 为 14 位 125 MSPS ADS5500。

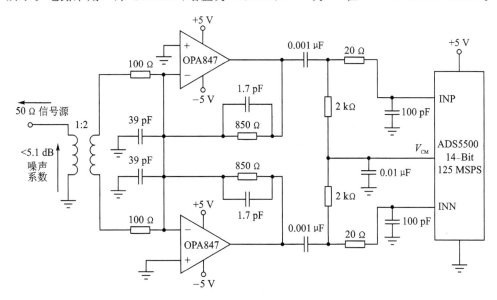

图 2.5.33　超高动态范围的差分 ADC 驱动电路

2.5.27　单端输入到单端输出的 ADC 驱动电路

一个采用单电源 350 MHz 运算放大器 LMH6611/LMH6612 构成的单端输入到单端输出的 ADC 驱动电路[41]如图 2.5.34 所示,驱动电路截止频率为:

$$f_0 = \frac{1}{2\pi} \times \sqrt{\frac{1}{R_2 \times R_5 \times C_2 \times C_5}} \tag{2.5.11}$$

电路增益为：

$$增益 = -\frac{R_2}{R_1} \tag{2.5.12}$$

该电路可以用来驱动 12 位 500 kSPS 到 1 MSPS ADC，例如 ADC121S101。电路特性如表 2.5.16 所列。

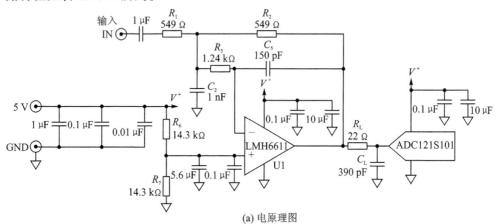

(a) 电原理图

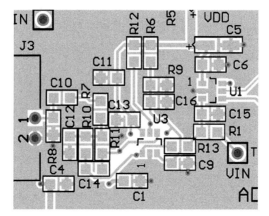

(b) 元器件布局图

图 2.5.34　单端到单端的 ADC 驱动电路

表 2.5.16　电路特性

放大器输出/ ADC 输入	SINAD (dB)	SNR (dB)	THD (dB)	SFDR (dBc)	ENOB	注　释
4	70.2	71.6	−75.7	77.6	11.4	ADC121S101@f=200 kHz

2.5.28　单端输入到差分输出的 ADC 驱动电路

一个采用单电源 350 MHz 运算放大器 LMH6611/LMH6612 构成的单端输入到差分输出的 ADC 驱动电路[41]，如图 2.5.35 所示。该电路可以用来驱动 12 位 500 kSPS 到 1 MSPS ADC，例如放大器 U$_1$ 和 U$_2$ 输出分别连接到 ADC121S625 的 IN－和 IN＋输入端。2.5 V 的共模电压连接到 U$_1$ 和 U$_2$ 的同相（IN＋）输入端，电路增益为 2。当 AC 耦合输入信号从 0 到 V$_{REF}$ 时，电路输出电压为 ±2.5 V$_{P-P}$。RC 滤波器的截止频率约为 22 MHz。电路特性如表 2.5.17 所列。

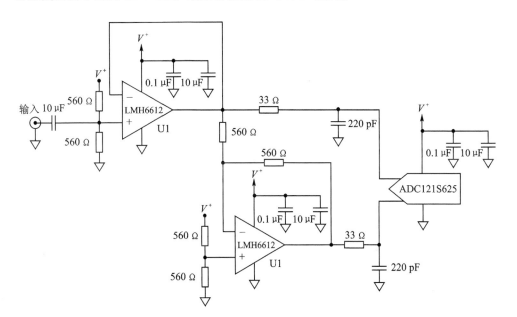

图 2.5.35　单端输入到差分输出的 ADC 驱动电路

表 2.5.17　电路特性

放大器输出/ ADC 输入	SINAD (dB)	SNR (dB)	THD (dB)	SFDR (dBc)	ENOB	注　释
2.5	68.8	69	−81.5	75.1	11.2	ADC121S625@f＝200 kHz

2.5.29　差分输入到差分输出的 ADC 驱动电路

一个采用单电源 350 MHz 运算放大器 LMH6611/LMH6612 构成的差分输入到差分输出的 ADC 驱动电路[41]如图 2.5.36 所示，电路特性如表 2.5.18 所列。

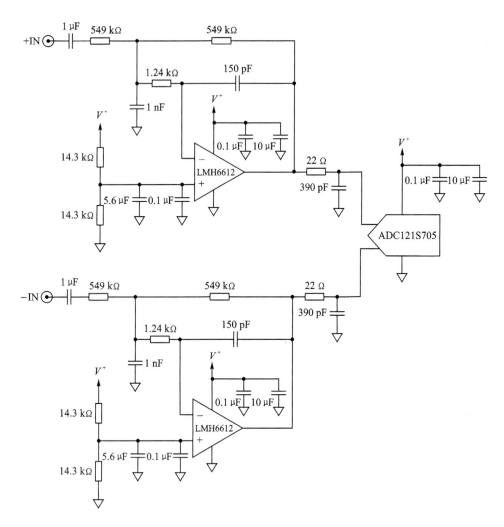

图 2.5.36　差分输入到差分输出的 ADC 驱动电路

表 2.5.18　电路特性

放大器输出/ ADC 输入	SINAD (dB)	SNR (dB)	THD (dB)	SFDR (dBc)	ENOB	注　释
2.5	72.2	72.3	−87.7	92.1	11.7	ADC121S625@f＝20 kHz
2.5	72.2	72.2	−87.7	90.8	11.7	ADC121S625@f＝200 kHz

2.6　运算放大器电路设计中应注意的一些问题

2.6.1　输入失调电压 V_{OS} 引起的直流误差

电压反馈放大器的主要直流误差源模型[51]如图 2.6.1 所示。

$$\text{由 } V_{OS} \text{ 引起的输出电压误差} = V_{OS}\left(\frac{R_G + R_F}{R_G}\right) \tag{2.6.1}$$

对总的 $V_{OS(tot)}$ 进行建模如下，式中增加了直流共模抑制（CMRR）和电源抑制（PSRR）的影响。

$$V_{OS}(\text{tot}) = V_{OS}(\text{nom}) + \frac{\Delta V_S}{\text{PSRR}} + \frac{\Delta V_{CM}}{\text{CMRR}} \tag{2.6.2}$$

式中，$V_{OS(nom)}$ 是标称条件下的额定失调电压，ΔV_S 是相对于标称条件的电源电压变化，PSRR 是电源抑制比，ΔV_{CM} 是相对于标称测试条件的共模电压变化，CMRR 是共模抑制比。

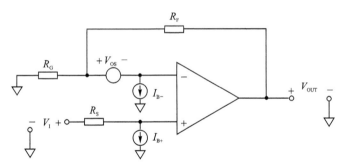

图 2.6.1　运算放大器直流误差源模型

电路总误差为 V_{OS} 和 I_B 导致的误差两者之和。

2.6.2　输入失调电压 V_{OS} 影响电路的动态范围

运算放大器失调电压产生的输出误差的影响与应用电路的结构形式有关。例如，当将放大器配置为缓冲器（也称为电压跟随器）时，具有较大失调电压误差（例如，在 2 mV 至 10 mV 范围内）的放大器对电路性能造成的影响，与具有极低失调电压参数（例如，在 100 μV 至 500 μV 范围内）的高精度放大器没有显著差别。但是，在高闭环增益配置下，具有高失调电压的放大器会显著缩小电路的动态范围。

例如，将放大器配置为图 2.6.2 所示的高闭环增益电路，具有高输入失调电压的放大器会导致系统出现误差[3]。在图 2.6.2 所示电路中，输出电压 V_{OUT} 与 V_{IN} 和 V_{OS} 的关系如下：

$$V_{OUT} = (1 + R_F / R_{IN})(V_{IN} + V_{OS}) \tag{2.6.3}$$

全国大学生电子设计竞赛基于 TI 器件的模拟电路设计

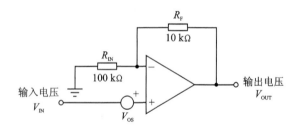

图 2.6.2　输入失调电压将影响电路的动态范围

如图 2.6.2 所示,放大器的失调电压也会与放大输入信号一起被放大。在图 2.6.2 所示电路中,$(1+R_F/R_{IN})$ 等于 101 V/V。一个输入失调电压 V_{OS} 为 1 mV 的放大器会在输出端产生固定的 101 mV 的直流误差输出。在一个 5 V 系统中,101 mV 将会使系统的动态范围缩小约 2%。

2.6.3　输入失调电压 V_{OS} 的内部调整方法

很多单运放都提供额外管脚用于失调电压调零。使用该功能时,通常在运放的两个管脚上接一个电位器,而电位器的滑动端通过电阻与正电源端(或者负电源端)相接,取决与具体的运算放大器,电路如图 2.6.3 所示[8,51,52]。

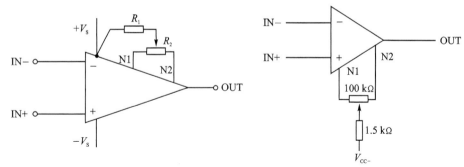

(a) 电位器的滑动端与正电源端连接　　　　(b) 电位器的滑动端与负电源端连接

图 2.6.3　输入失调电压的内部调整电路

需要注意一个常见问题:替换不同型号的运放后,如果滑动端意外地与错误的电源相连,那么运放将会损坏。一个设计良好的运放的失调电压调节范围不超过其最低等级产品的最大 V_{OS} 的 2~3 倍;然而,运放的失调电压调整管脚处的电压增益通常大于信号输入端的增益。因此,必须尽可能地减小失调电压调整管脚处的噪声,也就是避免使用长导线连接运放和电位器。

失调电压调零会引起失调温度系数上升,运放的输入失调电压漂移受失调电压调整设置的影响。内部调节端只能用于调整运放自己的失调电压,而不能纠正系统的失调误差。对于 FET 输入型运放来说,漂移损失约为 4μ V/℃。通常,最好通过选择合适的器件/等级来控制失调电压。

2.6.4　输入失调电压 V_{OS} 的外部调整方法

1. 反相运算放大电路失调电压的外部调整方法

一些主流的双运放以及所有的四运放都没有失调电压调整脚,但是又必须调整运放和系统的失调电压,那么就得使用外部调整方法。该方法也适用于那些采用可编程电压(如 DAC)调整失调电压的系统。

反相输入端的失调电压调整方法如图 2.6.4(a)[8] 所示,对于反相运算放大电路,向反相输入端处灌入电流是最简单的失调电压调整方法。该方法的不足之处是,由于 R_3 与电位器并联,因此运放的噪声增益比较大。减小误差增益的方法是使 $\pm V_{REF}$ 充分大,以使 R_3 的电阻远大于 $R_1 /\!/ R_2$。注意,如果电源电压稳定而噪声不受限制,那么就可以采用 $\pm V_{REF}$。该电路有:

$$V_{OUT} = -\frac{R_2}{R_1}V_{IN} \pm \frac{R_2}{R_3}V_{REF} \tag{2.6.4}$$

$$噪声增益 = 1 + \frac{R_2}{R_1 /\!/ (R_3 + R_A /\!/ R_B)} \tag{2.6.5}$$

$$最大偏差 = \pm \frac{R_2}{R_3}V_{REF} \tag{2.6.6}$$

对于反相运算放大电路,同相输入端的失调电压调整方法如图 2.6.4(b)所示。如果运放的输入失调电流匹配,R_P 等于 $R_1 /\!/ R_2$(以确保附加的失调电压最小),否则,R_P 应该小于 50 Ω。

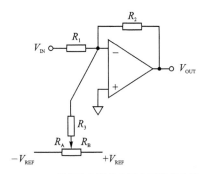

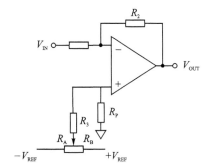

(a) 反相输入端的失调电压调整方法　　　　(b) 同相输入端的失调电压调整方法

图 2.6.4　反相运算放大电路失调电压的外部调整方法

当 R_P 大于 50 Ω 时,建议在高频段使用电容器旁路 R_P。该电路有:

$$V_{OUT} = -\frac{R_2}{R_1}V_{IN} \pm \left[1 + \frac{R_2}{R_1}\right]\left[\frac{R_P}{R_P + R_3}\right]V_{REF} \tag{2.6.7}$$

$$噪声增益 = 1 + \frac{R_2}{R_1} \tag{2.6.8}$$

135

$$最大偏差 =\pm\left[1+\frac{R_2}{R_1}\right]\left[\frac{R_P}{R_P+R_3}\right]V_{REF} \qquad (2.6.9)$$

2. 同相运算放大电路失调电压的外部调整方法

对于同相运算放大电路,可以采用图 2.6.5[8] 所示的电路,在运放的反相输入端注入小的偏置电压。当 $R_3 \gg R_1$ 时,失调电压较小,该电路工作性能较好;否则,信号增益将受调整失调电压用的电位器的影响。然而,当 R_3 与固定的低阻抗参考电源 $\pm V_{REF}$ 相连时,信号增益将稳定。该电路有:

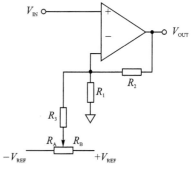

图 2.6.5　同相运算放大电路失调电压外部调整方法

$$V_{OUT}=\left[1+\frac{R_2}{R_1}\right]V_{IN}\pm\frac{R_2}{R_3}V_{REF}$$
$$(2.6.10)$$

$$噪声增益 =1+\frac{R_2}{R_1\parallel(R_3+R_A\parallel R_B)} \qquad (2.6.11)$$

$$最大偏差 =\pm\frac{R_2}{R_3}V_{REF} \qquad (2.6.12)$$

2.6.5　输入偏置电流 I_B 导致的误差

如图 2.6.1 运算放大器直流误差源模型所示,输入偏置电流 I_B 导致的误差[51] 如下:

$$由 I_B 引起的输出电压误差 = I_B\times R_S\left(\frac{R_F+R_G}{R_G}\right)-I_{B-}\times R_F \qquad (2.6.13)$$

在反馈回路或放大器输入端使用高阻值电阻的电路中,运放的输入偏置电流是误差产生的最主要来源[3]。

例如,将一个高阻值电阻(比如 100 kΩ)与输入偏置电流为 100 nA 的双极型输入放大器的输入端串联,则电阻两端的压降将为 100 kΩ×100 nA＝10 mV。

例如,对于一个接有 1 MΩ 源阻抗的同相单位增益缓冲驱动电路,如果 I_B 为 10 nA,那么将在该阻抗上产生 10 mV 的误差,这是任何系统都无法忽视的。

放大器输入的这一误差会被加到输入失调电压中,并被放大器电路放大。CMOS 放大器的输入偏置电流为 100 pA。该输入偏置电流与 100 kΩ 电阻组合得到电压为 100 kΩ×100 pA＝10 μV。

对于可能使用高阻值电阻的滤波器电路,例如图 2.6.6 所示的低通滤波器。在图 2.6.6 所示的电路中,闭环极点是使用电阻和电容组合构建的。产生极点的 RC 时间常数会随着低通滤波器截止频率的下降而增加。在需要较低截止频率的低通滤波器的应用中,需要较大的 RC 时间常数,可以选择较大值的电容或者使用较高值的电阻。较经济的选择是使用一个较高值的电阻。

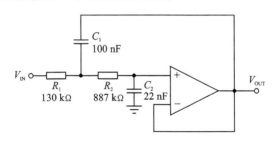

图 2.6.6　2 阶 Sallen‐Key 10 Hz Butterworth 低通滤波器

在图 2.6.6 所示的电路中,在运放的同相输入端串联了两个大电阻。采用双极型运放,双极型运放的输入偏置电流误差将导致整个电路产生相当大的误差。相反,CMOS 或 FET 放大器的输入偏置电流足够小,不会导致严重误差。对于输入偏置电流为 100 nA 的双极型 放大器会通过 R_1 和 R_2 电阻组合产生 102.7 mV 的直流误差。与之对应,输入偏置电流为 100 pA 的 CMOS 放大器产生的直流误差仅为 102.7 μV。

采用 RC 结构和 CMOS 运放构建具有低截止频率的滤波器是有好处的。可使用最高为数兆欧的表面贴装电阻和尺寸与之大致相同的最高为数百纳法的表面贴装薄膜电容。通过组合使用这些无源器件,就可以方便地设计截止频率低至 10 Hz 或以下的二阶低通滤波器。

2.6.6　正确设计的 DC 偏置电流回路

1. 错误的 AC 耦合输入

错误的 AC 耦合输入最常遇到的一个应用问题是在交流(AC)耦合运算放大器或仪表放大器电路中没有提供偏置电流的直流(DC)回路[53]。

在图 2.6.7 中,一只电容器与运算放大器的同相输入端串联以实现 AC 耦合,这是一种隔离输入电压(V_{IN})的 DC 分量的简单方法。这在高增益应用中尤其有用,在那些应用中哪怕运算放大器输入端很小的直流电压都会限制动态范围,甚至导致输出饱和。然而,在高阻抗输入端加电容耦合,而不为同相输入端的电流提供 DC 通路,将会出现问题。

实际上,输入偏置电流会流入耦合的电容器,并为它充电,直到超过放大器输入电路的共模电压的额定值或使输出达到极限。根据

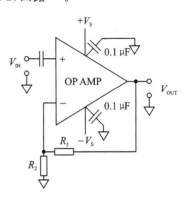

图 2.6.7　错误的运算放大器 AC 耦合输入

输入偏置电流的极性,电容器会充电到电源的正电压或负电压。放大器的闭环 DC 增益放大偏置电压。这个过程可能会需要很长时间。例如,一只场效应管(FET)输入放大器,当 1 pA 的偏置电流与一个 $0.1\ \mu\text{F}$ 电容器耦合时,其充电速率 I/C 为 $10^{-12}/10^{-7} = 10\ \mu\text{V/s}$,或每分钟 $600\ \mu\text{V}$。如果增益为 100,那么输出漂移为每分钟 0.06 V。因此,一般实验室测试(使用 AC 耦合示波器)无法检测到这个问题,而电路在数小时之后才会出现问题。显然,完全避免这个问题非常重要。

类似的问题也会出现在仪表放大器电路中。图 2.6.8 给出了使用两只电容器进行 AC 耦合,而没有提供输入偏置电流的返回路径的仪表放大器电路。

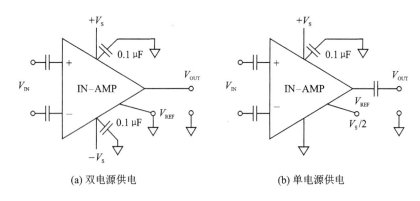

(a) 双电源供电　　　　　　　　(b) 单电源供电

图 2.6.8　不能正常工作的 AC 耦合仪表放大器电路

如图 2.6.9 所示,这类问题也会出现在变压器耦合放大器电路中,如果变压器次级电路中没有提供 DC 对地回路,也会出现该问题。

2. 双电源供电运算放大器正确的 AC 耦合输入方法

双电源供电运算放大器正确的 AC 耦合输入方法如图 2.6.10 所示。图 2.6.10 给出了这种常见问题的一种简单的解决方案。这里,在运算放大器输入端和地之间接一只电阻器,为输入偏置电流提供一个对地回路。为了使输入偏置电流造成的失调电压最小,当使用双极性运算放大器时,应该使其两个输入端的偏置电流相等,所以通常应将 R_1 的电阻值设置成等于 R_2 和 R_3 的并联阻值。电路 -3 dB 输入带宽 = $1/(2\pi R_1 C_1)$。

然而,应该注意的是,该电阻器 R_1 总会在电路中引入一些噪声,因此要在电路输入阻抗、输入耦合电容器的尺寸和电阻器引起的 Johnson 噪声之间进行折衷。典型的电阻器阻值一般在 $100\ \text{k}\Omega \sim 1\ \text{M}\Omega$ 之间。

3. 仪表放大器正确的 AC 耦合输入方法

请参考"3.5.2　采用"浮动"源或交流耦合仪表放大器的输入偏置电流的接地回路"。

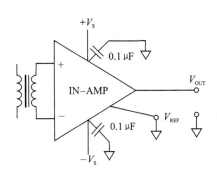

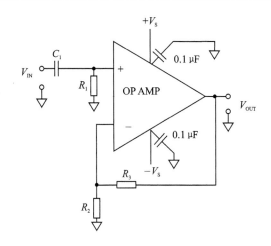

图 2.6.9　不能正常工作的变压器
耦合仪表放大器电路

图 2.6.10　双电源供电运算放大器正确的
AC 耦合输入方法

2.6.7　运算放大器反相端杂散电容的影响及消除

1. 运算放大器的反相端(−)对杂散电容(C_{STRAY})是敏感的[45]

如图 2.6.11 所示,反相端(−)存在杂散电容(C_{STRAY}),运算放大器的反相端(−)对杂散电容(C_{STRAY})是敏感的。

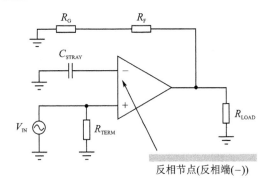

反相节点(反相端(−))

图 2.6.11　运算放大器的反相端(−)对杂散电容(C_{STRAY})是敏感的

在图 2.6.11 中放大器的输出与输入的关系如下:

$$\frac{V_{OUT}}{V_{IN}} = \left(1 + \frac{R_F}{R_G}\right)(1 + 2\pi C_{STRAY}R_G) \qquad (2.6.14)$$

在反相节点(反相端(−))有零点:

$$f_{ZERO} = \frac{R_F + R_G}{2\pi C_{STRAY}R_F R_G} \qquad (2.6.15)$$

运算放大器的反相节点(反相端(−))对杂散电容(C_{STRAY})是敏感的。R_F,R_G 和

C_{STRAY} 在反馈支路上建立的零点,这可能会导致放大器工作不稳定。对于杂散电容(C_{STRAY}),小到 1 pF 的 C_{STRAY} 也可能会引起放大器的稳定性问题。注意:节点包括整个安置在反相端(-)导线上的 R_F、R_G 和反相节点上的任何其他组件。

放大器电路特性的波特图如图 2.6.12 所示,放大器的稳定性是由开环增益和反馈系数之间的相关比率(封闭率)确定的。在反相输入端上的电容将引起电路工作不稳定。

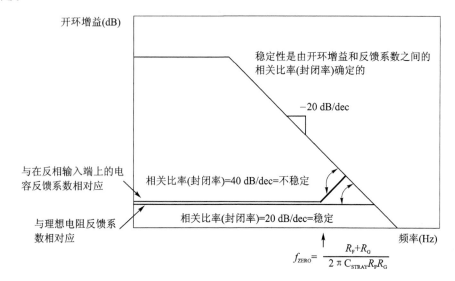

图 2.6.12　电路特性的波特图

2. 消除运算放大器的反相端(-)的杂散电容(C_{STRAY})的影响[45]

解决办法:

① 消除在反相输入端(-)下面和附近的接地层和电源层;

② 缩短导线,移动元件尽可能地靠近反相输入端(-);

③ 减小 R_F 和 R_G 数值;

④ 增加系统增益;

⑤ 在 R_F 两端连接补偿电容器 C_{COMP}。

如图 2.6.13 所示,可以在 R_F 两端连接补偿电容器 C_{COMP}。注意,CFB 运算放大器不能使用这个方法。

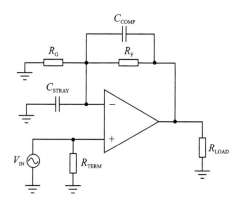

图 2.6.13　在 R_F 两端连接补偿电容器 C_{COMP}

$$C_{COMP} = \frac{R_G}{R_F} C_{STRAY} \qquad (2.6.16)$$

2.6.8 运算放大器输出端杂散电容的影响及消除

1. 运算放大器的输出端对输出杂散电容(C_{STRAY})也是敏感的

如图 2.6.14 所示,输出端存在杂散电容(C_{STRAY}),运算放大器对输出端的杂散电容(C_{STRAY})也是敏感的。

在图 2.6.14 中放大器的输出与输入的关系如下:

$$\frac{V_{OUT}}{V_{IN}} = \left(1 + \frac{R_F}{R_G}\right)\left(1 + \frac{R_O}{R_F + R_G} + \frac{R_O}{R_{LOAD}} + 2\pi C_{STRAY}R_O\right) \quad (2.6.17)$$

假设:$R_O \ll R_F, R_{LOAD}$,在输出端有零点:

$$f_{ZERO} \approx \frac{1}{2\pi C_{STRAY}R_O} \quad (2.6.18)$$

图 2.6.14 电路具有如图 2.6.12 类似的电路特性的波特图,不同的是零点为 $f_{ZERO} \approx \dfrac{1}{2\pi C_{STRAY}R_O}$。运算放大器对输出电容($C_{STRAY}$)是敏感的,由于实际的运算放大器有一个输出阻抗($R_O$)。$R_O$ 和 C_{STRAY} 建立在反馈中的零点,这可能会导致放大器工作不稳定。

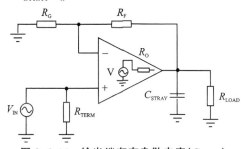

图 2.6.14 输出端存在杂散电容(C_{STRAY})

2. 消除运算放大器的输出端的杂散电容的影响

解决办法:

① 消除在输出端下面和附近的接地层和电源层;

② 使用一个串联输出电阻 R_{SERIES} 隔离 C_{STRAY},如图 2.6.15 所示;

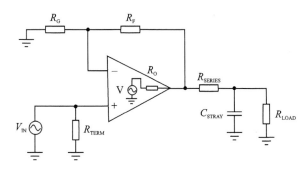

图 2.6.15 使用一个串联输出电阻隔离

③ 缩短导线,移动元件尽可能地靠近输出端,特别是串联匹配电阻 R_{SERIES};

④ 增加系统的噪声增益(即减少反馈系数),如图 2.6.16 所示;

⑤ 使用反馈补偿,如图 2.6.17 所示。注意:CFB 运算放大器不能够使用该

方法。

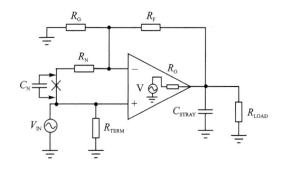

图 2.6.16　增加系统的噪声增益(即减少反馈系数)

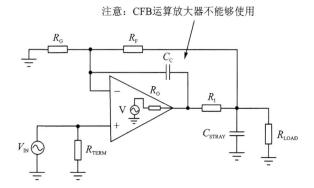

图 2.6.17　使用反馈补偿

2.6.9　负载电容对电压反馈型运放带宽的影响

负载电容对电压反馈型运放带宽的影响如图 2.6.18[45] 所示,图 2.6.18 中电压反馈(VFB,Voltage Feedback)型运放 OPA820 构成一个同相放大器电路(OPA820 的带宽为 240 MHz,SR 为 240 V/μs(@G＝+2 dB)),从图 2.6.18 可见,随着负载电容的数值增加,电路的带宽明显减小,从一百多兆赫兹下降到几十兆赫兹。

注意:尽管运放具有单位增益稳定性,但容性负载也可能使电路变得不稳定。任何电路板上的寄生电容都将增加出现不稳定情况的可能性。

2.6.10　负载电容对电流反馈型运放带宽的影响

负载电容对电流反馈型运放带宽的影响如图 2.6.19[45] 所示。图 2.6.19 中电流反馈(CFB,Current Feedback)型运放 OPA691 构成一个同相放大器电路(OPA691 的带宽为 280 MHz(@G＝1 dB),SR 为 2 100 V/μs(@G＝+2 dB))。从图 2.6.19 可见,随着负载电容器数值的增加,电路的带宽明显减小,从一百多兆赫兹下降到几十兆赫兹。

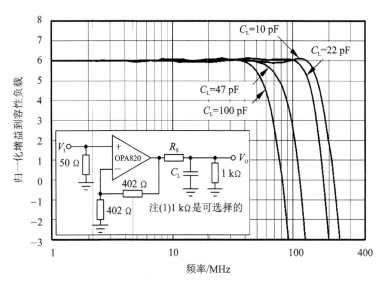

图 2.6.18　负载电容对电压反馈型运放带宽的影响

注意:尽管运放具有单位增益稳定性,但容性负载也可能使电路变得不稳定。任何电路板上的寄生电容都将增加出现不稳定情况的可能性。

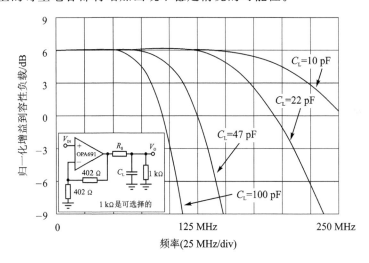

图 2.6.19　负载电容对电流反馈型运放带宽的影响

2.6.11　容性负载影响的消除方法

驱动大容性负载会使电压反馈型运算放大器产生稳定性问题。随着负载电容的增加,反馈环的相位裕度减少且闭环带宽也减少。这会导致在频率响应过程中产生增益峰值,在阶跃响应过程中产生过冲和振铃。单位增益缓冲器($G=+1$)对容性负载反应最灵敏,所有增益均表现出相同的特性。

1. 容性负载影响的消除方法 1

当使用这些运算放大器驱动大容性负载时(例如,当 $G = +1$ 时,电容 > 100 pF),在输出端上串联一个小电阻(图 2.6.20 中的 R_{ISO}),用来提高反馈环的相位裕度(稳定性)。

如图 2.6.20 所示,在大多数情况下,在运放输出和容性负载间增加的电阻 R_{ISO} 可以消除任何不必要的振荡。

不同容性负载和增益条件的 R_{ISO} 值不同。选择 R_{ISO} 后,需要检查由此产生的频率响应峰值和阶跃响应超调,修改 R_{ISO} 值直到响应在合理范围内。

2. 容性负载影响的消除方法 2

如图 2.6.21 所示,附加电路使用一个吸收网络可以防止振荡,降低过冲量。使用图 2.6.14 所示方法的一个显著优点是 R_S 不在反馈环路中,不会减少输出摆幅。R_S 与容性负载 C_L 相对应的最佳值需要实验选择。

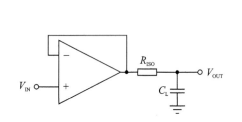

图 2.6.20　增加电阻 R_{ISO} 降低
容性负载的影响

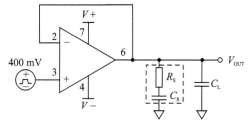

图 2.6.21　附加电路使用一个
吸收网络

实验可知,在无吸收网络情况下,驱动容性负载,输出信号将产生明显的过冲和振荡。在有吸收网络情况下,驱动容性负载,输出信号将可以消除振荡,过冲也将降低。

注意:采用吸收网络无法弥补较大容性负载引起的带宽损耗。

2.6.12　电压反馈和电流反馈运算放大器的增益频率响应

1. 电压反馈运算放大器构成的同相放大器电路和增益频率响应

一个电压反馈运算放大器(OPA842)构成的同相放大器电路和增益频率响应[54]如图 2.6.22 所示。从图 2.6.22 可见,随着增益的增加,带宽不断下降;随着输出电压幅度的增加,带宽不断下降。

2. 电流反馈运算放大器构成的同相放大器电路和增益频率响应

一个电流反馈运算放大器(OPA691)构成的同相放大器电路和增益频率响应[55]

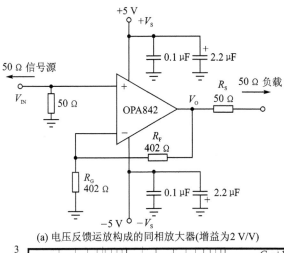

(a) 电压反馈运放构成的同相放大器(增益为2 V/V)

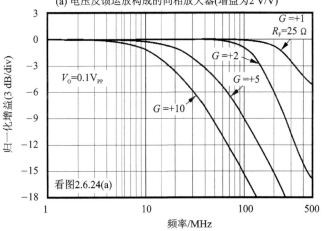

(b) 电压反馈运放的同相小信号增益与频率响应

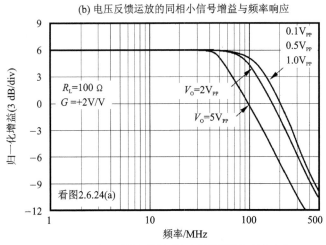

(b) 电压反馈运放的同相小信号增益与频率响应

图 2.6.22　OPA842 构成的同相放大器电路和增益频率响应(续)

全国大学生电子设计竞赛基于 TI 器件的模拟电路设计

如图 2.6.23 所示。从图 2.6.23 可见,随着增益的增加,带宽不断下降;随着输出电压幅度的增加,带宽也在变化。

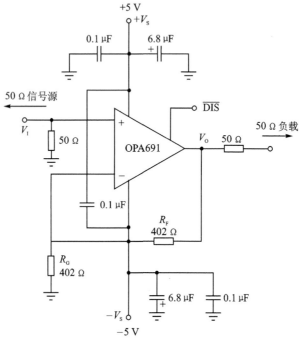

(a) 电流反馈运放构成的同相放大器(增益为2 V/V)

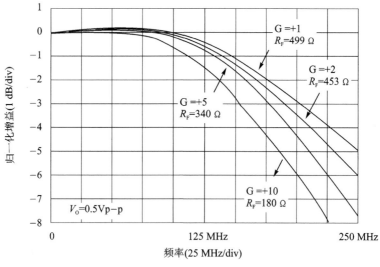

(b) 电流反馈运放的同相小信号增益与频率响应

图 2.6.23　OPA691 构成的同相放大器电路和增益频率响应

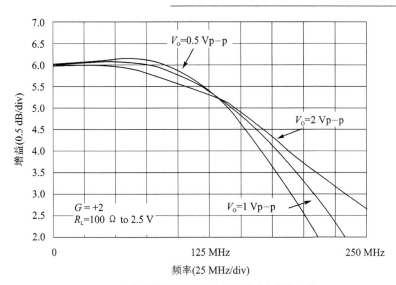

(c) 电流反馈运放的同相大信号增益与频率响应

图 2.6.23　OPA691 构成的同相放大器电路和增益频率响应(续)

3. 反相放大器电路性能比较

如图 2.6.24 所示,使用 OPA691(单位增益为 280 MHz)和 OPA820(增益带宽积为 240 MHz)来对一个 20 MHz,±200 mV 输入的正弦波进行 10 倍的反相放大。从图 2.6.24 可见,这时 OPA820 的带宽已经显现出不足,不能输出 ±2 V 的正弦波了。而电流反馈型的 OPA691 在这样大倍数的放大下仍然游刃有余[2]。

2.6.13　电压反馈和电流反馈运算放大器的脉冲响应和 SR

电流反馈(CFB ,Current Feedback)型运放是可以提供最快 SR 的运放,这种运放是针对快速 SR 而优化设计的。

例如图 2.6.25[45] 所示电路中,电压反馈(VFB ,Voltage Feedback)和 CFB 运放构成电压跟随器电路。电压反馈型运放采用 OPA820,带宽 240 MHz,SR 为 240 V/μs(@G＝+2)。电流反馈型运放采用 OPA691,带宽为 280 MHz(@G＝1),SR 为 2100 V/μs(@G＝+2)。

OPA820 的脉冲响应[56](时间坐标为 10 ns/div)如图 2.6.26 所示,OPA691 的脉冲响应[55](时间坐标为 5 ns/div)如图 2.6.27 所示。比较图 2.6.26 和图 2.6.27,可见 OPA691 的脉冲响应上升和下降时间明显优于 OPA820。

例如,电路加上一个频率为 10 MHz,幅值为 5 V$_{P-P}$ 的正弦波信号,VFB 和 CFB 电路输出波形如图 2.6.28 所示,VFB 构成的电压跟随器电路输出波形有明显失真[2]。

因此,具体应用选择运放时,必须同时考虑到带宽和 SR 这两个参数(当然还有其他一些因素需要考虑,比如功耗、失真和价格)。

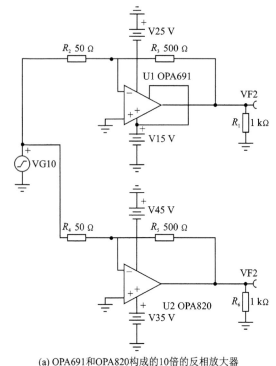

(a) OPA691和OPA820构成的10倍的反相放大器

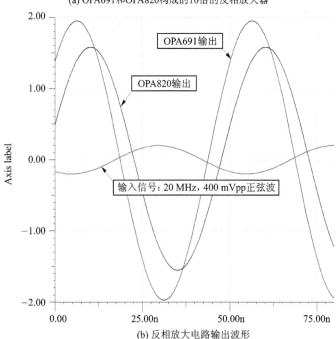

(b) 反相放大电路输出波形

图 2.6.24　OPA691 和 OPA820 构成的反相放大电路和输出波形

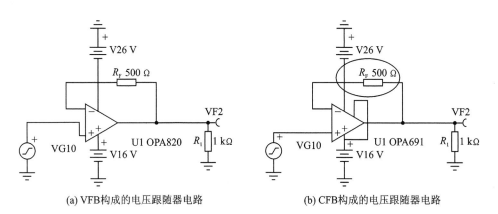

(a) VFB构成的电压跟随器电路　　　　　(b) CFB构成的电压跟随器电路

图 2.6.25　VFB 和 CFB 构成的电压跟随器电路

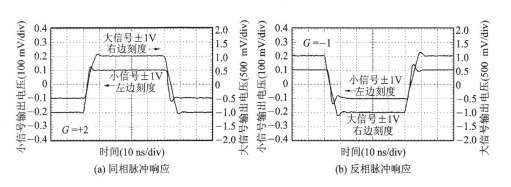

(a) 同相脉冲响应　　　　　　　　(b) 反相脉冲响应

图 2.6.26　OPA820 的脉冲响应

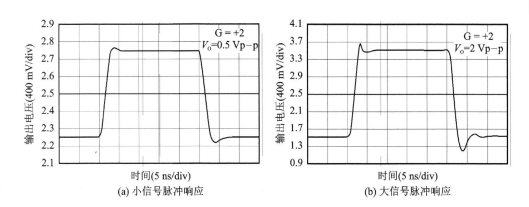

(a) 小信号脉冲响应　　　　　　　　(b) 大信号脉冲响应

图 2.6.27　OPA691 的脉冲响应

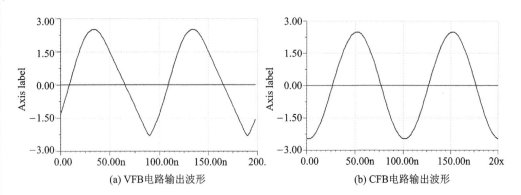

(a) VFB电路输出波形　　　　　　　　(b) CFB电路输出波形

图 2.6.28　VFB 和 CFB 电路输出波形

2.6.14　在反馈电阻 R_F 上并联反馈电容 C_F 的影响

电流反馈放大器的反馈电阻 R_F 应根据数据手册在一个特定的范围内选取。而电压反馈放大器的反馈电阻 R_F 阻值的选取相对而言宽松一些,放大器的驱动能力限定了反馈电阻 R_F 的最小值,而整体电路的噪声又限定了反馈电阻 R_F 的最大值。

需要注意的是,由于电容的阻抗随着频率的升高而降低,因此在电流反馈放大器的反馈回路中应谨慎使用纯电容性回路,一些在电压反馈型放大器中应用广泛的电路形式在电流反馈放大器中可能会导致振荡。

例如,在电压反馈型放大器中,常会在反馈电阻 R_F 上并联一只反馈电容 C_F 来限制运放的带宽从而减少运放的宽带噪声,这在电压反馈放大器中会有很好的效果,但是如果运用在电流反馈放大器上,则十有八九会使你的电路振荡起来。一个示例[2]如图 2.6.29 所示,使用一个 THS3001 和 THS4001 分别来反相放大一个 5 MHz 的方波。从图 2.6.30 可见,THS3001 和 THS4001 都出现了一些过冲。

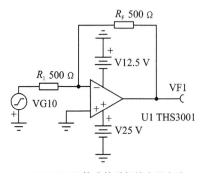

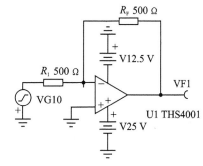

(a) THS3001构成的反相放大器电路　　　　(b) THS4001构成的反相放大器电路

图 2.6.29　THS3001 和 THS4001 构成的反相放大器电路

如图 2.6.31 所示,如果我们分别在 THS3001 和 THS4001 的 $R_F(R_2)$ 上并联一个小电容 C_F 来改善这种过冲。如图 2.6.32 所示,电压反馈放大器 THS4001 在 C_F

全国大学生电子设计竞赛基于 TI 器件的模拟电路设计

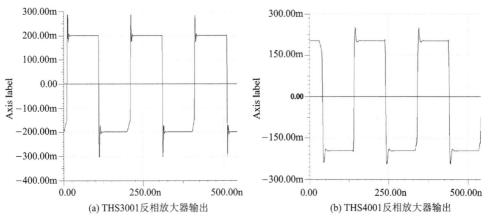

(a) THS3001反相放大器输出

(b) THS4001反相放大器输出

图 2.6.30　THS3001 和 THS4001 反相放大器的输出波形

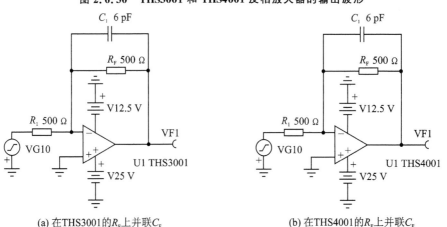

(a) 在THS3001的R_F上并联C_F

(b) 在THS4001的R_F上并联C_F

图 2.6.31　在 THS3001 和 THS4001 反相放大器的 R_F 上并联 C_F

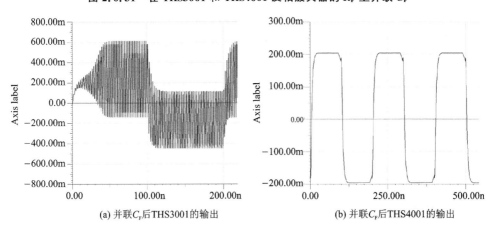

(a) 并联C_F后THS3001的输出

(b) 并联C_F后THS4001的输出

图 2.6.32　并联 C_F 后 THS3001 和 THS4001 反相放大器的输出波形

全国大学生电子设计竞赛基于 TI 器件的模拟电路设计

的帮助下，输出波形的过冲得到改善。电容 C_F 能够增强电压反馈运放的稳定性，但是会限制其带宽（请记住任何增强的稳定性都是以牺牲带宽作为代价的）。而对于电流反馈放大器 THS3001，在 C_F 的作用下，电路振荡起来了。

那么如何改善 THS3001 的过冲呢？很简单，增大 $R_F(R_2)$ 即可。在图 2.6.29 (a)所示电路中，THS3001 在增大 $R_F(R_2)$ 到 1 kΩ 后，可以输出完美的方波。

注意：一些电路，由于其反馈回路中是纯电容支路，例如 MFB 型滤波器，不推荐使用电流反馈放大器。

2.6.15　运算放大器建立时间引起的误差

当信号快速变化时，建立时间就成为数据采集电路的一个设计要点。运放的建立时间（t_s）引起的误差在运放的共模输入为满量程阶跃信号时最明显。此时，运放输出会以满压摆率（SR）上升，然后稳定为其最终值（t_s）。

例如，在图 2.6.33 所示的多路数据采集系统中，尽管系统的信号是缓慢变化的，但多路开关在各个模拟信号通道之间切换的时候，运放的输入端就会感受到一个阶跃变化，即多路开关提供给放大器的为一个阶跃信号。例如，假设通道 1 的输入信号为 0 V，通道 2 的输入信号为 10 V，在通道 1 转换到通道 2 时，将会产生一个 0～10 V 的阶跃信号，即放大器的输入端被加上了一个 0 到 10 V 的阶跃信号。此运放系统的阶跃响应如图 2.6.34 所示[10]。只有当运放的输出稳定在某个允许的终值容限以内时，模数转换器才可开始对信号采样。在运放电路稳定到最终值期间，ADC 的转换会被延时。

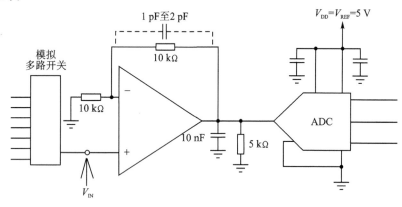

图 2.6.33　多路数据采集系统

应该注意的是，尽管我们可以选择具有低的建立时间运算放大器器件。但要获得所需的建立时间，还需要注意电路其他因素的影响。运算放大器只是电路中的众多元件之一，电路中还有反馈网络、输入连接、电源连接、输出连接和多种外部元件。运算放大器器件的优异性能可能会因电路设计不当而丧失殆尽。好的设计需要考虑如下的一些因素：

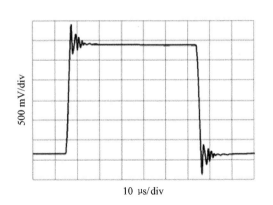

图 2.6.34　运放系统的阶跃响应

(1) 连　接

极其重要的是,务必在放大器引脚处直接、充分旁路电源引线,务必在信号和电源地电路上加倍小心,避免在地信号路径中产生无用的感应电压。

(2) 电　阻

电阻最好采用金属薄膜类电阻。因为金属薄膜类电阻的电容和杂散电感低于绕线类电阻,市场上目前出售的金属薄膜类电阻产品具有出色的精度和温度系数。

(3) 电容器

关键位置的电容必须采用聚苯乙烯型(例如 CB14 型、CB15 型精密聚苯乙烯电容器)、特氟龙型(也称为聚四氟乙烯,例如 CBFlO 型金属箔式聚四氟乙烯薄膜电容器)或聚碳酸酯型(例如,KM501 - KM50 系列、CLS21 型金属化聚碳酸酯薄膜电容器等),以将电介质吸收降至最低。

(4) 二极管

在极快建立时间应用中,注意二极管的选用。二极管 1N914 型适合一般常规的用途。

(5) 电　路

对于极快建立时间,使用短的引线,确保元件摆向正确,以减少杂散电容,使电路阻抗水平保持在低阻抗值,与放大器和信号源的输出能力保持一致,减少所有外部负载电容的数量。应避免放大器所用反馈网络中存在极点零点失配问题,最大限度地减少噪声拾取。

注意,插口或 PCB(印刷电路板)装配都可能导致电介质吸收,不可忽视。

2.6.16　放大器的共模抑制比引起的误差

放大器的共模抑制比(CMRR)表征放大器对两个输入端共模电压变化的敏感度,一般通用型运放共模抑制比(CMRR)为 80～120 dB,高精度运放可达 140 dB。所引起的误差表现为失调误差($CMRR_{ERROR}$)。

$$\text{CMRR(dB)} = 20 \log \left(\Delta V_{\text{CM}} / \Delta V_{\text{OS}} \right) \quad (2.6.19)$$

其中：$\Delta V_{\text{OS}} = \text{CMRR}_{\text{ERROR}}$。

如图 2.6.35 所示，CMRR 将使同相放大模式下的运放的输出失调电压出现一定误差[8]，图 2.6.35 中：

$$\text{输入端误差} = \frac{V_{\text{CM}}}{\text{CMRR}} = \frac{V_{\text{IN}}}{\text{CMRR}} \quad (2.6.20)$$

$$V_{\text{OUT}} = \left[1 + \frac{R_2}{R_1} \right] \left[V_{\text{IN}} + \frac{V_{\text{IN}}}{\text{CMRR}} \right] \quad (2.6.21)$$

$$\text{输出端误差} = \left[1 + \frac{R_2}{R_1} \right] \left[\frac{V_{\text{IN}}}{\text{CMRR}} \right] \quad (2.6.22)$$

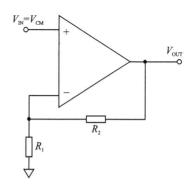

注意：由于反相运算放大电路中，两输入端都接地（或接虚地），因而不存在 CMRR 误差，也不存在共模动态电压。

一般单电源放大器的共模抑制比范围是 45 dB 至 100 dB。在输入共模电压会随输入信号变化的电路中，放大器的两个输入端共模电压变化引起的误差不能忽视。

任一个运放若共模抑制性能较差都会导致失调误差，并且该误差会被放大添加到电路的输出，特别是放大器处于同相配置的情况。例如，图 2.6.36 所示电路[3]，有：

图 2.6.35　计算 CMRR 引起的失调误差

$$\text{CMRR} = 20 \log \left(\Delta V_{\text{CM}} / \Delta V_{\text{OS}} \right) \quad (2.6.23)$$

$$V_{\text{OUT}} = (A_{\text{V}})(V_{\text{IN+}} + V_{\text{OS1}} - V_{\text{IN-}} - V_{\text{OS2}}) + V_{\text{REF1}} \quad (2.6.24)$$

$$A_{\text{V}} = 1 + R_1 / R_2 + 2R_2 / R_{\text{G}} \quad (2.6.25)$$

式中：A_{V} 为放大器电路增益。

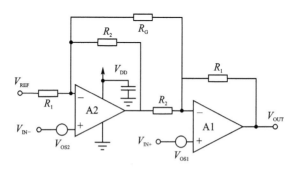

图 2.6.36　同相放大器电路

2.6.17　放大器噪声等效模型

放大器噪声等效模型的简化如图 2.6.37 所示。

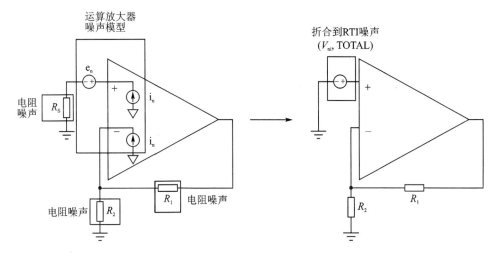

图 2.6.37　放大器噪声等效模型的简化

如果噪声源不相关(即一种噪声信号无法转换为另一种噪声信号),相加的结果并不等于其算术和,而是等于其平方和的平方根[14]。

$$V_{ni,TOTAL} = \sqrt{(e_n)^2 + (R_S \times i_n)^2 + V_n(R_{EX})^2} \qquad (2.6.26)$$

式中:$V_{ni,TOTAL}$ 为折合到输入端(RTI)的总噪声,e_n 表示折合到输入端的电压噪声,i_n 表示折合到输入端的电流噪声,R_S 表示放大器的等效源电阻或输入电阻,$V_n(R_{EX})$ 表示来自外部电路的电压噪声。

需要注意的是:

- 同相输入中的任何电阻都具有约翰逊噪声,并将电流噪声转换为电压噪声。
- 在高阻抗电路中,反馈电阻中的约翰逊噪声有可能产生较大影响。

2.6.18　噪声增益

简化放大器的噪声等效模型,各种放大器电路噪声可折合为到以输入端为参考(RTI,Referred To the Input)的噪声。要计算放大器电路的总输出噪声,必须用放大器电路的噪声增益乘以输入中的总合成噪声。噪声增益是放大器电路折合到输入端的噪声的增益,通常用来判断放大器电路的稳定性。

为了简化噪声增益计算,可以将放大器电路中的噪声源简化为一个以输入端为参考(RTI)的总噪声源($V_{ni TOTAL}$),如图 2.6.38 所示。

一种常见做法是将总的以输入端为参考(RTI)的噪声一次性折合到放大器的同相输入端[14],有:

$$V_{no,TOTAL} = G_N \times V_{ni,TOTAL} \qquad (2.6.27)$$

式中，$V_{no,TOTAL}$ 为折合到以输出端为参考(RTO，Referred To the Output)的总噪声。$V_{ni,TOTAL}$ 为折合到以输入端为参考(RTI)的总噪声。从图 2.6.38 有：

$$G_N = 1 + \frac{R_1}{R_2} \qquad (2.6.28)$$

式中，G_N 为噪声增益，R_1 为等效的反馈电阻，R_2 为等效的输入电阻。

在某些情况下，噪声增益和信号增益并不相等(见图 2.6.38)。需注意的是，闭环带宽通过用增益带宽积(或单位增益频率)除以放大器电路的噪声增益来计算。

在图 2.6.38 中：

情形 1：在同相配置中，信号增益和噪声增益都等于 $1 + R_1/R_2$。

情形 2：在反相配置中，信号增益等于 $-(R_1/R_2)$，而噪声增益仍等于 $1 + R_1/R_2$。

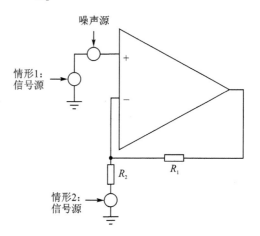

图 2.6.38　信号增益与噪声增益

2.6.19　电阻产生的噪声

当温度高于绝对零度时，所有电阻都是噪声源，这是由于载荷子产生热运动而造成的结果，称为约翰逊噪声或热噪声。这种噪声随电阻、温度和带宽的增加而升高。电阻的噪声等效电路如图 2.6.39 所示[8,14]。

图 2.6.39　电阻的噪声等效电路

电阻的电压噪声 V_{nR} 和电流噪声 I_{nR} 的计算公式如下。

电压噪声 V_{nR} 为：

$$V_{nR} = \sqrt{4kTBR} \qquad (2.6.29)$$

式中：V_{nR} 是电阻的电压噪声，k 表示玻尔兹曼常数(1.38×10^{-23} J/K)，T 表示绝对温度(单位：Kelvin)，B 表示带宽(单位：Hz)，R 表示电阻(单位：Ω)。一个很容易记住的简单关系是：50 Ω 电阻在 25 ℃ 时产生的约翰逊噪声为 1 nV/$\sqrt{Hz}$。

电流噪声 I_{nR} 为：

$$I_{nR} = \sqrt{\frac{4kTB}{R}} \qquad (2.6.30)$$

式中：I_{nR} 是电阻的电流噪声，k 表示玻尔兹曼常数（1.38×10^{-23} J/K），T 表示绝对温度（单位：Kelvin），B 表示带宽（单位：Hz），R 表示电阻（单位：Ω）。

在室温下，一个 1 kΩ 电阻的噪声约为 4 nV/$\sqrt{\text{Hz}}$。在进行噪声深入分析时，还需考虑电阻的其他噪声源，如触点噪声、散粒噪声以及与特定电阻型号相关的寄生噪声。在本节中，我们只讨论约翰逊噪声，因为这种噪声与电阻值的平方根是成比例的。

电抗不会产生噪声，但通过电抗的噪声电流却会产生噪声电压和相关寄生噪声。要降低电路输出的噪声，可通过降低电路中的器件总电阻或限制电路带宽。然而，降低温度一般用处不大，除非能使电阻温度降至极低的水平，因为噪声功率是与绝对温度成比例。绝对温度 $T(x)$ 为：

$$T(x)\text{（单位：Kelvin）} = x℃ + 273.15° \tag{2.6.31}$$

电路中的所有电阻均会产生噪声，必须始终考虑它们的影响。实际上，只有输入和反馈通道中的电阻（通常在高增益配置中）有可能对电路总噪声产生较大的影响。噪声既可认为来自电流源，也可认为来自电压源，在既定电路中，往往采用其中一种便于处理的形式。

2.6.20　正确的选择运算放大器的接地点

从有关的 PCB 设计资料的分析可知，在 PCB 上的两个接地点之间的电位可能不是完全相等的，如图 2.6.40 所示，如果一个运算放大器电路有一个以上的接地点，如信号源在 A 点接地，运算放大器在 B 点接地，A、B 两点之间的地电位差将耦合进入该电路[57]。在图 2.6.40 中，电压 u_G 代表 A、B 两点之间的地电位差，使用两种不同的地符号只是用以强调两个在物理上分离的地的电位并不总是相等，电阻 R_{C1} 和电阻 R_{C2} 表示连接信号源与放大器导线的电阻。

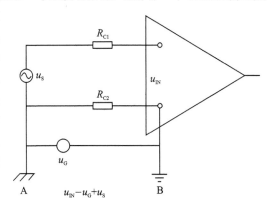

图 2.6.40　有一个以上的接地点放大器电路

在图 2.6.40 中，放大器的输入电压等于 $u_S + u_G$。为了消除 u_G，就必须去掉其中一个接地连接。如果去掉 B 点的接地连接，意味着放大器必须由一个没有接地的电源供电。

对于图 2.6.41 所示电路，在 $R_{C2} \ll R_S + R_{C1} + R_L$ 的情况下，放大器端子上的噪声电压 u_N 等于：

$$u_N = \left(\frac{R_L}{R_L + R_{C1} + R_S} \right)\left(\frac{R_{C2}}{R_{C2} + R_G} \right) u_G \tag{2.6.32}$$

如果假设图 2.6.41 中的地电位 u_G 为 100 mV(等效有一个 10 A 地电流流经 0.01 Ω 的接地电阻 R_G)。如果 $R_S = 500$ Ω,$R_{C1} = R_{C2} = 1$ Ω ,$R_L = 10$ kΩ。利用公式 (2.6.32)计算可知,放大器端子上的噪声电压 u_N 是 95 mV。

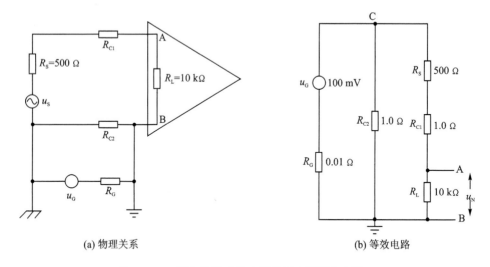

(a) 物理关系　　　(b) 等效电路

图 2.6.41　两点接地时放大器端子上的噪声电压 u_N

如图 2.6.42 所示,如果在源与地之间增加一个大的阻抗 Z_{SG},理想的情况是阻抗 Z_{SG} 为无穷大。但是由于受漏电阻和漏电容的影响,Z_{SG} 不可能为无穷大。在 $R_{C2} \ll R_S + R_{C1} + R_L$ 和 $Z_S \gg R_{C2} + R_G$ 的情况下,放大器端子上的噪声电压 u_N 如下所示:

$$u_N = \left(\frac{R_L}{R_L + R_{C1} + R_S} \right) \left(\frac{R_{C2}}{Z_{SG}} \right) u_G \qquad (2.6.33)$$

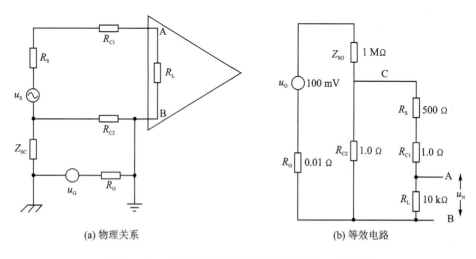

(a) 物理关系　　　(b) 等效电路

图 2.6.42　Z_{SG} 对放大器端子上的噪声电压 u_N 的影响

从(2.6.33)可见,如果阻抗 Z_{SG} 是无穷大, $u_N = 0$,即没有噪声电压耦合进放大器。

如果 Z_{SG} 等于 1 MΩ,其他所有电阻的值与前面例子中的相同,则根据公式(2.6. 28)可知,此时放大器端子上的噪声电压只有 0.095 mV。

2.6.21　放大器电路的屏蔽

屏蔽是通过各种屏蔽物体对外来电磁干扰的吸收或反射作用来防止噪声侵入;或相反,将设备内部辐射的电磁能量限制在设备内部,以防止干扰其他设备。用良导体制成的屏蔽体适用于电屏蔽;用导磁材料制成的屏蔽体适用于磁屏蔽。屏蔽体类型很多,有金属隔板式、壳式、盒式等实芯型屏蔽,也有金属网式的非实芯型屏蔽,还有电缆等用的金属编织带式屏蔽。屏蔽材料的性能、材料的厚薄、辐射频率的高低、距辐射源的远近、屏蔽物体有无中断的缝隙、屏蔽层的端接状况等都直接影响屏蔽效果。

对抑制电磁干扰,屏蔽和滤波与接地技术紧密相关。就屏蔽、滤波和接地三者对抑制电磁干扰的作用来看,如果滤波和接地两项处理得很好的话,则有时可降低对屏蔽的要求,或有时甚至没必要再进行屏蔽。对具体的电路和设备而言,是否需要采取屏蔽措施,和要求达到何种程度的屏蔽效果,以及与滤波和接地怎样配合使用等,这些问题应该根据具体设备的空间条件,系统内外的环境条件,滤波器件和屏蔽器材所花费用等多种因素综合考虑。

采用屏蔽保护措施的放大器电路可以更大程度地减小噪声。在运算放大器的周围设置屏蔽保护,并维持在一个一定的电位,可以防止电流流入不平衡的源阻抗。

对于高增益的前置放大器,为防止电磁干扰,通常采用金属屏蔽罩进行屏蔽[57]。

从图 2.6.43 可见,在放大器电路与屏蔽罩之间存在寄生电容 C_{1S}、C_{2S} 和 C_{3S}。如图 2.6.43(b)所示,分布电容 C_{3S} 和 C_{1S} 提供了一个从输出到输入的反馈路径,通过这个反馈路径的信号可能会使放大器产生振荡。改进的办法是将屏蔽罩连接到放大器的公共端,如图 2.6.43(c)所示,短路 C_{2S},可以切断分布电容 C_{3S} 和 C_{1S} 形成的这个反馈路径。

在图 2.6.44(a)所示的一个通过屏蔽双绞线与接地的源连接的运算放大器中, u_G 是地电位差产生的共模电压, u_S 和 R_S 分别是差模信号电压和源电阻, R_{IN} 是放大器的输入阻抗, C_{1G} 和 C_{2G} 是放大器输入端子与地之间的分布电容(包括电缆的分布电容)。如图 2.6.44(a)中所示,由电压 u_G 产生了两个不期望的电流 i_1 和 i_2, i_1 流经电阻 R_S 和 R_1 以及电容 C_{1G}; i_2 流经电阻 R_2 以及电容 C_{2G}。如果这两个电流经过的总阻抗不相等,将会在放大器的两个输入端上产生一个电压差(即噪声电压)。如图 2.6.44(b)所示,在放大器的周围设置一个屏蔽保护,并将电缆的屏蔽层与屏蔽保护层连接在一起,使其与 A 点有相同的电位,这样可以使电流 i_1 和 i_2 都变为 0。注意:此结构在输入端子与屏蔽保护层之间存在电容 C_1 和 C_2。

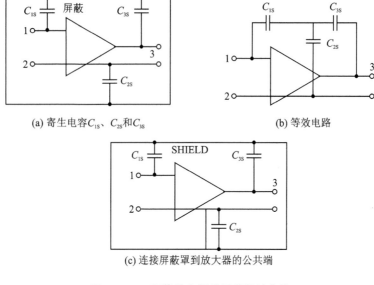

(a) 寄生电容C_{1S}、C_{2S}和C_{3S}　　　　(b) 等效电路

(c) 连接屏蔽罩到放大器的公共端

图 2.6.43　运算放大器的屏蔽接地方法

　　一般而言,屏蔽效果取决于反射和吸收的条件。但是,当 PCB 采用金属盒屏蔽时,在 30 MHz 以上频率范围,反射要比吸收的影响更重要。作为一种通用的屏蔽方法,应使用导电材料如铁或铝来屏蔽 PCB。

　　发挥屏蔽效果的关键是如何设计屏蔽盒的开口和连接部分之间的间隙。必须增多屏蔽盒的连接部分,从而使开口和间隙的最长的边减至最小。

　　屏蔽盒的连接部分必须具有较低的阻抗,而且必须相互紧密结合,不许有间隙。应确保屏蔽盒的金属表面没有绝缘材料涂层。

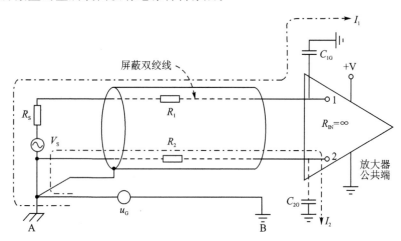

(a) 屏蔽双绞线连接的运算放大器与接地的源

图 2.6.44　利用屏蔽保护措施减小噪声电压

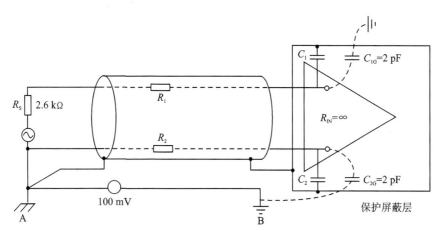

(b) 利用与点A等电位的屏蔽保护层消除噪声电流

图 2.6.44　利用屏蔽保护措施减小噪声电压(续)

使用金属盒对测试板进行屏蔽,而使用 1 m 法对辐射噪声进行了测量(信号频率为 25 MHz)。从测量中可以看出,当开口面积被分割成小孔时可以获得较为优越的屏蔽效果。但是,当屏蔽盒具有单个矩形开口时,将会显著地降低屏蔽效果。

2.6.22　端接未使用的放大器

端接多放大器封装中的未使用的放大器是确保有用放大器正常工作的重要条件和降低噪声的有效措施。未使用的放大器如果未进行端接,可能会振荡并消耗大量的功率。

在多个运放的封装中未使用的运算放大器应该按照图 2.6.45 所示进行配置[58]。推荐使用的方法是以单位增益配置连接所有未使用的放大器,并将同相输入端连接到电源电压的中点。

电路图 2.6.45(a) 使运放处于噪声增益最小的状态。电阻分压器可产生运放输出电压范围内的任意所需参考电压 V_{REF}。

$$V_{REF} = V_{DD} \cdot \frac{R_2}{R_1 + R_2} \tag{2.6.34}$$

图 2.6.45(b)和(c)使用的元件数最少。图 2.6.45(b)直接端接到电源和地(单电源供电),图 2.6.45(c)双极性电源供电端接形式。这些电路形式可防止输出出现波动并引发串扰。

2.6.23　电源电压波动对输出电压的影响

电源电压波动对输出电压有直接的影响。例如,对于电池供电的放大器电路要求运放必须具有良好的电源抑制性能(PSRR)。例如,在图 2.6.46 所示电路[3]中,使

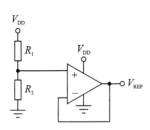

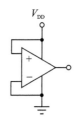

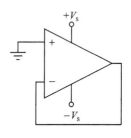

(a) 采用电阻分压器形式　　(b) 直接端接到电源和地　　(c) 双极性电源供电端接形式

图 2.6.45　端接未使用的运算放大器

用电池来为放大器供电,放大器被配置为具有高闭环增益 101 V/V。

在电池的生命周期中,随着使用时间的推移,电池的输出电压会逐渐下降。例如,从 5.75 V 逐渐降至 4.75 V,如果该放大器的电源抑制比为 500 $\mu V/V$ (或 66 dB),随着时间推移,放大器输出端的误差将为 50.5 mV。在一个满量程为 4.096 V 的 12 位系统中,这相当于在电池的生命周期中,失调电压变化量的 50.5 倍。

$$\mathrm{PSR(V/V)} = \Delta V_{\mathrm{OS}}/\Delta V_{\mathrm{SUPPLY}}$$

$$(2.6.35)$$

$$V_{\mathrm{OUT}} = (1 + R_{\mathrm{F}}/R_{\mathrm{IN}})(V_{\mathrm{IN}} + V_{\mathrm{OS}})$$

$$(2.6.36)$$

图 2.6.46　电池供电的放大器电路

在电池供电应用中,可以看见电池供电电压会在电池的整个生命周期中变化几百毫伏。若将此类应用中运放配置为高闭环增益,则要求运放必须具有良好的电源抑制性能。

2.6.24　在运算放大器的每个电源引脚设置去耦电容器

由于运放的 PSRR 与频率有关,因此在放大器电路板电源入口配置 100 μF 以上电源电容,在运算放大器的每个电源引脚必须设置合适的低频和高频去耦电容器。

运算放大器电源去耦电容安装的基本原则如下:

① 正确设计去耦电容的安装位置;

②最小化去耦电容器和 IC 之间的电流环路;

③ 去耦电容器与电源引脚端共用一个焊盘;

④ 采用一个小面积的电源平面来代替电源线条;

⑤ 在每一个电源引脚端都连接去耦电容器;

⑥ 并联使用多个去耦电容器;

⑦ 降低去耦电容器的 ESL。

有关去耦电容器的设计,更多的内容请参考"黄智伟.印制电路板(PCB)设计技术与实践(第2版)[M].北京:电子工业出版社,2013.2","黄智伟.高速数字电路设计入门[M].北京:电子工业出版社,2012.4"。

一个典型的采用电容的运放电源去耦电路[8]如图 2.6.47 所示,在运算放大器的每个电源引脚设置去耦电容器。C_1 和 C_2 为低频去耦电容器,可以采用 $10 \sim 50\ \mu F$ 电解电容器。C_3 和 C_4 为高频去耦电容器,可以采用 $0.1\ \mu F$ 的低电感的陶瓷电容器。低频和高频去耦电容器安装时,电容的引脚及 PCB 连线要尽可能短,尽可能地靠近运算放大器的电源引脚安装。

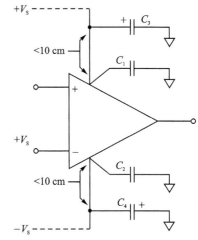

图 2.6.47　在运算放大器的每个电源引脚设置去耦电容器

2.6.25　设计运算放大器输入端的保护环

1. 输入端保护环的作用

运算放大器电路的输入端保护环用来防止杂散电流进入敏感的节点。其原理很简单,如图 2.6.48 所示,采用接地导线完全包围放大器敏感节点,使杂散电流远离敏感的节点。

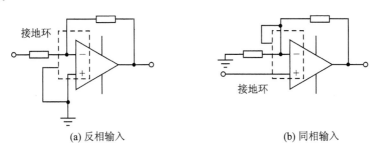

(a) 反相输入　　　　　　　　　　　　　(b) 同相输入

图 2.6.48　运算放大器电路的输入端保护环

保护环用来减少 PCB 表面漏电流的影响。极低输入偏置电流的放大器采用 DFN、SOIC、MSOP、SOT-23-5 等多种封装形式。在极低输入偏置电流的放大器应用中,杂散漏电流路径必须保持最少。放大器输入与邻近走线之间只要有电压差,就会形成一条穿过 PCB 的泄漏路径。假设放大器输入端存在一个 1 V 信号和 100 GΩ 接地电阻。由此产生的漏电流为 10 pA,这已经是低输入偏置电流放大器输入偏置电流的 10 倍甚至更高。在湿度较低的情况下,相邻走线之间的典型电阻为 10^{12} Ω。一个 5 V 的压差就会导致有 5 pA 的电流流过,这比 +25 ℃ 条件下的许多极低输入偏置电流的放大器的偏置电流(例如,OPA2320 的典型值为 0.9 pA,LMP7721

的典型值为 0.02 pA)还要大。

PCB 布局不佳、污染和板材料等可能会引起较大的漏电流。电路板上的常见污染包括护肤油、水分、焊剂和清洁剂。因此,为了充分利用运算放大器的低输入偏置电流特性,必须彻底清洁电路板,确保电路板无污染。

为了大幅减少泄漏路径,输入周围应使用保护环/屏蔽。保护环环绕输入引脚,并且被驱动至与输入信号相同的电位,从而降低引脚之间的电位差。为使保护环真正有效,必须用阻抗相对较低的源驱动它,并且应使用多层板,将输入引脚四周及上下完全包围起来。对于一些封装,例如 SOT - 23 - 5 封装,要保持最少的泄漏路径很困难。其引脚间隔非常小,构建保护环时必须特别小心。

2. LMC6082 运算放大器的输入端保护环设计例

LMC6082 是一个精密 CMOS 双路运算放大器,采用 8 引脚端 PDIP/SOIC 封装。LMC6082 输入端保护环的设计例[59] 如图 2.6.49 所示,LMC6082 是一个精密双低失调电压的运算放大器,失调电压为 150 μV,输入偏置电流为 10 fA,电压增益为 130 dB。

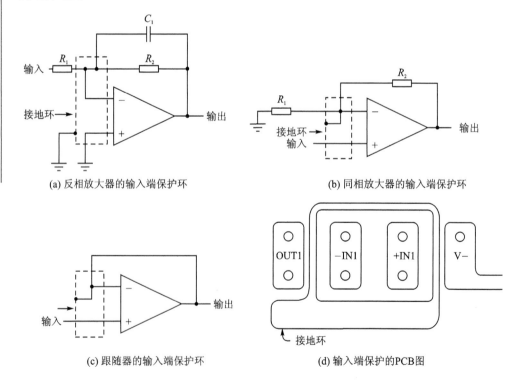

(a) 反相放大器的输入端保护环　　　　(b) 同相放大器的输入端保护环

(c) 跟随器的输入端保护环　　　　(d) 输入端保护的PCB图

图 2.6.49　LMC6082 的输入端保护环的设计

如图 2.6.50 所示,为了减少 PCB 的影响,LMC6082 的输入端引脚也可以不直接焊接在 PCB 上,而采用空中连接形式,其他引脚均连接到 PCB 上。

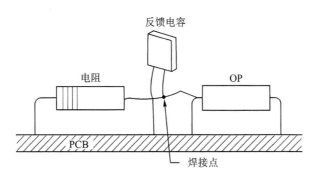

图 2.6.50　LMC6082 输入引脚端空中连接形式

3. OPA129 运算放大器的输入端保护环设计

OPA129 是一个超低偏置电流（100 fA）FET 运算放大器，采用 8 引脚端 PDIP/SOIC 封装，输入端保护环设计例[60]如图 2.6.51 所示。

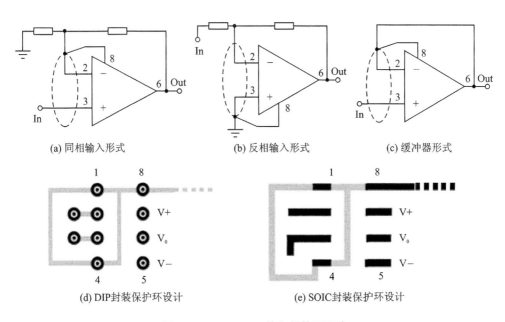

图 2.6.51　OPA129 输入保护环设计

4. LMP7721 的输入端保护环设计

LMP7721 是一个输入偏置电流为 fA 级的精密运算放大器，输入偏置电流为 ±20 fA（@ 25 ℃），采用 SOIC 封装，8 引脚 SOIC 输入端保护环设计例[61]如图 2.6.52 所示。

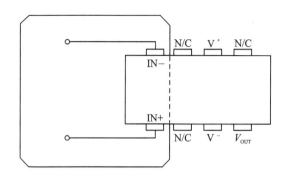

图 2.6.52 LMP7721 8 引脚 SOIC 输入端保护环设计

2.6.26 裸露焊盘的 PCB 设计

1. 裸露焊盘简介

IC 器件的裸露焊盘（EPAD）对充分保证 IC 器件的性能，以及器件充分散热是非常重要的。

一些采用裸露焊盘的器件示例如图 2.6.53 所示，是大多数器件封装下方的焊盘，裸露焊盘通常称之为引脚 0。裸露焊盘是一个重要的连接，芯片的所有内部接地都是通过它连接到器件下方的中心点。不知你是否注意到，目前许多器件（包括转换器和放大器）中缺少接地引脚，其原因就在于采用了裸露焊盘。

QFN/SON   QFP   xSOP/SOIC   TO

图 2.6.53 一些采用裸露焊盘的器件示例

裸露焊盘的热通道和 PCB 热通道示意图[62]如图 2.6.54 所示。

TI 公司采用裸露焊盘的 PowerPAD™ 热增强型封装 PCB 安装形式和热传递（散热）示意图[63]如图 2.6.55 所示。

裸露焊盘的热性能测量需要专门设计的 PCB 模板。例如，采用嵌入式热传递平面的，HTQFP 封装热性能测量的 PCB 模板。采用顶层式热传递平面的，HTSSOP 封装热性能测量的 PCB 模板等。

2. 裸露焊盘连接的基本要求

裸露焊盘使用的关键是将此引脚妥善地焊接（固定）到 PCB 上，实现牢靠的电气

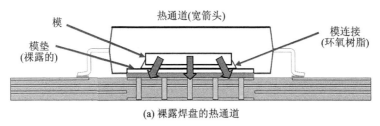

(a) 裸露焊盘的热通道

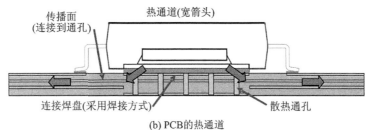

(b) PCB 的热通道

图 2.6.54　裸露焊盘的热通道和 PCB 热通道示意图

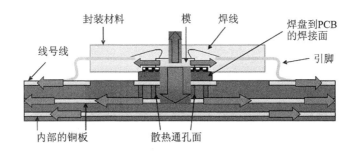

167

图 2.6.55　PowerPAD™ 热增强型封装 PCB 安装形式和热传递(散热)示意图

和热连接。如果此连接不牢固,就会发生混乱,换言之,可能引起设计无效。

实现裸露焊盘最佳电气和热连接的基本要求[64]如下:

(1) 首先,在可能的情况下,应在各 PCB 层上复制裸露焊盘,这样做的目的是为了与所有接地和接地层形成密集的热连接,从而快速散热。此步骤与高功耗器件及具有高通道数的应用相关。在电气方面,这将为所有接地层提供良好的等电位连接。

如图 2.6.56 所示,甚至可以在底层复制裸露焊盘,它可以用作去耦散热接地点和安装底侧散热器的地方。

(2) 其次,将裸露焊盘分割成多个相同的部分,如同棋盘。在打开的裸露焊盘上使用丝网交叉格栅,或使用阻焊层。此步骤可以确保器件与 PCB 之间的稳固连接。在回流焊组装过程中,无法决定焊膏如何流动并最终连接器件与 PCB。

如图 2.6.57 所示,裸露焊盘布局不当时,连接可能存在,但分布不均。可能只得到一个连接,并且连接很小,或者更糟糕,位于拐角处。

如图 2.6.58 所示,将裸露焊盘分割为较小的部分可以确保各个区域都有一个连

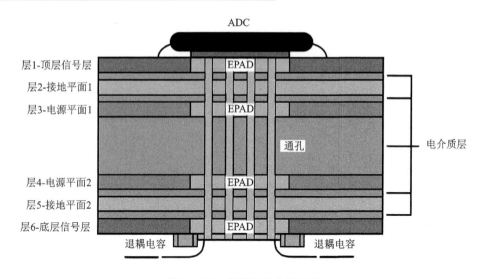

图 2.6.56　裸露焊盘布局示例

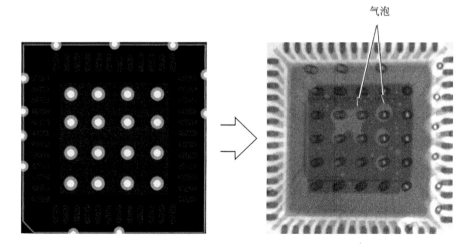

图 2.6.57　裸露焊盘布局不当的示例

接点,实现裸露焊盘更牢靠、更均匀的连接。

（3）最后,应当确保各部分都有过孔连接到地。要求各区域都足够大,足以放置多个过孔。组装之前,务必用焊膏或环氧树脂填充每个过孔,这一步非常重要,可以确保裸露焊盘焊膏不会回流到这些过孔空洞中,影响正确连接。

3. 裸露焊盘的 PCB 设计示例

(1) DDA PowerPAD™裸露焊盘的 PCB 设计[6]

THS3092/THS3096 采用 DDA PowerPAD™裸露焊盘,裸露焊盘的 PCB 示意图（单位:英寸）如图 2.6.59 所示。

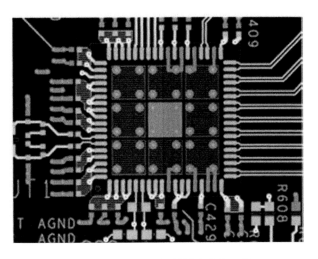

图 2.6.58　较佳的裸露焊盘布局示例

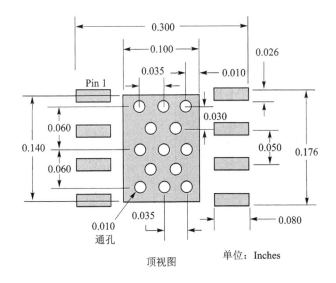

图 2.6.59　DDA PowerPAD™裸露焊盘的 PCB 示意图

(2) DGN PowerPAD™裸露焊盘的 PCB 设计[26]

THS3110/THS3111 采用 DGN PowerPAD™裸露焊盘,裸露焊盘的 PCB 示意图(单位:英寸/mm)如图 2.6.60 所示。

2.6.27　裸露焊盘的散热通孔设计

1. 散热通孔的数量与面积对热阻的影响

散热通孔(Thermal Vias)的数量与面积对热阻的影响[62]如图 2.6.61 和图 2.6.62 所示。图 2.6.61 为 JEDEC 的 2 层电路板的热阻比较。图 2.6.62 为 JEDEC

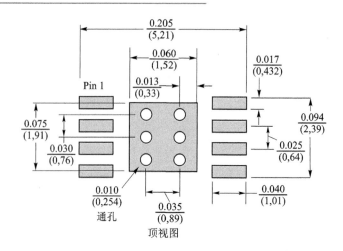

图 2.6.60　DGN PowerPAD™ 裸露焊盘的 PCB 示意图

的 4 层电路板的热阻比较,散热通孔的尺寸为 0.33 mm(0.013 英寸)。

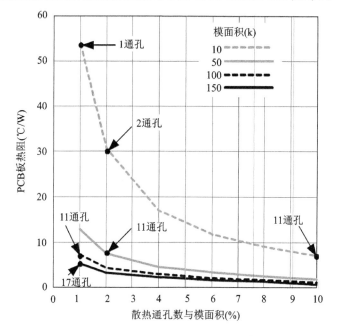

图 2.6.61　散热通孔的数量与面积对热阻的影响

2. 散热通孔的面积、数量与布局形式

散热通孔的面积、数量与布局形式[62]如图 2.6.63 所示。

注意:裸露焊盘尺寸和散热通道建议与特定器件的数据表核对,应使用在数据表中列出的最大焊盘尺寸。推荐使用具有阻焊定义(限制)的焊盘,以防止裸露焊盘封装引脚之间的短路。

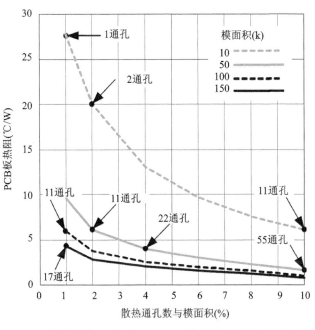

图 2.6.62　散热通孔(尺寸为 0.33 mm)的数量与面积对热阻的影响

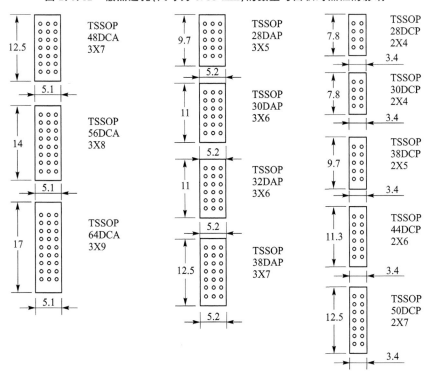

图 2.6.63　散热通孔的面积、数量与布局形式

171

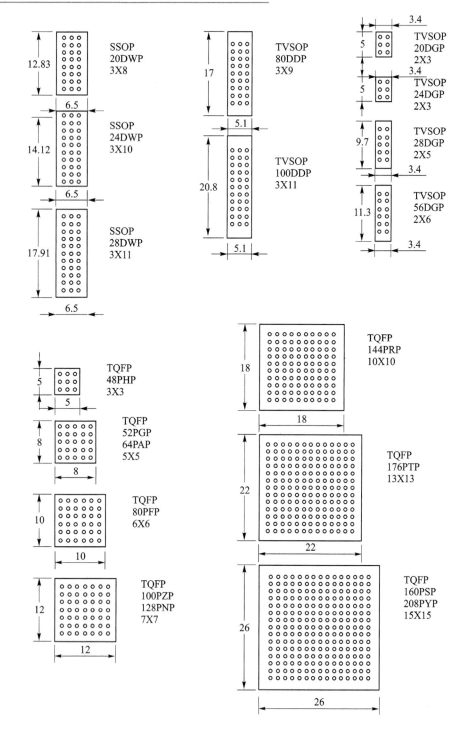

图 2.6.63　散热通孔的面积、数量与布局形式(续)

2.6.28　功耗与散热器的基本热关系

一个功耗与散热器的基本热关系[5]如图 2.6.64 所示。在图 2.6.64 中，P_D 为半导体器件的功耗（W），T_J 为半导体器件的结温（℃），θ_{JC} 为结到外壳热阻（℃/W），T_C（℃）为半导体器件的壳温，θ_{CH} 为半导体器件外壳到散热器的热阻（℃/W），θ_{HA} 为散热器到周围空气热阻（℃/W），T_A 为周围空气温度（℃）。

给定环境温度 T_A、P_D（器件总功耗（W））和热阻 θ，即可算出结温 T_J。

$$T_J = T_A + (P_D \times \theta_{JA}) \qquad (2.6.37)$$

式中，θ_{JA}（℃/W）为结到周围空气的热阻，$\theta_{JA} = \theta_{JC} + \theta_{CH} + \theta_{HA}$。

注意：目前大多数的 IC 封装不能够将其引脚端和封装与散热器连接。具有热增强型封装形式的 IC 通常利用 PCB 作为散热器（散热通道）。

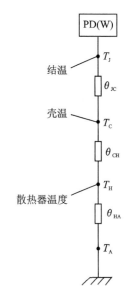

图 2.6.64　功耗与散热器的基本热关系

2.6.29　运算放大器散热设计的基本原则

运算放大器散热设计的基本原则如下：

① 使用 PCB 作为散热器时，应使用面积尽量大的铜片；

② 与①相结合，应使用多层（外层）PCB，多层之间用过孔连接；

③ 应使用尽可能厚的铜（最好是 2 盎司或以上，铜越重越好）；

④ 应为系统提供充分的自然通风口和出风口，以便于芯片的热量能够自由地从 PCB 表面散开；

⑤ 应使散热 PCB 层垂直摆列，促进散热器区域的空气对流；

⑥ 在精密运算放大器应用中，应考虑使用外部功率缓冲电路；

⑦ 对于需要在有限空间下，功率要求达到数瓦的应用，应当考虑使用强制通风的方法；

⑧ 不要在散热走线上覆盖阻焊层；

⑨ 不要为运算放大器提供过高的电源电压。应根据输出电压摆幅选择电源电压，只要能够保证失真性能不恶化，就应该为运算放大器提供较低的电压，如 ±5 V 而非 ±15 V。随着电源电压的升高，运算放大器的功耗增加，即使负载功率恒定不变亦是如此。

2.6.30　模数混合电路的 PCB 按功能分区设计

如图 2.6.65 所示，模数混合系统可以简单地划分为数字电路和模拟电路两部分。然而,模数混合系统大都包含有不同的功能模块,例如一个典型的主控板可以包含有微处理器、时钟逻辑、存储器、总线控制器、总线接口、PCI总线、外围设备接口和视/音频处理等功能模块。每个功能模块都由一组器件和它们的支持电路组成。在PCB上,为缩短走线长度,降低串扰、反射,以及电磁辐射,保证信号完整性,系统所有的元器件需尽可能紧密地放置在一起。所带来的问题是,在高速数字系统中,不同的逻辑器件所产生的RF能量的频谱都不同,信号的频率越高,与数字信号跳变相关的操作所产生的RF能量的频带也越宽。传导的RF能量会通过信号线在功能子区域和电源分配系统之间进行传输,辐射的RF能量通过自由空间耦合。所以在PCB设计时,必须要防止工作频带不同的器件间的相互干扰,尤其是高带宽器件对其他器件的干扰[66]。

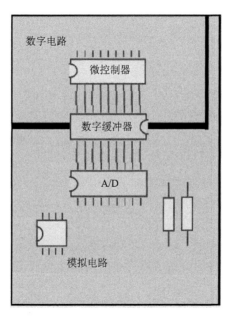

图2.6.65　模数混合系统划分为数字电路和模拟电路两部分

解决上述问题的办法是采用功能分区,如图2.6.66所示,在PCB设计时按功能模块分区,即将不同功能的子系统在PCB上实行物理分割。实现有效地抑制传导和辐射的RF能量目的。恰当的分割可以优化信号质量,简化布线,降低干扰。

图2.6.67是采用ADS1232构成的电子秤的PCB布局示意图[67]。ADS1232是TI公司提供的、适用于桥接传感器应用的模数转换器(ADC)。在图2.6.67 PCB顶层布局中,数字电路、模拟电路和电源电路进行了明显的分区。PCB的底层为接地平面。

电源	处理器和时钟逻辑	
视频、音频等	总线控制单元	存储器
PCI总线单元	外围设备接口	

图2.6.66　PCB功能分区例

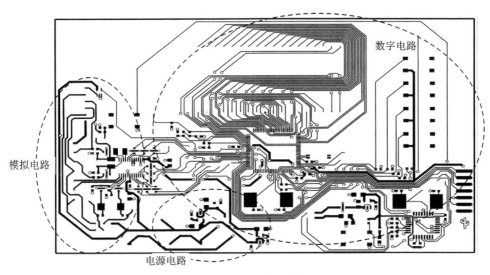

数字电路

模拟电路

电源电路

(a) PCB的顶层布局

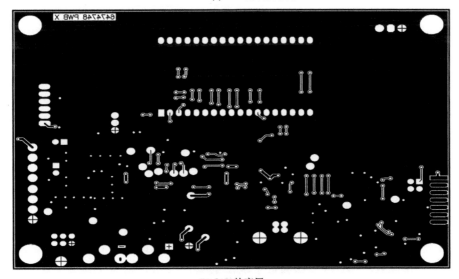

(b) PCB的底层

图 2.6.67　采用 ADS1232 构成的电子秤的 PCB 布局示意图(续)

2.6.31　模数混合电路的电源和接地的 PCB 设计布局

印制电路板(PCB)的设计布局对于模数混合电路系统来说是很重要的[66]。图 2.6.68 给出了一个温度测量系统所推荐接线布局图[67]。模拟电路不应受到诸如交流声干扰和高频电压尖峰此类干扰影响。模拟电路与数字电路不同,连接必须尽可能的短以减少电磁感应现象,通常采用在 V_{CC} 和地之间的星型结构来连接。通过公共电源线可以避免电路其他部分耦合所产生的干扰电压。

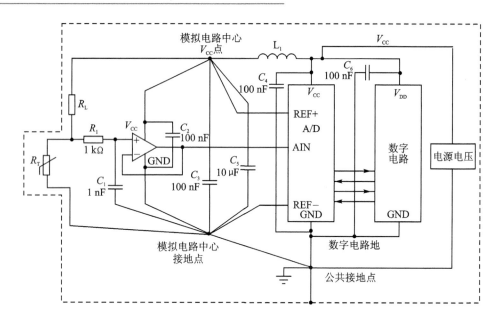

图 2.6.68　推荐的温度测量系统接线布局图

该温度测量电路采用一个独立的电源为数字器件和模拟器件供电。电感 L_1 和旁路电容 C_3 用来降低由数字电路产生的高频噪声。电解电容 C_5 用来抑制低频干扰。该电路结构中心的模拟接地点是必不可少的。正确的电路布局可以避免测量数据时的不必要的耦合,这种耦合可以导致测量结果的错误。ADC 的参考电压连接点(REF＋和 REF－)是模拟电路的一部分,所以它们分别直接连接到模拟电源电压点(V_{CC})和接地点上。

连接到运算放大器同相输入端的 RC 网络用来抑制由传感器引入的高频干扰。即使当干扰电压的频率远离运算放大器的输入带宽时,仍然存在这样的危险,因为这些电压会由于半导体元件的非线性特性而得到整流,并最终叠加到测量信号上。

在此电路中所使用的 ADC TLV1543 有一个单独的内部模拟电路和数字电路的公共接地点(GND)。模拟电源和数字电源的电压值均是相对于该公共接地点的。在 ADC 器件区域应采用较大的接地面。TLV1543 电源和接地布局图如图 2.6.69 所示。TLV1543 的模拟接地和数字接地信号都连接到公共的接地点上(见图 2.6.68)。所有的可用屏蔽点和接地点,都要连接到公共接地点上。

在设计 PCB 时,合理放置有源器件的旁路电容是十分重要。旁路电容应提供一个低阻抗回路,将高频信号引入到地,用来消除电源电压的高频分量,并避免了不必要的反馈和耦合路径。另外,旁路电容能够提供部分能量,用于抵消快速负载变化的影响,特别是对于数字电路。为了能够满足高速电路的需要,旁路电容采用 100 nF 的陶瓷电容器。50 μF 的电解电容用来拓宽旁路的频率的范围。

模数混合系统电源和接地 PCB 设计的一般原则如下:

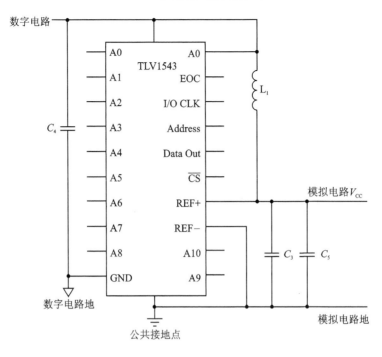

图 2.6.69　TLV1543 电源和接地布局图

- PCB 分区分为独立的模拟电路和数字电路部分,采用适当的元器件布局;
- 跨分区放置的 ADC 或者 DAC;
- 不要对"地平面"进行分割,在 PCB 的模拟电路部分和数字电路部分下面设统一的地平面;
- 采用正确的布线规则,在电路板的所有层中,数字信号只能在 PCB 的数字部分布线,模拟信号只能在电路板的模拟部分布线;
- 模拟电源和数字电源分割,布线不能跨越分割电源面的间隙,必须跨越分割电源间隙的信号线要位于紧邻大面积地平面的信号层上;
- 分析返回电流实际流过的路径和方式。

2.6.32　ADC 的电源层和接地层的 PCB 设计布局

1. ADC 如何得到高的有效分辨率

ADS1210 和 ADS 1211 是两种高精度、宽动态范围的 Δ－Σ ADC,具有 24 位无丢失码字,并且高达 23 位有效位数的分辨率。有效比特位数或有效分辨率这一术语是伴随着 16＋位 ADC 的产生而出现的。这些高分辨率转换器可以输出比使用一次转换而数字化的数据更高的精度。实践表明,转换的不确定度一直主要来自于器件噪声。多数转换器件加上一定的数学处理,可以产生可靠性更高的有效分辨率,为之付出的代价则是转换速度。为了满足这种高分辨率的应用,转换器另外还需要一个

DSP 或者 MCU 器件。Δ-Σ ADC 的拓扑结构通过将过采样和数字滤波融入至 A/D 芯片内,从而减轻了 DSP 软件设计的强度。高分辨率的 Δ-Σ ADC,如 ADS 121x 系列,在 10 V_{P-P} 满量程,100 Hz 的数据速率下,可以具有高达 23 位有效位数的分辨率,也就是说可以达到 0.975 μVrms 有效分辨率。

要实现 23 bit rms 有效分辨率,必须注意优化转换器的编程、合理的电路布局、选择合适的时钟源,特别需要注意模拟输入引脚噪声。

为实现 23 bit rms 的设计目标,对于 ADS1210 和 ADS 1211Δ-Σ ADC 应配置成 16 Turbo 模式,数据速率为 10~60 Hz;为了优化性能,模拟电路电源和数字电路电源接地需要慎重地分开;推荐使用晶振,当然也可以使用时钟振荡器,但使用时需要更加谨慎;推荐使用外部基准电路。与 ADC 输入连接的模拟输入导线必须尽可能的短并且需要滤波[78,79]。

更多的内容请参考"TI. sbaa017 Bonnie C. Baker HOW TO GET 23 BITS OF EFFECTIVE RESOLUTION FROM YOUR 24 - BIT CONVERTER. www. ti. com"和" TI. DEM - ADS1210/11 EVALUATION FIXTURE. www. ti. com"。

2. 电源层和接地层的 PCB 布局

电源的最好布局是 Δ-Σ ADC 的模拟电路部分采用一个电源供电,而数字电路部分采用另一个单独的 +5 V 电源供电。对 Δ-Σ ADC 的模拟电源和数字电源都需要使用良好的去耦合措施。推荐使用一个 1~10 μF 电解电容和一个 0.1 μF 陶瓷电容,两个并联使用。所有的去耦电容都需要尽可能靠近器件,尤其是 0.1 μF 陶瓷电容。对任何电源,除了整数倍调制频率外,通常高频噪声会受到数字滤波的抑制。在实际电路中,要求模拟电源需要具有很低的噪声[75]。

一个 PCB 设计例[68](DEM - ADS 1210/11)如图 2.6.70 所示,电源层的模拟电源供电和数字电源供电是分离的。接地层也是一样,采用分离的模拟地和数字地。器件的模拟引脚(如果是 ADS1211,则为引脚 1、2、3、4、5、6、7、19、20、21、22、23 和 24)全部在模拟接地层和电源层上。而数字引脚(如果是 ADS 1211,则为引脚 8、9、10、11、12、13、14、15、16、17 和 18)全部在 DUT(被测试元件)数字接地层和电源层上。ADC 的数字引脚接入"DUT 控制器(8xC51,U$_4$)"。该 MCU 和存储控制器口以及数字存储芯片都具有自己的接地和电源层,它们都是 DUT 数字接地和电源层的一部分。利用这种布局,PCB 板上数字电路部分的电流路径被直接引导进入电源连接器,而不再经过 ADC 的数字电路部分。PCB 板上的模拟电源和数字电源分别通过模拟电源接头 P4 和数字电源接头 P5 供电。

从图 2.6.70 这样的布局可看出,设计者用了特别多的心血来优化这些高分辨率 Δ-Σ ADC 的布线。如果板子上仅有 ADC 和一些逻辑芯片,接地和电源层的布局限制就大大减轻了。如果布局中只有很少量的接口逻辑芯片,ADC 只使用一个接地和电源层便可获得高达 23 bit 的分辨率。

一个成功的 23 bit 系统设计,其关键之处是需要将数字回流与模拟电路前端分离开。特别需要注意时钟网络电流回路的高频耦合。另外对于表贴封装的 ADS 1210 和 ADS 1211 还得额外注意,需要将芯片下面的电源层和接地层除去。

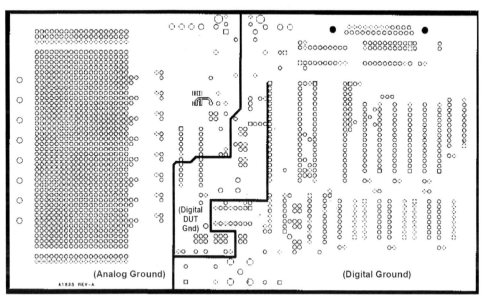

(a) 顶层(接地层)

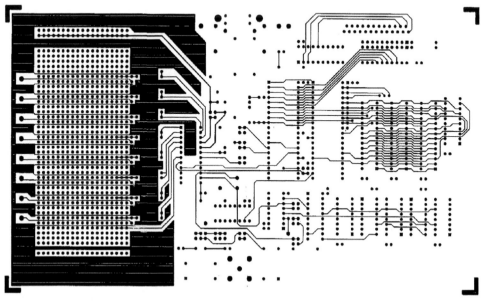

(b) 第2层(布线层)

图 2.6.70　DEM – ADS 1210/11 PCB 设计例

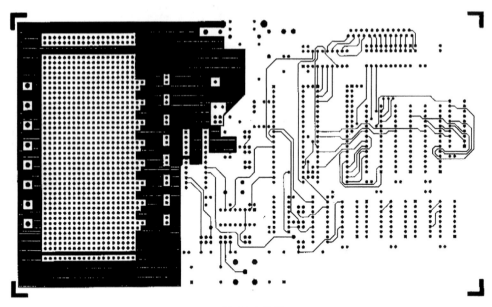

(c) 第3层(布线层)

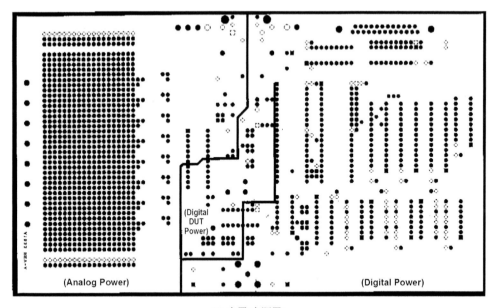

(d) 底层(电源层)

图 2.6.70　DEM - ADS 1210/11 PCB 设计例(续)

有关 DEM - ADS 1210/11 板的更多内容请参考"TI. DEM - ADS1210/11 E-VALUATION FIXTURE. www. ti. com"。

2.6.33　ADC 接地对系统性能的影响

高精度模数转换器能否达到最佳性能与许多因素有关,其中电源去耦和良好的接地设计是保证 ADC 精度的必要条件。

一个接地设计不良的模数系统会存在过高的噪声、信号串扰等问题。对于 ADC 来说,差的微分线性误差(DLE 或 DNL)可能来自于 ADC 内部(如建立时间)、来自 ADC 的驱动电路(在 ADC 的工作频率处具有过高的输出阻抗)、或者来自接地不良的设计技术以及其他。如何降低转换器微分线性误差(DLE 或 DNL)是一个棘手的问题。

图 2.6.71 为某接地设计不良的 PCB 中 ADC ADC774(12 bit,8 μs 转换时间)的 DLE 误差图[69]。该图描述了转换器的特定数字输出与理想线性之间的偏差。图 2.6.71 所示的电路的 DLE 误差大约为±0.4 LSB,符合 ADC774 的特性,但这不是最优的。

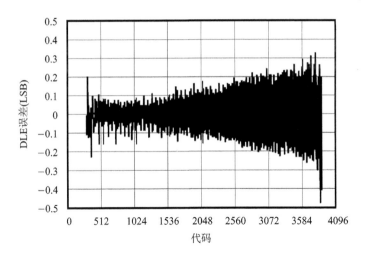

图 2.6.71　ADC774 差的接地设计产生的 DLE 误差

产生此 DLE 误差性能的原因是该器件采用的接地方式。这块板的"接地"方式采用的是在大部分 ADC 的数据手册上给出的推荐方式:ADC 分开模拟地和数字地,然后将模拟地和数字地通过 ADC 的内部电路连接在一起,在 PCB 上没有连接处。

问题如图 2.6.72 所示,当数字和模拟公共地在 ADC 内部连接时,其返回到 PCB 上的地线的距离却很长,这意味着在"地线"实际上产生(存在)了一些电阻和电感。

改进的设计将同一片 ADC 上的数字和模拟的公共地连接到 ADC 下面的接地层上(见图 2.6.72),可以有效地减少长地线产生的电阻和电感,从而使 ADC"具有"小的接地阻抗,这是一种性能较优的接地形式。改进接地设计的效果如图 2.6.73 所示,DLE 误差仅约±0.1 LSB,更接近于 ADC774 的典型工作状态。

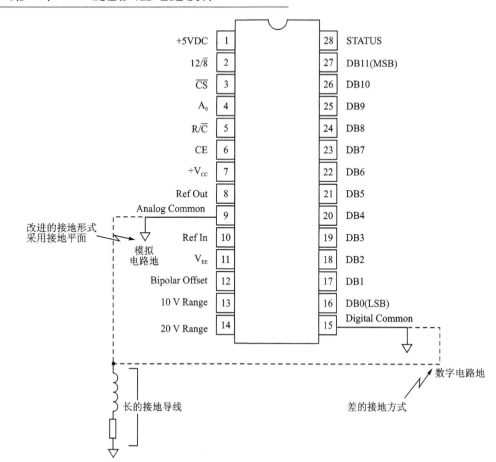

图 2.6.72　改进 ADC774 的接地设计

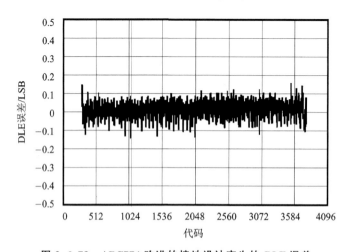

图 2.6.73　ADC774 改进的接地设计产生的 DLE 误差

采用单独的接地层作为高精度 ADC 系统的接地方式是一个最好的选择,因为这可以可能地降低 ADC 的公共地返回路径上的阻抗。如果在某些情况下不能够采用接地层,那么应采用宽而短的地线来进行公共地的连接,尽可能地保持地线在低阻抗状态。

注意:不良的接地设计可能直接影响系统性能,而这种影响有时难以被发现。

2.6.34　为模数混合系统中的模拟电路设计供电电路

1. 模数混合系统的电源电路结构

在一个模数混合系统中,电源电路通常采用开关稳压电路。如图 2.6.74(b)所示,开关稳压器的输出具有较高的噪声电压,显然会对模拟电路造成干扰。特别是对模拟前端小信号检测和放大电路而言,开关电源输出上所叠加的噪声电压,往往远大于所检测的小信号电压,这将是不可容忍的。例如图 2.6.74(a)所示,模拟前端小信号检测和放大电路供电需要采用专门的稳压器电路提供。

2. 正电压输出线性稳压器电路

TI 公司可以提供系列正电压输出线性稳压器芯片。其中:TPS7A49xx 正电压输出线性稳压器的输入电压范围为 $+3\sim+36$ V;噪声为:12.7 μV_{RMS}(20 Hz $\sim$ 20 kHz),15.4 μV_{RMS}(10 Hz $\sim$100 kHz);PSRR 为 -72 dB(120 Hz);可调节的输出电压范围为 $+1.194\sim+33$ V;最大输出电流为 150 mA;输入输出压降 260 mV@100 mA,外接陶瓷电容器 $\geqslant 2.2$ μF;采用 MSOP－8 PowerPAD™ 封装;工作温度范围为 -40 ℃ $\sim+125$ ℃。

TPS7A49xx 正电压输出线性稳压器典型应用电路[71]如图 2.6.75 所示,电路参数计算如下:

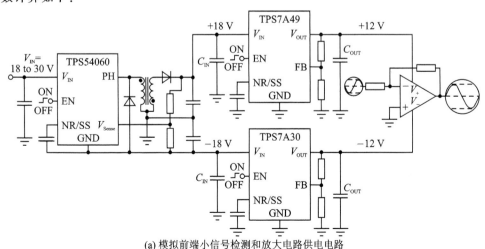

(a) 模拟前端小信号检测和放大电路供电电路

图 2.6.74　模数混合系统的电源电路

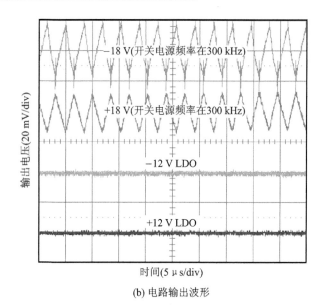

(b) 电路输出波形

图 2.6.74　模数混合系统的电源电路(续)

$$R_1 = R_2 \left(\frac{V_{\text{OUT}}}{V_{\text{REF}}} - 1 \right) \tag{2.6.38}$$

$$\frac{V_{\text{OUT}}}{R_1 + R_2} \geqslant 5 \ \mu A \tag{2.6.39}$$

式中，V_{REF} 为芯片内部基准电压(1.176~1.212 V)，典型值为 1.194 V。

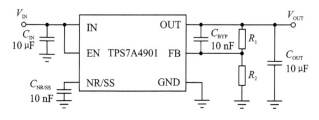

图 2.6.75　TPS7A49xx 正电压输出线性稳压器应用电路

3. 负电压输出线性稳压器电路

TI 公司可以提供系列负电压输出线性稳压器芯片。其中：TPS7A30xx 负电压输出线性稳压器的输入电压范围为 $-3\sim-36$ V；噪声为：14 μVRMS (20 Hz~20 kHz)，15.1 μVRMS (10 Hz~100 kHz)；PSRR 为 -72 dB(120 Hz)；可调节的输出电压范围为 $-1.18\sim-33$ V；最大输出电流为 200 mA；输入输出压降 216 mV@100 mA，外接陶瓷电容器 $\geqslant 2.2$ μF；采用 MSOP-8 PowerPAD™ 封装；工作温度范围为 -40 ℃~$+125$ ℃。

TPS7A30xx 正电压输出线性稳压器典型应用电路[71]如图 2.6.76 所示，电路参数计算如下：

$$R_1 = R_2 \left(\frac{V_{\mathrm{OUT}}}{V_{\mathrm{REF}}} - 1 \right)$$　　　　　　(2.6.40)

$$\frac{V_{\mathrm{OUT}}}{R_1 + R_2} \geqslant 5 \ \mu\mathrm{A}$$　　　　　　(2.6.41)

式中，V_{REF} 为芯片内部基准电压（$-1.202 \sim -1.166$ V），典型值为 -1.184 V。

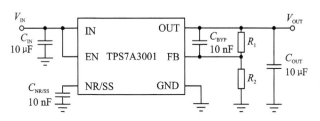

图 2.6.76　TPS7A30xx 负电压输出线性稳压器应用电路

4. TPS7A30xx‑TPS7A49xx 正负电压输出线性稳压器电路

TI 公司推荐的 TPS7A30xx‑TPS7A49xx 正负电压输出线性稳压器电路和 PCB 图[72]如图 2.6.77 所示。

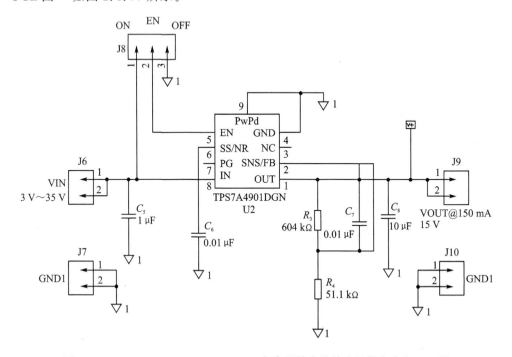

图 2.6.77　TPS7A30xx‑TPS7A49xx 正负电压输出线性稳压器电路和 PCB 图

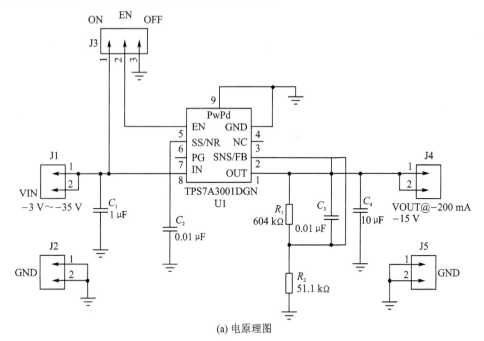

(a) 电原理图

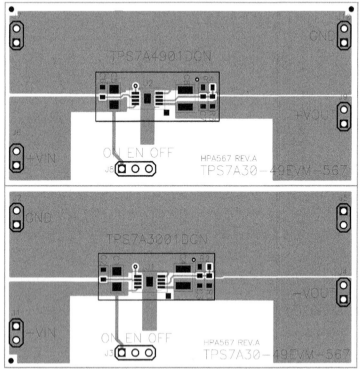

(b) 元器件布局图

图 2.6.77　TPS7A30xx - TPS7A49xx 正负电压输出线性稳压器电路和 PCB 图(续)

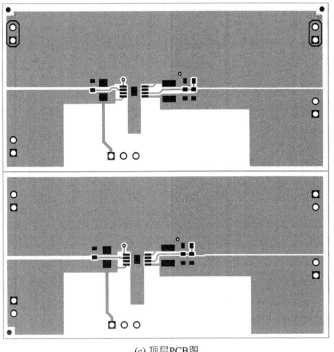

(c) 顶层PCB图

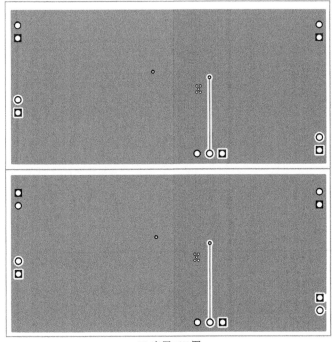

(d) 底层PCB图

图 2.6.77　TPS7A30xx－TPS7A49xx 正负电压输出线性稳压器电路和 PCB 图(续)

第3章

仪表放大器电路设计

3.1 TI 公司的仪表放大器产品

TI 公司的仪表放大器是模拟放大器和线性解决方案的组成部分。TI 公司可以提供系列的仪表放大器产品,例如表 3.1.1～表 3.13 所列。

表 3.1.1 单电源仪表放大器($V_s{\leqslant}5.5\ V$)

器 件	描 述	增 益	非线性(%)(max)	输入偏置电流(nA)(max)	失调@G=100(μV)(max)	失调漂移(μV/℃)(max)	CMRR@G=100(dB)(min)	BW@G=100(kHz)(min)	噪声1 kHz(nV/√Hz)(typ)	电源电压(V)	I_0每个放大器(mA)(max)	封 装
单电源:$V_{smax}{\leqslant}5.5\ V$												
INA333	零漂移,低功耗,精密	1～10 000	0.000 01	0.2	25	0.1	100	3.5	50	1.8～5.5	0.075	MSOP-8, DFN-8
INA337	RRIO,自动调零,低漂移	0.1～10 000	0.01	2	100	0.4	106	1	33	2.7～5.5	3.4	MSOP-8
INA338	RRIO,自动调零,关断	0.1～10 000	0.01	2	100	0.4	106	1	33	2.7～5.5	3.4	MSOP-10
INA326	CM>电源,宽温度范围	0.1～10 000	0.01	2	100	0.4	100	1	33	2.7～5.5	3.4	MSOP-8
INA327	RRIO,自动调零,低漂移	0.1～10 000	0.01	2	100	0.4	100	1	33	2.7～5.5	3.4	MSOP-10
INA155	CM>电源,SHDN,宽温度范围	10,50	0.02	0.01	1 000	5	92	110	40	2.7～5.5	2.1	SO-8, MSOP-8
INA2321	RRIO,自动调零,CM>电源,低漂移	5～1 000	0.01	0.01	500	7	90	50	100	2.7～5.5	0.06	TSSOP-14
INA321	RRIO,自动调零,SHDN	5～1 000	0.01	0.01	500	7	90	50	100	2.7～5.5	0.06	MSOP-8
INA331	低功耗,单电源 CMOS	5～1 000	0.01	0.01	500	5	90	2 000	46	2.7～5.5	0.49	MSOP-8
INA2331	CM>电源,低漂移	5～1 000	0.01	0.01	1 000	5	80	2 000	46	2.7～5.5	0.49	TSSOP-14
INA156	零漂移,低功耗,精密	10,50	0.02	0.01	8 000	5	74	110	40	2.7～5.5	2.5	MSOP-8

器件	描述	增益	非线性(%)(max)	输入偏置电流(nA)(max)	失调@G=100(μV)(max)	失调漂移(μV/℃)(max)	CMRR@G=100(dB)(min)	BW@G=100(kHz)(min)	噪声1kHz(nV/√Hz)(typ)	电源电压(V)	I_0每个放大器(mA)(max)	封装
INA2322	低失调,RRO,宽温度范围,SR=6.5 V/μs	5~1000	0.01	0.01	10 000	7	60	50	100	2.7~5.5	0.06	TSSOP-14
INA2332	双 INA321	5~1000	0.01	0.01	8 000	7	60	500	46	2.7~5.5	0.49	TSSOP-14
INA322	RRO,SHDN,宽温度范围低价格	5~1000	0.01	0.01	10 000	7	60	50	100	2.7~5.5	0.06	MSOP-8
INA332	RRO,宽BW,SHDN,宽温度范围,低价格	5~1000	0.01	0.01	8 000	7	60	500	46	2.7~5.5	0.49	MSOP-8
INA330	对于精密10 kΩ热敏电阻最佳选择	—		0.23		0.009℃		1	0.000 1℃	2.7~5.5	3.6	MSOP-10

表 3.1.2 宽电源电压仪表放大器(V_S≤36 V)

器件	描述	增益	非线性(%)(max)	输入偏置电流(nA)(max)	失调@G=100(μV)(max)	失调漂移(μV/℃)(max)	CMRR@G=100(dB)(min)	BW@G=100(kHz)(min)	噪声1kHz(nV/√Hz)(typ)	电源电压(V)	I_0每个放大器(mA)(max)	封装
宽电源:V_{smax}≤36 V												
INA826	Precision RRIO 36 V	1~1000	0.01	0.37	200	1	110	1 100	18	2.7~36 V	0.25	MSOP-8,SO-80,QFN
INA128	精密,低噪声,低漂移	1~10000	0	5	60	0.7	120	200	8	±2.25~±18	0.75	DIP-8,SOIC-8
INA129	精密,低噪声,低漂移 AD620替代	1~10000	0	5	60	0.7	120	200	8	±2.25~±18	0.75	DIP-8,SOIC-8
INA1412	精密,低噪声,低功耗,引脚兼容 AD62121	10 100	0	5	50	0.5	117	200	8	±2.25~±18	0.8	DIP-8,SOIC-8
INA114	精密,低漂移	1~10000	0	2	50	0.25	110	10	11	±2.25~±18	3	DIP-8,SO-16
INA115	精密,低漂移,W/Gain	1~10000	0	2	50	0.25	110	10	11	±2.25~±18	3	SO-16
INA131	低噪声,低漂移	100	0	2	50	0.25	110	70	12	±2.25~±18	3	DIP-8
INA118	精密,低漂移,低功耗	1~10000	0	5	55	0.7	107	70	10	±1.35~±18	0.39	DIP-8,SOIC-8
INA110	快建立时间,低噪声,宽BW	1,10,100,200,500	0.01	0.05	1 000	2.5	106	470	10	±6~±18	4.5	DIP-16,SOIC-16

器件	描述	增益	非线性(%)(max)	输入偏置电流(nA)(max)	失调@G=100(μV)(max)	失调漂移(μV/℃)(max)	CMRR@G=100(dB)(min)	BW@G=100(kHz)(min)	噪声1kHz(nV/√Hz)(typ)	电源电压(V)	I_0每个放大器(mA)(max)	封装
INA111	快建立时间，低噪声，宽 BW	1~1 000	0.01	0.02	520	6	106	450	10	±6~±18	4.5	DIP-8, SO-16
INA101	低噪声，宽 BW，宽温度范围	1~1 000	0	20	250	0.25	100	25	13	±5~±20	8.5	PDIP-14, SO-16
INA103	精密，快建立时间，低漂移音频，麦克风前置放大器，THD+N=0.000 9%	1~1 000	0	12 000	255	1.23	100	800	1	±9~±25	12.5	DIP-16, SO-16
INA125	内部基准，睡眠模式	4~10 000	0.01	25	250	2	100	4.5	38	±13.5~±18	0.53	DIP-16, SOIC-16
INA163	精密，快建立时间，低漂移音频，麦克风前置放大器，THD+N=0.002%	1~10 000	0	12 000	300	1.23	100	800	1	±4.5~±18	12	SOIC-14
INA166	精密，快建立时间，低漂移，音频，麦克风前置放大器，THD+N=0.09%	2 000	0.01	12 000	300	2.53	100	450	1.3	±4.5~±18	12	SO-14
INA217	精密，低漂移，音频，麦克风前置放大器，THD+N=0.09%，SSM2017 替换	1~10 000	0	12 000	300	1.23	100	800	1.3	±4.5~±18	12	DIP-8, SO-16
INA125	内部基准，睡眠模式	4~10 000	0.01	25	250	2	100	4.5	38	2.7~3.6	0.53	DIP-16, SOIC-16
INA121	低偏置，精密，低功耗	1~10 000	0.01	0.05	500	5	96	50	20	±2.25~±18	0.53	DIP-8, SO-8
INA116	IB 3fA(typ)	1~1 000	0.01	0	5 000	40	86	70	28	±4.5~±18	1.4	DIP-16, SO-16
INA122	功耗，RRO，CM 到 GND	5~10 000	0.01	25	250	3	83	5	60	±1.3~±18	0.09	DIP-8, SOIC-8
INA126	微功耗，<1V VSAT，低价格	5~10 000	0.01	25	250	3	83	9	35	2.7~36	0.2	DIP/SO/MSOP-8
INA2126	双 INA126	5~10 000	0.01	25	250	3	83	9	35	2.7~36	0.2	DIP/SO/MSOP-16

表 3.1.3　数字可编程仪表放大器

器　件	描　述	增　益	非线性 @ G=100 (%) (max)	失调 (μV) (max)	失调 漂移 (μV /℃) (max)	CMRR @ G=100 (dB) (min)	BW @ G=100 (kHz) (typ)	噪声@ 1 kHz (nV/ √Hz) (typ)	电源 电压 (V)	I_0 (mA) (max)	封　装
PGA280	高电压,宽入 范围,零漂 移 PGA	1/8~ 128	0.001 0	15	0.17	140	6 000	22	±5~±18 2.7~5.5	7.13	TSSOP-24

3.2　仪表放大器的应用基础

3.2.1　仪表放大器的应用模型

仪表放大器不是运算放大器。如图 3.2.1 所示,仪表放大器是一种精密差分电压增益器件,它有一对差分输入端和一个相对于参考端或共用端工作的单端输出,是专门针对不利于精密测量环境而优化设计的器件[73,74]。

仪表放大器能够放大微伏级电平信号,同时抑制其输入端的共模(CM)输入电压。这要求仪表放大器必须具备极高的共模抑制(CMR)性能。仪表放大器的共模抑制典型值为 70～100 dB 以上,通常增益较高时共模抑制性能较佳。作为衡量输入平衡的一项重要指标,仪表放大器极高的共模抑制能力,可以最大限度地降低远程传感器应用时所特有的噪声影响和接

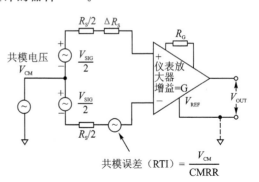

图 3.2.1　仪表放大器的应用模型

地压降。必须注意,在大多数实际应用中,仅有直流输入的共模抑制规格是不够的。工业应用中最常见的外部干扰源是 50/60 Hz 的交流电源相关噪声(包括谐波)。进行差分测量时,这种干扰往往会对两个仪表放大器输入端产生相同的感应,因而干扰表现为共模输入信号。因此,确定频率范围内的共模抑制与确定其直流值同样重要。

仪表放大器输入阻抗平衡并且阻值很高,典型值≥10^9 Ω。具有较低的且相对稳定偏置电流和失调电流,以适应信号源阻抗可能较高且/或失衡(不恒定)情况。注意,两个源阻抗之间的不平衡会降低某些仪表放大器的共模抑制性能。

仪表放大器采用平衡差分输入,从而使信号源能够以独立于仪表放大器输出负载基准电压的任何合理电平为基准。仪表放大器可以产生以某个引脚为参考的输出电压,该引脚通常称为参考引脚或 V_{REF}。在许多应用中,该引脚可以连接至电路的接地端,但也可连接至其他电压端,只要其处于额定允许的电压范围即可。该特性在

单电源应用中特别有用,此时输出电压通常以电源中间值(例如,＋5 V 电源时为＋2.5 V)为参考。

仪表放大器采用内部反馈电阻网络和一个增益设置电阻 R_G 设置增益,增益范围通常为 1 至 1 000。

仪表放大器的性能是以牺牲灵活性为代价的。通过专注于放大电压这一具体任务,仪表放大器生产厂商可以在这个方面对性能进行优化。仪表放大器不适用于积分、微分、整流及任何其他非电压增益函数。虽然仪表放大器也支持这些函数,但运算放大器才是最佳选择。

仪表放大器广泛运用于许多工业和测量领域,这些应用要求在高噪声环境下保持直流精度和增益精度,而且其中存在大共模信号(通常为交流 50/60 Hz 电力线频率)。

3.2.2 三运放结构的仪表放大器电路

三运放结构的仪表放大器电路[73,75]如图 3.2.2 所示,该电路的传递函数可通过叠加算出。

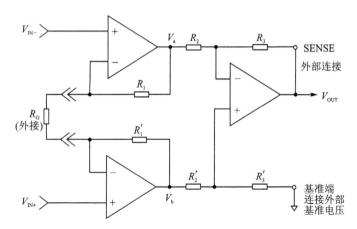

图 3.2.2 三运放结构的仪表放大器电路

如果 $V_{IN+}=0$,有:

$$V_a = V_{IN-}\left(\frac{R_1+R_G}{R_G}\right) \tag{3.2.1}$$

$$V_b = V_{IN-}\left(\frac{R_1'}{R_G}\right) \tag{3.2.2}$$

如果 $V_{IN-}=0$,有:

$$V_a = V_{IN+}\left(\frac{R_1}{R_G}\right) \tag{3.2.3}$$

$$V_b = V_{IN+}\left(\frac{R_1'+R_G}{R_G}\right) \tag{3.2.4}$$

因为:

$$V_{a} = V_{IN-}\left(\frac{R_1 + R_G}{R_G}\right) - V_{IN+}\left(\frac{R_1}{R_2}\right) \tag{3.2.5}$$

$$V_{b} = V_{IN+}\left(\frac{R_1' + R_G}{R_G}\right) - V_{IN-}\left(\frac{R_1'}{R_G}\right) \tag{3.2.6}$$

有：

$$V_{OUT} = -\left(\frac{R_3}{R_2}\right)V_a + V_b\left(\frac{R_3'}{R_2' + R_3'}\right)\left(\frac{R_3 + R_2}{R_2}\right) \tag{3.2.7}$$

如果 $R_3 = R_3'$、$R_2 = R_2'$，$R_1 = R_1'$，有：

$$V_{OUT} = (V_b - V_a)\left(\frac{R_3}{R_2}\right) \tag{3.2.8}$$

将 V_{IN+} 和 V_{IN-} 代入，代替 V_b 和 V_a，并化简，可得：

$$V_{OUT} = (V_{IN+} - V_{IN-})\left(\frac{2R_1}{R_G} + 1\right)\left(\frac{R_3}{R_2}\right) \tag{3.2.9}$$

在三运放结构的仪表放大器电路中，增益精度和共模抑制取决于 R_2、R_2'、R_3 和 R_3' 4 个电阻的比率匹配情况。但是，可以证明的是，共模抑制并不取决于 R_1 与 R_1' 的匹配。

共模输出电压 $V_{CM\ OUT}$：

$$V_{CM\ OUT} = (V_a - V_b) = V_{IN+}\left(\frac{R_1' + R_G}{R_G}\right)$$

$$V_{IN-}\left(\frac{R_1'}{R_G}\right) - V_{IN-}\left(\frac{R_1 + R_G}{R_G}\right) + V_{IN+}\left(\frac{R_1}{R_G}\right) \tag{3.2.10}$$

设共模输入电压 $V_{CM\ IN} = V_{IN+} = V_{IN-}$，有：

$$V_{CM\ OUT} = V_{CM\ IN}\left[\frac{R_1' + R_G}{R_G} - \frac{R_1'}{R_G} - \frac{R_1 + R_G}{R_G} + \frac{R_1}{R_G}\right]$$

$$= V_{CM\ IN}\left[\frac{R_1'}{R_G} - \frac{R_1'}{R_G} + 1 - \frac{R_1}{R_G} + \frac{R_1}{R_G} - 1\right]$$

$$= V_{CM\ IN}[0]$$

$$0 \tag{3.2.11}$$

在三运放结构的仪表放大器电路中，理论上，增益设置不受限制（决定于 R_G），且不会增加共模误差信号。而且，共模抑制比将随增益的增加而增加，这是个十分有用的属性。

鉴于三运放结构的仪表放大器电路的对称性，输入放大器中的一阶共模误差源（若采样）常常被输出级减法器消除。这也是三运放结构的仪表放大器电路大受欢迎的原因所在。

三运放结构的仪表放大器电路可以使用 FET 或双极性输入运算放大器。FET 输入运算放大器拥有极低的偏置电流，非常适合极高源阻抗的情况。然而，FET 输入运算放大器的共模抑制性能不如双极性放大器。特别是在大输入电压下，这种情况将表现为较低的线性度和共模抑制。另外，这类不匹配通常会导致较大的输入失调电压漂移。基于这类原因，一些公司的仪表放大器采用双极性输入级，即通过牺牲低偏置电流来换取高线性度和共模抑制性能及低输入失调电压漂移。

集成的三运放仪表放大器电路结构[22]如图 3.2.3 所示,电路可提供出色的共模抑制,并可通过单个电阻 R_G(电阻 R_G 可以在仪表放大器内部或者外部)精确设置差分增益。其结构由两级电路构成:第一级提供单位共模增益和整体的(或大部分)差分增益,第二级则提供单位(或更小的)差模增益和整体的共模抑制(见图 3.2.3)。以 V_{REF} 为基准,电路输出电压:

$$V_O = G \times (V_{IN+} - V_{IN-}) \tag{3.2.12}$$

$$G = 5 + \frac{80 \text{ k}\Omega}{R_G} \tag{3.2.13}$$

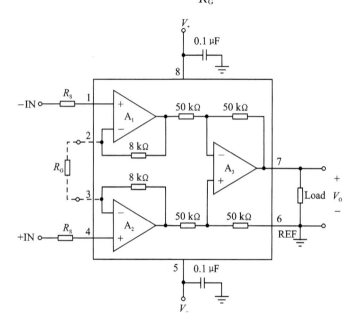

图 3.2.3　典型集成的三运放仪表放大器结构

INA827 增益与 R_G 的关系如表 3.2.1 所列。INA827 的增益与频率响应如图 3.2.4 所示,从图 3.2.4 可见,随着增益的增加,带宽是逐渐减小的[22]。

表 3.2.1　INA827 增益与 R_G 的关系

增益(V/V)	R_G(1%)　(Ω)	R_G(5%)　(Ω)	增益(V/V)	R_G(1%)　(Ω)	R_G(5%)　(Ω)
+1	∞ *	∞ *	+200	249	240
+2	49.9 k	51 k	+500	100	100
+5	12.4 k	12 k	+1 000	49.9	51
+10	5.62 k	5.6 k	+2 000	24.9	24
+20	2.61 k	2.7 k	+5 000	10	10
+50	1.02 k	1.0 k	+10 000	4.99	5.1
+100	511	510			

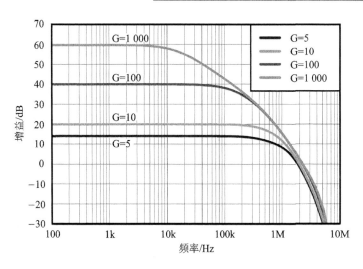

图 3.2.4　INA827 的增益与频率响应

注意:不同型号的仪表放大器,增益 G 的计算公式不同,增益与 R_G 的关系也不同。例如 INA128,输出电压:

$$G = 1 + \frac{50\ \text{k}\Omega}{R_G}$$ (3.2.14)

表 3.2.2　INA128 增益与 R_G 的关系

增益(V/V)	INA128		增益(V/V)	INA128	
	$R_G(\Omega)$	误差 1% $R_G(\Omega)$		$R_G(\Omega)$	误差 1% $R_G(\Omega)$
1	NC	NC	200	251.3	249
2	50k	49.9k	500	100.2	100
5	12.5k	12.4k	1 000	50.5	49.9
10	5.556k	5.62k	2 000	25.01	24.9
20	2.632k	2.61k	5 000	10	10
50	1.02k	1.02k	10 000	5.001	4.99
100	505.1	511			

3.3　仪表放大器应用中的误差分析

3.3.1　仪表放大器的误差源

仪表放大器常用于低速高精度应用。仪表放大器应用中最常见、最主要的误差源[76]如图 3.3.1 所示。

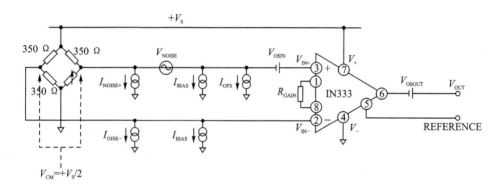

图 3.3.1 典型仪表放大器应用中的误差源

3.3.2 输出失调误差

输出失调电压 V_{OS} 是仪表放大器输入级中晶体管 V_{BE} 之间不匹配导致的结果[76]。如图3.1.20所示,失调电压可表示为与输入信号串联的小直流电压 V_{OS}。与输入信号一样,该电压将被仪表放大器放大(放大到与增益相应的倍数)。对于经典的三运算放大器仪表放大器,输出级的输入晶体管同样会引起失调电压。然而,只要输出级是单位增益的(通常如此),仪表放大器的设定增益不会对输出失调电压误差的绝对大小造成影响。

在能够工作于高于单位增益的任何器件(如任何运算放大器或仪表放大器)中,输出端的绝对误差会大于输入端。例如,输出端的噪声等于增益与特定输入噪声之积。因此,必须规定误差是折合到输入端(RTI),还是折合到输出端(RTO)。举例来说,如果希望将输出失调电压折合到输入端,只需用误差除以增益即可,表示为:

$$输出失调误差(RTI) = V_{OS\_OUT}/Gain \qquad (3.3.1)$$

通过将所有误差折合到输入端(这也是通常做法),可方便地对误差大小和输入信号大小进行比较。

在计算误差时,失调电压误差通常折合到输入端,计算公式如下:

$$全部失调误差(RTI) = V_{OS\_IN} + V_{OS\_OUT}/Gain \qquad (3.3.2)$$

式中,G_{ain} 为仪表放大器的设定增益。

3.3.3 输入失调电流和偏置电流引起的误差

偏置电流 I_{BIAS}(或者标注为 I_B)流入和流出仪表放大器的输入端。这些通常就是 NPN 或 PNP 晶体管的基极电流。因此,对于特定类型的仪表放大器,这些电流有着明确的极性。

当偏置电流 I_{BIAS} 通过源阻抗时,会产生电压误差[76]。偏置电流 I_{BIAS} 乘以源阻抗会产生一个小的直流电压,与输入失调电压呈串联关系。但是,如果仪表放大器的两个输入端均以同一源阻抗为参照,则相等的偏置电流会产生一个小共模输入电压(通

196

常为 μV 信号),具备相应共模抑制功能的任何器件(如运算放大器和仪表放大器)均可较好地抑制这种电压。如果仪表放大器的反相和同相输入端的源阻抗不等,那么误差会更大,其大小为偏置电流乘以源阻抗之差。

另外,还需考虑失调电流 I_{OFS}(即两个偏置电流之差)的影响。两个偏置电流之差将产生一个等于失调电流与源阻抗之积的失调误差。由于两个偏置电流之一都有可能大于另一方,因此,失调电流可能为两种极性之一。

3.3.4　共模抑制比

一个理想的仪表放大器将放大其反相和同相输入端之间的差分电压,而不受同时加在两个输入端的任何直流电压的影响。因而,出现在两个输入端(例如图 3.3.2 中的 $+V_{\mathrm{S}}/2$)的任何直流电压将被仪表放大器所抑制。这种直流或共模成分存在于许多应用之中。事实上,消除这种共模成分正是仪表放大器在实际应用中的主要作用。

实际上,并非所有输入共模信号都可得到抑制,有些会出现在输出端。共模抑制比是用于衡量仪表放大器共模信号抑制能力的指标。其计算公式为:

$$\mathrm{CMRR(dB)} = 20 \times \log\left(\frac{\mathrm{Gain} \times V_{\mathrm{CM}}}{V_{\mathrm{OUT}}}\right) \qquad (3.3.3)$$

为计算特定输入共模电压引起的输出误差,该公式可改写为:

$$V_{\mathrm{OUT}} = \frac{G\,\mathrm{ain} \times V_{\mathrm{CM}}}{\log^{-1}\left(\dfrac{\mathrm{CMRR}}{20}\right)} \qquad (3.3.4)$$

如图 3.3.2 所示,三运放仪表放大器可以利用与 R_4 串联的电位器调节 DC CMR(直流共模抑制),利用与 R_2 并联的电容器调节 AC CMR(交流共模抑制)[76]。

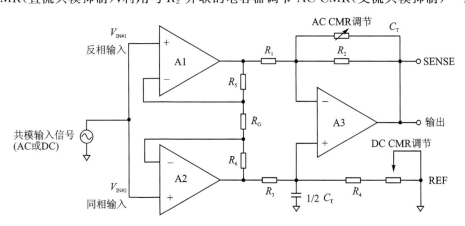

图 3.3.2　三运放仪表放大器的 DC CMR 和 AC CMR 调节

单片仪表放大器可以利用仪表放大器的基准端(REF)调整 CMR,短期提高 CMR 的性能。例如,同时向两个输入端加上低频 20 $V_{\mathrm{P-P}}$ 电压信号,利用电位器

（10 Ω）对输出零点进行调整。在多种情况下，这种调整方式对 CMR 性能的长期改善是无能为力的，因为器件的共模抑制性能取决于内部组件的长期稳定性。

3.3.5　交流和直流共模抑制

直流共模抑制性能欠佳会在输出端产生直流失调电压。如果说这个误差还可通过校准解决（就如输入失调电压一样，采用输入失调电压调节的方法解决），那么如果交流信号共模抑制不良，在输出端产生交流失调电压，则是个非常棘手的问题。

例如，如果输入电路被交流电中 50 Hz 或 60 Hz 信号所干扰，那么会在输出端出现交流失调电压。这种电压的存在将导致系统分辨率下降。只有在最高信号频率远低于 50 Hz 或 60 Hz 的应用中，才可通过滤波解决此问题。

在许多应用中，都利用屏蔽电缆来尽可能地降低噪声。为了获得最佳的 CMR 随频率变化的性能，应对屏蔽进行适当的驱动，屏蔽驱动到共模电位。例如图 3.3.3 所示，其中的有源数据保护配置可以改善交流共模抑制，它通过"自举（Bootstrapping）"输入电缆屏蔽的电容，从而使输入之间的电容不匹配降至最低[77]。

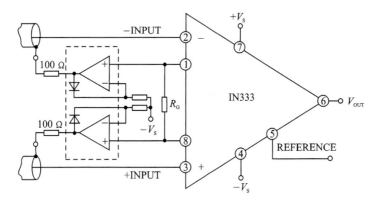

(a) 差分屏蔽驱动电路

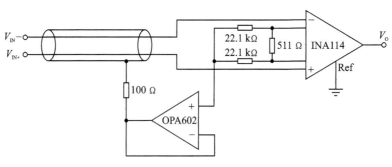

(b) 共模屏蔽驱动电路

图 3.3.3　屏蔽驱动电路

3.3.6　噪　声

1. 仪表放大器的噪声模型

仪表放大器的噪声模型[78]如图 3.3.4 所示,如果 $I_{N+}=I_{N-}$,有:

$$噪声(\mathrm{RTI})=\sqrt{\mathrm{BW}}\cdot\sqrt{\frac{V_{NO}^2}{G^2}+V_{NI}^2+\frac{I_N^2 R_S^2}{2}} \tag{3.3.5}$$

$$噪声(\mathrm{RTO})=\sqrt{\mathrm{BW}}\cdot\sqrt{V_{NO}^2+G^2\left[V_{NI}^2+\frac{I_N^2 R_S^2}{2}\right]} \tag{3.3.6}$$

式中,NOISE(RTI)为折合到输入端的噪声,NOISE(RTO)为折合到输出端的噪声,BW(带宽)=1.57×BWG,BWG 为在增益等于 G 时的仪表放大器带宽。

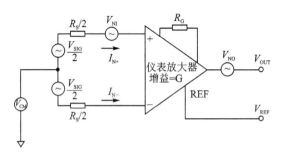

图 3.3.4　仪表放大器的噪声模型

2. 电压和电流噪声谱密度图

失调电压和偏置电流最终会在输出端导致失调误差,而噪声源则会降低电路的分辨率。多数放大器中都存在两种噪声源,即电压噪声 V_{NOISE} 和电流噪声 I_{NOISE}。正如失调电压和偏置电流一样,这些噪声源对分辨率的影响程度也因应用而异。

由于电压噪声和电流噪声不具相关性(也就是说具有随机性,相互之间不存在任何关联),因此,计算噪声导致的总误差时不能简单地把所有噪声差误相加,用和的平方根计算噪声总误差更为准确。

例如,INA163 低噪声仪表放大器的电压噪声谱密度和电流噪声谱密度图[79]如图 3.3.5 所示。从图可见,在较高频率(高于 100 Hz,即所谓的 1/f 频率)时比较平坦,但当频率接近直流时,噪声谱密度有所增加。电压噪声和电流噪声参数如表 3.3.1 所列。

注意:如果不是低噪声的仪表放大器,电压噪声和电流噪声参数将不能够保持在一定低的数值,如表 3.3.2 所列。

用噪声谱密度乘以目标带宽的平方根,即可算出折合到输入端的有效值噪声。目标带宽既可能是仪表放大器在特定增益条件下的带宽,也可能更低。例如,如果仪表放大器的输出信号经过低通滤波器,此滤波器的转折频率即目标带宽。注意,如果

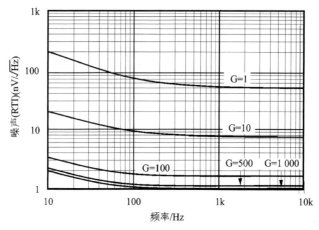

(a) 电压噪声谱密度与频率的关系

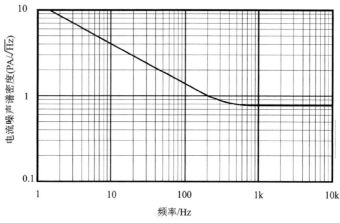

(b) 电流噪声谱密度与频率的关系

图 3.3.5　INA163 仪表放大器电压和电流噪声谱密度与频率的关系

表 3.3.1　INA163 仪表放大器的电压噪声和电流噪声参数

参　数	条　件	INA163UA			单　位
		MIN	TYP	MAX	
输入级噪声					
电压噪声	$R_{\text{SOURCE}}=0\ \Omega$				
$f_O=1\ \text{kHz}$			1		$\text{nV}/\sqrt{\text{Hz}}$
$f_O=100\ \text{Hz}$			1.2		$\text{nV}/\sqrt{\text{Hz}}$
$f_O=10\ \text{Hz}$			2		$\text{nV}/\sqrt{\text{Hz}}$
电流噪声					
$f_O=1\ \text{kHz}$			0.8		$\text{pA}/\sqrt{\text{Hz}}$
输出级噪声					
电压噪声,$f_O=1\ \text{kHz}$			60		$\text{nV}/\sqrt{\text{Hz}}$

表 3.3.2　INA321/ INA 2321 仪表放大器的电压噪声和电流噪声参数

参　数	条　件	INA321E			INA321EA INA2321EA			单　位
		MIN	TYP	MAX	MIN	TYP	MAX	
噪声, RTI	$R_S = 0\ \Omega$							
电压噪声：$f = 10$ Hz			500			*		nV/$\sqrt{\text{Hz}}$
$f = 100$ Hz			190			*		nV/$\sqrt{\text{Hz}}$
$f = 1$ kHz			100			*		nV/$\sqrt{\text{Hz}}$
$f = 0.1$ Hz$\sim$10 Hz			20			*		μV_{PP}
电流噪声：$f = 1$ kHz			3			*		fA/$\sqrt{\text{Hz}}$

通过模数转换器(ADC)对仪表放大器的输出进行数字化处理,则在计算目标带宽时,还应考虑后置滤波器。

在高频应用中,低频噪声往往被忽略。这种情况下,折合到输入端的有效值噪声就是"平坦处"的噪声谱密度与带宽平方根之积。注意,算出的有效值噪声必须转换为峰峰值,方法是将有效噪声值乘以 6.6。对于低频应用,数据手册通常将峰峰值限定在 0.1 Hz 至 10 Hz 频带之内。如果在系统某处会滤除高频噪声,则它可忽略不计,只考虑 0.1 Hz 至 10 Hz 噪声即可。

由于电压噪声和电流噪声不具相关性(也就是说具有随机性,相互之间不存在任何关联),因此,计算噪声导致的总误差时不能简单地把所有噪声差相加,用和的平方根计算噪声总误差更为准确。

$$总的噪声 = \sqrt{电压噪声^2 + R_{\text{SOURCE}} \times 电流噪声} \tag{3.3.7}$$

3. 输入级的噪声计算

放大器前端的总噪声很大程度上取决于仪表放大器本身的噪声,如数据手册中的所标注的噪声规格,例如 INA163 为 1 nV $\sqrt{\text{Hz}}$。放大器前端的总噪声主要源于 3 个因素:源电阻、仪表放大器的电压噪声和仪表放大器的电流噪声。

下面的计算中,噪声指的是输入(RTI,折合到输入端)噪声。也就是说,出现在放大器输入端的都会计入。要算出放大器输出端(RTO)噪声,只需用 RTI 噪声乘以仪表放大器的增益即可。

4. 源电阻噪声

连接至 INA163 的任意传感器都会有一定的输出电阻。输入端可能有串联电阻,以提供过压或射频干扰保护。如图 3.3.6 所示,组合电阻标记为 R_1 和 R_2。任意电阻,不论优质与否,都会存在最低噪声。噪声与电阻值的平方根成比例。在室温下,该值约等于 4 nV $\sqrt{\text{Hz}} \times \sqrt{(电阻值, \text{k}\Omega)}$。

例如,假设正输入端的传感器和保护组合电阻为 4 kΩ,负输入端为 1 kΩ,则输入电阻的总噪声为：

$$输入电阻的总噪声 = \sqrt{(4 \times \sqrt{4})^2 + (4 \times \sqrt{1})^2} = \sqrt{64 + 16} = 8.9 \text{ nV}/\sqrt{\text{Hz}}$$

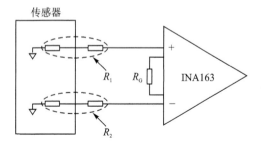

图 3.3.6　源电阻来自传感器和保护电阻的 INA163

5. 仪表放大器的电压噪声

仪表放大器的电压噪声由 3 个参数求得：器件输入噪声、输出噪声和 R_G 电阻噪声[76]。其计算公式为：

$$总电压噪声 = \sqrt{(输出噪声 /G)^2 + (输入噪声)^2 + (电阻 R_G 的噪声)^2}$$

$$（3.3.8）$$

例如：增益为 100，增益电阻 $=60.4\ \Omega$。因此，仪表放大器的电压噪声等于：

$$总电压噪声 = \sqrt{(45/100)^2 + 1^2 + (1 \times \sqrt{0.060\ 4})^2} = 1.5 \text{ nV}/\sqrt{\text{Hz}}$$

6. 仪表放大器的电流噪声

电流噪声等于源电阻乘以电流噪声。例如，图 3.3.6 中，R_1 源电阻为 4 kΩ，R_2 源电阻为 1 kΩ，那么，总电流噪声由下式得出：

$$总电流噪声 = \sqrt{((4 \times 1.5)^2 + (1 \times 1.5)^2)} = 6.2 \text{ nV}/\sqrt{\text{Hz}}$$

7. 总噪声密度计算

仪表放大器输入端的总噪声，由源电阻噪声、电压噪声和电流噪声的平方和再取平方根得出。例如，图 3.3.6 中，R_1 源电阻为 4 kΩ，R_2 为 1 kΩ，仪表放大器的增益为 100，那么，总输入噪声为：

$$总输入噪声 = \sqrt{8.9^2 + 1.5^2 + 6.2^2} = 11.0 \text{ nV}/\sqrt{\text{Hz}}$$

3.3.7　增益非线性度

仪表放大器的增益非线性（即传输函数）特性[76]如图 3.3.7 所示，图中，虚线为理想增益特性，理想增益 $= G_I$；实线为实际增益特性，实际增益 $=G_A$。

$$增益误差（\%）= G_E（\%）= 100 \times (G_A - G_I)/G_I \qquad （3.3.9）$$

在仪表放大器的数据手册中，增益非线性度在增益指标栏中。例如，INA163 仪表放

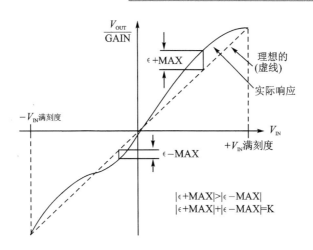

图 3.3.7　仪表放大器的增益非线性(即传输函数)特性

大器的增益非线性度如表 3.3.3 所列。对于采用分立运算放大器构建的仪表放大器，非线性度更难计算。运算放大器数据手册通常不标注线性度。此外，即使已知某一运算放大器的线性度，也必须考虑 2 个或 3 个运算放大器之间的互相影响，才能得到总体线性度指标。在许多情况下，唯一的办法就是通过直流扫描分析来测量电路线性度。

表 3.3.3　INA163 仪表放大器的增益非线性度

参　　数		条　　件	数　　值	单　　位
增益非线性度	$G=1$	$V_\text{S}=\pm15\ \text{V}$, $R_\text{L}=2\ \text{k}\Omega$	$\pm0.000\ 3$	%(FS)
	$G=100$	$V_\text{S}=\pm15\ \text{V}$, $R_\text{L}=2\ \text{k}\Omega$	$\pm0.000\ 6$	%(FS)

3.3.8　增益误差

仪表放大器的增益误差由两部分组成，即内部增益误差以及因外部增益设置电阻的公差导致的误差[76]。使用高精度外部增益电阻可以防止总增益精度下降。注意，使用标准值电阻时，一般很难精确获得所需增益(比如 10 或 100)。

但需指出的是，选择适当的外部增益设定电阻有助于改善电路的整体增益漂移。例如，INA163 仪表放大器的增益计算公式为：

$$增益 = 1 + (6\ \text{k}\Omega/R_\text{G}) \tag{3.3.10}$$

式中，6 kΩ 值为两个 3 kΩ 内部电阻之和。

增益的温度漂移系数为 $\pm10\sim\pm100$ ppm/℃。通过选择温度系数同样为负的外部增益电阻，可有效改善增益漂移。

INA163 仪表放大器的增益误差如表 3.3.4 所列。

注意：不同型号的仪表放大器增益计算公式不同，增益误差的大小等参数也不同。例如，表 3.3.5 所列，INA827 仪表放大器的增益计算公式为：

$$G = 5 + (80\ \text{k}\Omega/R_\text{G}) \tag{3.3.11}$$

表 3.3.4　INA163 的增益误差

| 参　数 | 条　件 | INA163UA | | | 单　位 |
		MIN	TYP	MAX	
增益					
范围			1～10 000		V/V
增益计算公式			$G = 1 + 6\ k/R_G$		
增益误差，$G = 1$			± 0.1	± 0.25	%
$G = 10$			± 0.2	± 0.7	%
$G = 100$			± 0.2		%
$G = 1\ 000$			± 0.5		%
增益温度漂移系数，$G = 1$			± 1	± 10	ppm/℃
$G > 10$			± 25	± 100	ppm/℃
非线性，$G = 1$			$\pm 0.000\ 3$		% of FS
$G = 100$			$\pm 0.000\ 6$		% of FS

表 3.3.5　INA827 的增益误差

| 参　数 | 测试条件 | INA827 | | | 单　位 |
		MIN	TYP	MAX	
增益					
增益计算公式		$5 + \left(\dfrac{80\ \text{k}\Omega}{R_G} \right)$			V/V
增益范围		5		1 000	V/V
增益误差	$G = 5$，$V_O = \pm 10$ V		± 0.005	± 0.035	%
	$G = 10 \sim 1\ 000$，$V_O = \pm 10$ V		± 0.1	± 0.4	%
增益温度漂移系数	$G = 5$，$T_A = -40℃ \sim +125℃$		± 0.1	± 1	ppm/℃
	$G > 5$，$T_A = -40℃ \sim +125℃$		8	25	ppm/℃
增益非线性	$G = 50 \sim 100$，$V_O = -10$ V～$+10$ V，$R_L = 10\ \text{k}\Omega$		2	5	ppm
	$G = 1\ 000$，$V_O = -10$ V～$+10$ V，$R_L = 10\ \text{k}\Omega$		20	50	ppm

3.4　仪表放大器输入过载保护

当仪表放大器的输入来自远程传感器时，则可能会受到过压影响。如果在电源开启时将连接线断开并重新连接，可能会产生较大的瞬态电压。感性耦合是导致电缆上产生无用电压的另一种因素，其结果可能损害仪表放大器的输入级。

从保护角度来看，仪表放大器的共模（CM）和差模（DM）输入电压必须遵循其绝对最大额定值。

3.4.1　仪表放大器内置的过载保护电路

一些仪表放大器内置有串联电阻形式的过载保护电路。例如图 3.4.1 所示，INA114 仪表放大器输入端采用了过压保护电路[80]。

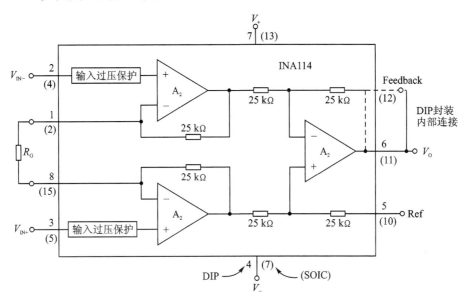

图 3.4.1　INA114 内置的过压保护电路

最大容许输入故障电流由仪表放大器数据手册规定，可能因器件而异。另外，数据手册一般会讨论输入电路和推荐的保护方法。通常推荐采用外部串联电阻 R_{LIMIT} 形式，不同型号的仪表放大器可以采用的外部串联电阻 R_{LIMIT} 阻值是不同的，另外外部串联电阻 R_{LIMIT} 也将增加 10% 或者 40% 的额外噪声。

3.4.2　仪表放大器的通用二极管保护电路

如果仅仅添加 R_{LIMIT} 电阻不够，还需要额外的保护，可以采用图 3.4.2 所示的仪表放大器的通用外部电压保护电路[76]。

在图 3.4.2 所示电路中，采用 $D_3 \sim D_6$（$D_3 \sim D_6$ 采用晶体管（例如 2N3904）的 BC 极的 PNJ 构成）来实现共模箝位，并采用串联电阻 R_{LIMIT} 来提供保护。

由于仪表放大器偏置电流可能很低（nA 级），因此必须使用低泄漏二极管，尤其是高源阻抗的情况。一种很好的方法是检查二极管的规格，以确保二极管在仪表放大器内部 ESD 保护二极管开始吸电流之前就导通。尽管标准肖特基二极管具有出色的输入保护能力，但其漏电流可能高达数毫安。然而，快速肖特基二极管（如 SD101 系列）的最大漏电流为 200 nA，典型功耗为 400 mW。

需要注意的是，二极管不仅基本上必须具有低泄露，而且还必须在最高预期温度

全国大学生电子设计竞赛基于 TI 器件的模拟电路设计

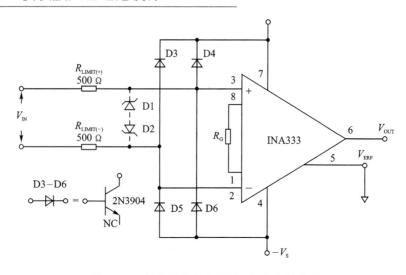

图 3.4.2　仪表放大器的通用二极管保护电路

下保持低泄漏。这表明需要使用 FET 型二极管或晶体管集电极 C—基极 B 型二极管。选择 R_{LIMIT} 电阻是为了限制在故障条件下的最大二极管电流。如果使用额外的差分保护，则可以使用背对背齐纳箝位，即图中的 D_1—D_2。如果这样做，则应仔细考虑这些二极管的泄漏情况。

　　就外部保护元件的必要性而言，一些仪表放大器可能需要、也可能不需要使用它们。每种情况都需要单独考虑。在一些仪表放大器内置有图 3.4.2 中所示的箝位二极管，例如，AD623 就是这样一种器件，但它缺少串联电阻，必要时可以在外部添加。请注意，这种方法允许优化 R_{LIMIT} 值以提供保护，对于不需要保护的应用，其对噪声的影响可以忽略不计。

　　另外，一些仪表放大器同时具有内置的保护电阻和箝位二极管。在这些器件中，内部保护足以耐受最高超过电源的瞬态电压（例如，INA114 最高可以达到 40 V）。对于高于该值的过压电平，可以增加外部 R_{LIMIT} 电阻。

　　按图 3.4.2 中所示在两个输入端放置肖特基二极管也是一种仪表放大器保护选项，不过前提是要求源阻抗很小，以致二极管漏电流产生的误差处于可接受水平。如果内部未专门提供箝位，则可使用肖特基二极管。请注意，在许多情况下，由于现代仪表放大器内置保护网络，因而不需要这些二极管。但因为对此并无硬性规定，因而始终都应该查阅数据手册，然后再确定是否需要设计保护电路。

3.5　仪表放大器输入偏置电流的接地回路

3.5.1　直接耦合仪表放大器的输入偏置电流接地回路

　　在直接耦合仪表放大器输入情况下，必须为仪表放大器输入偏置电流提供信号接地回路。

需要注意的是：

① 设计得当的仪表放大器对电源变动的敏感度较低。然而，随着频率的增加，该抑制因子会变差，因为内部电容会允许更多电源噪声进入信号路径之中。这种效应可通过在尽量接近仪表放大器之处用 0.1 μF 的陶瓷圆盘电容旁路电源来降低。

② 失调调整电位计通常会影响高增益差分输入级的平衡，缩短该电位计的走线距离可以减少敏感区域的噪声注入。

③ 增益确定电阻 R_G 一般设于远程地点，以便进行增益切换。但杂散电容和线缆电感可能扰乱器件的频率补偿。某些情况下，有必要在仪表放大器 R_G 引脚处安装一个串行 RC，以便增加补偿零，用于校正由杂散电感和电容导致的 LC 共振。该引脚补偿可以提高稳定性，但其代价是，会在频率响应曲线的高端处形成峰值。不幸的是，该补偿（若需要）取决于具体应用，并且多通过实验来确定。

④ 来自远程传感器的信号多通过屏蔽电缆传送至仪表放大器。尽管这种方法可以有效地减少噪声影响，但这种布线模式中的分布式 RC 可能在这些线路中导致差分相移。当存在交流共模信号时，此类相移会降低共模抑制性能。位于屏蔽电缆末端的远程 R_G 会产生相同效应。如果屏蔽可用共模信号驱动，则电缆电容可"自举"，从而使电容在共模信号下实际为零。

⑤ 所有信号及电源回路最后必须有一个直接或间接的公共点。

3.5.2 采用"浮动"源或交流耦合仪表放大器的输入偏置电流 的接地回路

如果仪表放大器采用"浮动"源或交流耦合时，如图 3.5.1～图 3.5.4 所示，必须提供输入偏置电流的接地回路（返回路径）[80]。

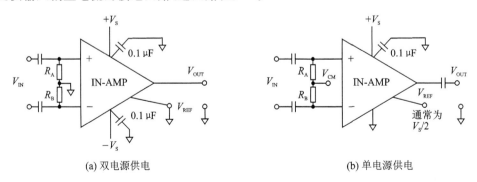

(a) 双电源供电　　　　　　　　　　　　　　(b) 单电源供电

图 3.5.1　利用 R_A 和 R_B 提供必需的偏置电流回路

在图 3.5.1～图 3.5.4 中，在每一个输入端和地之间都接一个高阻值的电阻器（R_A 和 R_B）。这是一种适合双电源仪表放大器电路的简单而实用的解决方案。这两只电阻器为输入偏置电流提供了一个放电回路。在图 3.5.1(a) 所示的双电源例子

全国大学生电子设计竞赛基于 TI 器件的模拟电路设计

中,两个输入端的参考端都接地。在图 3.5.2(b)所示的单电源例子中,两个输入端的参考端或者接地(V_{CM} 接地)或者接一个偏置电压,通常为最大输入电压的一半。

同样的原则也可以应用到变压器耦合输入电路(见图 3.5.2),除非变压器的次级有中间抽头,它可以接地或接 V_{CM}。在该电路中,由于两只输入电阻器之间的失配和(或)两端输入偏置电流的失配会产生一个小的失调电压误差。为了使失调误差最小,在仪表放大器的两个输入端之间可以再接一只电阻器(即桥接在两只电阻器之间),其阻值大约为前两只电阻器的 1/10(但与差分源阻抗相比仍然很大)。

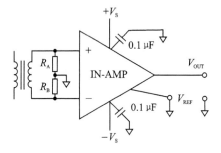

(a) 利用 R_A 和 R_B 提供偏置电流回路

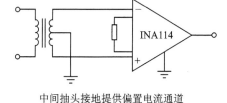

中间抽头接地提供偏置电流通道

(b) 直接接地

图 3.5.2　正确的仪表放大器变压器输入耦合方法

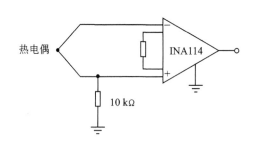

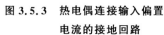

图 3.5.3　热电偶连接输入偏置
电流的接地回路

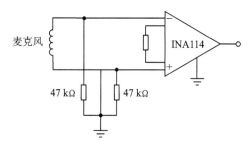

图 3.5.4　麦克风等耦合输入偏置
电流的接地回路

3.5.3　AC 耦合输入仪表放大器的阻容元件值选择

在交流(AC)耦合应用中,如图 3.5.5 所示。选择电容器的值和直流(DC)回路电阻器阻值需要在 -3 dB 带宽、噪声、输入偏置电流和电容器的尺寸之间折衷。

输入端的电容器 C 和电阻 R 构成一个 RC 高通滤波器,截止频率为:

$$f_{\text{HIGH-PASS}} = \frac{1}{2\pi RC} \tag{3.5.1}$$

RC 元件应适度匹配,以使 R_1、C_1 的时间常数接近于 R_2,C_2 的时间常数,一般情况下要求 $R_1 = R_2 = R$,$C_1 = C_2 = C$,否则共模电压可能被转换为差分误差。

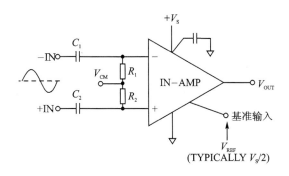

图 3.5.5   AC 耦合单电源仪表放大器

电容值较高的输入电容器可以提供较大的低频带宽,并且允许使用阻值较小的输入电阻。但是这些电容器尺寸较大,需要较大的 PCB 板面积。通常,当电容值大于 $0.1\ \mu\mathrm{F}$ 时采用有极性的电容器,例如钽金属电容器,以便控制其尺寸。但是极性电容器需要一个已知的、极性恒定的 DC 电压使其保持正确的偏置。

较小的电容器值需要阻值较大的输入电阻,但这种电阻具有更大的噪声。并且对于阻值较大的输入电阻,DC 失调电压误差也将变得较大。因此,这里总是存在一个需要折衷考虑的问题。

由于 $(I_{\mathrm{B1}}R_1)-(I_{\mathrm{B2}}R_2)=\Delta V_{\mathrm{OS}}$,因此 R_1 和 R_2 之间的任何失配都会引起输入失调不平衡 $(I_{\mathrm{B1}}-I_{\mathrm{B2}})$。例如,TI 公司的仪表放大器的输入偏置电流根据其输入结构的不同而变化很大。但是,大多数的输入偏置电流的最大值都在 nA 级。一条有用的规则是:保持 $I_{\mathrm{B}}R<10\ \mathrm{mV}$。

为 AC 耦合输入仪表放大器的推荐的阻容元件值[81]如表 3.5.1 所列。表 3.5.1 给出了采用 1% 金属薄膜电阻器时,用于 AC 耦合的典型阻容值和两个输入偏置电流值 I_{B}。

表 3.5.1   为 AC 耦合输入仪表放大器的推荐的阻容元件值

−3 dB BW	耦合元件		输入偏置电流(I_{B})	在每个输入端的 V_{OS}	V_{OS} 误差 2% R_1,R_2 失配
	C_1,C_2	R_1,R_2			
2 Hz	0.1 μF	1 MΩ	2 nA	2 mV	40 μV
2 Hz	0.1 μF	1 MΩ	10 nA	10 mV	200 μV
30 Hz	0.047 μF	115 kΩ	2 nA	230 μV	5 μV
30 Hz	0.1 μF	53.6 kΩ	10 nA	536 μV	11 μV
100 Hz	0.01 μF	162 kΩ	2 nA	324 μV	7 μV
100 Hz	0.01 μF	162 kΩ	10 nA	1.6 mV	32 μV
500 Hz	0.002 μF	162 kΩ	2 nA	324 μV	7 μV
500 Hz	0.002 μF	162 kΩ	10 nA	1.6 mV	32 μV

全国大学生电子设计竞赛基于 TI 器件的模拟电路设计

AC 耦合单电源仪表放大器可提供充裕的输入和输出摆幅。使用单电源供电仪表放大器的 AC 耦合比双电源工作的情况更加复杂,通常需要向两个输入端施加 DC 共模电压 V_{CM}。

为 V_{CM} 和 V_{REF} 选择适当的电压是一个重要的设计考虑,特别是在低电源电压的应用中。通常,应将 V_{CM} 设定到预期输入动态范围的正中心,而将 V_{REF} 设定到预期输出动态范围的正中心。

例如,假定预期输入信号范围(+IN 和 −IN 之间的电压差,即 V_{IN+} −V_{IN-})为 +1V~−2V。在这样的条件下,仪表放大器缓冲器的输入相对于地来说,为正负电压。假设仪表放大器以单位增益工作,则应将 V_{CM} 设定为 +2V(或者略微更高的电压),这允许负电压方向中具有 2V 的裕量电压。这里存在一个不足是,即正电压方向中的摆幅不足 2V。如果仪表放大器在某一增益下工作,则需要对 V_{CM} 进行调整,以便于在不进行削波的情况下使缓冲器的输出实现满度摆幅(即在任一方向中均不超过它的最大电压摆幅)。

确定输出范围中心的过程也是相似的。首先估计仪表放大器的输出摆幅的大小和方向(在大部分情况中,输出摆幅 $=V_{IN}$ × 增益 +V_{REF}),然后在 REF 引脚端施加参考电压 V_{REF},该参考电压是输出范围的中心电压。

3.6　正确地驱动仪表放大器的参考端

仪表放大器可以产生以参考(REF)或 V_{REF} 引脚端为参考的输出电压。在许多应用中,参考(REF)或 V_{REF} 引脚端可以连接至电路的接地端,但也可连接至其他电压端,只要其处于额定允许的电压范围即可。

如图 3.6.1 所示,当采用高阻抗源驱动仪表放大器的参考端时,添加的电阻 R_2

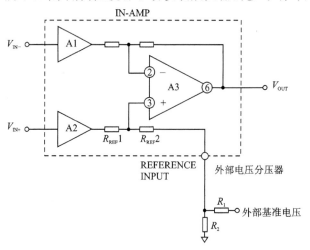

图 3.6.1　电阻 R_2 会引起 CMR 误差和参考电压误差

使减法放大器 A_3 中精密匹配的电阻失衡,从而引起 CMR 误差。由于仪表放大器的参考端阻抗有限,所以当 R_2 成为其负载时,也会产生参考电压误差。即使 R_2 阻抗相比于 R_{REF} 是很小的,仍会导致 CMR 误差和参考电压误差。

解决的办法[80]如图 3.6.2 所示,采用一个运算放大器作为缓冲器,驱动仪表放大器的参考端,缓冲器可以提高一个非常低的输出阻抗。电路中,10 kΩ 电位器可以用来调节输出失调电压,调节范围为 ± 10 mV。

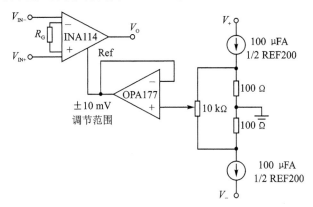

图 3.6.2 采用缓冲器驱动仪表放大器的参考端

3.7 降低仪表放大器的射频干扰

3.7.1 仪表放大器内置的射频干扰(RFI)滤波器电路

一些仪表放大器内置有射频干扰(RFI)滤波器电路,用来降低仪表放大器电路输入端的射频干扰整流误差。例如图 3.7.1 所示,INA333 仪表放大器的输入端采用了射频干扰(RFI)滤波器电路[13]。

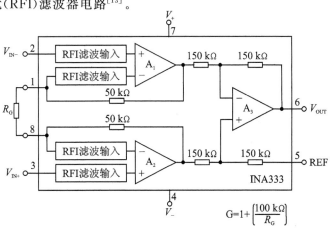

图 3.7.1 INA333 内置的射频干扰(RFI)滤波器电路

3.7.2　在输入端设置 RC 低通滤波器电路

在实际应用中,必须处理日益增多的射频干扰(RFI),对于信号传输线路较长且信号强度较低的情况尤其如此,这是仪表放大器的典型应用,因为其内在的共模抑制能力,能从较强共模噪声和干扰中提取较弱的差分信号。但有个潜在问题却往往被忽视,即仪表放大器中存在的射频整流问题。当存在强射频干扰时,集成电路可能对干扰进行整流,然后以直流输出失调误差表现出来。仪表放大器输入端的共模信号通常被其共模抑制的性能衰减了。但遗憾的是,射频整流仍然会发生,因为即使最好的仪表放大器在信号频率高于 20 kHz 时,实际上也不能抑制共模噪声。放大器的输入级可能对强射频信号进行整流,然后以直流失调误差表现出来。一旦经过整流后,在仪表放大器输出端的低通滤波器将无法消除这种误差。如果射频干扰为间歇性的,那么它会导致测量误差,但无法被觉察到。

解决这一问题的最实用方案是在仪表放大器之前使用一个差分低通滤波器,以对射频信号进行衰减。该滤波器有 3 个作用:尽可能多地消除输入线路中的射频能量;使每条线路与接地(共用)之间的交流信号保持平衡;并在整个测量带宽内维持足够高的输入阻抗,以避免增加信号源的负载。

1. 用于防止射频干扰整流误差的低通滤波器电路

用于防止射频干扰整流误差的低通滤波器电路[82]如图 3.7.2 所示。

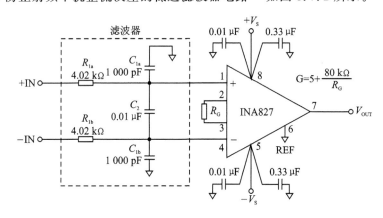

图 3.7.2　用于防止射频干扰整流误差的 RC 低通滤波器电路

在图 3.7.2 中所示 RC 低通滤波器电路的元件数值需要根据仪表放大器的、-3 dB 带宽、输入电压噪声电平、输入偏置电流等参数配置。除抑制射频干扰之外,该 RC 低通滤波器同时具有输入过载保护功能。因为电阻 R_{1a} 和 R_{1b} 有助于隔离仪表放大器输入电路与外部信号源。

图 3.7.3 是该抗射频干扰电路的简化图。从图 3.7.3 中可见,滤波器形成一个桥接电路,其输出跨接于仪表放大器的输入引脚间。鉴于此,C_{1a}/R_{1a} 与 C_{1b}/R_{1b} 两个

全国大学生电子设计竞赛基于 TI 器件的模拟电路设计

时间常数之间的任何不匹配都会导致桥路失衡并降低高频共模抑制性能。因此,电阻 R_{1a} 和 R_{1b} 以及电容 C_{1a} 和 C_{1b} 均应始终相等。

　　如图 3.7.3 所示,C_2 跨接于电桥的输出端,从而使得 C_2 实际上与 C_{1a} 和 C_{1b} 构成的串联组合呈并联关系。这样连接后,C_2 能有效降低因不匹配导致的任何交流共模抑制误差。例如,如果 C_2 比 C_1 大 10 倍,这种连接方式将使因 C_{1a}/C_{1b} 不匹配导致的共模抑制误差降低至原来的二十分之一。需要注意的是,该滤波器不影响直流共模抑制。

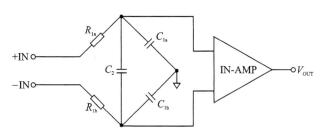

图 3.7.3　抗射频干扰滤波器电路的简化图

　　抗射频干扰滤波器有两种不同的带宽:即差分带宽和共模带宽。差分带宽定义为滤波器在电路两个输入端(即＋IN 和－IN)输入差分信号时的频率响应。该 RC 时间常数则由两个等值输入电阻(即 R_{1a}、R_{1b})之和与差分电容(即与 C_{1a} 和 C_{1b} 串联组合并联的 C_2)共同决定。

　　该滤波器的－3 dB 差分带宽等于:

$$BW_{\text{DIFF}} = \frac{1}{2\pi R(2C_2 + C_1)} \tag{3.7.1}$$

　　共模带宽定义为把共模射频信号加在两个相互连接的输入端与接地之间时的频率响应。必须注意的是,C_2 不影响共模射频信号的带宽,因为该电容连接于两个输入端之间(有助于使其保持相同的射频信号电平)。因此,共模带宽决定于两个 RC 网络(R_{1a}/C_{1a} 和 R_{1b}/C_{1b})的对地并联阻抗。

　　－3 dB 共模带宽等于:

$$BW_{\text{CM}} = \frac{1}{2\pi R_1 C_1} \tag{3.7.2}$$

　　以图 3.7.2 所示电路为例,若 $C_2 = 0.01~\mu\text{F}$,则－3 dB 差分信号带宽约为 1 900 Hz。当仪表放大器增益为 5 时,其测得的直流失调电压在 10 Hz 至 20 MHz 的频率范围内偏移小于 6 μV RTI(折合到输入端)。在单位增益条件下,这种直流失调电压偏移可忽略。

　　抗射频干扰滤波器应使用两面均有接地面的印刷电路板制作。所有元件引线应尽量短。电阻 R_1 和 R_2 可用普通 1% 金属膜制电阻。但是,3 个电容须全部为高 Q 值的低损耗元件。电容 C_{1a} 和 C_{1b} 必须是公差为±5% 的器件,以免降低电路的共模抑制性能。建议选用传统型 5% 镀银云母电容、小型云母电容或新型松下±2% 聚苯硫醚(PPS)薄膜电容(Digikey 型号：PS1H102G - ND)。

2. 选择抗射频干扰输入滤波器 RC 元件值的原则

从实用出发选择抗射频干扰输入滤波器的元件值，利用以下规则可极大地简化 RC 输入滤波器的设计。

(1) 首先，确定两只串联电阻的值，同时确保前面的电路足以驱动这一阻抗。这两只电阻的典型值为 $2 \sim 10$ kΩ，其噪声不应大于仪表放大器本身的噪声。使用一对 2 kΩ 电阻会增加 8 nV/$\sqrt{Hz}$ 的约翰逊噪声；使用 4 kΩ 电阻和 10 kΩ 电阻会使约翰逊噪声分别增加至 11 nV/$\sqrt{Hz}$ 和 18 nV/$\sqrt{Hz}$。

(2) 然后，为电容 C_2 选择合适的电容值，该电容决定滤波器的差分(信号)带宽。在不使输入信号衰减的情况下，该电容值应尽可能小。10 倍于最高信号频率的差分带宽通常绰绰有余。

(3) 接下来为 C_{1a} 和 C_{1b} 两个电容选择合适的值，它们决定共模带宽。为获得较好的交流共模抑制性能，两个电容的值应为 C_2 电容值的 10% 或更小。共模带宽应始终小于仪表放大器在单位增益条件下带宽的 10%。

3.7.3　使用共模射频扼流圈作为抗射频干扰滤波器

作为 RC 输入滤波器的替代方法，可在仪表放大器的前面连接一个商用共模射频扼流圈[82]，如图 3.7.4 所示。共模扼流圈是一种采用共用铁芯的双路绕组射频扼流圈。两个输入端的任何共模输入射频信号都会被扼流圈衰减。共模扼流圈以少量元件提供了一种简单的射频干扰抑制方式，同时获得了更宽的信号通带，但这种方法的有效性取决于所用共模扼流圈的质量。最好选用内部匹配良好的扼流圈。使用扼流圈的另一潜在问题是无法像 RC 射频干扰滤波器那样提高输入保护功能。

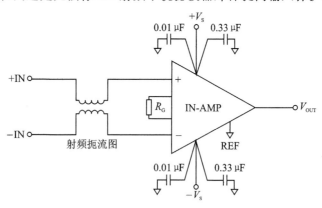

图 3.7.4　使用商用共模射频扼流圈抑制射频干扰

由于有些仪表放大器较易受射频干扰影响，因此，使用共模扼流圈有时不足以解决问题。这些情况下，最好使用 RC 输入滤波器。

3.8 仪表放大器应用电路

3.8.1 AC 耦合仪表放大器电路

一个采用 INA129 仪表放大器构成的 AC 耦合仪表放大器电路[83]如图 3.8.1 所示,电路－3 dB 截止频率为 1.59 Hz,计算公式如下:

$$f_{-3\,dB} = \frac{1}{2\pi R_1 C_1} = 1.59\ \text{Hz}$$

(3.8.1)

注意:AC 耦合仪表放大器电路也可以采用其他型号的仪表放大器构成,例如 INA114 等。

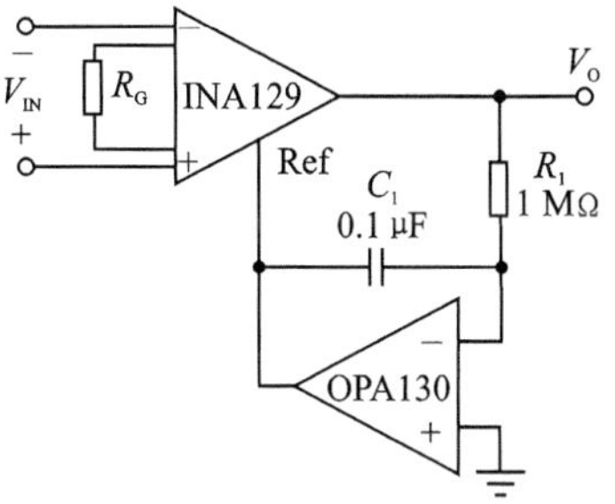

图 3.8.1 AC 耦合仪表放大器电路

3.8.2 电压和电流 PLC 输入放大器电路

一个采用精密宽电源范围(2.7～3.6 V)轨到轨输出仪器放大器 INA826 构成的电压和电流 PLC 输入放大器电路[84]如图 3.8.2 所示。电路输入±10 V,±5 V,或者 ±20 mA ,输出电压范围为 0.5～3.5 V。

注:该电路可以在"TINA TI 电路仿真软件"→"PLC Circuit"文件夹中找到。

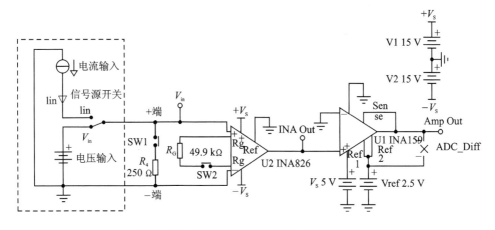

图 3.8.2 电压和电流 PLC 输入放大器电路

3.8.3 ±10 V,4 mA～20 mA PLC 输入放大器电路

一个采用具有最小 5 倍增益的宽电源范围(2.7 V～3.6 V)、轨到轨输出仪器放大器 INA827 构成的±10V,4 mA～20 mA PLC (Programmable Logic Controller,

可编程逻辑控制)输入放大器电路[22]如图 3.8.3 所示。电路输出电压 $V_{OUT} = 2.5\ \text{V} \pm 2.3\ \text{V}$。

该电路也可以使用 INA826 等仪表放大器构成。

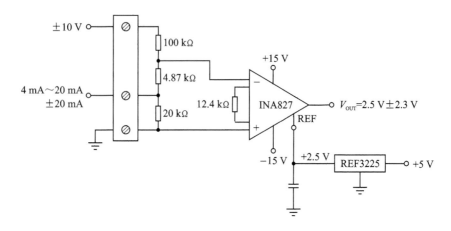

图 3.8.3　±10 V, 4 mA～20 mA PLC 输入放大器电路

3.8.4　桥式传感器放大电路

仪表放大器是构成的桥式传感器放大电路的首选芯片,电路如图 3.8.4 所示,通常选择零漂移的仪表放大器,例如 INA333、INA 337、INA321 等。

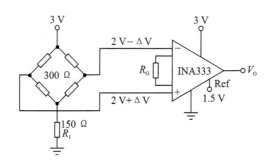

图 3.8.4　桥式传感器放大电路

3.8.5　RTD 温度测量电路

一个采用 INA114 仪表放大器构成的 RTD 温度测量电路[80]如图 3.8.5 所示,电路在 $R_{RTD} = R_Z$ 时,输出电压 $V_{OUT} = 0\ \text{V}$。传感器引线上的共模电压被 INA114 抑制。

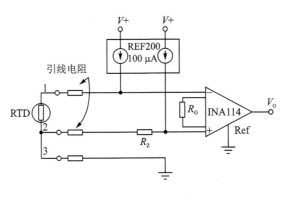

图 3.8.5　RTD 温度测量电路

3.8.6　热电偶温度测量电路

1. 采用二极管冷端补偿的热电偶温度测量电路

一个采用 INA114 仪表放大器构成的热电偶温度测量电路[80]如图 3.8.6 所示，电路中 IN4148 产生一个补偿电压，$-2.1\ \mathrm{mV}/\text{℃}$ @200 μA。配置不同热电偶时，R_2 和 R_4 电阻值如表 3.8.1 所列。

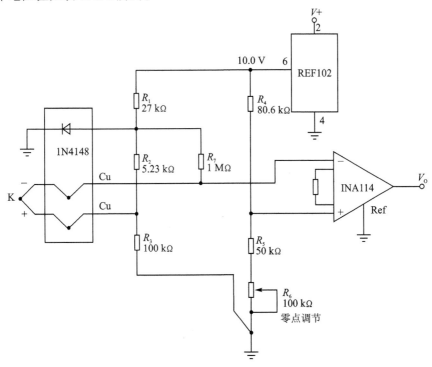

图 3.8.6　具有冷端补偿的热电偶温度测量电路

表 3.8.1　配置不同热电偶的 R_2 和 R_4 电阻值

类 型	材　料	塞贝克系数 ($\mu V/℃$)	R_2 ($R_3 = 100\Omega$)	R_4 ($R_5 + R_6 = 100\ \Omega$)
E	镍铬合金康铜	58.5	3.48 kΩ	56.2 kΩ
J	铁康铜	50.2	3.12 kΩ	63.9 kΩ
K	镍铬合金铝镍合金	39.4	5.23 kΩ	80.6 kΩ
T	铜康铜	38.0	5.49 kΩ	83.5 kΩ

2. 采用 RTD 冷端补偿的热电偶温度测量电路

一个采用 INA129 仪表放大器构成的热电偶温度测量电路[83]如图 3.8.7 所示，电路中利用 RTD(Pt100)产生一个补偿电压。配置不同热电偶时，R_1 和 R_2 电阻值如表 3.8.2 所列。

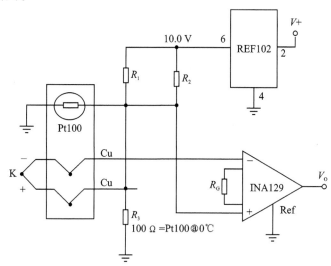

图 3.8.7

表 3.8.2　配置不同热电偶的 R_1 和 R_2 电阻值

热电偶类型	材　料	塞贝克系数 ($\mu V/℃$)	R_1, R_2
E	镍铬合同康铜	58.5	66.5 kΩ
J	铁康铜	50.2	76.8 kΩ
K	镍铬合同铝	39.4	97.6 kΩ
T	铜康铜	38	102 kΩ

3.8.7　电流检测电路

1. 电流检测电路

一个采用 INA326 构成的电流检测电路[85]如图 3.8.8 所示,电路输出电压:

$$V_O = 2(I_L \times R_S) \frac{R_2}{R_1} \qquad (3.8.2)$$

注意图中指示,R_S 必须这样选择,引脚端 2 的输入电压不能够超过电源电压 100 mV。

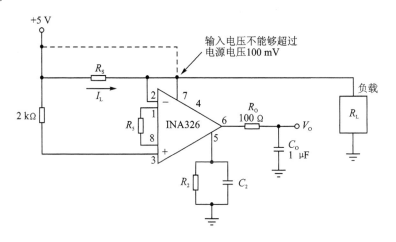

图 3.8.8　电流检测电路

2. 低侧端电流检测电路

一个采用精密宽电源范围(2.7 V～3.6 V)轨到轨输出仪器放大器 INA826 构成的低侧端电流检测电路[84]如图 3.8.9 所示。电路中 INA826 增益设置为 100,对于 1 A 到 10 A 负载电流 I_{LOAD},输出电压范围为 350 mV 到 3.5 V。

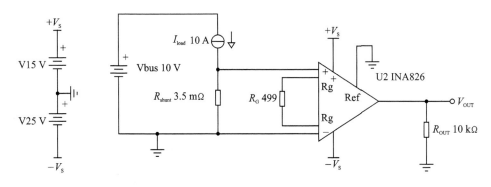

图 3.8.9　低侧端电流检测电路

注:该电路可以在"TINA TI 电路仿真软件"→"Current Sensing Circuit"文件夹中找到。

3. －48 V 电流分流监测电路

一个采用 INA336 构成的精度为 0.2%，－48 V 电流分流监测电路[85]如图 3.8.10 所示，检测电阻 R_S 上的电压从 0 mV～50 mV(max)，电路输出电压:

$$V_O = 2(I_L \times R_S) \frac{R_F}{R_I} \tag{3.8.3}$$

注意:电路选择合适的高电压的 N 型 FET(ZVN4525G)，可以用于－250 V 电压。

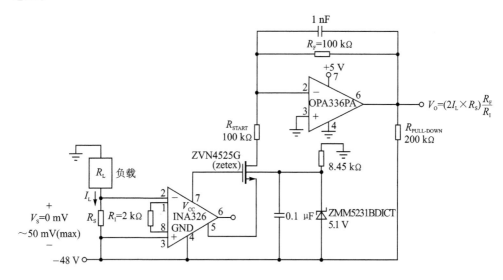

图 3.8.10　－48 V 电流分流监测电路

4. ＋48 V 电流分流监测电路

一个采用 INA336 构成的＋48 V 电流分流监测电路[85]如图 3.8.11 所示，检测电阻 R_S 上的电压从 0 mV～50 mV(max)，电路输出电压 V_O 从 0.1 V～3.9 V。

3.8.8　ECG 电路

1. 3 输入 ECG 电路

一个采用精密宽电源范围(2.7 V～3.6 V)轨到轨输出仪器放大器 INA826 等构成的 3 输入 ECG 电路[84]如图 3.8.12 所示。电路中 OPA333 用来提供 INA826 的直流偏移校正和 V_{REF}，R_{PROT1} 和 R_{PROT2} 为保护电阻。

注:该电路可以在"TINA TI 电路仿真软件"→"ECG"文件夹中找到。

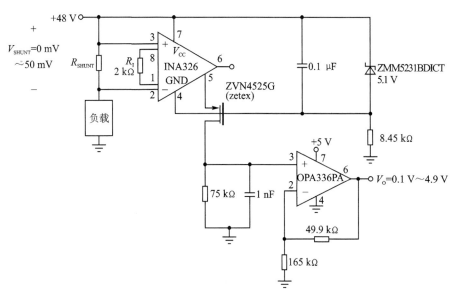

图 3.8.11　＋48 V 电流分流监测电路

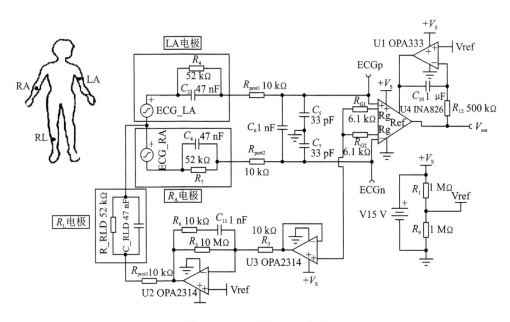

图 3.8.12　3 输入 ECG 电路

2. 单电源低功耗 4 输入 ECG 电路

　　一个采用 INA333 仪表放大器和 OPA2333 运算放大器等构成的单电源低功耗 4 输入 ECG 电路[13]如图 3.8.13 所示,电路电源电压 V_S＝＋2.7 V～＋5.5 V,BW

（带宽）=0.5 Hz～150 Hz，仪表放大器增益 $G_{INA}=5$，输出放大器增益 $G_{OPA}=200$，电路总增益 $G_{TOT}=1$ kV/V。

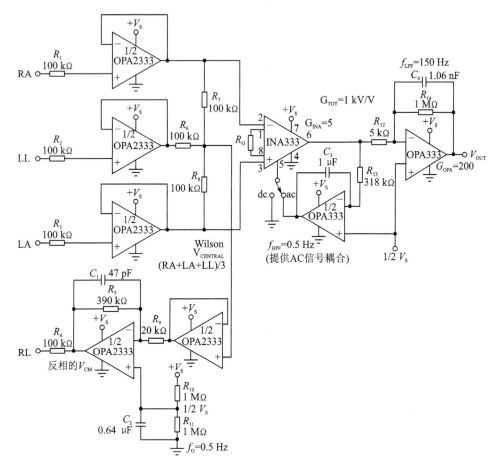

图 3.8.13 单电源低功耗 4 输入 ECG 电路

3.8.9 精密差分 V−I 转换电路

一个采用 INA114 仪表放大器构成的精密差分 V−I 转换电路[80]如图 3.8.14 所示，电路输出电流为：

$$I_O = (V_{IN}/R_1) \times G \qquad (3.8.4)$$

运算放大器 A1 输入偏置电流 I_B 引起的误差：OPA177 为 ± 1.5 nA，OPA602 为 1 pA，OPA128 为 $75fA$。

注意，差分 V−I 转换电路也可以采用其他型号的仪表放大器构成，例如 INA129 等。

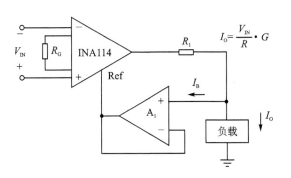

图 3.8.14 精密差分 V—I 转换电路

3.8.10 可编程的 ±5 mA 电流源

一个采用 INA336 和 DAC 构成的稳定度为 0.1 μA 的可编程的 ±5 mA 电流源电路[85]如图 3.8.15 所示,电路输出电流为:

$$I_{OUT} = 2\left(\frac{V_{REF} - V_{DAC}}{200\ k\Omega}\right)\left(1 + \frac{10\ k\Omega}{49.9\ \Omega}\right) \tag{3.8.5}$$

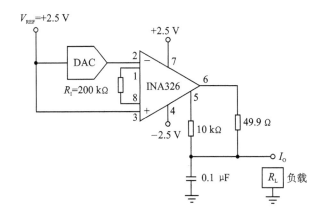

图 3.8.15 可编程的 ±5 mA 电流源电路

3.8.11 仪表放大器构成的 ADC 驱动电路

1. 仪表放大器电路与 ADC 的匹配

一个典型的系统分辨率与 ADC 分辨率和仪表放大器增益的关系[86]如表 3.8.3 所列。从表 3.8.3 可见,一个 10 位(bit)的 ADC 的编码为 1023,ADC 分辨率 mV/Bit(5 V/((2^n) − 1))为 3.9 mV,对于一个满刻度为 5 V 系统,系统分辨率 3.9 mV_{p-p}。对于一个满刻度为 2.5 V 系统,系统分辨率 2.45 mV_{p-p}。

表 3.8.3　典型的系统分辨率与 ADC 分辨率和仪表放大器增益的关系

ADC	$(2^n)-1$	ADC 分辨率 mV/bit $(5 V/((2^n)-1))$	仪表放大器增益	满刻度 (V_{p-p})	系统分辨率 (mV_{p-p})
10-bit	1 023	3.9 mV	1	5	3.9
10-bit	1 023	3.9 mV	2	2.5	2.45
10-bit	1 023	3.9 mV	5	1	0.98
10-bit	1 023	3.9 mV	10	0.5	0.49
12-bit	4 095	1.2 mV	1	5	1.2
12-bit	4 095	1.2 mV	2	2.5	0.6
12-bit	4 095	1.2 mV	5	1	0.24
12-bit	4 095	1.2 mV	10	0.5	0.12
14-bit	16 383	0.305 mV	1	5	0.305
14-bit	16 383	0.305 mV	2	2.5	0.153
14-bit	16 383	0.305 mV	5	1	0.061
14-bit	16 383	0.305 mV	10	0.5	0.031
16-bit	65 535	0.076 mV	1	5	0.076
16-bit	65 535	0.076 mV	2	2.5	0.038
16-bit	65 535	0.076 mV	5	1	0.015
16-bit	65 535	0.076 mV	10	0.5	0.008

2. 多路输入 ADC 系统

　　PGA280 是一个零漂移、高电压、可编程增益仪表放大器。PGA280 可以提供 2 路差分输入,外接多路开关(MUX)可以构成一个多路输入的 ADC 系统[87],如图 3.8.16 所示。电路中 ADC 为 23 位 Δ-Σ ADC ADS1259。连接 ADC,在 PGA280 的输出端推荐使用图 3.8.17 所示的 RC 输出滤波器。

　　PGA280 需要采用高电压的模拟电路电源、低电压的输出放大器电源和数字I/O 接口电源供电,供电形式如图 3.8.18 所示。

　　PGA280 通过 SPI 接口与微控制器连接。

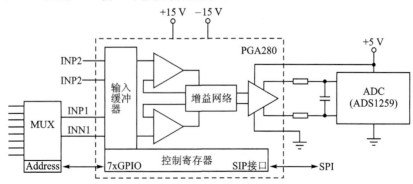

图 3.8.16　PGA280 构成的多路输入 ADC 系统

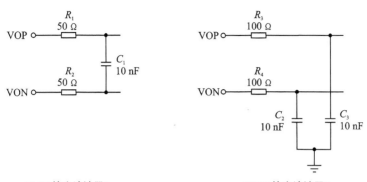

(a) RC输出滤波器1　　　　　　　　(b) RC输出滤波器2

图 3.8.17　PGA280 的 RC 输出滤波器

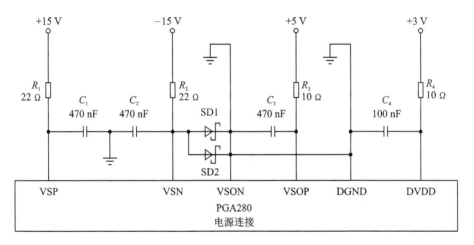

图 3.8.18　PGA280 的电源供电电路

3.8.12　直接驱动 ADC 的桥式传感器电路

一个采用 INA337 构成直接驱动 ADC 的桥式传感器电路[88]如图 3.8.19 所示。电路增益为 100,仪表放大器输出以 $V_{REF}/2$ 为基准。R_O 和 C_O 构成仪表放大器输出滤波器。电路增益 $G=2(200 \text{ k}\Omega//200 \text{ k}\Omega)/2 \text{ k}\Omega=100$。

3.8.13　直接驱动 ADC 的可编程桥式传感器电路

一个采用 LMP8358 构成的桥式传感器电路[89]如图 3.8.20 所示。对于一个电阻性桥单元,电路的输出电压为 2 mV/V。如果桥传感器使用 5 V 电源供电,最大输出电压为:2 mV/ V×5 V=10 mV。

在图 3.8.20 所示电路中,LMP8358 是一个具有诊断功能的零漂移可编程仪器放大器,失调电压为 10 μV,失调电压漂移为 50 nV/℃。

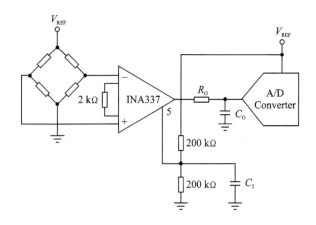

图 3.8.19　直接驱动 ADC 的桥式传感器电路

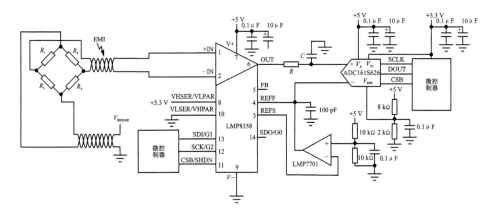

图 3.8.20　直接驱动 ADC 的可编程桥式传感器电路

电桥电压、LMP8358 和 ADC161S626 电源电压相同为 5 V。桥传感器输出的 10 mV 的信号必须准确地被 LMP8358 放大,以最佳匹配 ADC 的动态范围。设置 LMP8358 的增益为 200,LMP8358 将输出一个满量程 2 V 的电压。使用 ADC161S626 在完整的范围内,V_{REF} 应该被设置为输入信号一半或 1 V。这可以通过 V_{REF} 引脚端的电阻分压器产生,提供给 ADC161S626。

一个电阻分压器提供 +2.5 V 到 LMP7701 的正输入端,LMP7701 配置为一个缓冲器形式,LMP7701 作为一个低阻抗电压基准源连接到 REFF 引脚端。

V_{IO} 和 V_{HSER}/V_{LPAR} 的引脚端都应该设置为与微控制器相同的电压(+3.3 V)。V_{LSER}/V_{HPAR} 的引脚端连接到地。

LMP8358 和 ADC161S626 之间的电阻 R 和电容 C 有两个作用。一是,C 是 ADC 的采样电容,电阻 R 用来隔离的 LMP8358 的容性负载。在 ADC161S626 数据表中列出的值是电阻为 180 Ω,电容器为 470 pF。二是,电阻 R 和电容 C 也构成一个约 1.9 MHz 的低通滤波器。

如果需要一个滤波器,用来衰减 LMP8358 内部在 12 kHz 的自动归零和在 50 kHz 的开关频率,电阻 R 和电容 C 可改为 7 870 Ω 和 0.01 μF,滤波器的截止频率将大约为 2 kHz。

3.8.14　电路断路检测电路

一个采用 Rogowski 线圈、精密宽电源范围(2.7 V~3.6 V)轨到轨输出仪器放大器 INA826、可编程放大器和微控制器 MSP430 构成的电路断路检测电路[84]如图 3.8.21 所示。电路利用 Rogowski 线圈检测电路电流,判断电路是否断路。

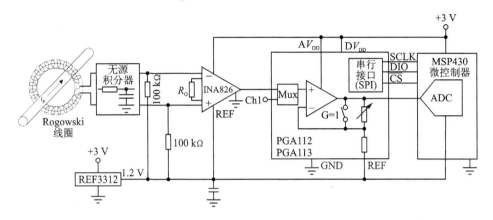

图 3.8.21　电路断路检测电路

第 **4** 章

全差动放大器电路设计

4.1   全差动放大器应用基础

4.1.1   简化的全差动放大器模型

目前多数高性能的 ADC 都采用差分输入形式,利用差分输入来抑制共模噪声以及干扰。差分输入可以将动态范围提高 2 倍,并通过平衡信号提高系统整体性能。虽然差分输入 ADC 也可以采用单端输入形式,但在输入差分信号时,ADC 的性能才能达到最佳状态[90,91]。

差分信号是一对幅度相同,相位相反的信号。差分信号会以一个共模信号 V_{OCM} 为中心,如图 4.1.1 所示。

差分信号包含差模信号和共模信号两个部分,差模与共模的定义分别为 $V_{diff}=(V_{OUT+}-V_{OUT-})/2$,$V_{OCM}=(V_{OUT+}+V_{OUT-})/2$。

差分信号的摆幅是单端信号的两倍,如图 4.1.1 所示。这样,在同样电源电压供电的条件下,使用差分信号增大了系统的动态范围,适于单电源低电压供电系统的应用。

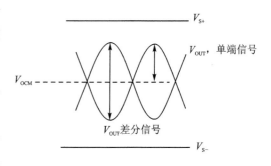

图 4.1.1   差分信号

差分信号可以抑制共模噪声,提高系统的信噪比。

差分信号可以抑制偶次谐波,提高系统的总谐波失真性能。

一个简化的全差动放大器(FDA ,Fully Differential Feedback Amplifiers,在一些资料中也称为全差分放大器)模型[92]如图 4.1.2 所示。

与传统的运算放大器不同,全差动放大器多了一个输出引脚端(V_{ON})和一个输入引脚端(V_{CM})。全差动放大器产生的不是一个单端输出信号,而是在 V_{OP} 和 V_{ON} 之间以 V_{CM} 为参考点(基准)产生平衡差分输出信号。输入端 V_{COM} 用来控制输出共模电压。只要输入和输出处于各自限度之内,输出共模电压一定等于加在 V_{CM} 输入端

全国大学生电子设计竞赛基于 TI 器件的模拟电路设计

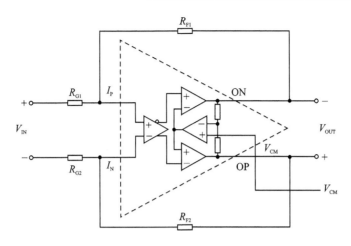

图 4.1.2　简化的全差动放大器模型

的电压。负反馈和高开环增益会使 V_{A+} 和 V_{A-} 两个放大器输入端的电压实际上相等。

在全差动放大器电路中，如果输入平衡信号，V_{IP} 和 V_{IN} 以共同基准电压为参考点，其幅度相等、相位相反。在输入单端信号时，一个输入端固定电压，另一个输入端输入信号。在单端和差分输入时，输入信号均定义为 $V_{IP}-V_{IN}$。

差模输入电压 $V_{IN,dm}$ 以及共模输入电压 $V_{IN,cm}$ 分别定义如下：

$$V_{IN,dm} = V_{IP} - V_{IN} \qquad (4.1.1)$$

$$V_{IN,cm} = \frac{V_{IP} + V_{IN}}{2} \qquad (4.1.2)$$

差模输出电压 $V_{OUT,dm}$ 以及共模输出电压 $V_{OUT,cm}$ 分别定义如下：

$$V_{OUT,dm} = V_{OP} - V_{ON} \qquad (4.1.3)$$

$$V_{OUT,cm} = \frac{V_{OP} + V_{ON}}{2} \qquad (4.1.4)$$

请注意实际输出共模电压 $V_{OUT,cm}$ 与 V_{CM} 输入引脚之差，后者用于确定输出共模电平。

如果电路中，$R_F = R_{F1} = R_{F2}$，$R_G = R_{G1} = R_{G2}$，电路输出为：

$$V_{OUT} = V_{IN} \frac{R_F}{R_G} \qquad (4.1.5)$$

差分信号的增益为：

$$增益 = \frac{V_{OUT+} - V_{OUT-}}{V_{IN+} - V_{IN-}} = \frac{R_F}{R_G} \qquad (4.1.6)$$

4.1.2　单端输入到差分输出电路

单端输入到差分输出的 ADC 驱动电路[93~95]如图 4.1.3 所示，电路中，当 $R_S =$

$R_T \parallel R_{IN}$，$R_M = R_T \parallel R_S$。

定义如下：

$$\beta_1 = \frac{R_G}{R_G + R_F} \tag{4.1.7}$$

$$\beta_2 = \frac{R_G + R_M}{R_G + R_M + R_F} \tag{4.1.8}$$

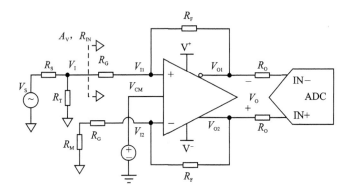

图 4.1.3　单端输入差分输出电路

对于 $R_M \ll R_G$，有：

$$A_V = \frac{V_O}{V_I} = \frac{2(1 - \beta_1)}{\beta_1 + \beta_2} \cong \frac{R_F}{R_G} \tag{4.1.9}$$

$$R_{IN} = \frac{2R_G + R_M(1 - \beta_2)}{1 + \beta_2} = \frac{R_G\left(1 + \dfrac{\beta_2}{\beta_1}\right)}{1 + \beta_2} \cong \frac{2R_G(1 + A_V)}{2 + A_V} \tag{4.1.10}$$

$$V_{OCM} = V_{CM} = \frac{V_{O1} + V_{O2}}{2} \tag{4.1.11}$$

$$V_{ICM} = \frac{V_{I1} + V_{I2}}{2} = V_{OCM} \cdot \beta_2 \cong \frac{V_{OCM}}{1 + A_V} \tag{4.1.12}$$

4.1.3　全差动放大器的噪声模型

全差动放大器的噪声模型[92]如图 4.1.4 所示，电路输出噪声（$nV/\sqrt{Hz}$）为：

$$\overline{V}_{NO} = \sqrt{\overline{V}_{NOFDA}^2 + \overline{V}_{NOFB}^2} \tag{4.1.13}$$

式中：

$$\overline{V}_{NOFDA}^2 = \overline{V}_N^2\left(\frac{R_F + R_{GEQ}}{R_{GEQ}}\right)^2 + \overline{I}_{NP}^2 R_F^2 + \overline{I}_{NM}^2 R_F^2 \tag{4.1.14}$$

$$\overline{V}_{NOFB}^2 = 4kT(2R_F) + 4kT(2R_G)\left(\frac{R_F}{R_{GEQ}}\right)^2 + 4kTR_S(R_{STH})\left(\frac{R_F}{R_{GEQ}}\right)^2 \tag{4.1.15}$$

$$R_{GEQ} = R_G + \frac{R_S \parallel R_T}{2} \tag{4.1.16}$$

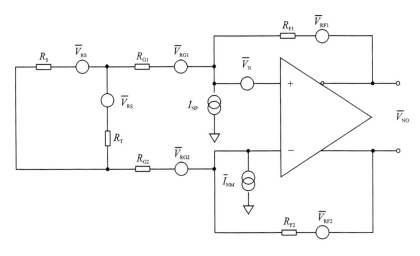

图 4.1.4　全差动放大器的噪声模型

4.1.4　全差动放大器的噪声系数

全差动放大器的噪声系数[92]如下所示：

$$\text{NF} = 10 \log\left(\frac{\overline{V_{\text{NO}}}^2}{4\text{k}TR_\text{S}G^2 D_\text{T}^2}\right) \qquad (4.1.17)$$

式中：

$$D_\text{T} = \frac{R_\text{T}}{R_\text{S} + R_\text{T}} \qquad (4.1.18)$$

一个噪声分析示例电路如图 4.1.5 所示，电路增益 $A_\text{V}=1$。

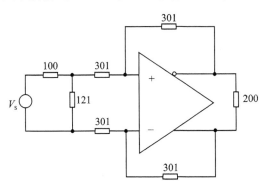

图 4.1.5　噪声分析示例电路

噪声系数和电压噪声频谱密度与频率的关系如图 4.1.6 所示。

图 4.1.5 所示电路可以用来计算 CFB（电流反馈）和 VFB（电压反馈）FDA 在不同的增益值时，输出电压噪声谱密度和噪声系数之间的差异。

例如，LMH6552(CFB) 和 LMH6550(VFB)FDA，在一个 $R_\text{S}=100~\Omega$ 系统，R_F 保

持为 301 Ω 不变,对于每个增益值调节端接电阻 R_T,以维持一个 100 Ω 的差分端接输入。

从图 4.1.6 可见,在电路低增益状态时,LMH6552(CFB)和 LMH6550(VFB) FDA 提供类似的噪声性能,在 −6 dB 的增益时,LMH6550 与 LMH6552 的噪声系数有约 2 dB 差值。然而,由随着增益的增加,在增益为 9.5 dB 时,LMH6550 与 LMH6552 的噪声系数有约 9.5 dB 差值。CFB FDA 优于 VFB FDA。

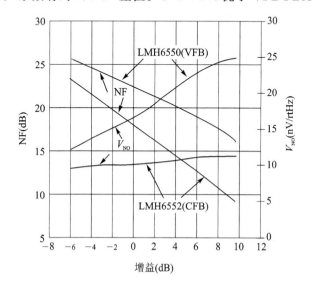

图 4.1.6　噪声系数和电压噪声频谱密度与频率的关系

4.2　差分 ADC 驱动电路

4.2.1　单端输入到差分输出的宽带 ADC 驱动电路

一个使用 LMH6555 构成的单端输入到差分输出的宽带 ADC 驱动电路[96,97]如图 4.2.1 所示。电路输出为:

$$V_{OUT}(V_{PP}) = V_{IN}(V_{PP}) * [R_F/(2R_S + R_{IN\_DIFF})] \tag{4.2.1}$$

式中,对于 LMH6555,有 $R_F = 430$ Ω,$R_{IN\_DIFF} = 78$ Ω。

对于使用 3.3 V 电源电压,LMH6555 的 V_{CM_REF} 引脚端被偏置到 1.2 V DC。

LMH6555 是一个低失真 1.2 GHz 差动驱动器,−3 dB 带宽($V_{OUT} = 0.80$ VPP)为 1.2 GHz,±0.5 dB 增益平坦度($V_{OUT} = 0.80$ VPP)为 330 MHz,压摆率为 1 300 V/μs,2nd/3rd 谐波设置为(750 MHz)−53/−54 dBc,固定增益为 13.7 dB,电源电流为 120 mA,单电源工作,电压为 3.3 V±10%,可调共模输出电压。

LMH6555 I/O 引脚端输入 R_{IN} 和输出阻抗 R_O 接近 50 Ω,差分输入阻抗 R_{IN_DIFF}

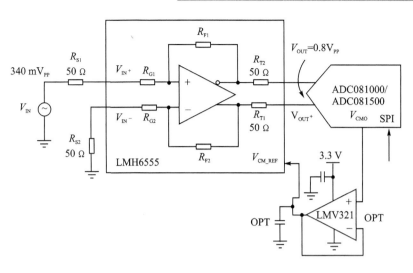

图 4.2.1　单端输入到差分输出的宽带 ADC 驱动电路

接近 78 Ω。按照图 4.2.1 中所示的 R_{S1} 和 R_{S2}，该器件的额定输入共模电压(V_{I_CM})接近 0.3 V。

LMH6555 也能够采用 AC 耦合输入，有：

$$电路截止频率 = 1/(\pi R_{EQ}C)\,Hz \tag{4.2.2}$$

式中，$R_{EQ}=R_{S1}+R_{S2}+R_{IN\_DIFF}$，$R_{IN\_DIFF}\approx78$ Ω。

LMH6555 单端输出阻抗为 50 Ω，可以直接驱动 100 Ω 差分输出负载，如图 4.2.1 所示，可以直接驱动 ADC081000/ADC081500（单通道/双通道 ADC）。

1. LMH6555 的单端输入讨论

LMH6555 的单端输入电路形式如图 4.2.2 所示。

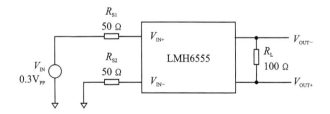

图 4.2.2　LMH6555 的单端输入电路形式

输入端摆幅为：

$$V_{IN+}(或\ V_{IN-}) = V_{IN}\times R_{IN}/(R_{IN}+R_S) \tag{4.2.3}$$

对于图 4.2.2 所示电路，有 $V_{IN+}=0.3\ V_{PP}\times50/(50+50)=0.15\ V_{PP}$。

输出电压为：

$$V_{OUT} = (V_{IN}/2)\times A_{V\_DIFF} \tag{4.2.4}$$

$$A_{V\_DIFF} = 2\times R_F/(2R_S+R_{IN\_DIFF}) \tag{4.2.5}$$

式中:$R_F = 430\ \Omega$,$R_{IN\_DIFF} = 78\ \Omega$。

对于图 4.2.2 所示电路,$R_S = 50\ \Omega \rightarrow A_{V\_DIFF} = 4.83\ V/V$,$V_{OUT} = (0.3\ V_{PP}/2) \times 4.83\ V/V = 724.5\ mV_{PP}$。

峰峰值差分输入电流(I_{IN_DIFF})为:

$$I_{IN\_DIFF} = V_{OUT}/R_F \tag{4.2.6}$$

对于图 4.2.2 所示电路,$I_{IN\_DIFF} = 724.5\ mV_{PP}/430\ \Omega = 1.685\ mA_{PP}$。

在输入端的电压摆幅(V_{IN_DIFF})为:

$$V_{IN\_DIFF} = I_{IN\_DIFF} \times R_{IN\_DIFF} \tag{4.2.7}$$

对于图 4.2.2 所示电路,$V_{IN\_DIFF} = 1.685\ mA_{PP} \times 78\ \Omega = 131.4\ mV_{PP}$。

无驱动输入的摆幅为:

$$V_{IN-} = V_{IN+} - V_{IN\_DIFF} \tag{4.2.8}$$

对于图 4.2.2 所示电路,$V_{IN-} = 150\ mV_{PP} - 131.4\ mV_{PP} = 18.6\ mV_{PP}$。

两输入端的 DC 平均电压(V_{I_CM})为:

$$V_{I\_CM} = 12.6\ mA \times R_E \times R_S/(R_S + R_G + R_E) \tag{4.2.9}$$

式中,$R_E = 25\ \Omega$,$R_G = 39\ \Omega$(LMH6555)。

对于图 4.2.2 所示电路,$R_S = 50\ \Omega \rightarrow V_{I\_CM} = 15.75/(R_S + 64)$,$V_{I\_CM} = 15.75/(50 + 64) = 138.2\ mV$。

对于图 4.2.2 所示电路,输入端电压波形如图 4.2.3 所示。

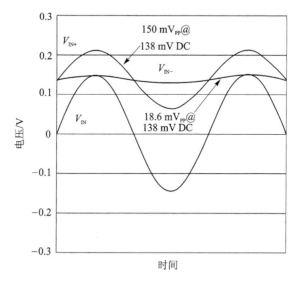

图 4.2.3　输入端电压波形

2. LMH6555 的差分输入讨论

LMH6555 的差分输入电路形式如图 4.2.4 所示。假定变压器次级输出,即 LMH6555 的 V_{IN} 为 300 mV_{PP}。

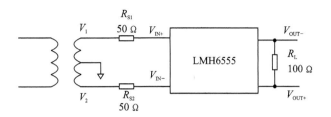

图 4.2.4　LMH6555 的差分输入电路形式

输入端摆幅为:

$$V_{\text{IN\_DIFF}} = V_{\text{IN}} \times R_{\text{IN\_DIFF}} / (2R_{\text{S}} + R_{\text{IN\_DIFF}}) \qquad (4.2.10)$$

对于图 4.2.4 所示电路,有 $V_{\text{IN\_DIFF}} = 300 \text{ mV}_{\text{PP}} \times 78 / (100+78) = 131.5 \text{ mV}_{\text{PP}}$。

单个输入端的摆幅为:

$$V_{\text{IN+}} = V_{\text{IN-}} = V_{\text{IN\_DIFF}} / 2 \qquad (4.2.11)$$

对于图 4.2.4 所示电路,有 $V_{\text{IN+}} = V_{\text{IN-}} = 131.5 \text{ mV}_{\text{PP}} / 2 = 65.7 \text{ mV}_{\text{PP}}$。

输出电压为:

$$V_{\text{OUT}} = (V_{\text{IN}}/2) \times A_{\text{V\_DIFF}} \qquad (4.2.12)$$

$$A_{\text{V\_DIFF}} = 2 \times R_{\text{F}} / (2R_{\text{S}} + R_{\text{IN\_DIFF}}) \qquad (4.2.13)$$

式中: $R_{\text{F}} = 430 \text{ }\Omega, R_{\text{IN\_DIFF}} = 78 \text{ }\Omega$。

对于图 4.2.4 所示电路,$R_{\text{S}} = 50 \text{ }\Omega \rightarrow A_{\text{V\_DIFF}} = 4.83 \text{ V/V}, V_{\text{OUT}} = (0.3 \text{ V}_{\text{PP}}/2) \times$ 4.83 V/V $= 724.5 \text{ mV}_{\text{PP}}$。

两输入端的 DC 平均电压 ($V_{\text{I\_CM}}$) 为:

$$V_{\text{I\_CM}} = 12.6 \text{ mA} \times R_{\text{E}} \times R_{\text{S}} / (R_{\text{S}} + R_{\text{G}} + R_{\text{E}}) \qquad (4.2.14)$$

式中,$R_{\text{E}} = 25 \text{ }\Omega, R_{\text{G}} = 39 \text{ }\Omega$(LMH6555)。

对于图 4.2.4 所示电路,$R_{\text{S}} = 50 \text{ }\Omega \rightarrow V_{\text{I\_CM}} = 15.75 / (R_{\text{S}} + 64), V_{\text{I\_CM}} = 15.75 / (50 + 64) = 138.2 \text{ mV}$。

对于图 4.2.4 所示电路,输入端电压波形如图 4.2.5 所示。

3. LMH6555 适合驱动的 ADC

LMH6555 适合驱动的 ADC 如表 4.2.1 所列。

表 4.2.1　LMH6555 适合驱动的 ADC

ADC 型号	分辨率(bit)	通　道	速度(MSPS)
ADC08D500	8	单通道	500
ADC081000	8	单通道	1 000
ADC08D1000	8	双通道	1 000
ADC08D1020	8	双通道	1 000
ADC081500	8	单通道	1 500
ADC08D1500	8	双通道	1 500

续表 4.2.1

ADC 型号	分辨率(bit)	通　道	速度(MSPS)
ADC08D1520	8	双通道	1 500
ADC083000	8	单通道	3 000
ADC08B3000	8	单通道	3 000

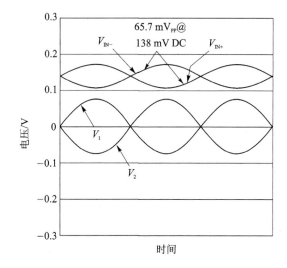

图 4.2.5　输入端电压波形

4. 输出电压和增益

LMH6555 输出形式如图 4.2.6 所示。

图 4.2.6　LMH6555 输出形式

输出电压为：

$$V_{OUT} = \frac{V_{IN} \times R_F}{2R_S + R_{IN\_DIFF}} \qquad (4.2.15)$$

电路增益为：

$$\frac{V_{OUT}}{V_{IN}} = \frac{R_F}{2R_S + 78\ \Omega} = \frac{430\ \Omega}{2R_S + 78\ \Omega} \qquad (4.2.16)$$

对于图 4.2.6 所示电路，$R_{S1} = R_{S2} = R_S = 50\ \Omega$，有：

$$\frac{V_{OUT}}{V_{IN}} = \frac{430}{178} = 2.42\ \text{V/V} \qquad (4.2.17)$$

插入增益 A_{V_DIFF} 为：

$$A_{V\_DIFF} = \frac{V_{OUT}}{V_{IN} \times \dfrac{100\ \Omega}{2R_S + 100}} = \frac{V_{OUT} V_{IN}}{100/200}$$

$$= 2\,V_{OUT}/V_{IN} = 4.83\ \text{V/V} = 13.7\ \text{dB} \tag{4.2.18}$$

对于单端输入驱动，$R_{S1} = R_{S2} = R_S = 50\ \Omega$，有插入增益 A_{V_DIFF} 为：

$$A_{V\_DIFF} = \frac{V_{OUT}}{V_{IN} \times \dfrac{50}{R_S + 50}} = \frac{V_{OUT}/V_{IN}}{50/100}$$

$$= 2V_{OUT}/V_{IN} = 4.83\ \text{V/V} = 13.7\ \text{dB} \tag{4.2.19}$$

4.2.2　8 位/10 位/11 位/12 位/14 位/16 位差分 ADC 驱动电路

LMH6881/LMH6882 是一个高性能的全差动放大器，其小信号带宽为 2 400 MHz，OIP3 @ 100 MHz 为 44 dBm，HD2 @ 200 MHz 为 −65 dBc，电压增益为 26 dB，可调增益范围为 26 dB～6 dB，噪声系数为 9.7 dB。如表 4.2.2 所列，可以用来驱动 8 位/10 位/11 位/12 位/14 位/16 位差分 ADC。

表 4.2.2　LMH6881/LMH6882 适合驱动的 ADC

ADC 型号	速度（MSPS）	分辨率（bit）	通　道	ADC 型号	速　度（MSPS）	分辨率（bit）	通　道
ADC12L063	62	12	单通道	ADC08D500	500	8	双通道
ADC12DL065	65	12	双通道	ADC08500	500	8	单通道
ADC12L066	66	12	单通道	ADC08D1000	1000	8	双通道
ADC12DL066	66	12	双通道	ADC081000	1000	8	单通道
CLC5957	70	12	单通道	ADC08D1500	1500	8	双通道
ADC12L080	80	12	单通道	ADC081500	1500	8	单通道
ADC12DL080	80	12	双通道	ADC08(B)3000	3000	8	单通道
ADC12C080	80	12	单通道	ADC08L060	60	8	单通道
ADC12C105	105	12	单通道	ADC08060	60	8	单通道
ADC12C170	170	12	单通道	ADC10DL065	65	10	双通道
ADC12V170	170	12	单通道	ADC10065	65	10	单通道
ADC14C080	80	14	单通道	ADC10080	80	10	单通道
ADC14C105	105	14	单通道	ADC08100	100	8	单通道
ADC14DS105	105	14	双通道	ADCS9888	170	8	单通道
ADC14155	155	14	单通道	ADC08(B)200	200	8	单通道
ADC16V130	130	16	单通道	ADC11C125	125	11	单通道
ADC16DV160	160	16	双通道	ADC11C170	170	11	单通道

LMH6881/LMH6882 构成的差分 ADC 驱动电路[98] 如图 4.2.7 所示,在图 4.2.7(a)单端输入差分输出 ADC 驱动电路中:

$$并联端接电阻 = 2R_T /\!/ R_L = 150 /\!/ 300 = 100\ \Omega \qquad (4.2.20)$$

$$V_{CM} 电压分压器 = 2.5\ V \times R_T/(R_{OUT}+R_T) = 2.5 \times 75/125 = 1.5\ V$$
$$(4.2.21)$$

LMH6881/LMH6882 增益控制连接电路如图 4.2.8 所示。

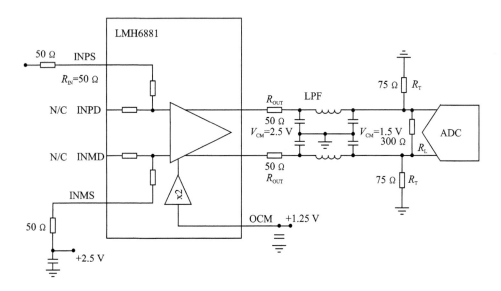

(a) 单端输入差分输出ADC驱动电路

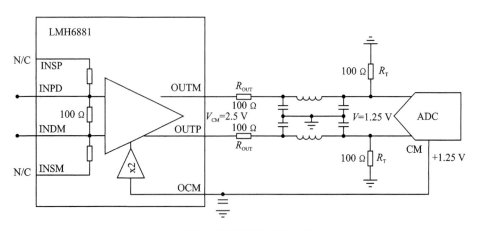

(b) 单端输入差分输出ADC驱动电路

图 4.2.7　LMH6881/LMH6882 构成的差分 ADC 驱动电路

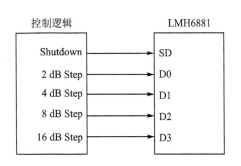

图 4.2.8　LMH6881/LMH6882 增益控制连接电路

4.2.3　12 位/14 位单端输入差分输出 ADC 驱动电路

一个使用 LMH6552 构成的 12 位/14 位单端输入差分输出 ADC 驱动电路[99]如图 4.2.9 所示。电路输入为 50 Ω 单端 AC 耦合信号源。电路参数计算参考 4.2.1 节。电源旁路电容器设置如图 4.2.10 所列。

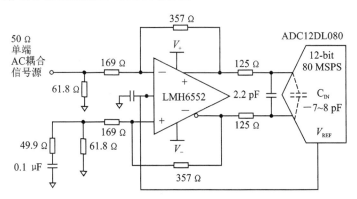

(a) 12单端输入差分输出ADC驱动电路

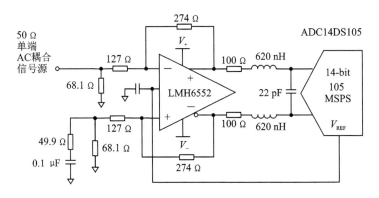

(b) 14单端输入差分输出ADC驱动电路

图 4.2.9　12 位/14 位单端输入差分输出 ADC 驱动电路

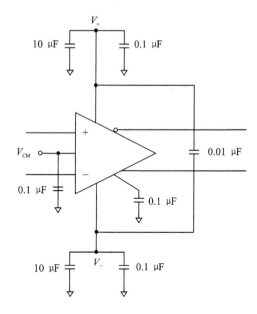

图 4.2.10 电源旁路电容器设置

注意:对于一个 50Ω 的系统,LMH6552 不同封装和不同增益,如表 4.2.3 和 4.2.4 所列,电路各元件参数不同。

表 4.2.3 LMH6552 SOIC 封装和不同增益电路各元件参数

增 益	R_F	R_G	R_T	R_M
0 dB	357 Ω	348 Ω	56.2 Ω	26.4 Ω
6 dB	357 Ω	169 Ω	61.8 Ω	27.6 Ω
12 dB	357 Ω	76.8 Ω	76.8 Ω	30.9 Ω

表 4.2.4 LMH6552 LLP 封装和不同增益电路各元件参数

增 益	R_F	R_G	R_T	R_M
0 dB	275 Ω	255 Ω	59 Ω	26.7 Ω
6 dB	275 Ω	127 Ω	68.1 Ω	28.7 Ω
12 dB	275 Ω	54.9 Ω	107 Ω	34 Ω

4.2.4 14 位/16 位 ADC 差分驱动电路

一个采用 THS770012 构成的 14 位/16 位 ADC 差分驱动电路[100] 如图 4.2.11 所示,电路中的全差动放大器也可以选择 THS770006、THS4509 或者 PGA870。该电路可以差分驱动 ADS5481~ADS5485 16 - bit,80 MSPS~200 MSPS ADC,ADS6145 14 - bit,125 MSPS ADC、ADS6149 14 - bit,250 MSPS ADC。

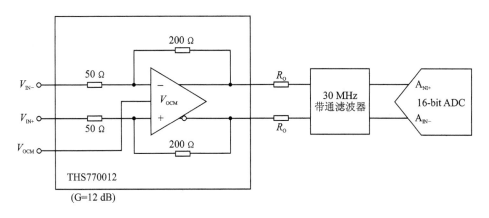

图 4.2.11　采用 THS770012 构成的 16 位/14 位 ADC 差分驱动电路

4.2.5　24 位 ADC 差分驱动电路

一个采用具有可选功率模式的超低失真全差动精密 ADC 驱动器 LMP8350 构成的 24 位 ADC 差分驱动电路[101]如图 4.2.12 所示。

电路中,LMP8350 工作电压为 4.5~12 V,THD+N @ 1 kHz 为 0.000097%,HD2/HD3 失真@ 1 kHz<−124 dBc,带宽为 118 MHz,建立时间为 20 ns(0.1%),失调漂移为 0.4 μV/℃,电压噪声为 4.6 nV/Hz。

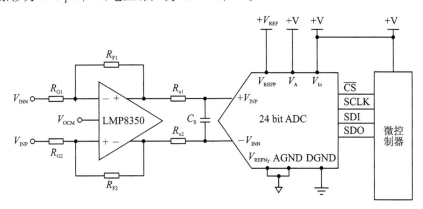

图 4.2.12　24 位 ADC 差分驱动电路

4.2.6　低失真高速差分 ADC 驱动电路的 PCB 设计

1. 差分布局的一些考虑

由于越来越多的 ADC 采用了差分输入结构,差分驱动器已成为 ADC 驱动必要的器件。目前,有众多技术可以将宽频带双运算放大器应用于差分 ADC 驱动器。理论上,差分结构可以消除二次谐波失真。实际上,只有精心布局的 PCB 能够有效地抑制二次谐波失真。采用对称设计,可以通过差分反相配置来使放大器获得最好的转换速率。为了使差分结构对于二次谐波失真的消减能力达到最佳,必须对 PCB 的板层数、特征阻抗、元件位置、地线层、对称性、电源去耦合以及其他许多方面进行优化,这些在设计 PCB 时都需要考虑。

采用对称设计,需要考虑元件对称性和信号路径对称性。元件对称性是指所有的板上元件都按照特定的模式排列。信号路径对称性更注重的是信号路径的对称而不是元件上的对称[102]。

2. 差分 ADC 驱动电路

一个采用运算放大器 OPA695 构成的差分驱动器与 ADS5500 ADC 的接口电路如图 4.2.13 所示。

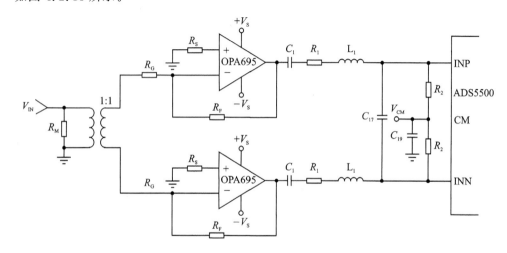

图 4.2.13 OPA695 与 ADS5500 的接口

3. 考虑元件对称性的 PCB 设计例

图 4.2.13 电路按照元件对称性的 PCB 设计例如图 4.2.14 所示。图 4.2.14 中的元件按照元件对称策略排列。对称中线被定义为穿过变压器(Tin)中央的直线。输出电阻 R_{OUTA} 和 R_{OUTB} 基于对称中线等距分布。尽管这种布局看上去使人赏心悦目,仔细分析,可以看到它仍然对于放大器引脚输出的信号路径产生了一定的影响。例如在 SOIC-8 封装的运算放大器中,输出引脚通常在 Pin 6,因此,U_A 的 Pin 6 到中心的距离与 U_B 的不同。这种差异必须通过加长某一信号路径的方式补偿。如图 4.2.14 中虚线部分所示,路径 A 与路径 B 存在不匹配的情况。

4. 考虑信号路径对称的 PCB 设计例

考虑信号路径对称的 PCB 设计例如图 4.2.15 所示,注意图中无论是顶层路径还是底层路径,从焊盘到焊盘的路径长度都是相同的。

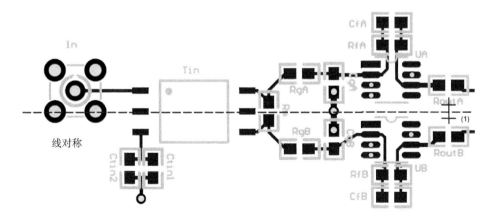

图 4.2.14　元件对称性的 PCB 设计例（线对称）

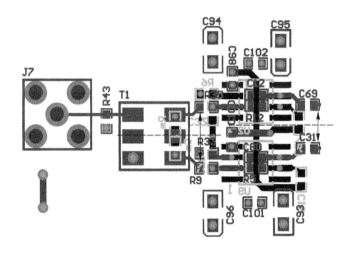

图 4.2.15　信号路径对称的 PCB 设计例

　　图 4.2.15 中有两条不同的对称中线：一条是驱动器输入的对称线，另一条是驱动器输出的对称线。SOIC-8 封装是与输入中线对称的，这个 PCB 布局消除了图 4.2.14 中所示的信号路径不匹配情况。

　　图 4.2.15 所示的 PCB 布局选择了 0603 尺寸的元件来取代 1206 尺寸的元件，与图 4.2.14 所示的 PCB 布局相比更加紧凑。由于使用 0603 尺寸的元件，使反馈元件 R_{FA}，C_{FA}，R_{FB} 和 C_{FB}（分别对应于图 4.2.15 中的 R_{12}，C_{12}，R_5 和 C_{80}）可以分布在 PCB 板的一侧，运算放大器可以直接放在另一侧，从而消除了运算放大器的同相输入端（SOIC-8 的 Pin 3）与反馈元件焊盘有可能产生的过孔和寄生耦合。同时，元件尺寸小也能够减少输出路径到反相输入端的长度，从而消除图 4.2.15 中虚线所示的不匹配情况。

5. 运算放大器的电源去耦

运算放大器对电源去耦的要求很高。一些文献中通常建议对每个电源引脚端加上两个电容：一个是高频电容（0.1 μF），直接连接（或者距离运算放大器电源引脚端小于 0.25″）；另一个是低频电容（2.2～6.8 μF），这个容量较大的去耦电容在低频段有效，这个元件可以离运算放大器稍微远一点。注意，在 PCB 上的相同区域附近的几个元件，可以共用一个低频去耦电容。除了这些电容，第三个更小的电容（10 nF）也可以加到这些电源引脚端上，这个额外的电容有益于减少二次谐波失真。

运算放大器对电源去耦电容器位置如图 4.2.16 所示，图中 C_{93}，C_{94}，C_{95} 和 C_{96} 是较大的电容，C_{18}，C_{97}，C_{98} 和 C_{100} 是高频电容，C_{101} 和 C_{102} 则是电源间去耦合电容。去耦合电容器 C_{97}，C_{98}，C_{18} 和 C_{100} 采用星型接地方式。这种接地连接方式可以消除某些由于放大器产生而传到共地端的失真。

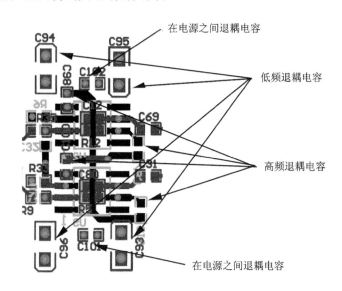

图 4.2.16　运算放大器的电源去耦电容器位置

6. 接地层

无论怎么强调消除失真，或者说防止失真干扰到地线的重要性都不为过。然而，失真干扰几乎总是会到达地线，不是在这个点就是在那个点，然后再传播到电路板的其他部分上。

理想的情况是在电路板上只有一个接地层，然而这个目标并非总是能够实现。当电路中必须添加地线层时，最好采用"安静的地"设计形式。这种设计采用一个地线层作为基准（参考）接地层，基准接地层与"安静的地"仅用在一点（仅在一点）连接。

如图 4.2.17 所示的一个 4 层电路板，其中顶层和底层用来作为信号层，而中间的两层用来接地,其中一个为基准地线层,另一个为"安静的地"。

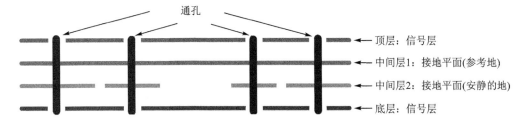

图 4.2.17　接地层和"安静的地"

　　将运算放大器下面的地线层和电源层开槽(开路),可以防止寄生电容耦合将不需要的信号反馈到同相输入端。在图 4.2.18 中,两个运算放大器下面的地线层是开槽的。注意,不仅是运算放大器下面的地线层被开槽了,开槽还延伸到所有与运算放大器直接相连的焊盘。另外,如果一个焊盘需要接地,那么这条线路的宽度至少要大于 50 mils (0.050 in),才能将寄生电阻和电感减到最小。

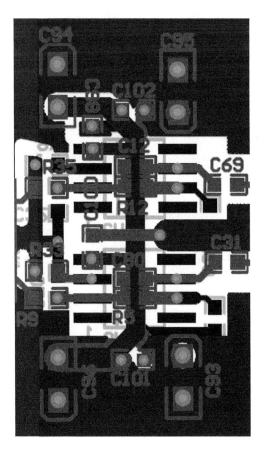

图 4.2.18　地线层的开槽

7. 电源线布线

如图 4.2.19 所示,对于采用 SOIC‐8 封装的运算放大器,其正负电源线路通过内层互跨,可以实现在不与任何信号路径交叉的情况下为两个运放供电。这两条线路在图 4.2.19 (a) 和图 4.2.19 (b) 中分别用黑线标示出来 (图 4.2.19 (a) 与图 4.2.19 (b) 的图层顺序相反,均为顶视图)。这种设计将 PCB 的层数量减少到 4 层。

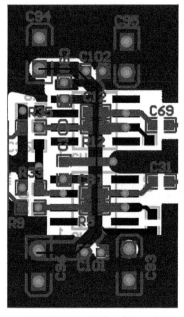　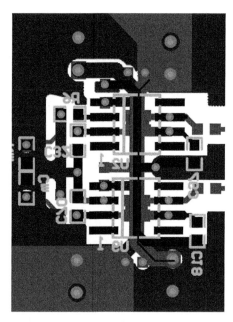

(a) 顶视图(顶层、接地、电源、底层)　　　(b) 顶视图(底层、电源、接地、顶层)

图 4.2.19　SOIC‐8 封装的运算放大器的正负电源线布局

4.3　差分滤波器电路

4.3.1　单极点差分低通滤波器电路

单极点差分低通滤波器电路[103]如图 4.3.1 所示,电路增益 G 为:

$$G = -R_2/R_1 \tag{4.3.1}$$

电路截止频率为:

$$f_0 = 1/(2\pi R_2 C_1) \tag{4.3.2}$$

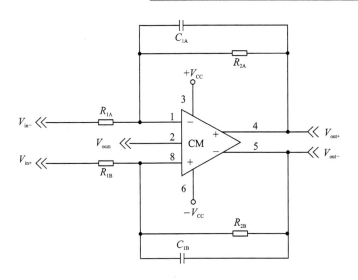

图 4.3.1　单极点差分低通滤波器电路

4.3.2　单极点差分高通滤波器电路

　　单极点差分高通滤波器电路[103]如图 4.3.2 所示,电路增益和电路截止频率如公式(4.3.1)和(4.3.2)所示。

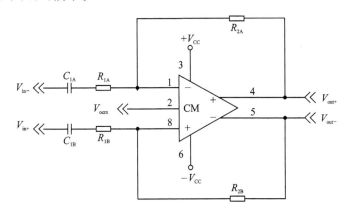

247

图 4.3.2　单极点差分高通滤波器电路

4.3.3　双极点差分低通滤波器电路

　　双极点差分低通滤波器电路[103]如图 4.3.3 所示,电路对应不同滤波器特性,电路各元件参数如下:

　　Bessel 响应:

$$f_O = 1/(2\pi RC) \tag{4.3.3}$$

$$R_1 = R_2 = 0.625R \tag{4.3.4}$$

$$R_3 = 0.36R \tag{4.3.5}$$

$$C_1 = C \tag{4.3.6}$$

$$C_2 = 2.67C \tag{4.3.7}$$

Butterworth 响应：

$$f_O = 1/(2\pi RC) \tag{4.3.8}$$

$$R_1 = R_2 = 0.65R \tag{4.3.9}$$

$$R_3 = 0.375R \tag{4.3.10}$$

$$C_1 = C \tag{4.3.11}$$

$$C_2 = 4C \tag{4.3.12}$$

Chebyshev 3 dB 响应：

$$f_O = 1/(2\pi RC) \tag{4.3.13}$$

$$R_1 = 0.644R \tag{4.3.14}$$

$$R_2 = 0.456R \tag{4.3.15}$$

$$R_3 = 0.267R \tag{4.3.16}$$

$$C_1 = 12C \tag{4.3.17}$$

$$C_2 = C \tag{4.3.18}$$

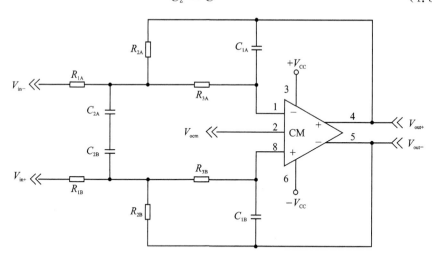

图 4.3.3　双极点差分低通滤波器电路

4.3.4　双极点差分高通滤波器电路

双极点差分高通滤波器电路[103]如图 4.3.4 所示，电路对应不同滤波器特性，电路各元件参数如下：

Bessel 响应：

$$f_0 = 1/(2\pi RC) \tag{4.3.19}$$

$$R_1 = 0.73R \tag{4.3.20}$$

$$R_2 = 2.19R \tag{4.3.21}$$

$$C_1 = C_2 = C_3 = C \tag{4.3.22}$$

Butterworth 响应：

$$f_0 = 1/(2\pi RC) \tag{4.3.23}$$

$$R_1 = 0.467R \tag{4.3.24}$$

$$R_2 = 2.11R \tag{4.3.25}$$

$$C_1 = C_2 = C_3 = C \tag{4.3.26}$$

Chebyshev 3 dB 响应：

$$f_0 = 1/(2\pi RC) \tag{4.3.27}$$

$$R_1 = 3.3R \tag{4.3.28}$$

$$R_2 = 0.215R \tag{4.3.29}$$

$$C_1 = C_2 = C_3 = C \tag{4.3.30}$$

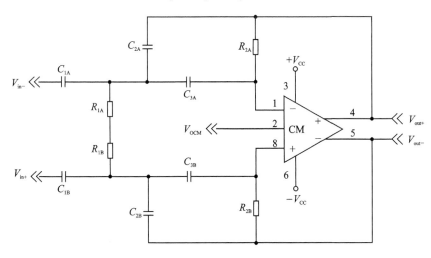

图 4.3.4 双极点差分高通滤波器电路

4.3.5 Akerberg Mossberg 差分低通滤波器电路

Akerberg Mossberg 差分低通滤波器电路[103] 如图 4.3.5 所示，电路对应不同滤波器特性，电路各元件参数如下：

Bessel 响应：

$$f_0 = 1/(2\pi RC) \tag{4.3.31}$$

$$R_2 = R_3 = 0.786R \tag{4.3.32}$$

$$R_4 = 0.453R \tag{4.3.33}$$

$$C_1 = C_2 = C \tag{4.3.34}$$

$$G = R/R_1 \tag{4.3.35}$$

Butterworth 响应：

$$f_0 = 1/(2\pi RC) \tag{4.3.36}$$

$$R_2 = R_3 = R \tag{4.3.37}$$

$$R_4 = 0.707R \tag{4.3.38}$$

$$C_1 = C_2 = C \tag{4.3.39}$$

$$G = R/R_1 \tag{4.3.40}$$

Chebyshev 响应：

$$f_0 = 1/(2\pi RC) \tag{4.3.41}$$

$$R_2 = R_3 = 1.19R \tag{4.3.42}$$

$$R_4 = 1.55R \tag{4.3.43}$$

$$C_1 = C_2 = C \tag{4.3.44}$$

$$G = R/R_1 \tag{4.3.45}$$

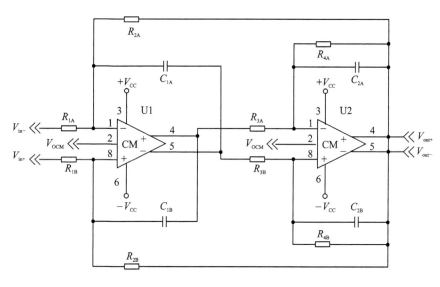

图 4.3.5　Akerberg Mossberg 差分低通滤波器电路

4.3.6　Akerberg Mossberg 差分高通滤波器电路

Akerberg Mossberg 差分高通滤波器电路[103]如图 4.3.6 所示，电路对应不同滤波器特性，电路各元件参数如下：

Bessel 响应：

$$f_0 = 1/(2\pi RC) \tag{4.3.46}$$

$$R_1 = R_2 = 1.27R \tag{4.3.47}$$

$$R_3 = 0.735R \tag{4.3.48}$$
$$C_2 = C_3 = C \tag{4.3.49}$$
$$G = C_1/C \tag{4.3.50}$$

Butterworth 响应：

$$f_0 = 1/(2\pi RC) \tag{4.3.51}$$
$$R_1 = R_2 = R \tag{4.3.52}$$
$$R_3 = 0.707R \tag{4.3.53}$$
$$C_2 = C_3 = C \tag{4.3.54}$$
$$G = C_1/C \tag{4.3.55}$$

Chebyshev 响应：

$$f_0 = 1/(2\pi RC) \tag{4.3.56}$$
$$R_1 = R_2 = 0.84R \tag{4.3.57}$$
$$R_3 = 1.1R \tag{4.3.58}$$
$$C_2 = C_3 = C \tag{4.3.59}$$
$$G = C_1/C \tag{4.3.60}$$

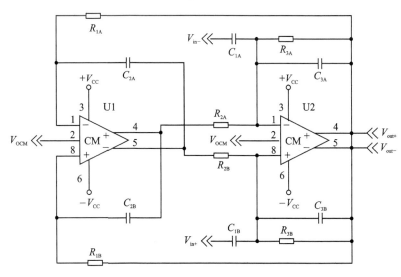

图 4.3.6　Akerberg Mossberg 差分高通滤波器电路

4.3.7　Akerberg Mossberg 差分带通滤波器电路

Akerberg Mossberg 差分带通滤波器电路[103]如图 4.3.7 所示,电路各元件参数如下：

$$f_0 = 1/(2\pi RC) \tag{4.3.61}$$
$$R_2 = R_3 = R \tag{4.3.62}$$

$$R_4 = Q * R \tag{4.3.63}$$

$$C_1 = C_2 = C \tag{4.3.64}$$

$$G = -R_4/R_1 \tag{4.3.65}$$

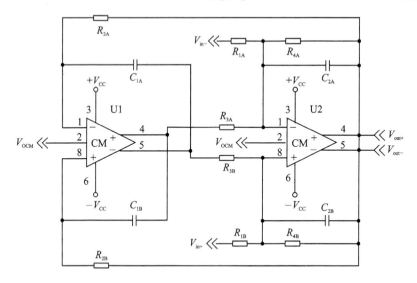

图 4.3.7　Akerberg Mossberg 差分带通滤波器电路

4.3.8　Akerberg Mossberg 差分 Notch 滤波器电路

Akerberg Mossberg 差分 Notch 滤波器电路[103]如图 4.3.8 所示,电路各元件参数如下:

$$f_0 = 1/(2\pi RC) \tag{4.3.66}$$

$$R_1 = R_2 = R_3 = R \tag{4.3.67}$$

$$R_4 = Q * R \tag{4.3.68}$$

$$C_1 = C_2 = C_3 = C \tag{4.3.69}$$

$$G = 1 \tag{4.3.70}$$

4.3.9　差分双二阶滤波器电路

差分双二阶滤波器电路[103]如图 4.3.9 所示,电路对应不同滤波器特性,电路各元件参数如下:

带通滤波器响应:

$$f_0 = 1/(2\pi RC) \tag{4.3.71}$$

$$R_3 = R \tag{4.3.72}$$

$$C_1 = C_2 = C \tag{4.3.73}$$

$$G = -R_2/R_1 \tag{4.3.74}$$

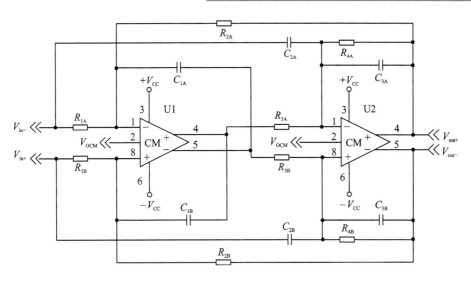

图 4.3.8　Akerberg Mossberg 差分 Notch 滤波器电路

$$R_2 = Q * R \tag{4.3.75}$$

低通滤波器：

Bessel 响应：

$$f_0 = 1/(2\pi RC) \tag{4.3.76}$$

$$R_3 = 0.785R \tag{4.3.77}$$

$$R_2 = 0.45R \tag{4.3.78}$$

$$G = -R_2/R_1 \tag{4.3.79}$$

$$C_1 = C_2 = C \tag{4.3.80}$$

Butterworth 响应：

$$f_0 = 1/(2\pi RC) \tag{4.3.81}$$

$$R_3 = R \tag{4.3.82}$$

$$R2 = 0.707R \tag{4.3.83}$$

$$G = -R_2/R_1 \tag{4.3.84}$$

$$C_1 = C_2 = C \tag{4.3.85}$$

Chebyshev 响应：

$$f_0 = 1/(2\pi RC) \tag{4.3.86}$$

$$R_3 = 1.19R \tag{4.3.87}$$

$$R_2 = 1.55R \tag{4.3.88}$$

$$G = -R1/R2 \tag{4.3.89}$$

$$C_1 = C_2 = C \tag{4.3.90}$$

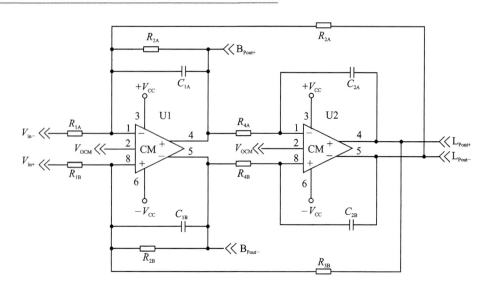

图 4.3.9　差分双二阶滤波器电路

4.4　音频应用电路

4.4.1　差分音频滤波器电路

差分音频滤波器电路[103]如图 4.4.1 所示,电路特性如图 4.4.2 所示。

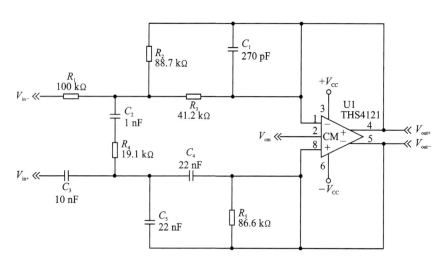

图 4.4.1　差分音频滤波器电路

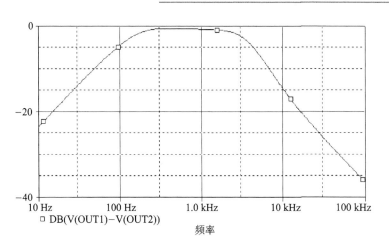

图 4.4.2 差分音频滤波器电路特性

4.4.2 差分立体声宽度控制电路

差分立体声宽度控制电路[103]如图 4.4.3 所示。

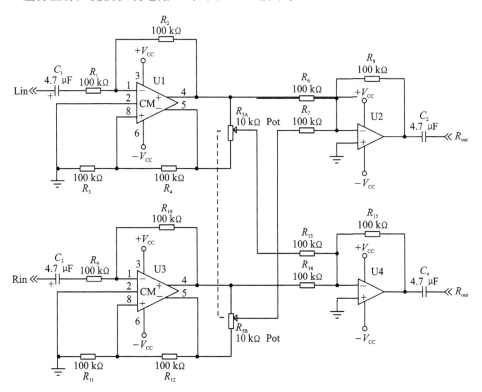

图 4.4.3 差分立体声宽度控制电路

4.4.3　差分桥式驱动电路

差分桥式驱动电路[103]如图 4.4.4 所示。

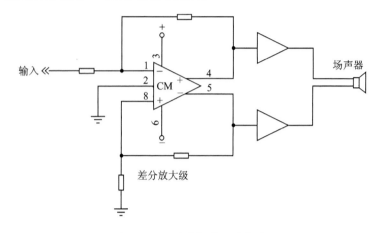

图 4.4.4　差分桥式驱动电路

第 **5** 章

互阻抗放大器电路设计

5.1 互阻抗放大器基础

5.1.1 TI 公司的互阻抗放大器

在需要电流转电压的应用场合,如检测微弱光电流信号的场合,通常需要用到互阻抗放大器(TIA)。TI 公司可以提供一系列的互阻抗放大器,TI 公司的互阻抗放大器(TIA ,Transimpedance Amplifiers,注意,一些资料也称为跨阻型放大器)是模拟放大器和线性解决方案的组成部分。TI 公司可以提供系列的互阻抗放大器产品,例如表 5.1.1 所列。该系列产品主要的优势在于低噪声,能支持反馈高增益下宽带应用,这些特点在微弱光检测的场合是非常关键的。

表 5.1.1 TI 公司的互阻抗放大器产品

型 号	特 点	2 次谐波 (dBc)	3 次谐波 (dBc)	Acl,最小稳定 增益(V/V)	BW @ Acl (MHz)
LMH6624	单/双路超低噪声宽带运算放大器	65	80	10	180
LMH6626	单/双路超低噪声宽带运算放大器	65	80	10	160
LMH6629	具有关断状态的超低噪声、高速运算放大器	90	94	10	900
OPA2354	250 MHz 轨至轨 I/O CMOS 双路运算放大器	75	83	1	250
OPA2355	具有关断状态的 2.5 V 200 MHz 的 GBW CMOS 双路运算放大器	81	93	1	450
OPA2356	2.5 V 200 MHz 的 GBW CMOS 双路运算放大器	81	93	1	450
OPA2357	具有关断状态的 250 MHz 轨至轨 I/O 双路 CMOS 运算放大器	75	83	1	250
OPA2846	双路宽带低噪声电压反馈运算放大器	95	109	7	425
OPA3355	具有关断状态的 2.5 V 200 MHz 的 GBW CMOS 三路运算放大器	81	93	1	450

续表 5.1.1

型 号	特 点	2 次谐波 (dBc)	3 次谐波 (dBc)	Acl,最小稳定 增益(V/V)	BW @ Acl (MHz)
OPA354	250 MHz 轨至轨 I/O CMOS 单路运算 放大器	75	83	1	250
OPA356	2.5 V 200 MHz 的 GBW CMOS 单路 运算放大器	81	93	1	450
OPA357	具有关断状态的 250 MHz 轨至轨 I/O 单路 CMOS 运算放大器	75	83	1	250
OPA358	采用 SC70 封装的 3 V 单电源 80 MHz 高速运算放大器	—	—	1	75
OPA380	高速精密互阻抗放大器	—	—		
OPA381	精确低功耗高速互阻抗放大器	—	—		
OPA4354	250 MHz 轨至轨 I/O CMOS 四路运算 放大器	75	83	1	250
OPA656	宽带单位增益稳定 FET 输入运算放 大器	74	100	1	500
OPA657	1.6 GHz 低噪声 FET 输入运算放大器	74	106	7	340
OPA659	650 MHz 单位增益稳定 JFET 输入放 大器	79	100	1	650
OPA843	宽带低失真中等增益的电压反馈运算 放大器	96	110	3	500
OPA846	OPA846:宽带低噪声电压反馈运算放 大器	100	112	7	500
OPA847	具有关断状态的宽带超低噪声电压反 馈运算放大器	105	110	12	600
THS4601	宽带 FET 输入运算放大器	78	95	1	180
THS4631	高速 FET 输入运算放大器	—	—	1	325

在 TIA 应用时,由于输入信号是电流,能够应用于这种场合的互阻抗放大通常需要具备较低的电流噪声和电压噪声。TI 公司可以提供 OPA842/3/6/7 和 OPA656/7 两个系列。其中:OPA842 是一个单位增益稳定、输入电压噪声为 $2.7 \text{ nV}/\sqrt{\text{Hz}}$ 的运算放大器。OPA843 是一个最小稳定增益是 3 V/V、输入电压噪声为 $2 \text{ nV}/\sqrt{\text{Hz}}$ 的运算放大器。OPA846 是一个最小稳定增益是 7 V/V、输入电压噪声为 $1.2 \text{ nV}/\sqrt{\text{Hz}}$ 的运算放大器。OPA847 是一个最小稳定增益是 12 V/V、输入电压噪声为 $0.85 \text{ nV}/\sqrt{\text{Hz}}$ 的运算放大器。对于 FET 器件 OPA656 和 OPA657,OPA656 是一个单位增益稳定、输入电压噪声为 $7 \text{ nV}/\sqrt{\text{Hz}}$ 的运算放大器。OPA657 是一个最小稳定增益是 7 V/V、输入电压噪声为 $4.8 \text{ nV}/\sqrt{\text{Hz}}$ 的运算放大器。

5.1.2　Decompensated 放大器

Decompensated 放大器指的是非单位增益稳定的放大器。如表 5.1.1 所列，LMH6624、LMH6626、LMH6629、OPA2846、OPA657、OPA659、OPA843、OPA846、OPA847 是非单位增益稳定的放大器(即 Decompensated 放大器)。

TI 公司比较典型的两个器件是：OPA657(1.6 GHz，输入电流噪声 1.8 $fA/\sqrt{Hz}$，输入电压噪声 4.8 $nV/\sqrt{Hz}$)，OPA847(3.9 GHz，输入电流噪声 2.5 $pA/\sqrt{Hz}$，输入电压噪声 0.85 $nV/\sqrt{Hz}$)。这两款都是 Decompensated 放大器。

例如，OPA657 最小稳定增益是 7 V/V，OPA847 则为 12 V/V，其波特图和普通运算放大器比较[104,105]，如图 5.1.1 所示。

Decompensated 放大器和单位增益稳定放大器相比，其特点如下：带宽更宽，尤其是小信号下的带宽更宽，压摆率更快，以及更大的 GBW。另外，Decompensated 的放大器也能够提供更低的电压噪声。在大增益的互阻抗放大且要求一定带宽的场合，使用 Decompensated 放大器要比单位增益稳定放大器更具有优势。

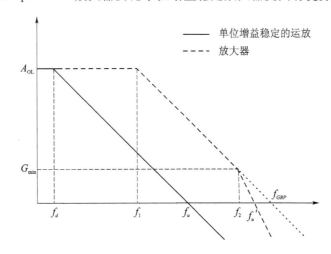

图 5.1.1　Decompensated 放大器和单位增益稳定放大器的波特图比较

5.1.3　互阻抗放大器典型应用电路形式

1. 光电流检测放大器电路

一个用于光电流检测的典型的互阻抗放大器电路[104,105]如图 5.1.2 所示，电路中：

$$C_S = C_D + C_{CM} + C_{DIFF} \tag{5.1.1}$$

$$V_O = -V_- A(s) \tag{5.1.2}$$

电路闭环传输函数为：

$$A(S) = \frac{A_{\text{OL}} \cdot \omega_{\text{A}}}{S + \omega_{\text{S}}} \tag{5.1.3}$$

输入电流与输出电压关系如下：

$$\frac{V_{\text{O}}}{I_{\text{D}}} = \frac{-Z_{\text{F}}}{1 + \dfrac{\left(1 + \dfrac{Z_{\text{F}}}{Z_{\text{G}}}\right)}{A(S)}} \tag{5.1.4}$$

式中：

$$Z_{\text{F}} = R_{\text{F}} \parallel \frac{1}{S \cdot C_{\text{F}}} = \frac{\dfrac{1}{C_{\text{F}}}}{S + \dfrac{1}{R_{\text{F}} \cdot C_{\text{F}}}} \tag{5.1.5}$$

$$Z_{\text{G}} = \frac{1}{S \cdot C_{\text{S}}} \tag{5.1.6}$$

在 DC(直流)状态($S = 0$)，如果放大器的开环增益为无穷大($A(S) = \infty$)，放大器的增益由反馈电阻 R_{F} 设置。

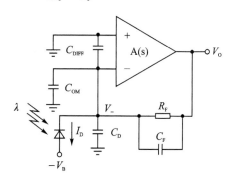

图 5.1.2　TIA 光电检测电路

2. DAC 的电流转电压输出电路

一个作为 DAC 的电流转电压输出的应用电路如图 5.1.3 所示，电路输出电压为：

$$V_{\text{O}} = I_{\text{O}} \times R_{\text{F}} \tag{5.1.7}$$

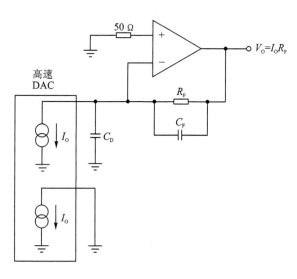

图 5.1.3　DAC 的电流转电压输出电路

5.2　TIA 应用电路有关参数

5.2.1　电路带宽

对于一个运放，其 GBP 是固定的，C_{DIFF}（芯片输入的寄生差分容值），C_{CM}（芯片输入的寄生共模容值）也是固定的。对于选定的光检测管 APD 或 PIN，其寄生容值 C_D 也是固定的，当反馈电阻 R_F 固定的时候，其能达到的 $-3\ dB$ 闭环带宽[104,105] 大约为：

$$f_{-3\ dB} = \sqrt{\frac{GBP}{2\pi R_F C_S}} \quad (\text{Hz}) \tag{5.1.8}$$

5.2.2　零点补偿

由于前端的寄生电容 C_S 和 R_F 会在噪声增益曲线上形成一个零点 Z_1：

$$Z_1 = \frac{1}{2\pi R_F (C_S)} \quad \text{Hz} \tag{5.1.9}$$

零点 Z_1 导致运放的开环增益曲线和噪声增益曲线相交处的逼近速度为 $-40\ dB/dec$，这样就会造成运放的不稳定，也就是会引起自激，其波特图[104,105] 如图 5.2.1 所示。

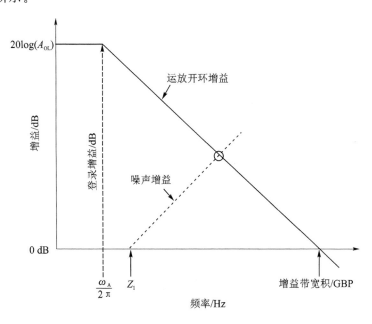

图 5.2.1　寄生电容 C_S 和 R_F 会在噪声增益曲线上形成一个零点

要得到一个稳定的工作条件，需要采用反馈电容（补偿电容）C_F 来做补偿，在该曲线中引入一个极点。补偿后的曲线[104,105]如图 5.2.2 所示。

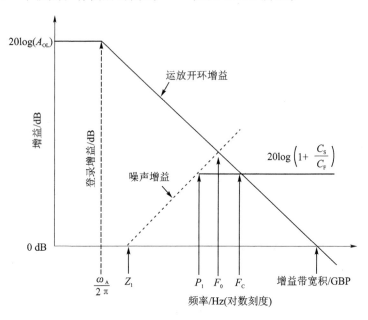

图 5.2.2　补偿后的波特图

采用 C_F 补偿后,有:

$$Z_1 = \frac{1}{2\pi R_F(C_S + C_F)} \quad \text{Hz} \tag{5.1.10}$$

$$P_1 = \frac{1}{2\pi R_F C_F} \quad \text{Hz} \tag{5.1.11}$$

$$F_0 = \sqrt{Z_1 \cdot \text{GBP}} \tag{5.1.12}$$

$$F_C = \frac{\text{GBP}}{\left(1 + \dfrac{C_S}{C_F}\right)} \tag{5.1.13}$$

所以需要让运放稳定工作,而且能够达到最宽的 2 阶 Butterworth 频响,其 C_F 的取值如下:

$$\frac{1}{2\pi R_F C_F} = \sqrt{\frac{\text{GBP}}{4\pi R_F C_S}} \tag{5.1.14}$$

5.2.3　互阻抗增益与能够达到的平坦频率响应的关系

对于 Decompensated 的运放,由于其最小增益的要求,还要求其增益要大于其最小稳定增益。在高频状态下,其增益表达式如下:

$$\text{增益} = 1 + \frac{C_S}{C_F} \tag{5.1.15}$$

对于特定的 Decompensated 的运放,这个值要大于其最小增益要求。

假定前端的寄生电容为 10 pF 时,TI 公司 OPA847、OPA846、OPA657、OPA843 的互阻抗增益与能够达到的平坦频率响应的关系[104,105]如图 5.2.3 所示。

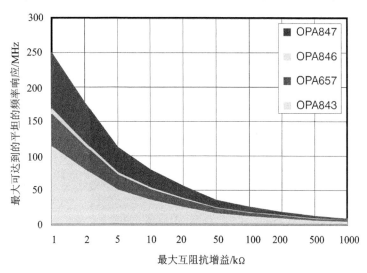

图 5.2.3　常用 TIA 互阻抗增益与能够达到的平坦频率响应的关系

5.2.4　噪声计算

VFB 运算放大器噪声计算模型[104,105]如图 5.2.4 所示。

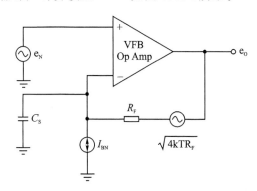

图 5.2.4　VFB 运算放大器噪声计算模型

运算放大器本身带来的噪声可以由如下公式[104,105]算出:

$$i_{EQ} = \sqrt{i_B^2 + \frac{4kT}{R_F} + \left(\frac{e_N}{R_F}\right)^2 + \frac{(e_N 2\pi f C_S)^2}{3}} \qquad (5.1.16)$$

式中:

● i_{EQ}＝等效的输入噪声电流,这个值在带宽 $F < 1/(2\pi R_F C_F)$ 内有效。

● i_{BN}＝反相输入的电流噪声。

- $4kT = 16 \times 10^{-21}\,\mathrm{J}\,(@\,T = 290\ ^{\circ}\mathrm{K})$。
- $R_\mathrm{F} = $ 反馈电阻。
- $e_\mathrm{N} = $ 同相输入电压噪声。
- $C_\mathrm{S} = $ 反相输入端总电容。
- $f = $ 噪声限制频率,单位为 Hz。

反馈电阻 R_F 计算公式[104,105]如下:

$$R_\mathrm{F} = \sqrt{\frac{e_\mathrm{N(FET)}^2 - R_\mathrm{N(BIP)}^2}{i_\mathrm{B(BIP)}^2 - i_\mathrm{B(FET)}^2 + \dfrac{2\pi \cdot f}{3} \cdot (C_\mathrm{S(BIP)} \cdot e_\mathrm{N(BIP)}^2 - C_\mathrm{S(FET)} \cdot e_\mathrm{N(FET)}^2)}}$$

(5.1.17)

例如,对于频带限制滤波器的带宽设置在 10 MHz 和一个 10 pF 的电容二极管,OPA657 和 OPA846 器件参数比较如表 5.2.1 所列。

表 5.2.1　OPA657 和 OPA846 器件参数比较

器　件	特　　性
OPA657	$e_\mathrm{N(FET)} = 4.8\ \mathrm{nV}/\sqrt{\mathrm{Hz}}$
	$I_\mathrm{B(FET)} = 1.3\ \mathrm{fA}/\sqrt{\mathrm{Hz}}$
	$C_\mathrm{S(FET)} = 10\ \mathrm{pF} + 5.2\ \mathrm{pF} = 15.2\ \mathrm{pF}$
OPA846	$e_\mathrm{N(BIP)} = 1.2\ \mathrm{nV}/\sqrt{\mathrm{Hz}}$
	$I_\mathrm{B(BIP)} = 2.8\ \mathrm{pA}/\sqrt{\mathrm{Hz}}$
	$C_\mathrm{S(BIP)} = 10\ \mathrm{pF} + 3.8\ \mathrm{pF} = 13.8\ \mathrm{pF}$

当互阻抗增益低于 2 kΩ 时,双极运算放大器可以提供一个低噪声的优点。然而,当跨阻增益大于 2 kΩ 时,即使 OPA657 的输入电压噪声高,OPA657 FET 运算放大器所产生的总输入噪声将低于 OPA846 双极性运算放大器所产生的总输入噪声。

从噪声的角度来看,一般情况下,FET 输入放大器,如 OPA657 适合大的或较大互阻抗增益和低到中等的带宽应用。而双极型放大器,如 OPA846 适合大的或较大互阻抗增益和高带宽的应用。

5.3　TIA 应用中的常见问题

5.3.1　振　荡

振荡这个问题在高增益,又有宽带要求的应用情况下是比较常见的。例如,设计一个互阻抗(跨阻)增益为 20 kΩ 的放大链路,假设总的输入的寄生电容很大,例如 10 pF。根据前面提供的图 5.2.3 可以看出,采用 GBW 最宽的 OPA847 进行设计,最宽稳定带宽只能在 50 MHz 附近。

示例电路[104,105]如图 5.3.1 所示,输入一个幅度为 10 μA 脉宽为 20 ns 的电流信号,电路未加补偿时(未加补偿电容 C_F),输出电压波形如图 5.3.2 所示。从图 5.3.2 可见,输出有振荡产生。

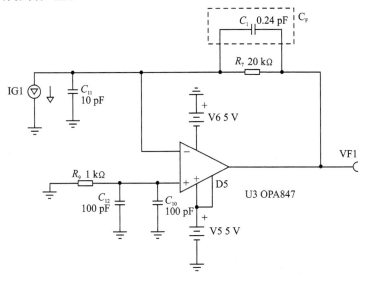

图 5.3.1　示例电路

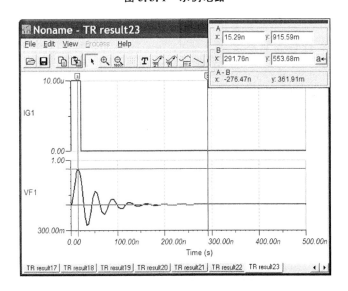

图 5.3.2　未加补偿的 20 kΩ 放大电路输出响应

根据公式(5.1.15)可以计算出 C_F, C_F 的取值应该为 0.24 pF。加上 C_F 仿真,从图 5.3.3 可以看到,振荡消失,只剩过冲.放大倍数也趋向正常。

在高增益的场合,有可能反馈电阻自带的电容以及反馈走线带来的寄生电容都可以达到 0.24 pF 这么微小的电容值。所以需要依具体的测试结果来确定在反馈电阻 R_F 上是否要另外加补偿电容 C_F。

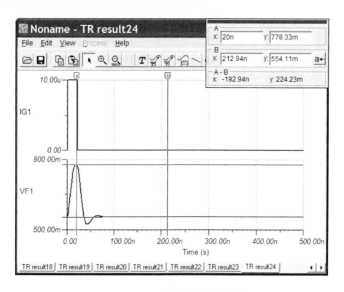

图 5.3.3　加补偿后的脉冲响应

5.3.2　过冲(overshoot)

在光时域反射检测光纤状态的场合,输出上的过冲(overshoot)可能会对测量结果产生很大影响,这就需要尽可能地减小 TIA 输出的过冲。如图 5.3.3 所示的结果,约有 10% 的过冲,这对实际使用是不利的,需要消除。

消除这种过冲最有效的方法是加大反馈电容(补偿电容)C_F,但是这样带来的一个直接后果是带宽减小。如上示例,在输出有过冲的情况下,−3 dB 带宽有 40 MHz 左右,如图 5.3.4 所示。

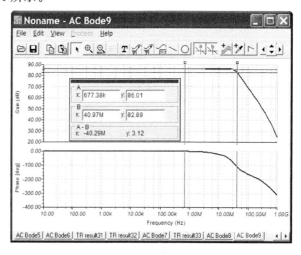

图 5.3.4　原始补偿的频响

　　如图 5.3.5 所示,仿真表明,增大反馈电容 C_F 到 0.45 pF 时,过冲消失。但是也可以看到,如图 5.3.6 所示,输出的带宽变窄,只剩 21 MHz。

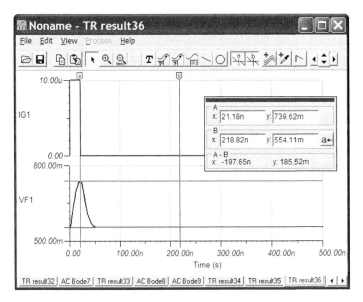

图 5.3.5　增大补偿后的脉冲响应

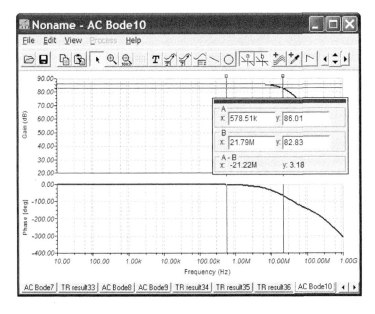

图 5.3.6　增大补偿后的频响

　　TIA 运放在作为电流放大使用时需要注意带宽和增益的折中,同时又得兼顾噪声,所以需要综合考虑以上的各项指标。

5.4　单位增益稳定的运放构成的互阻抗放大器电路

5.4.1　采用电压反馈放大器设计的互阻抗放大器电路

采用一个 345 MHz 轨到轨输出的电压反馈放大器 LMH6611 设计的一个简单的互阻抗放大器(也有资料称为跨阻放大器)电路[106]如图 5.4.1 所示,电路中包含光电二极管和运算放大器内部电容。

采用电压反馈放大器(VFA)设计一个好的电流—电压转换器(跨阻放大器)富有挑战性。光电二极管受光线照射而产生一个微弱的电流输出。跨阻放大器(TIA)用来将这个微弱的电流转换为一个可用的电压信号。通常为了保证稳定工作需要对跨阻放大器做补偿处理。

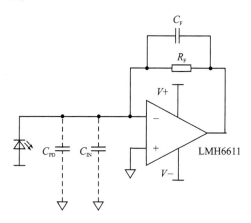

图 5.4.1　一个简单的跨阻放大器电路

由于 LMH6611 仅需要很低的输入偏置电流(10 μA),可以使用较大增益值(选择 R_F),光电二极管可以在低照度下运行。

运算放大器反相端上的总电容(C_T)包含光电二极管电容(C_{PD})和输入电容(C_{IN})。在电路的稳定性上总电容(C_T)扮演了重要的角色。这个电路的噪声增益(NG)取决于稳定性,并定义为:

$$\text{NG} = \frac{1 + sR_F(C_T + C_F)}{1 + sC_FR_F} \tag{5.4.1}$$

噪声增益 NG 与运算放大器的开环增益(A_{OL})相交的波特图如图 5.4.2 所示。在较大的增益(R_F)下,C_T 和 R_F 在转移函数中产生一个零点。零点频率为:

$$f_Z \cong \frac{1}{2\pi R_F C_T} \tag{5.4.2}$$

在较高频率下跨阻放大器可能会表现出固有的不稳定性,因为在环路中会有额外的相移。

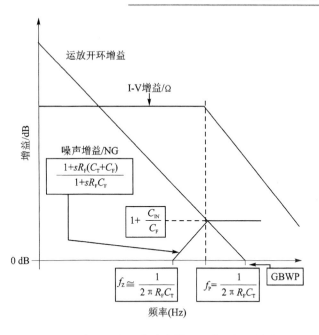

图 5.4.2　噪声增益与运算放大器开环增益相交的波特图

为了维持放大器的稳定性,在 R_F 两端跨接一个反馈电容器 C_F(也称为补偿电容器),这会在噪声增益函数中的 f_P 处产生一个极点。

极点频率为:

$$f_P = \frac{1}{2\pi R_F C_F} \tag{5.4.3}$$

为优化性能,选择适当的 C_F 数值能使噪声增益斜率变得平坦,这样噪声增益就等于运算放大器在 f_P 处的开环增益。这一噪声增益斜率的“平坦部分”超过 A_{OL} 的截止点,结果使噪声增益得到 45°的相位裕量(PM)。因为噪声增益的 f_P 极点会在截止点有一个 45°的超前相位,其贡献了 45°相位裕量(假定 f_P 和 f_Z 至少相距一个十倍频程)。

式(5.4.4)和式(5.4.5)可以在理论上计算最佳 C_F 值和期望的−3 dB 带宽。

最佳 C_F 值为:

$$C_F = \sqrt{\frac{C_T}{2\pi R_F (\text{GBW})}} \tag{5.4.4}$$

期望的−3 dB 带宽为:

$$f_{-3\text{ dB}} = \sqrt{\frac{\text{GBW}}{2\pi C_T R_F}} \tag{5.4.5}$$

式(5.4.5)表示互阻抗放大器的−3 dB 带宽与反馈电阻值 R_F 成反比。因此,如果带宽是重要的性能,那么最好的方法是采用一个适中的互阻抗增益级,后面接一个宽带电压增益级。

LMH6611 带有不同容值的各种光电二极管在 1 kΩ 互阻抗增益(R_F)下测量的结果如表 5.4.1 所列。C_F 和 $f_{-3\,dB}$ 的值由等式(5.4.4)和等式(5.4.5)计算得到。

表 5.4.1　互阻抗放大器(图 5.4.1)的补偿和性能结果

C_{PD}	C_T	C_F 计算值	C_F 使用值	$f_{-3\,dB}$ 计算值	$f_{-3\,dB}$ 测量值	峰　值
(pf)	(pf)	(pf)	(pf)	(MHz)	(MHz)	(dB)
22	24	5.42	5.6	29.3	27.1	0.5
47	49	7.75	8	20.5	21	0.5
100	102	11.15	12	14.2	15.2	0.5
222	224	20.39	18	9.6	10.7	0.5
330	332	20.2	22	7.9	9	0.8

注意:$V_S = \pm 2.5$ V,GBWP$= 130$ MHz,$C_T = C_{PD} + C_{IN}$,$C_{IN} = 2$ pF。

使用表 5.4.1 中不同光电二极管时放大器的频率响应如图 5.4.3 所示。当全部所需的增益都设在互阻抗放大器级时,信噪比将得到改善,这是因为噪声谱密度随 R_F 的平方根的增加而增大,且信号是线性增加。

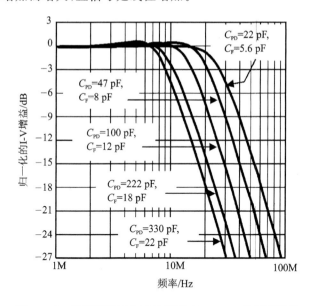

图 5.4.3　使用不同光电二极管时 LMH6611 的频率响应

在分析互阻抗放大器的输出噪声时,运算放大器噪声电压、反馈电阻热噪声、输入噪声电流和光电二极管噪声电流不会在同一频率范围都参与运算。运算放大器噪声电压会在噪声增益的零点和它的极点之间被放大。R_F 和 C_T 的值越大,噪声增益峰值出现得越早,因此对于总输出噪声的贡献也会较大。等效总噪声电压由跨阻放大器输出的各噪声电压分量平方之和的平方根计算得出。

在互阻抗放大器的稳定性中,总电容起了重要作用,因此选取合适的运算放大器,或在二极管上加反向偏压,虽增大一些电流和噪声,但对把 C_T 降到最小是有利的。

5.4.2　低噪声宽带互阻抗放大器

一个采用 650 MHz 单位增益稳定 JFET 输入运算放大器 OPA659 构成的互阻抗放大器电路[42]如图 5.4.4 所示,电路中各电阻电容与带宽的匹配关系如表 5.4.2 所列。互阻抗增益与频率和电路中各电阻电容关系如图 5.4.5 所示。

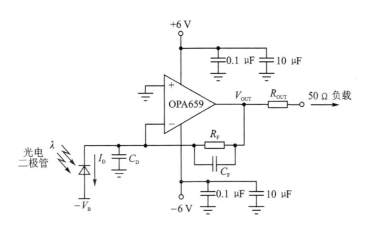

图 5.4.4　低噪声宽带互阻抗放大器

表 5.4.2　电路中各电阻电容与带宽的匹配关系

$C_{DIODE}=10$ pF				$C_{DIODE}=50$ pF			
C_D	R_F	C_F	$f_{-3\,dB}$	53.5 pF	1 kΩ	6.98 pF	32.27 MHz
13.5 pF	1 kΩ	3.50 pF	64.24 MHz	53.5 pF	10 kΩ	2.21 pF	10.20 MHz
13.5 pF	10 kΩ	1.11 pF	20.31 MHz	53.5 pF	100 kΩ	0.70 pF	3.23 MHz
13.5 pF	100 kΩ	0.35 pF	6.42 MHz	53.5 pF	1 MΩ	0.22 pF	1.02 MHz
13.5 pF	1 MΩ	0.11 pF	2.03 MHz	$C_{DIODE}=100$ pF			
$C_{DIODE}=20$ pF				103.5 pF	1 kΩ	9.70 pF	23.20 MHz
23.5 pF	1 kΩ	4.62 pF	48.69 MHz	103.5 pF	10 kΩ	3.07 pF	7.34 MHz
23.5 pF	10 kΩ	1.46 pF	15.40 MHz	103.5 pF	100 kΩ	0.97 pF	2.32 MHz
23.5 pF	100 kΩ	046 pF	4.87 MHz	103.5 pF	1 MΩ	0.31 pF	0.73 MHz
23.5 pF	1 MΩ	0.15 pF	1.54 MHz				

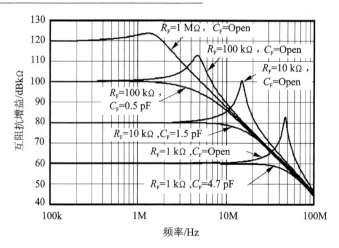

图 5.4.5　互阻抗增益与频率和电路中电阻电容关系

5.4.3　自动调零互阻抗放大器

OPA334/OPA2334/OPA335/OPA2335 是一个输入失调电压为 5 μV、最大漂移 0.05 μV/℃ 的单电源 CMOS 运算放大器。一个采样 OPA343 和 OPA335 构成的自动调零互阻抗放大器电路[107]如图 5.4.6 所示,图 5.4.6(a)是采用双电源供电的互阻抗放大器电路,图 5.4.6(b)是采用单电源供电的互阻抗放大器电路。图 5.4.6(c)所示互阻抗放大器电路具有高的动态范围,带宽约 1 MHz,输入失调电压为 10 μV。图 5.4.6(b)和(c)中的 40 kΩ 电阻为可选择的下拉电阻,允许输出摆幅到地。

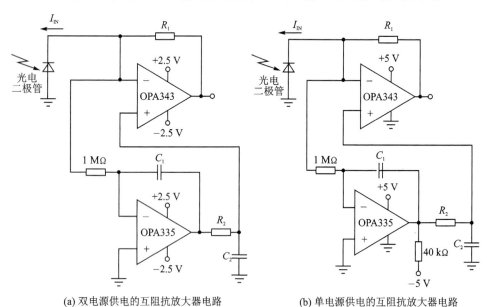

(a) 双电源供电的互阻抗放大器电路　　　　　(b) 单电源供电的互阻抗放大器电路

图 5.4.6　自动调零的互阻抗放大器电路

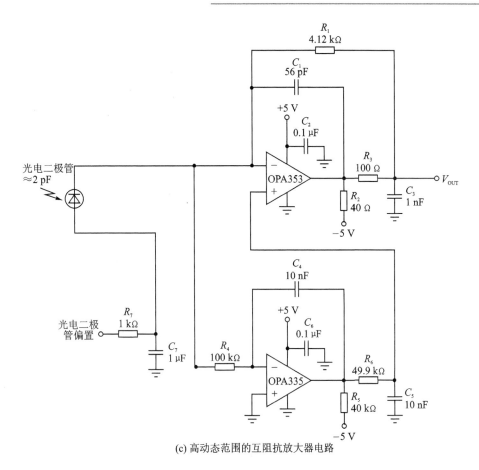

(c) 高动态范围的互阻抗放大器电路

图 5.4.6　自动调零的互阻抗放大器电路(续)

5.5　Decompensated 放大器构成的互阻抗放大器电路

5.5.1　采用 LMH6629 构成的 200 MHz 互阻抗放大器电路

一个采用 LMH6629 构成的 200 MHz 互阻抗放大器电路[108]如图 5.5.1 所示。电路 -3 dB 带宽为 200 MHz,增益由 R_F 设置,输出电压 V_{OUT} 为:

$$V_{OUT} = 3\,V_{DC} - 1\,200 \times I_D \tag{5.5.1}$$

5.5.2　采用 OPA847 构成的跨阻放大器电路

一个采用 OPA847 构成的跨阻放大器电路[109]如图 5.5.2 所示。为了达到最大平坦的二阶巴特沃斯(Butterworth)频率响应,需要设置一个反馈极点,计算公式如下所示:

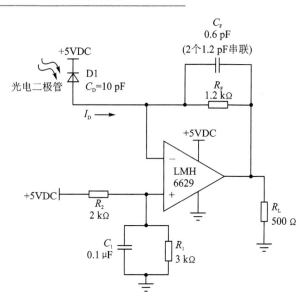

图 5.5.1　200 MHz 互阻抗放大器电路

$$\frac{1}{2\pi R_F C_F} = \sqrt{\frac{\text{GBP}}{4\pi R_F C_D}} \tag{5.5.2}$$

添加 OPA847 的共模和差模输入电容(1.2+2.5 pF)到二极管源电容(1 pF),对于使用 12 kΩ 跨阻增益,使用 GBP 为 3 900 MHz 的 OPA847 需要设置一个 74 MHz 的反馈极点,需要一个总的反馈电容为 0.18 pF。一个典型的表面贴装电阻具有寄生电容 0.2 pF,对于这个设计,不需要增加所需的外部电容。

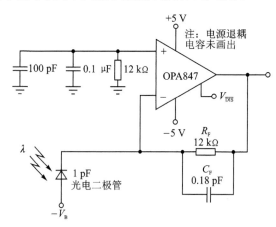

图 5.5.2　采用 OPA847 构成的跨阻放大器电路

电路的 $f_{-3\,\text{dB}}$ 带宽计算公式如下:

$$f_{-3\,\text{dB}} = \sqrt{\frac{\text{GBP}}{2\pi R_F C_D}} \quad (\text{Hz}) \tag{5.5.3}$$

互阻抗增益和 C_D 与带宽的关系如图 5.5.3 所示。

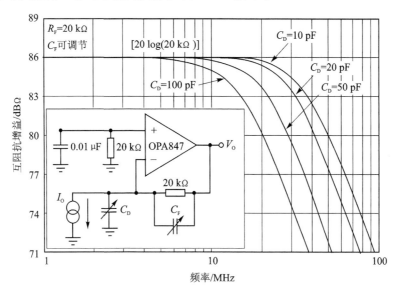

图 5.5.3　互阻抗增益和 C_D 与带宽的关系

5.5.3　采用 OPA657 构成的互阻抗放大器电路

一个采用 OPA657 构成的互阻抗放大器电路[110]如图 5.5.4 所示。为了达到最大平坦的二阶巴特沃斯(Butterworth)频率响应,需要设置一个反馈极点,计算公式如式(5.5.2)所示。

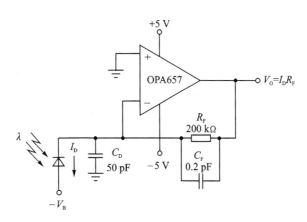

图 5.5.4　采用 OPA657 构成的互阻抗放大器电路

添加 OPA657 的共模和差模输入电容(0.75+4.5 pF)到二极管源电容(50 pF),当使用 200 kΩ 跨阻增益时,使用 GBP 为 1 600 MHz 的 OPA657 需要设置一个3.5 MHz 的反馈极点,需要一个总的反馈电容为 0.2 pF。一个典型的表面贴装电阻具有寄生电容 0.2 pF,对于这个设计,使用的 200 kΩ 表面贴装电阻具有寄生电容,不需要增加所需的外部电容。

5.5.4 采用 OPA2846 构成的互阻抗放大器电路

1. 单级互阻抗放大器电路

一个采用 OPA2846 Decompensated 放大器构成的互阻抗放大器电路[111], 如图 5.5.5 所示。为了获得最大平坦 2 阶 Butterworth 频率响应,反馈极点设置公式如式(5.5.2)所示。

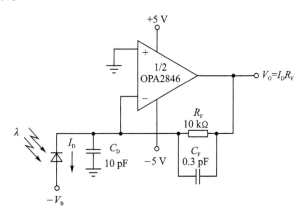

图 5.5.5 采用 OPA2846 构成的互阻抗放大器电路

对于图 5.5.5 所示电路,OPA2846 的 GBP 为 1 650 MHz ,反馈极点设置需要设置在 31 MHz。

电路—3 dB 截止频率如式(5.5.3)所示。

2. 高增益宽带互阻抗放大器电路

一个采用 OPA2846 Decompensated 放大器构成的高增益宽带互阻抗放大器电路[111],如图 5.5.6 所示。对于检测二极管电容器为 50 pF,电路增益为 100 kΩ。

电路 R_F 计算公式如下:

$$R_F = \left(\frac{Z_T^2}{2\pi C_D \text{GBP}} \right) \tag{5.5.4}$$

式中:Z_T=要求的互阻抗增益;C_D=反向偏置的二极管电容;GBP=放大器增益带宽积(MHz)。

图 5.5.6 所示电路增益为 37.5,带宽约 44 MHz。

反馈电容计算公式如下:

$$C_F = \sqrt{\left(\frac{C_D}{\pi R_F \text{GBP}} \right)} \tag{5.5.5}$$

电路—3 dB 截止频率计算公式如下:

$$f_{-3\ \mathrm{dB}} = \frac{1}{\sqrt{2}} \times \frac{(\mathrm{GBP})^{2/3}}{(2\pi C_{\mathrm{D}})^{1/3}(Z_{\mathrm{T}})^{1/3}} \tag{5.5.6}$$

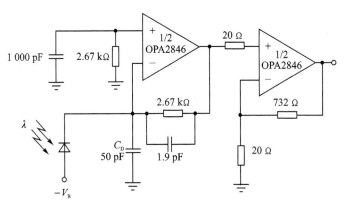

图 5.5.6　高增益宽带互阻抗放大器电路

5.6　Decompensated 放大器构成的其他应用电路

5.6.1　50 Ω,250 MHz,G＝＋10 的同相放大器电路

一个采用 OPA2846 Decompensated 放大器构成的 50 Ω,250 MHz,G＝＋10 的同相放大器电路[111] 如图 5.6.1 所示。电路增益由 R_{F} 设置。

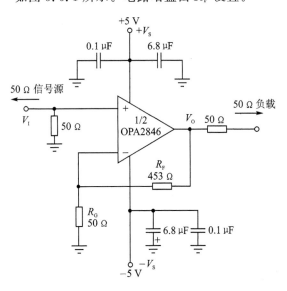

图 5.6.1　50 Ω,250 MHz,G＝＋10 的同相放大器电路

5.6.2　50 Ω,250 MHz,G＝－20 的反相放大器电路

一个采用 OPA2846 Decompensated 放大器构成的 50 Ω,250 MHz,G＝－20 的反相放大器电路[111]如图 5.6.2 所示。电路增益由 R_F 设置。

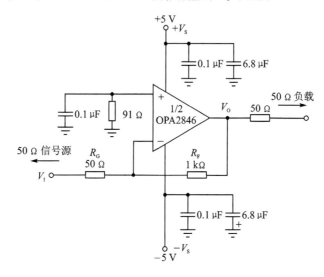

图 5.6.2　50 Ω,250 MHz,G＝－20 的反相放大器电路

5.6.3　积分器电路

一个采用 LMH6629 构成的积分器电路[108]如图 5.6.3 所示。电路中,$R_F＝R_B$,$R_G＝R_S \parallel R$。电路输出电压为:

$$V_O \cong V_{IN} \frac{K_O}{sR_S C} \tag{5.6.1}$$

式中:

$$K_O = 1 + \frac{R_F}{R_G} \tag{5.6.2}$$

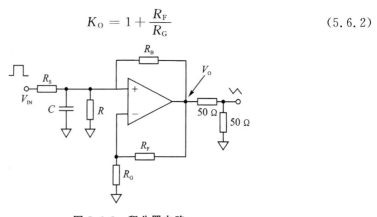

图 5.6.3　积分器电路

5.6.4　Sallen‐Key 低通滤波器电路

一个采用 LMH6629 构成的 Sallen‐Key 低通滤波器电路[108]如图 5.6.4 所示。电路中有：

$$\frac{V_O}{V_{IN}} \cong \frac{K}{1 + \dfrac{s}{\omega_p Q_p} + \dfrac{s^2}{\omega_p^2}} \tag{5.6.3}$$

$$\frac{1}{\omega_p Q_p} = R_1 C_1 (1 - K) + C_2 (R_1 + R_2) \tag{5.6.4}$$

$$\frac{1}{\omega_p^2} = R_1 R_2 C_1 C_2 \tag{5.6.5}$$

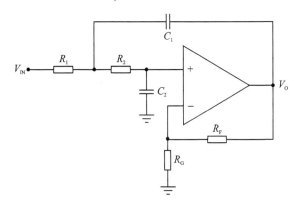

图 5.6.4　Sallen‐Key 低通滤波器电路

5.6.5　DC 耦合单端输入到差分输出高 SFDR ADC 驱动电路

一个采用 OPA2846 构成的 DC 耦合单端输入到差分输出高 SFDR ADC 驱动电路[111]如图 5.6.5 所示。电路中有：V+到 V−之间电压＝2 V_{PP}；后置的 2 阶 Butterworth 滤波器−3 dB 频率 $f_{-3\,dB}$＝18 MHz。

5.6.6　AC 耦合单端输入到差分输出高 SFDR ADC 驱动电路

一个采用 OPA2846 构成的 AC 耦合单端输入到差分输出高 SFDR ADC 驱动电路[111]如图 5.6.6 所示。电路增益为 10。

5.6.7　单端输入到差分输出的 ADC 驱动电路

一个采用 LMH6629 构成的单端输入到差分输出的 ADC 驱动电路[108]如图 5.6.7 所示。电路中有：

$$K = \frac{V_{o\_diff}}{V_{in}} \tag{5.6.6}$$

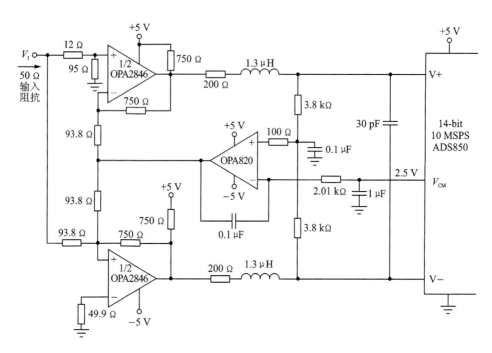

图 5.6.5　DC 耦合单端输入到差分输出高 SFDR ADC 驱动电路

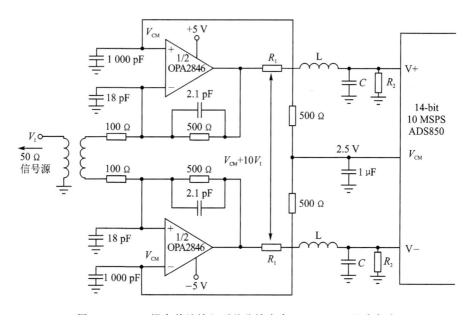

图 5.6.6　AC 耦合单端输入到差分输出高 SFDR ADC 驱动电路

$$R_{in} = \frac{2R_F}{K} \qquad\qquad (5.6.7)$$

$$V_{set} = \frac{2V_{o\_CM}}{K+2} \qquad\qquad (5.6.8)$$

例如,在图 5.6.7 所示电路中,$V_{O-CM} = 2.5$ V,$K = 10$,$R_F = 1$ kΩ,$R_{in} = 200$ Ω,$V_{in} = 600$ mV$_{P-P}$,有 $V_{set} = \frac{2 \times 2.5\ V}{10+2} = 0.417$ V,$V_{ODIFF} = 6$ V$_{P-P}$。

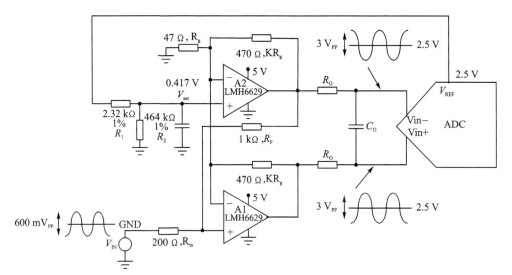

图 5.6.7　单端输入到差分输出的 ADC 驱动电路

第 **6** 章

跨导放大器(OTA)电路设计

6.1　集成跨导运算放大器

6.1.1　跨导放大器简介

跨导放大器(包括双极型 OTA 和 CMOS 跨导器)是一种通用性很强的标准器件,应用非常广泛,主要用途可以分为两方面。一方面,在多种线性和非线性模拟电路和系统中进行信号运算和处理;另一方面,在电压模式信号系统和电流模式信号处理系统之间作为接口电路,将待处理的电压信号变换为电流信号,再送入电流模式系统进行处理。

跨导放大器的输入信号是电压,输出信号是电流,增益叫跨导,用 G_m(或者 g_m)表示。集成跨导放大器可分为两种[112],一种是跨导运算放大器(OTA,Operational Transconductance Amplifier),另一种是跨导器(Transconductor)。

跨导运算放大器是一种通用型标准部件,有市售产品,而且都是双极型的。跨导器不是通用型集成部件,它主要用于集成系统中进行模拟信号的处理,跨导器几乎都是 CMOS 型的。

双极型 OTA 和 CMOS 跨导器的功能在本质上是相同的,都是线性电压控制电流源。但是,由于集成工艺和电路设计的不同,它们在性能上存在一些不同之处:双极型 OTA 的跨导增益值较高,增益可调而且可调范围也大(3~4 个数量级);CMOS跨导器的增益值较低,增益可调范围较小,或者不要求进行增益调节,但它的输入阻抗高、功耗低,容易与其他电路结合实现 CMOS 集成系统。

由于跨导放大器的输入信号是电压,输出信号是电流,所以它既不是完全的电压模式电路,也不是完全的电流模式电路,而是一种电压—电流模式混合电路。但是,由于跨导放大器内部只有电压—电流变换级和电流传输级,没有电压增益级,因此没有大摆幅电压信号和密勒电容倍增效应,高频性能好,大信号下的转换速率也较高,同时电路结构简单,电源电压和功耗都可以降低。这些高性能特点表明,在跨导放大器的电路中,电流模式部分起决定作用。根据这一理由,跨导放大器也可以看作是一种电流模式电路。

6.1.2　双极型集成 OTA

OTA 是跨导运算放大器的简称,它是一种通用标准部件。OTA 的符号[112]如图 6.1.1(a)所示,它有两个输入端,一个输出端,一个控制端。符号上的"＋"号代表同相输入端,"－"号代表反相输入端,i_O 是输出电流,I_B 是偏置电流,即外部控制电流。

OTA 的传输特性可用下列方程式描述:

$$i_o = G_m(u_{i+} - u_{i-}) = G_m u_{id} \qquad (6.1.1)$$

式中,i_O 是输出电流;u_{id} 是差模输入电压;G_m 是开环跨导增益。

通常由双极型集成工艺制作的 OTA 在小信号下跨导增益 G_m 是偏置电流 I_B 的线性函数,其关系式为:

$$G_m = hI_B \qquad (6.1.2)$$

$$h = \frac{q}{2kT} = \frac{1}{2V_T} \qquad (6.1.3)$$

式中,h 为跨导增益因子,V_T 是热电压,在室温条件($T = 300$ K)下,$V_T = 26$ mV,可以计算出 $h = 19.2$ V^{-1},因此有:

$$G_m = 19.2I_B \qquad (6.1.4)$$

式中,I_B 的单位为 A,G_m 的单位为 S。

根据式(6.1.1)的传输特性方程,可画出 OTA 的小信号理想模型,如 6.1.1(b)所示。对这个理想模型,两个电压输入端之间开路,差模输入电阻为无穷大;输出端是一个受差模输入电压 u_{id} 控制的电流源,输出电阻为无穷大。同时,理想条件下跨导放大器的共模输入电阻、共模抑制比、频带宽度等参数均为无穷大,输入失调电压、输入失调电流等参数均为零。

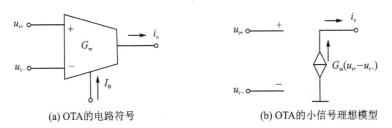

(a) OTA 的电路符号　　　　　　　　(b) OTA 的小信号理想模型

图 6.1.1　OTA 的电路符号和小信号理想模型

与常规的电压模式(电压输入/电压输出)运算放大器相比,OTA 具有下列性能特点:

① 输入差模电压控制输出电流,开环增益是以 S 为单位的跨导("传输电导"以西门子(S)为单位,1 西门子＝1 安培/伏特,通常用符号 g_m 表示);

② 增加了一个控制端,改变控制电流(即偏置电流 I_B)可对开环跨导增益 G_m 进行连续调节;

③ 具有电流模式电路的频带宽、高频性能好等特点。

6.1.3 CMOS集成跨导器

双极型OTA有很多优良性能。例如,G_m增益值及其可调范围均较大,G_m与I_B之间有大范围的线性关系等。双极型OTA的主要缺点是传输特性的线性范围小,在非线性误差不大于1.0%的条件下,未经线性补偿OTA的差模输入电压允许值约为10 mV。

随着CMOS工艺技术和电路设计的发展,CMOS跨导器在近年来得到了重点研究和发展。与双极型OTA相比,CMOS跨导器的增益值及其可调范围较小,但它的输入电阻高、功耗小、热稳定性好,更加适宜在集成系统中应用[112]。

需要指出,CMOS跨导器在应用中大多工作在开环或非深度负反馈状态,以便用调节开环增益G_m值去控制电路和系统的性能参数值。这时,跨导器的两个输入端之间不存在"虚短路",在大信号输入条件下,两个输入端之间出现的信号也大。为了使电路和系统有较大的动态范围,要求CMOS跨导器具有大信号下的高线性度。

CMOS跨导器的电路结构与双极型OTA相似,一般也由跨导输入级和电流镜组成,而且用源极耦合差动放大级作为跨导输入级的基本电路。分析表明,源极耦合差分输入级能提供低噪声、低漂移、良好的高频特性和共模抑制能力,但是它的大信号传输特性是非线性的,而且是构成CMOS跨导器非线性的主要来源。因此,在设计CMOS跨导器电路时,需要解决的一个主要问题是如何改善输入级传输特性的线性程度并扩大线性范围。

CMOS OTA作为一种通用电路单元,在模拟信号处理领域得到了广泛应用。CMOS电路的输入阻抗高,级间连接容易,又特别适于大规模集成,因而CMOS OTA在集成电路,特别是在集成系统中的位置远比双极型OTA重要。

最简单的CMOS跨导器是源极耦合差分对跨导器,其电路[112]如图6.1.2所示,电路中采用N沟道MOS管M_1、M_2组成源极耦合差分对,作为输入级实现电压—电流变换;P沟道MOS管M_3、M_4组成基本电流镜,作为源极耦合差分对的漏极有源负载,实现输出电流的双端—单端变换。

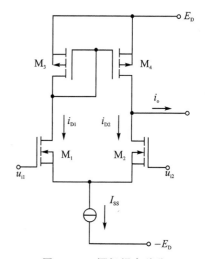

图6.1.2 源极耦合差分对CMOS跨导器

设M_3、M_4组成基本电流镜的电流传输比保持为1,则该CMOS跨导器的传输特性由源极耦合差分对决定,输出电流为:

$$i_o = i_{D1} - i_{D2} \tag{6.1.5}$$

6.2 OTA 的基本电路结构

在一些资料中,OTA 常常在金刚石晶体管(diamond transistor)、电压控制的电流源(voltage - controlled current source)、跨导器(transconductor)、宏晶体管(macro transistor)、正的第二代电流传输或 CCII+(positive second - generation current conveyor or CCII+)器件中被提到。

用于表示 OTA 和相关器件的符号[113]如图 6.2.1 所示。

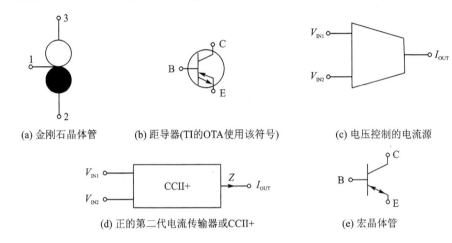

(a) 金刚石晶体管　　　(b) 距导器(TI的OTA使用该符号)　　　(c) 电压控制的电流源

(d) 正的第二代电流传输器或CCII+　　　(e) 宏晶体管

图 6.2.1　用于表示 OTA 和相关器件的符号

OTA 可以工作在电压模式和电流模式。

如图 6.2.2 所示[113],OTA 具有一个高阻抗的输入端 B;一个低阻抗的 E 端,E 端可以作为输入或输出,取决于电路结构形式;以及一个输出电流源端(C),输出电流源端(C)为高阻抗输出端。任何一个加在 B 和 E 之间电压会在 C 产生一个电流流出,存在跨导特性。

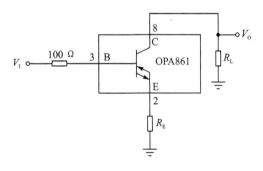

图 6.2.2　OTA 的基本电路结构

6.2.1 电压模式的共 E 放大器

一个采用 OPA860/OPA861 构成的电压模式的共 E 放大器[113~115]如图 6.2.2 所示。共 E 放大器的增益如公式 6.2.1 所示,具有一个同相增益。电路具有一个同相增益 G 为:

$$G = \frac{R_L}{\dfrac{1}{g_m} + R_E} \tag{6.2.1}$$

公式 6.2.2 中表示的是电路的跨导。

$$g_{m\_deg} = \frac{1}{\dfrac{1}{g_m} + R_E} \tag{6.2.2}$$

公式中, g_m 表示 OTA 的跨导。 $1/g_m$ 的值表示 E 端的输出阻抗。

6.2.2　电压模式的共 C 放大器

一个采用 OPA860/OPA861 构成的电压模式的共 C 放大器[113~115]如图 6.2.3 所示。共 C 放大器的增益如公式(6.2.3)所示,具有 $G=1$ 的增益。电路增益 G 为:

$$G = \frac{1}{1 + \dfrac{1}{g_m \times R_E}} = 1 \tag{6.2.3}$$

输出阻抗 R_O 为:

$$R_O = \left(\frac{1}{g_m} \middle\| R_E \right) \tag{6.2.4}$$

6.2.3　电压模式的共 B 放大器

一个采用 OPA860/OPA861 构成的电压模式的共 B 放大器[113~115]如图 6.2.4 所示。共 B 放大器的增益如公式 5 所示,具有 $G=1$ 的增益。电路具有一个反相的增益 G 为:

$$G = \frac{R_L}{R_E + \dfrac{1}{g_m}} = -\frac{R_L}{R_E} \tag{6.2.5}$$

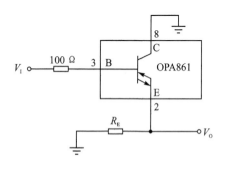

图 6.2.3　电压模式的共 C 放大器

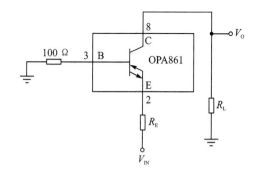

图 6.2.4　电压模式的共 B 放大器

6.2.4　电流模式的电流放大器

一个采用 OPA860/OPA861 构成的电流放大器[113~115]如图 6.2.5 所示。电流放大器电路的传递函数方程为：

$$I_{\text{OUT}} = \frac{R_1}{R_2} \times I_{\text{IN}} \qquad (6.2.6)$$

6.2.5 电流模式的电流积分器

一个采用 OPA860/OPA861 构成的电流积分器[113~115]如图 6.2.6 所示。电流积分器电路的传递函数方程为：

$$I_{\text{OUT}} = \frac{\int I_{\text{IN}}\, \mathrm{d}t}{C \times R} \qquad (6.2.7)$$

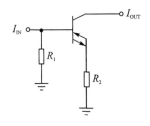

图 6.2.5 电流放大器

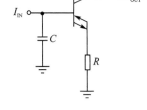

图 6.2.6 电流积分器

6.2.6 电流模式的电流加法器

一个采用 OPA860/OPA861 构成的电流加法器[113~115]如图 6.2.7 所示。电流加法器电路的传递函数方程为：

$$I_{\text{OUT}} = 1 \sum_{j=1}^{n} I_j \qquad (6.2.8)$$

6.2.7 电流模式的加权电流加法器

一个采用 OPA860/OPA861 构成的加权电流加法器[113~115]如图 6.2.8 所示。加权电流加法器电路的传递函数方程为：

$$I_{\text{OUT}} = 1 \sum_{j=1}^{n} I_j \times \frac{R_j}{R} \qquad (6.2.9)$$

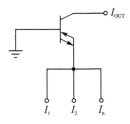

图 6.2.7 电流加法器

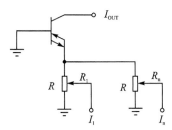

图 6.2.8 加权电流加法器

287

6.3　集成跨导运算放大器的应用电路

TI 公司可以提供宽带运算跨导放大器 OPA860、宽带 DC 恢复电路 OPA861 和宽带运算跨导放大器和缓冲器 OPA615 3 种集成跨导运算放大器芯片。一些应用电路介绍如下。

6.3.1　ns 级的积分器电路

一个采用 OPA860 构成的 ns 级的积分器电路[114]如图 6.3.1 所示,电路能够处理脉冲幅度为 ± 2.5 V,上升时间/下降时间为 2 ns,脉冲宽度为 8 ns 的脉冲信号,电压控制的电流源对积分电容器进行充电,电容器电压为:

$$V_C = V_{BE} \times g_m \times \frac{t}{C} \tag{6.3.1}$$

式中:V_C 为在引脚端 8 的电压,V_{BE} 为 B 极和 E 极之间的电压,g_m 为跨导,t 为时间,C 为积分电容。

积分器电路输出为:

$$V_O = \frac{g_m}{C} \int_0^T V_{BE} \, \mathrm{d}t \tag{6.3.2}$$

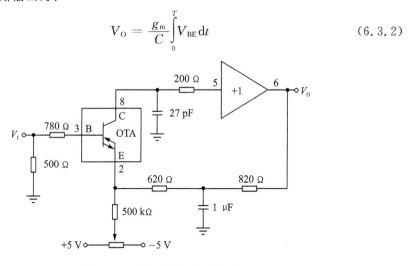

图 6.3.1　纳秒级的积分器电路

6.3.2　电流反馈放大器(CFB)

一个跨导放大器与一个缓冲器相结合,然后加入负反馈,能够构成一个电流反馈(CFB)放大器。一个典型的 CFB 的方框图[113]如图 6.3.2 所示。

6.3.3　控制环路放大器

如图 6.3.3 中所示,控制环路放大器[113]的输入级由两个 OTA 组成。这种组合

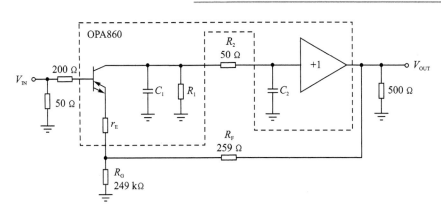

图 6.3.2　一个典型的 CFB 的方框图

可以提供一个高的输入阻抗以及优良的共模信号抑制性能。

　　一个 OTA 的 C 端未连接,而输入级的另一个 OTA 的 C 端输出被连接到一个 RC 网络,形成一个从直流到 RC 时间常数所定义的频率的积分器。第二级 OTA 构成的积分器的 C 端输出被连接到一个缓冲器(BUF602)输出,以确保 AC 性能,并驱动随后的电路。

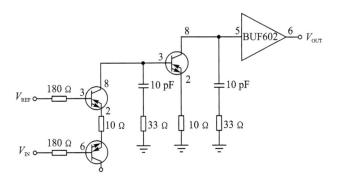

图 6.3.3　控制环路放大器

6.3.4　DC 恢复电路

　　一个采用 OPA615 构成的 DC 恢复电路[116]如图 6.3.4 所示,电路输出为:

$$V_{\text{OUT}} = V_{\text{IN}} \times \frac{R_2}{R_1} \tag{6.3.3}$$

6.3.5　采样/保持电路

　　一个采用 OPA615 构成的采样/保持电路[116]如图 6.3.5 所示。

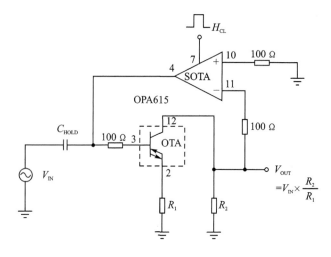

图 6.3.4　使用 OPA615 构成的 DC 恢复电路

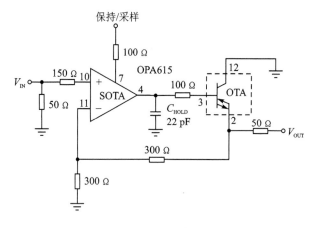

图 6.3.5　使用 OPA615 构成的采样保持电路

6.3.6　仪表放大器电路

一个采用 OPA861 构成的仪表放大器电路[113,115]如图 6.3.6 所示。

6.3.7　Butterworth 低通滤波器电路

一个采样 OPA861 构成的 Butterworth 低通滤波器电路[113,115]如图 6.3.7 所示，电路传输特性为：

$$\frac{V_{OUT}}{V_{IN}} = \frac{1}{1 + sR(C_1 + C_2) + s^2 C_1 C_2 R^2} \quad (6.3.4)$$

$$\omega_O = \frac{1}{\sqrt{C_1 C_2} R} \quad (6.3.5)$$

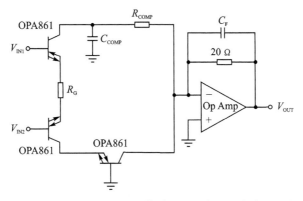

图 6.3.6　使用 OPA861 和运算放大器构成的仪表放大器电路

$$Q = \frac{\sqrt{C_1 C_2}}{C_1 + C_2} \tag{6.3.6}$$

$$Z_{\text{IN}} = \frac{1}{2sC} + R\,\frac{1 + sRC}{1 + 2sRC} \tag{6.3.7}$$

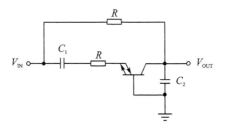

图 6.3.7　OPA861 构成的 Butterworth 低通滤波器电路

改变电路中元器件参数可以获得不同截止频率的低通滤波器,例如:选择 $R = 1$ kΩ 和 $C_1 = \frac{1}{2} \times C_2 = 5.6$ μF,滤波器截止频率为 20 kHz,特性如图 6.3.8 所示。选择 $R = 1.13$ kΩ 和 $C_1 = 10$ pF,$C_2 = 17$ pF,滤波器截止频率为 10 MHz,滤波器特性如图 6.3.8 所示。

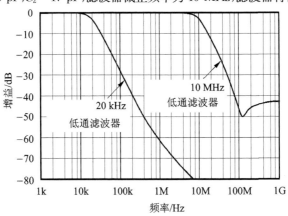

图 6.3.8　Butterworth 低通滤波器电路特性

6.3.8　通用滤波器电路

使用 OPA861 构成的通用滤波器电路[113,115]如图 6.3.9 所示,电路传输特性为:

$$f(s) = \frac{V_{\text{OUT}}}{V_{\text{IN}}} = \frac{s^2 C_1 C_2 R_{1M} \dfrac{R_{2M}}{R_3} + s C_1 \dfrac{R_{1M}}{R_2} + \dfrac{1}{R_1}}{s^2 C_1 C_2 R_{1M} \dfrac{R_{1M}}{R_{3p}} + s C_1 \dfrac{R_{1M}}{R_{2p}} + \dfrac{1}{R_{1p}}} \tag{6.3.8}$$

通用滤波器电路可以构成不同类型的滤波器电路,电路形式和设置如下:

- 低通滤波器:设置 $R_2 = R_3 = \infty$
- 高通滤波器:设置 $R_1 = R_2 = \infty$
- 带通滤波器:设置 $R_1 = R_3 = \infty$
- 带阻滤波器:设置 $R_2 = \infty$, $R_1 = R_3$
- 全通滤波器: $R_1 = R_{1p}$; $R_2 = R_{2p}$; $R_3 = R_{3p}$

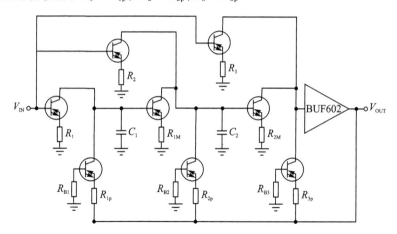

图 6.3.9　通用滤波器电路

按照表 6.3.1 所列参数,采用通用滤波器电路构成的 Butterworth 低通滤波器电路特性如图 6.3.10 所示。在表 6.3.1 中,有:

$$R_2 = R_3 = \infty \tag{6.3.9}$$

$$R_1 = R_{1S} = R_{2S} = 1/2 R_{3S} = R \tag{6.3.10}$$

$$R_{1M} = R_{2M} = R_0 \tag{6.3.11}$$

$$C_1 = C_2 = C_0 \tag{6.3.12}$$

表 6.3.1　电路元件参数

f_O	R	R_O	C_O
1 MHz	150	100	2 nF
20 MHz	150	100	112.5 pF
50 MHz	150	100	25 pF

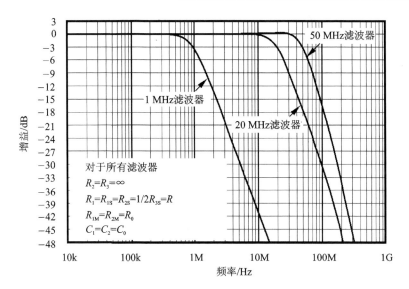

图 6.3.10 Butterworth 低通滤波器电路特性

第 **7** 章

对数放大器电路设计

7.1 对数放大器简介

半个多世纪以来,工程师一直采用对数放大器来压缩信号和进行计算。尽管在计算应用中,数字 IC 几乎全部取代了对数放大器,工程师还是采用对数放大器进行信号压缩。因此,对数放大器仍旧是许多视频、光纤、医疗、测试以及无线系统中的关键元件[117]。

顾名思义,对数放大器的输出和输入之间为对数函数关系(由于对应不同的底,对数函数之间仅差一个常数系数,因此对数的底并不重要)。

利用对数函数,可以压缩系统信号的动态范围。将宽动态范围的信号进行压缩有多种优点。

组合应用对数放大器和低分辨率 ADC 通常可以节省电路板空间,并降低系统成本。否则,可能需要采用高分辨率 ADC。通常当前系统中已经包含低分辨率 ADC,或者微控制器已内置这种 ADC。

转换成对数参数也有利于很多实际应用,例如以分贝表示测量结果的应用,或者转换特性为指数或近似指数的传感器应用。

上世纪 90 年代,光纤通信领域开始采用对数放大器电路来测量某些光学应用中的光信号强度。

7.1.1 对数放大器的分类

对数放大器主要分为 3 类[117,118]。

1. 直流对数放大器

直流对数放大器一般用来处理变化较慢的直流信号,带宽可达 1 MHz。最普遍的实现方法是利用 PN 结固有的对数 I−V 传输特性。这些直流对数放大器采用单极性输入(电流或者电压),通常是指二极管、跨二极管、线性跨导和跨阻(互阻抗)对数放大器等。由于采用电流输入,直流对数放大器通常用于监视宽动态范围的单极性光电二极管电流值或者比例值(光纤通信设备)。化学和生物样品处理设备中也可以找到这种电路。也有其他类型的直流对数放大器。

但是这种电路一般比较复杂,彼此差异较大,分辨率和转换时间与信号有关,并且对温度变化比较敏感。

2. 基带对数放大器

基带对数放大器一般用来处理快速变化的基带信号,适用于需要对交流信号进行压缩的应用(通常是某些音频和视频电路)。放大器输出与瞬时输入信号的对数成正比。一种特殊的基带对数放大器是"真对数放大器",其输入双极性信号,并输出与输入极性一致的压缩电压信号。真对数放大器可用于动态范围压缩,例如射频 IF 级和医疗超声波接收器电路等。

3. 解调对数放大器(或连续检波对数放大器)

解调对数放大器(或连续检波对数放大器)这类对数放大器对 RF 信号进行压缩和解调,输出整流信号包络的对数值。RF 收发器普遍采用解调对数放大器,通过测量接收到的 RF 信号强度来控制发射器输出功率。

7.1.2　对数放大器的传递函数

对数放大器必须满足以下传递函数[117,118]:

$$V_{\text{OUT}} = V_{\text{Y}} \log(V_{\text{IN}}/V_{\text{X}}) \tag{7.1.1}$$

或者:

$$V_{\text{OUT}} = V_{\text{Y}} \log_{10} \left| \frac{V_{\text{IN}}}{V_{\text{X}}} \right| \tag{7.1.2}$$

对数放大器的输入值范围可能为 100:1(40 dB)至 1 000 000:1(120 dB)以上。

对数放大器的传递特性曲线[118]如图 7.1.1 所示。横轴(输入)为对数刻度,理想

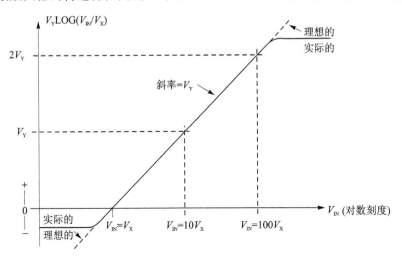

图 7.1.1　对数放大器的传递特性曲线

全国大学生电子设计竞赛基于 TI 器件的模拟电路设计

的传递特性为直线。当 $V_{IN}=V_X$ 时,对数为零($\log 1=0$)。因此,V_X 称为对数放大器的"截止电压",因为其曲线在 V_{IN} 等于此值时与横轴相交。

7.1.3 二极管对数放大器

对数放大器有 3 种基本架构可用:

① 基本二极管对数放大器;

② 连续检波对数放大器;

③ 基于级联半限幅放大器的"真对数放大器"。

从半导体的理论中可以知道,硅二极管上的电压与流过它的电流的对数成比例[117,118],如图 7.1.2 所示,如果 $I \gg I_O$,有:

$$V = \frac{kT}{q} \ln\left(\frac{I}{I_O}\right) \qquad (7.1.3)$$

如图 7.1.3 所示,如果在反相运算放大器电路的反馈路径中放置一个二极管,则构成一个基本的二极管对数放大器电路,输出电压将与输入电流的对数成比例,动态范围限制在 40 dB~60 dB 之间[118]。如果 $I \gg I_O$,有:

$$V_{OUT} = \frac{kT}{q} \ln\left(\frac{I}{I_O}\right) \cong 0.06 \log \frac{V_{IN}}{R_{IN} I_O} \qquad (7.1.4)$$

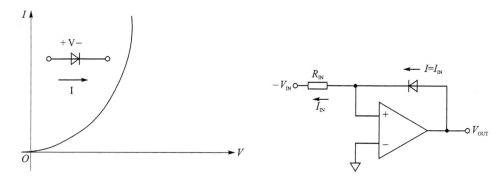

图 7.1.2 硅二极管上的电压与电流的关系　　图 7.1.3 二极管对数放大器电路

在典型的基于 PN 结的直流对数放大器中,采用双极型晶体管来代替二极管产生对数 I—V 关系。

如图 7.1.4 所示,运算放大器的反馈路径采用了晶体管(BJT)[117,118]。根据所选的不同晶体管类型(NPN 或者 PNP),对数放大器分别是电流吸收或者电流源出型(图 7.1.4(a)和 7.1.4(b))。图 7.1.4(a)NPN 型晶体管,具有电流吸收输入,产生负输出电压。图 7.1.4(b)PNP 型晶体管,对数放大器变为电流源出电路,输出为正极性。

采用负反馈,运算放大器能够为 BJT 的基—射结提供足够的输出电压,可确保所有输入电流由器件的集电极吸入。

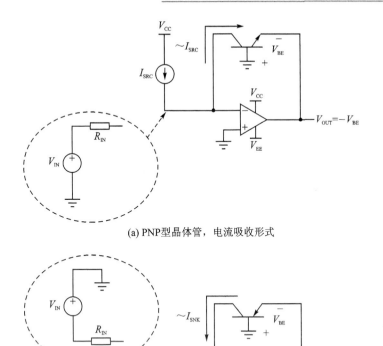

(a) PNP型晶体管，电流吸收形式

(b) PNP型晶体管，电流源出形式

图 7.1.4　运算放大器的反馈通路采用了晶体管(BJT)

注意,悬浮二极管方案会使运放输出电压中包含等效输入失调;基极接地的方法则不会出现这一问题。

增加输入串联电阻后,直流对数放大器也可以采用电压输入。采用运算放大器的虚地作为参考端,输入电压通过电阻转换为成比例的电流。

增加输入串联电阻后,直流对数放大器也可以采用电压输入。采用运算放大器的虚地作为参考端,输入电压通过电阻转换为成比例的电流。显然,运算放大器输入失调必须尽可能小,才能实现精确的电压—电流转换。双极型晶体管实现方案对温度变化敏感,但采用基准电流和片内温度补偿能够显著降低这种敏感性。

在图 7.1.5 所示电路中,采用两个基本 BJT 输入结构,并从 V_{OUT1} 中减去 V_{OUT2},可在输出端消除 I_S 的温度影响。剩余的"PTAT"影响,可通过选择合适的 RTD(电阻温度探测器)以及差分放大器的增益设置电阻,使其降至最低。

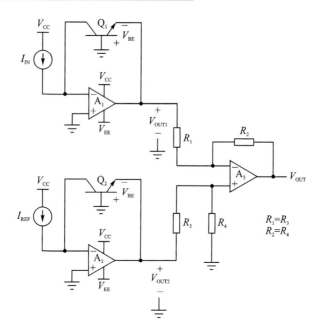

图 7.1.5　采用两个基本 BJT 输入和差分放大器结构

BJT 对数放大器具有两个输入：I_{IN} 和 I_{REF}。如上一节所述，输入到 I_{IN} 的电流使运算放大器 A_1 输出相应的电压：

$$V_{OUT} = \frac{kT}{q} \ln\left(\frac{I_O}{I_S}\right) \cong \frac{kT}{q} \ln\left(\frac{I_{IN}}{I_S}\right) \tag{7.1.5}$$

式中：$k = 1.381 \times 10^{-23}$ J/°K；$T =$ 绝对温度（°K）；$q = 1.602 \times 10^{-19}$ ℃；$I_C =$ 集电极电流（mA 或与 I_{IN} 和 I_S 的单位相同）；$I_{IN} =$ 对数放大器输入电流（mA 或与 I_C 和 I_S 的单位相同）；$I_S =$ 反向饱和电流（mA 或与 I_{IN} 和 I_C 的单位相同）。

尽管式（7.1.5）清楚地表明了 V_{OUT1} 和 I_{IN} 之间的对数关系，但是 I_S 和 kT/q 项与温度有关，会使 V_{BE} 电压产生较大的变化。为消除 I_S 引起的温度影响，由 A_3 及其外围电阻构成差分电路，将第二个结电压从 V_{OUT1} 中减去。第二个结电压的产生方式与 V_{OUT1} 相似，只是输入电流为 I_{REF}。提供两个结的晶体管特性必须非常一致，温度环境也必须非常接近，以实现正确的抵消功能。（在等式（7.1.6）中，"ln"表示自然对数。在后面的等式中，"Log_{10}"表示以 10 为底的对数）。

$$V_{OUT} = \frac{kT}{q} \ln\left(\frac{I_{LOG}}{I_S}\right) - \frac{kT}{q} \ln\left(\frac{I_{REF}}{I_S}\right) = \frac{kT}{q} \ln\left(\frac{I_{LOG}}{I_S}\right) - \ln\left(\frac{I_{REF}}{I_S}\right)$$

$$= \frac{kT}{q} \ln\left(\frac{I_{LOG}}{I_{REF}}\right) = \frac{kT}{q} \ln(10) \log_{10}\left(\frac{I_{LOG}}{I_{REF}}\right) \tag{7.1.6}$$

采用 I_{REF} 带来两个好处是：

第一，它能够设置需要的 x 轴"对数截距"电流，使对数放大器输出电流为理论上等于零的电流。

全国大学生电子设计竞赛基于 TI 器件的模拟电路设计

第二,除了绝对测量外,还允许用户进行比例测量。比例测量通常用于光学传感器和系统中,在这类系统中,需要将衰减后的光源与参考光源进行对比。

式(7.1.6)仍然具有温度效应,V_{DIFF} 与绝对温度成正比(PTAT)。通过加入后续的温度补偿电路(通常是带有 RTD(电阻温度探测器)的运算放大器级,或者类似器件,也是增益构成的一部分),能够有效消除 PTAT 误差,产生理想的对数放大关系:

$$V_{\text{OUT}} = K\log_{10}\left(\frac{I_{\text{LOG}}}{I_{\text{REF}}}\right) \tag{7.1.7}$$

其中,K 是新的比例常数,也称作对数放大器增益,以 $V/10$ 倍程表示。由于采用 $\log_{10}$ 运算的比例 $I_{\text{LOG}}/I_{\text{REF}}$ 确定了 I_{LOG} 大于或小于 I_{REF} 的 10 倍程数量,乘上 K 之后将产生所需的电压单位。

直流对数放大器非常适合采用集成设计方案,这是因为关键的温度敏感元件可以共同放置在电路中,方便跟踪这些元件的温度变化。而且,在生产过程中,也容易微调各种剩余误差。在对数放大器的数据资料中会详细说明各种剩余误差指标。

7.1.4　多级对数放大器

在高频应用中使用检波和真对数架构。尽管它们在细节上有所不同,但其基本设计原理却是一致的:这些设计采用大信号行为定义明确的多个类似级联线性级,而不是一个具有对数特性的放大器。

如图 7.1.6 所示,假设有 N 个级联限幅放大器,各放大器的输出驱动着一个求和电路和下一级。如果每个放大器的增益为 A dB,则带的小信号增益为 NA dB。如果输入信号小到最后一级无需进行限幅的程度,则求和放大器的输出将以最后一级的输出为主导[117,118]。基本多级对数放大器的响应(单极性)如图 7.1.7 所示。

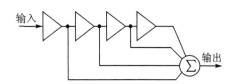

图 7.1.6　基本的多级对数放大器架构

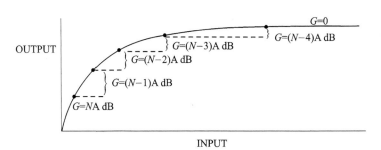

图 7.1.7　基本多级对数放大器的响应(单极性)

随着输入信号的增加,最后一级将进行限幅。此时,它对求和放大器输出的贡献是固定的,但求和放大器的增量增益会降至$(N-1)A$ dB。随着输入继续增加,该级则会进行限幅,并对输出提供固定的贡献量,而增量增益会下降至$(N-2)A$ dB,依此类推——直到第一级进行限幅且输出不再随信号输入的增加而变化为止。

因此,响应曲线为一组直线的组合,如图 7.1.7 所示。但这些直线组合起来却非常逼近对数曲线。

7.1.5 "真"对数放大器

采用小信号增益为 A、大信号(增量)增益为单位值(0 dB)的多个级,而不是对增益级进行限幅。可以将这种级看成两个并联放大器,一个带增益的限幅放大器和一个单位增益缓冲器,二者一起为求和放大器提供信号[118],如图 7.1.8 所示。

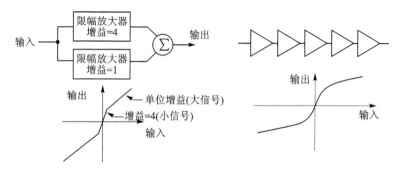

图 7.1.8 "真"对数放大器元件以及由数个此类元件构成的对数放大器的结构和性能

7.1.6 连续检波对数放大器

最常见的高频对数放大器是图 7.1.9 所示的连续检波对数放大器架构[118]。

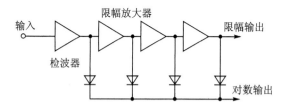

图 7.1.9 带对数和限幅器输出的连续检波对数放大器

连续检波对数放大器由级联限幅级构成,但并不直接对其输出求和,而是将这些输出施加到检波器(二极管检波器),然后对检波器输出求和。检波器可以是半波或者全波形式。

如果检波器具有电流输出,则求和过程可能只是将所有检波器输出连接起来。

采用这种架构的对数放大器有两个输出:对数输出和限幅输出。在许多应用中,并不使用限幅输出,但在某些应用中(例如带"S"表的 FM 接收器),二者都是必不可少的。例如,以极性解调技术从输入信号中抽取相位信息时,限幅输出尤其有用。

连续检波对数放大器的对数输出一般含有幅度信息,相位和频率信息则丢失。然而,如果使用半波检波器,并且同时注意均衡连续检波器的延时,则情况不一定是这样——但此类对数放大器的设计非常严苛。

7.2　对数放大器 IC 应用电路

TI 公司可以提供具有 2.5 V 参考和非约束输出运算放大器的精密高速对数放大器 LOG114,片上电压参考为 2.5 V 的精密对数和对数比放大器 LOG112,TL441 对数和对数比放大器,以及 LOG101 /LOG102/LOG104 等对数放大器。下面介绍一些典型的应用电路。

7.2.1　输入电压范围大于 80 dB 的对数放大器电路

TL441 对数和对数比放大器的内部结构(一半)[119]如图 7.2.1 所示。

在图 7.2.1 中,$Y \propto \log A_1 + \log A_2$。$Z \propto \log B_1 + \log B_2$。$A_1$,$A_2$,$B_1$,和 B_2 是用 dBV,0 dBV$=$1 V。C_{A2},$C_{A2'}$、C_{B2} 和 $C_{B2'}$ 是检波器补偿输入。

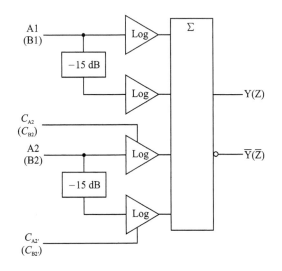

图 7.2.1　TL441 对数和对数比放大器的内部结构(一半)

任何一级的输入电压范围为 0.01 V～1 V,差分输出电压一般小于 0.6 V。如图 7.2.2 所示,输出摆幅和输出响应的斜率可以进行调整。坐标原点的位置也可以调整,以满足的输出缓冲器的偏移。

在 TL441 对数放大器的典型电路中,运算放大器可以使用 TLC271。当运行在更高的频率时,推荐使用运算放大器 TL592。

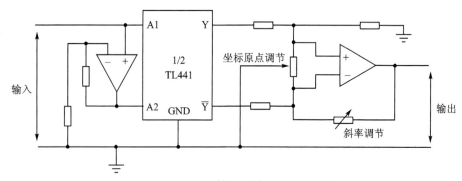

(a) 斜率和坐标原点调整电路

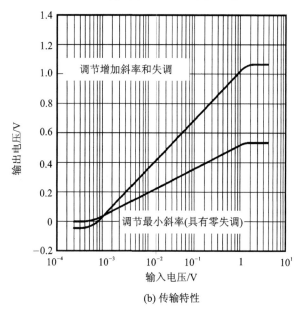

(b) 传输特性

图 7.2.2　TL441 的斜率和坐标原点调整电路以及传输特性

一个采用 TL441 构成的输入电压范围大于 80 dB 的对数放大器电路[119]如图 7.2.3所示。可以通过减少输入放大器的电源电压(±4 V)限制输入电压的范围,输入放大器的增益可以通过 5 kΩ 的电位器调整。运算放大器可以使用 TLC271。

7.2.2　乘法器和除法器电路

一个采用 TL441 构成的乘法器和除法器电路[119]如图 7.2.4 所示。运算放大器可以使用 TLC271。

图 7.2.4 所示电路连接是乘法器电路形式。对于除法器,Z 和 $\overline{Z}$ 是反向连接。输出 W 可能需要被放大,产生 A 和 B 实际的积或商。R 为电阻值相等的电阻,一般为 2 kΩ~10 kΩ。

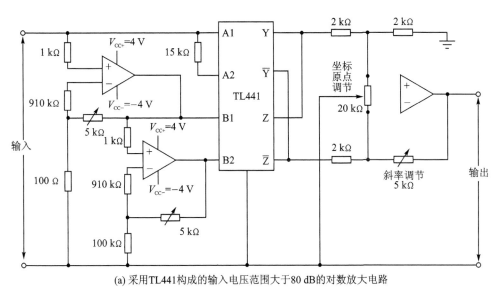

(a) 采用TL441构成的输入电压范围大于80 dB的对数放大电路

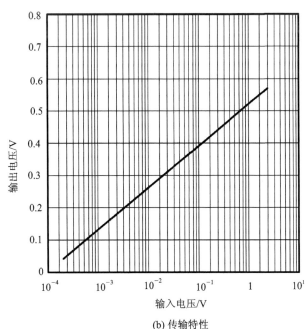

(b) 传输特性

图 7.2.3　输入电压范围大于 80dB 的对数放大器电路和传输特性

对于乘法器有：$W = A \cdot B$ ；$\log W = \log A + \log B$；或者 $W = a(\log_a A + \log_a B)$。

对于除法器有：$W = A/B$ ；$\log W = \log A - \log B$；或者 $W = a(\log_a A - \log_a B)$。

全国大学生电子设计竞赛基于 TI 器件的模拟电路设计

304

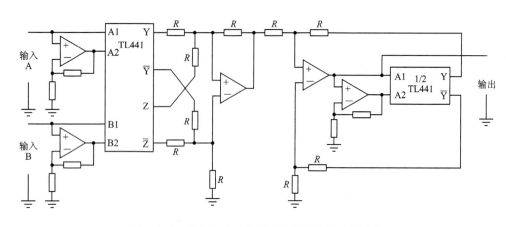

图 7.2.4　采用 TL441 构成的乘法器和除法器电路

7.2.3　增加一个变量的对数放大器电路

一个采用 TL441 构成的一个变量的对数放大器电路[119]如图 7.2.5 所示。运算放大器可以使用 TLC271。

电路输出 $W=A^n$；$\log W=n \log A$；或者 $W=a(n \log_a A)$

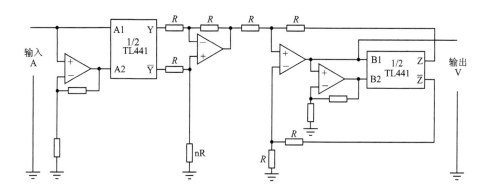

图 7.2.5　采用 TL441 构成的一个变量的对数放大器电路

7.2.4　双通道 50 dB 10 MHz RF 对数放大器电路

一个采用 TL441 构成的双通道、输入范围为 50 dB、10 MHz RF 对数放大器[119]如图 7.2.6 所示。运算放大器使用 TLC592。

7.2.5　光电二极管(光电流)对数放大器电路

一个采用具有 2.5 V 基准电压和非约束输出运算放大器的精密高速对数放大器 LOG114 构成的光电二极管(光电流)对数放大器电路[120]如图 7.2.7 所示。

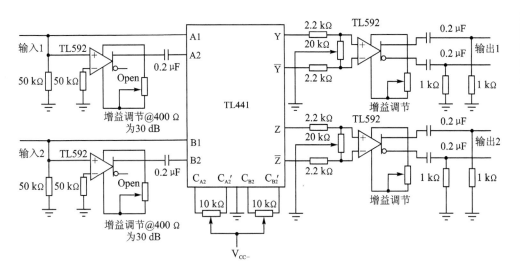

图 7.2.6 采用 TL441 构成的双通道 50dB 10MHz RF 对数放大器

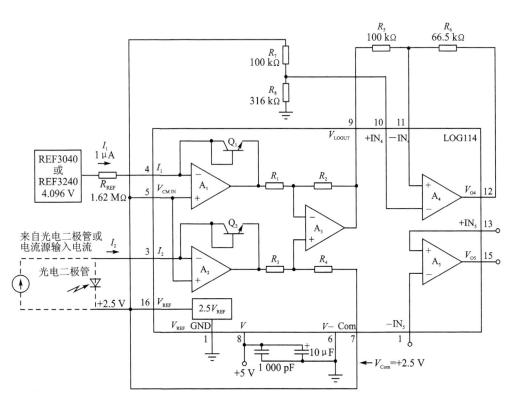

图 7.2.7 光电二极管(光电流)对数放大器电路

图 7.2.7 所示电路采用 +5 V 单电源供电，引脚端 7Com 电压必须 ≥1 V，连接到 V_{REF} 引脚端 +2.5 V。REF3040 或者 REF3240 是一个 4.096 V 的基准电压源。

引脚端 9 输出电压 $V_{LOGOUT} = 0.375 \times \log(I_1/I_2) + 2.5$ V。

引脚端 12 输出 $V_{O4} = -0.249 \times \log(I_1/I_2) + 1.5$ V。

在光电二极管的阴极连接到 V_{REF} 引脚端 +2.5 V，创建了一个反向偏置，可以降低光电二极管的电容，从而提高反应速度。

7.2.6　吸光度测量电路

一个采用具有 2.5 V 基准电压和精密高速对数放大器 LOG114 构成的吸光度测量电路[120] 如图 7.2.8 所示。

在图 7.2.8 所示电路中，引脚端 9 输出 $V_{LOGOUT} = 0.375 \times \log(I_1/I_2)$。引脚端 12 输出 $V_{O4} = 0.375 \times K \times \log(I_1/I_2)$，$K = 1 + R_6/R_5$。

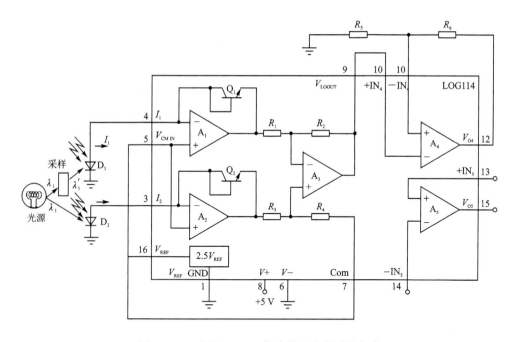

图 7.2.8　采用 LOG114 构成的吸光度测量电路

一个采用 LOG112/LOG2112 构成的吸光度测量电路[121] 如图 7.2.9 所示。在图 7.2.9 所示电路中吸光度 $A = \log \lambda_1'/\lambda_1$。如果光电二极管 D_1 和 D_2 是匹配的，吸光度 $A \propto (0.5 \text{ V}) \log I_1/I_2$。

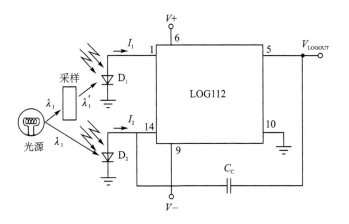

图 7.2.9　采用 LOG112/LOG2112 构成的吸光度测量电路

第 **8** 章

隔离放大器电路设计

8.1 隔离放大器电路基础

8.1.1 电路隔离的必要性

隔离就是将一部分物体、电路与其他部分中的非理想环境的影响分离开来。在电子电路中,采用电介质,通过阻断直流电(DC)实现电路隔离[122,123]。

采用隔离电路的主要原因是保护电路不受危险电压和电流的损坏。在图 8.1.1 的医疗应用实例中,即使是小量的 AC 电流也有可能造成致命的伤害,因此需要采用一个隔离层来保护病人。隔离还可对敏感电路进行保护,使其免于受到工业应用中出现的高压损坏。图 8.1.2 的工业实例仅为一个高压测量法,将传感器与实际高压相隔离使得对低压电路的测量成为可能。

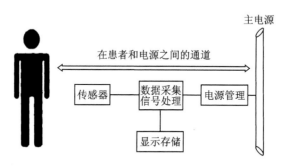

图 8.1.1 电源和病人之间可能的电路通路

保护原理是将高电压电位隔离,其可能出现在各系统或电路中,如图 8.1.3 中的线缆应用所示,其中的长距离可以将一个驱动器和接收机隔离。经过如此长的距离,接地可能处在不同电压中。通过隔离,在隔离器而非敏感电路中形成电压差。

如图 8.1.4 所示,通过相对于其他电路组件而言的高阻抗,隔离中断了由电路通路形成的环路。通过中断该环路,噪声电压出现在隔离层上,而非出现在接收机或更为敏感的组件上。噪声电压的高电平可以由外部电流或电压源(例如:电机电感和闪电(lightning))耦合。

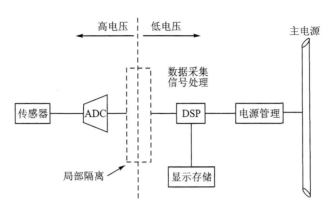

图 8.1.2 高压和低压电路之间的隔离

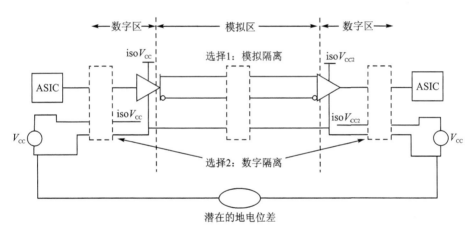

图 8.1.3 设备之间的接地电压差

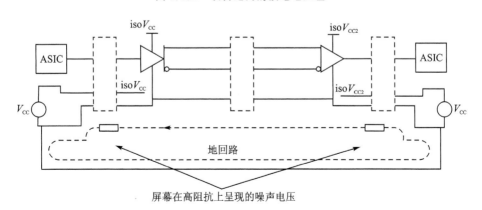

图 8.1.4 各隔离中断节点之间的接地环路

8.1.2　常用的电路隔离技术

在允许通过电磁或光链路进行模拟或数字信号传输的同时,电路隔离器阻碍了各电路之间的低频电流。数字隔离器传输二进制信号,模拟隔离器则在隔离层上传输连续信号。在模拟和数字隔离器中,工作和峰值额定电压以及共模瞬态抗扰度均为这种隔离层的重要特性。当对数字信号进行隔离时,隔离电路的这些重要特性为输入和输出逻辑电压电平、信号速率、数据运行长度以及自动防护响应。

传统上而言,为满足特殊需求,变压器、电容器或光电二极管晶体管及分立电路以输入和输出信号为条件。这种方法是有效的,但却不能将其从一种应用转移至另一种应用中。尽管这样可能会保持模拟隔离器的情况,但市场中已经出现了新一代数字隔离器,其使用创新电路在超过 100 Mbps 直流电信号速率的条件下对标准数字信号进行隔离。这些通用数字隔离器均具有各自的优点和缺点。

1. 光耦合隔离技术

光耦合隔离技术是在透明绝缘隔离层(例如:空气间隙)上的光传输,以达到隔离目的。基本的光耦合形式如图 8.1.5 所示。对于光数字隔离器,该电流驱动器采用数字输入,并将信号转换为电流来驱动发光二极管(LED)。输出缓冲器将光电探测器的电流输出转换为一个数字输出。

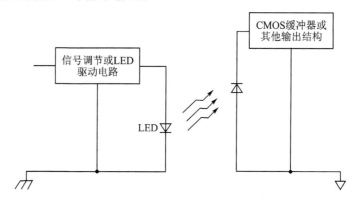

图 8.1.5　基本的光耦合机制

光耦合隔离技术的主要优点是,光具有对外部电子或磁场内在的抗扰性,而且,光耦合技术允许使用恒定信息传输。光耦合器的不足之处主要体现在速度限制、功耗以及 LED 老化上。

一个光耦合器的最大信号速率取决于 LED 能够开启和关闭的速度。如光耦合器 HCPL-0723,其可以达到 50 Mbps 的信号速率。

从输入到输出的电流传输比(CTR)是光耦合器的一个重要特性,LED 一般会要求 10 mA 的输入电流,以用于高速数字传输。这种比率对用于驱动 LED 的电流和由光电晶体管产生的电流进行调节。随着时间的推移,LED 变得更为低效,同时要求更多的电流来产生相同等级的亮度以及相同等级的光电晶体管输出电流。在许多光数字隔离器中，内部电路控制 LED 驱动电流，并且用户无法对逐渐下降的 CTR 进行补偿。

2. 电感耦合隔离技术

电感耦合隔离技术使用两个线圈之间的变化磁场在一个隔离层上进行通信。最常见的例子就是变压器，其磁场大小取决于主级和次级绕组的线圈结构（匝数/单位长度）、磁芯的介电常数以及电流振幅。电感耦合隔离示意图如图 8.1.6 所示。

电感耦合隔离技术的信号能量传输可以有接近 100% 的效率，从而使低功耗隔离器成为可能。精心设计的变压器允许噪声和信号频率重叠，但会呈现出噪声高共模阻抗和信号低差分阻抗。

电感耦合隔离技术的主要缺点是对外部磁场（噪声）的磁化。在工业应用通常要求磁场隔离。数字变压器传输中另一个缺点是需要考虑数据运行长度，需要对数据运行长度限制或时钟编码，将该信号保持在可用变压器带宽内。采用电感耦合隔离技术的通用数字隔离器要求信号处理随同传输低频率信号（1 或 0 长字符）的方法共同对数字信号进行传输和重新构建。一些公司，如 NVE 公司/Avago（安华高）公司推出的 Isoloop，以及 ADI（美国模拟器件公司）推出的 iCoupler 均使用了编码功能，并提供了支持从 DC 到 100 Mbps 运行范围的数字隔离解决方案。

ADuM1100 是 ADI 推出的 iCoupler 技术的一个例子。ADuM1100 使用一个基本的变压器来实现在一个隔离层上传输信息。这种 Isoloop 技术（例如：HCPL-0900）使用一个如图 8.1.7 所示的电阻器网络来替换次级线圈。该电阻器由 GMR（巨磁电阻）材料组成，这样当磁场发挥作用时该电阻会发生变化。电路感应电阻的变化，并满足其条件，以用于输出。这种技术被首次引入市场时就切实地提高了 AC 性能，超过了现有光耦合器的性能。

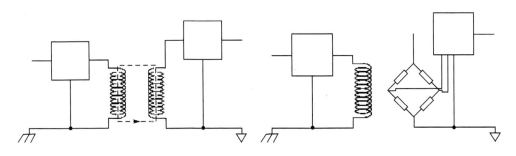

图 8.1.6　电感耦合隔离示意图　　　　图 8.1.7　GMR 结构图

3. 电容耦合隔离技术

电容耦合隔离技术是在隔离层上采用一个不断变化的电场传输信息，示意图如图 8.1.8 所示。各电容器极板之间的材料是一个电介质隔离器，并形成隔离层。该极板尺寸、极板之间的间隔和电介质材料等都决定着电气性能。

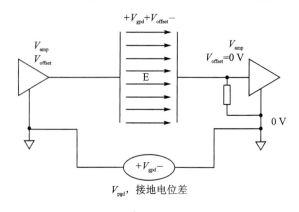

图 8.1.8　电容耦合隔离技术示意图

使用一个电容隔离层的好处是,在尺寸大小和能量传输方面的高效率,以及对磁场的抗扰度。前者使低功耗和低成本集成隔离电路成为可能;而后者使在饱和或高密度磁场环境下运行成为可能。

电容耦合隔离技术的缺点是其没有差分信号和噪声,并且信号共用相同的传输通道,这一点与变压器不同。这就要求信号频率要大大高于噪声预期频率,这样隔离层电容才会呈现出对信号的低阻抗,以及对噪声的高阻抗。

例如,TI 推出的 ISO72x 系列隔离器采用电容耦合技术。为了提供恒定信息的传输,ISO72x 使用一个高信号速率和低信号速率通道来进行通信,如图 8.1.9 所示。高信号速率通道未被编码,并且在一个单端到差分转换之后的隔离层上传输数据。该低信号速率通道以一种脉宽调制格式对数据进行编码,并在隔离层上差分传输数

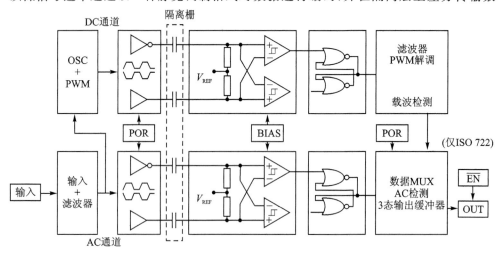

图 8.1.9　ISO72x 与 ISO72xM 的结构方框图

据,从而确保了恒定状态的精确通信(1 和 0 的长字符)。单端逻辑信号在隔离层上的差分传输允许使用低电平信号和小耦合电容。这就呈现出对共模噪声的高阻抗,并且,通过接收机的共模噪声抑制,带来了优异的瞬态抗扰度,即信号电容耦合需要解决的主要问题。

8.1.3　隔离器的技术特性

1. 两端隔离电压

UL 1577、IEC 60747 - 5 - 2 和 CSA 三个主要标准可以用来验证隔离器的两端隔离电压。虽然每一种标准都稍有不同,但均提供了一个对比隔离性能的标准。IEC、UL 和 CSA 的测试可以用来证实输入和输出之间电介质的击穿电压。测试标准和隔离方式无关。在图 8.1.10 所示隔离测试中,将隔离器看作是两端器件的。尽管每种器件的物理结构存在差异,但隔离测试却是在电介质击穿电压上测定的。

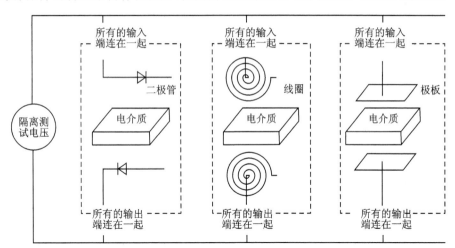

图 8.1.10　两端隔离电压测试

UL、CSA 和 IEC 均对隔离层的质量进行测试。UL 和 CSA 的测试均为应力测试,使用由厂商设置的规定时间对电介质击穿电压进行测试。IEC 测试使用一种被称为局部放电的现象来探测电介质内的无效(void)。

2. 瞬态抗扰度

高转换率(高频率)瞬态可以破坏一个隔离层上的数据传输。如图 8.1.11 所示,该隔离层的分布电容提供了一个瞬态信号通道,使瞬态信号可以穿过隔离层,并破坏输出波形。在光耦合器或电感耦合器中,可以采用一个法拉第屏蔽结构,用来屏蔽这种瞬态信号产生的输出。

在电容耦合隔离技术中,法拉第屏蔽不是一种可行的解决方案。因为法拉第屏蔽除了屏蔽瞬态信号以外,还会阻塞用于数据传输的电场。为了提供瞬态抗扰度,如

ISO72x 系列电容隔离器只传输 f_0 信号(信号中仅代表最高频率能量的数据信号)。这样就允许采用一个对噪声频率呈现高阻抗的小耦合电容。如图 8.1.9 所示,穿过电容隔离层的 4 个信号,其中 2 个包含低信号速率信息,另外 2 个包含高信号速率信息。通过使用差分技术,对任何穿过隔离层的剩余共模瞬态进行了抑制。例如 ISO72x 系列的瞬态抗扰度可以达到 25 kV/μs。

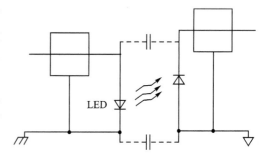

图 8.1.11　隔离层的分布电容

3. 自动防护

数据线电路和数字隔离器需要注意的一点就是输入信号的损耗。输入损耗可能出现在线缆断开或直接从隔离器输入端去除电源。自动防护是指在输入损耗状态下一个确定的或已知的输出状态。例如,ISO72x 系列使用一个周期脉冲来确定输入结构是否有电,并且是否正在工作。如果隔离器的输出端在 4 μs 以后没有接收到一个脉冲,那么该输出被设置为一个高状态。ADI 推出的 ADum1100 也在 IC 的输出部分集成了一个自动防护电路。安华高科技推出的光解决方案(HCPL - 0721 及 - 0723)没有提及自动防护,而电感 GMR 解决方案(HCPL - 0900)明确地描述了在电源排序期间输出具有不确定性。

4. 功　耗

除了隔离层上信号传输的效率之外,输入和输出调节电路的设计与功耗的相关性最大。与电感耦合或电容耦合相比,光耦合器的功耗会更高。例如,ISO721(电容耦合)功耗 21.5 mW,ADuM1100(电感耦合)功耗 1.2 mW,HCPL - 0723(光耦合)功耗 137.5 mW。

5. 可靠性

故障前平均工作时间(MTTF)是半导体设备可靠性的标准测量方法。对于数字隔离器而言,这种测量表示集成电路和隔离机制的可靠性。与电感耦合及光耦合技术相比,电容耦合的可靠性相对高一些。

6. 外部磁场抗扰度

对比电感耦合或电容耦合的磁场抗扰度,相对来说电容耦合可以提供更大的裕度。而采用光耦合隔离层电路对外部磁场具有内在的磁化抗扰度。

8.2　隔离放大器和应用电路

　　TI 公司提供 ISO121/ISO122/ISO124 3 种隔离放大器,一些典型应用电路如下所述。

8.2.1　隔离式可编程放大器电路

　　一个采用隔离放大器 ISO122 和可编程放大器 PGA102 构成的隔离式可编程放大器电路[124]如图 8.2.1 所示。电路可编程增益为 1/10/100,采用 ISO150、DCH010515S 等隔离式电源模块供电。

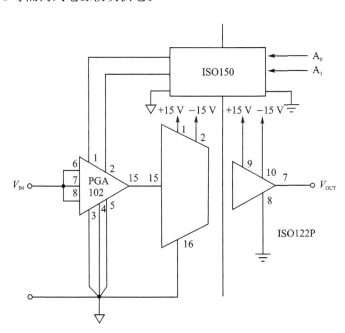

图 8.2.1　隔离式可编程放大器电路

8.2.2　隔离式热电偶放大器电路

　　一个采用隔离放大器 ISO122 和仪表放大器 INA101 构成的隔离式热电偶放大器电路[124]如图 8.2.2 所示。电路消除了接地环路,并具有冷端补偿,采用隔离的两组电源供电。冷端补偿采用二极管 IN4148,在电流为 2.00 μA 时,补偿电压为 −2.1 mV/℃。REF102 是一个 10 V 的基准电压源。外接电阻 R_x 与热电偶的关系如表 8.2.1 所列,电路需要根据不同类型的热电偶选择不同的 R_x 值。

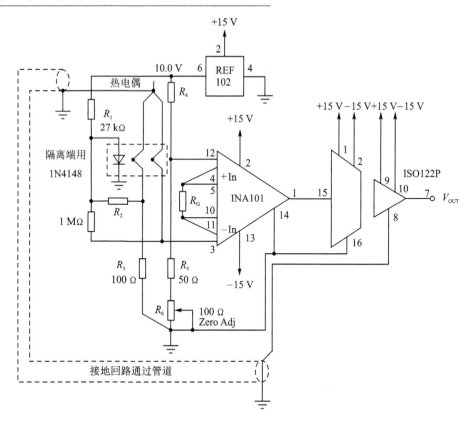

图 8.2.2　隔离式热电偶放大器电路

表 8.2.1　外接电阻 R 与热电偶的关系

类　型	金　属	系数 /(μV/℃)	R_2 ($R_3 = 100\ \Omega$)	R_4 ($R_5 + R_6 = 100\ \Omega$)
E	铬/康铜	58.5	3.48 kΩ	56.2 kΩ
J	铁/康铜	50.2	4.12 kΩ	64.9 kΩ
K	铬/铝镍合金	39.4	5.23 kΩ	80.6 kΩ
T	铜/康铜	38.0	5.49 kΩ	84.5 kΩ

8.2.3　隔离式 4～20 mA 仪表回路

　　一个采用隔离放大器 ISO122 和 XTR101 双线变送器构成的隔离式 4～20 mA 仪表回路[124]如图 8.2.3 所示。

　　在图 8.2.3 中，XTR101 是一个精密、低漂移的双线变送器，它由一个高精度的仪表放大器、压控输出电流源和 2 个精密的 1 mA 电流源组成。它可以把 RTD(温度检测)产生的微弱的信号进行放大并变换成 4～20 mA 的电流信号后进行远距离传送。

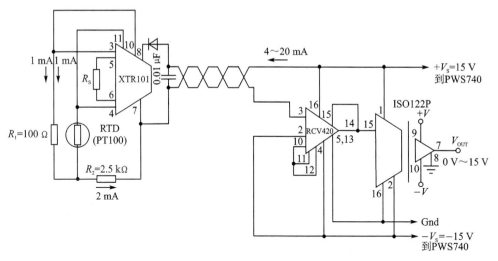

图 8.2.3 隔离式 4～20 mA 仪表回路

8.2.4 隔离的电源负载检测电路

一个采用隔离放大器 ISO122 构成的隔离的电源负载检测电路[124] 如图 8.2.4 所示。

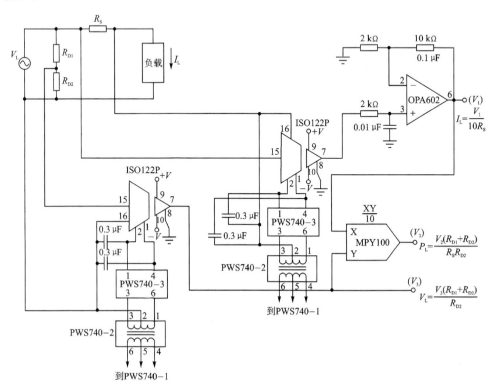

图 8.2.4 隔离的电源负载检测电路

在图 8.2.4 所示电路中,采用两个隔离放大器 ISO122 分别检测电源负载的电压 V_L 与电流 I_L。负载的电压 V_L 为:

$$V_L = \frac{V_3(R_{D1} + R_{D2})}{R_{D2}} \tag{8.2.1}$$

负载的电流 I_L 为:

$$I_L = \frac{V_1}{10R_S} \tag{8.2.2}$$

检测到的负载的电压 V_L 与电流 I_L 输入到乘法器 MPY100 进行乘法运算,得到负载功率 P_L 为:

$$P_L = \frac{V_2(R_{D1} + R_{D2})}{R_S R_{D2}} \tag{8.2.3}$$

8.2.5　单电源工作的隔离放大器电路

一个采用隔离放大器 ISO122 和 INA105 差动放大器构成的单电源工作的隔离放大器电路[125] 如图 8.2.5 所示。

在图 8.2.5(a)所示电路中,选择 R_C 与信号源内阻 R_S 匹配,根据电路所示参数,$V_{OUT} = V_{IN}$。

在图 8.2.5(b)所示电路中,选择精密单电源双路运算放大器 OPA1013 作为同相跟随器,OPA1013 的差分输入电阻为 300 MΩ,共模输入电阻为 4 GΩ。

在图 8.2.5(c)所示电路中,选择精密单电源双路运算放大器 OPA1013 作为同相跟随器,构成高输入阻抗差分输入单电源工作的隔离放大器。电路的输出为 $V_{OUT} = V_P - V_N$。

318

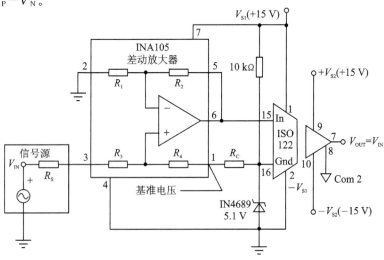

(a) 单电源工作的隔离放大器电路

图 8.2.5　单电源工作的隔离放大器电路

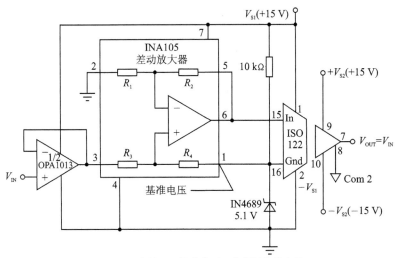

(b) 高输入阻抗单电源工作的隔离放大器

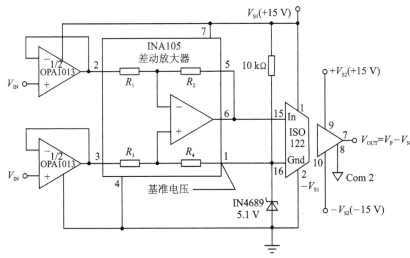

(c) 高输入阻抗差分输入单电源工作的隔离放大器

图 8.2.5　单电源工作的隔离放大器电路(续)

8.3　数字隔离器

　　TI 公司可以提供 ISO150 双路、隔离、双向数字耦合器,ISO721 系列单路 100 Mbps 数字隔离器,ISO722 系列具有使能端的单路 100 Mbps 数字隔离器,ISO722x 系列双通道 25 Mbps 数字隔离器,ISO723x 系列三通道 25 Mbps 数字隔离器, ISO724x 系列四通道 25 Mbps 数字隔离器,ISO7520C 低功耗 5 kVrms 双通道数字 隔离器等数字隔离器产品。

8.3.1　数字隔离的工业数据采集系统

先进的数据采集系统均使用模数转换器(ADC),在隔离式数据采集系统中,传感器的信号经放大器放大后,输入到 ADC,经 ADC 转换为数字信号,数字信号通过数字隔离器发送给系统控制器[126],如图 8.3.1 所示。

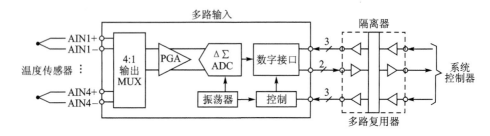

图 8.3.1　数字隔离的工业数据采集系统

数字隔离器可以采用各种各样的隔离层,使用电磁、光电或者电容式隔离技术。TI 公司提供采用电容耦合技术的数字隔离器。电容耦合对磁场具有内在的抗扰度。

采用电容式隔离层技术的数字隔离器如图 8.3.2 所示。为了提供恒定信息的传输,数字隔离器器件由两条并行的数据通道组成,使用一个高信号速率和低信号速率通道来进行通信。

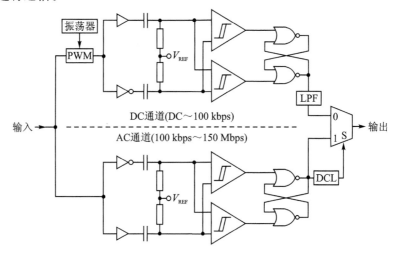

图 8.3.2　数字电容式隔离器

一条为高速 AC(交流)通道,高速通道未被编码,并且它在一个单端到差分转换之后的隔离层上传输数据。其带宽为 100 kbps～150 Mbps。

另一条为低速 DC(直流)通道,该低速通道以一种脉宽调制格式对数据进行编码,并在隔离层上差分传输数据,从而确保了恒定状态的精确通信(1 和 0 的长字符),带宽为 100 kbps 到 DC。

单端逻辑信号在隔离层上的差分传输允许使用低电平信号和小耦合电容。对共模噪声呈现出高阻抗，并且，通过接收机的共模噪声抑制，具有优异的瞬态抗扰度。

工业数据采集系统是生产过程控制和工厂自动化的常用设备。生产过程控制系统通常会检测或者测量一个系统内部的多个物理量，例如温度、压力等。而工厂自动化系统一般监测多个系统的一个物理量。因此系统的传感器、放大器、采样等配置会有不同，如图8.3.3(a)和图8.3.3(b)所示。

在图8.3.3(a)生产过程隔离式数据采集系统例中，利用各种传感器检测温度、压力、电流等。需要为每一种传感器设置不同的增益，以实现ADC输入动态范围的最大化。为了匹配某些输入通道的变化速率，必须对采样速率进行切换。在没有执行测量任务时，可以用来降低系统ADC的功耗。

在图8.3.3(b)工厂自动化隔离式数据采集系统例中，采用4个相同类型的热电偶连续测量各种设备的温度。尽管这个设计使用了与图8.3.3(a)所示电路相同的ADC，但统一的传感器特性允许ADC采用固定的增益和采样速率，也允许使用低功耗控制功能。

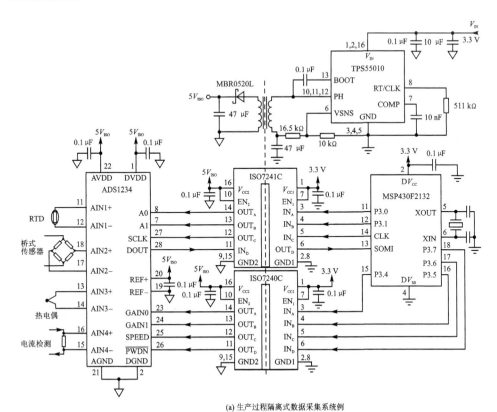

(a) 生产过程隔离式数据采集系统例

图8.3.3　隔离式工业数据采集系统例

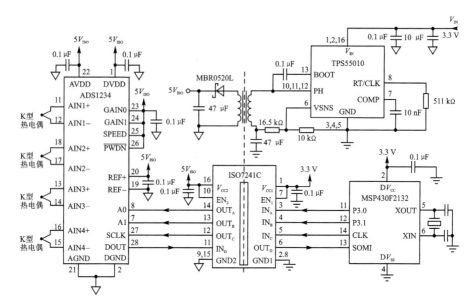

(b) 工厂自动化隔离式数据采集系统例

图 8.3.3　隔离式工业数据采集系统例(续)

在图 8.3.3 中，ADS1234 是一个 24 位超低噪声模数转换器。ISO7240C 是一个四通道 4/0 25 Mbps 数字隔离器。ISO7241C 是一个四通道 3/1 25 Mbps 数字隔离器。TPS55010 是一个具备集成 FET 的 2.95～ 6 V 输入、2 W、隔离式 DC/DC 转换器。MSP430F2132 是一个具有 8 KB 闪存、512B RAM、10 位 ADC 和 USCI 的 16 位超低功耗微控制器。

8.3.2　隔离式的 RS-485 节点

一个采用 ISO3082 隔离信号，采用 RSZ-3.305HP 隔离电源构成的半双工、200 kbps、3.3—5 V 隔离式的 RS-485 节点电路[127]如图 8.3.4(a)所示。

一个采用 ISO35 隔离信号，采用 RSZ-3.33.3HP 隔离电源构成的全双工、1 Mbps、3.3 V—3.3 V 隔离式的 RS-485 节点电路[127]如图 8.3.4(b)所示。

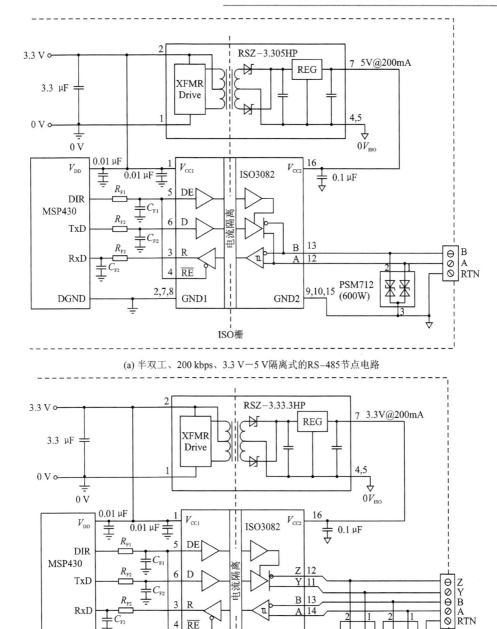

(a) 半双工、200 kbps、3.3 V－5 V隔离式的RS-485节点电路

(b) 全双工、1 Mbps、3.3 V－3.3 V隔离式的RS-485节点电路

图 8.3.4　隔离式的 RS - 485 节点电路

第 **9** 章

比较器电路设计

9.1 比较器的工作原理

9.1.1 单门限电压比较器

电压比较器是一种用来比较两个模拟输入信号电压（u_i 和 V_{REF}）相对大小的电路，是一种模拟输入，数字输出的模拟电路。两个模拟输入信号电压的比较可以采用 OP 和专用的比较器芯片实现。不推荐使用运算放大器作为比较器使用，采用专用的比较器芯片可以获得更好的比较性能，而且使用也更为方便。

比较器的符号[7,28,128]如图 9.1.1(a)所示，参考电压 V_{REF} 加在比较器的反相端，它可以是正值，也可以是负值，图 9.1.1(a)中给出的为正值。而输入信号电压 u_i，则加在比较器的同相端。

当输入信号电压 u_i 小于参考电压 V_{REF} 时，比较器输出电压 $u_O = V_{OL}$；当输入信号电压 u_i 升高到略大于参考电压 V_{REF} 时，比较器输出电压 $u_O = V_{OH}$，如图 9.1.1(b)所示。

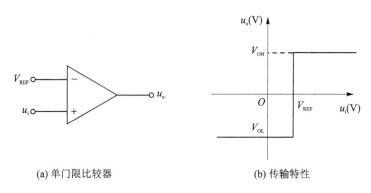

(a) 单门限比较器　　　　　　　　　　　　(b) 传输特性

图 9.1.1　比较器的符号和传输特性

比较器输出电压 u_O 从一个电平跳变到另一个电平时相应的输入电压 u_i 值称为门限电压 V_T，对于图 9.1.1(a)所示电路，$V_T = V_{REF}$。由于 u_i 从同相端输入，而且只有一个门限电压 $V_T = V_{REF}$，故称之为同相输入单门限电压比较器。反之，当 u_i 从反相端输入，V_{REF} 改接到同相端，则称之为反相输入单门限电压比较器。

如果参考电压 $V_{REF}=0$，则输入信号电压 u_i 每次过零时，比较器输出电压 u_O 就要产生变化，这种比较器称之为过零比较器。

对于一个连续输入的模拟信号 u_i（例如图 9.1.2 中虚线所示，u_i 为三角波，其峰值为 6 V），对应不同的 V_{REF}（$V_{REF}=+2$ V，$V_{REF}=-4$ V 和 $V_{REF}=0$）时，比较器的输出电压 u_O 波形如图 9.1.2 所示。电路将三角波变换为方波输出，具有波形变换功能[7]。

在图 9.1.2 中，设电源电压 $\pm V_{CC}=+12$ V，比较器的输出电压 $u_O:u_i>V_{REF}$ 时，$u_O=V_{OH}=12$ V；$u_i<V_{REF}$ 时，$u_O=V_{OL}=-12$ V。

由图 9.1.2(a)～(c)可看出，改变 V_{REF}，可以调节输出电压的脉冲宽度，比较器电路具有脉宽调制的功能。

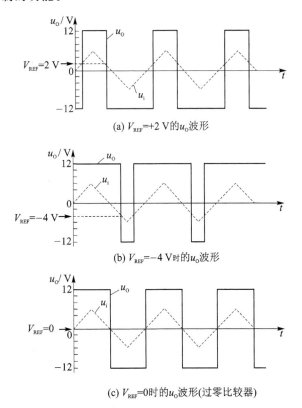

(a) $V_{REF}=+2$ V 的 u_o 波形

(b) $V_{REF}=-4$ V 时的 u_o 波形

(c) $V_{REF}=0$ 时的 u_o 波形(过零比较器)

图 9.1.2　比较器的输入/输出电压波形

9.1.2　迟滞比较器

单门限电压比较器具有电路简单、灵敏度高等特点，但当输入电压 u_i 中含有噪声或干扰电压时，其抗干扰能力较差。例如，图 9.1.1(a)所示单门电压比较器，其输

入电压 u_i 在 V_{REF} 附近波动时(由噪声或干扰电压引起的波动),输出电压波形如图 9.1.3 所示。由于在 $u_i = V_T = V_{REF}$ 附近出现干扰,u_O 将时而为 v_{OH},时而为 v_{OL},导致比较器输出不稳定。如果采用这个输出电压 u_O 去作为开关控制信号,将使被控制系统出现频繁的动作(如启动/停止、开/关等),显然这种情况是不允许的。采用迟滞比较器可以有效地解决这个问题。

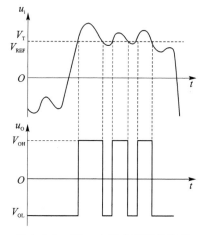

图 9.1.3 在 u_i 中包含有干扰电压时的输出电压 u_O 波形

1. 迟滞比较器的电路结构

迟滞比较器的电路结构[7,28,128] 如图 9.1.4 所示,在基本比较器电路中,通过电阻 R_F 引入正反馈构成迟滞比较器。输入信号可以加在反相输入端或者同相输入端。

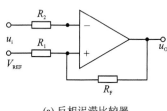
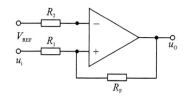

(a) 反相迟滞比较器   (b) 同相迟滞比较器

图 9.1.4 迟滞比较器电路结构

以图 9.1.4 中的反相迟滞比较器为例,利用叠加原理,在比较器输入正端有:

$$u_P = V_T = \frac{R_F V_{REF}}{R_1 + R_F} + \frac{R_1 u_O}{R_1 + R_F} \tag{9.8.3}$$

显然,这里的 u_P 值实际就是门限电压 V_T。

根据输出电压 u_O 的不同值(V_{OH} 或 V_{OL}),可分别求出上门限电压 V_{TH} 和下门限电压 V_{TL} 分别为:

$$V_{TH} = \frac{R_F V_{REF}}{R_1 + R_F} + \frac{R_1 V_{OH}}{R_1 + R_F} \tag{9.8.4}$$

和,

$$V_{TL} = \frac{R_F V_{REF}}{R_1 + R_F} + \frac{R_1 V_{OL}}{R_1 + R_F} \tag{9.8.5}$$

门限宽度或回差电压 ΔV_T 为:

$$\Delta V_T = V_{TH} - V_{TL} = \frac{R_1(V_{OH} - V_{OL})}{R_1 + R_F} \tag{9.8.6}$$

2. 迟滞比较器的传输特性

迟滞比较器的传输特性[7,28,128] 如图 9.1.5 所示。以图 9.1.4(a)中的反相迟滞比较器为例,设 $V_{REF}=0$,从 $u_i=0$,$u_O=V_{OH}$ 和 $u_P=V_{TH}$ 开始讨论。

如图 9.1.5(a)所示,当 u_i 由零向正方向增加到接近 $u_P=V_{TH}$ 前,u_O 一直保持 $u_O=V_{OH}$ 不变。当 u_O 增加到略大于 $u_P=V_{TH}$,则 u_O 由 V_{OH} 下跳到 V_{OL},同时使 u_P 下跳到 $u_P=V_{TL}$,u_i 再增加,u_O 保持 $u_O=V_{OL}$ 不变。

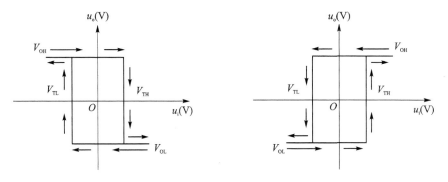

(a) 反相迟滞比较器传输特性　　　　　(b) 同相迟滞比较器传输特性

图 9.1.5　迟滞比较器的传输特性

若减小 u_i,只要 $u_i>u_P=V_{TH}$,则 u_O 将始终保持 $u_O=V_{OL}$ 不变,只有当 $u_i<u_P=V_{TL}$ 时,u_O 才由 V_{OL} 跳变到 V_{OH}。

注意:根据 V_{REF} 的正、负和大小,V_{TH}、V_{TL} 可正可负。传输特性的 3 个要素是输出电压 u_O(高电平 V_{OH} 和低电平 V_{OL})、门限电压 V_T(V_{TH} 和 V_{TL})和输出电压 u_O 的跳变方向。u_i 等于门限电压时,输出电压 u_O 的跳变方向决定于输入电压 u_i 作用于(加在)同相输入端还是反相输入端。

9.2　比较器的性能指标

比较器[129,130] 的两路输入为模拟信号,输出则为二进制信号,当输入电压的差值增大或减小时,其输出保持恒定。从这一角度来看,也可以将比较器当作一个 1 位模/数转换器(ADC)。

运算放大器在不加负反馈时,从原理上讲可以用作比较器,但由于运算放大器的开环增益非常高,它只能处理输入差分电压非常小的信号。而且,在这种情况下,运算放大器的响应时间比比较器慢许多,而且也缺少一些特殊功能,如:滞回、内部基准等。

比较器通常不能用作运算放大器,比较器经过调节可以提供极小的时间延时,但其频响特性受到一定限制。另外,许多比较器还带有内部滞回电路,这避免了输出振荡,但同时也使其不能当作运算放大器使用。

9.2.1　开关门限、迟滞和失调电压

比较器两个输入端之间的电压在过零时输出状态将发生改变,由于输入端常常叠加有很小的波动电压,这些波动所产生的差模电压会导致比较器输出发生连续变化。为避免输出振荡,新型比较器通常具有几 mV 的迟滞(滞回)电压。迟滞电压的存在使比较器的切换点变为两个:一个用于检测上升电压,一个用于检测下降电压(如图 9.2.1 所示)。高电压门限(V_{TRIP+})与低电压门限(V_{TRIP-})之差等于迟滞电压(V_{HYST}),迟滞比较器的失调电压(V_{OS})是 V_{TRIP+} 和 V_{TRIP-} 的平均值。迟滞的影响[131]如图 9.2.2 和图 9.2.3 所示。

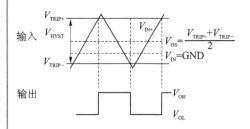

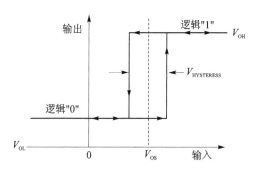

图 9.2.1　开关门限、迟滞和失调电压

图 9.2.2　迟滞的影响

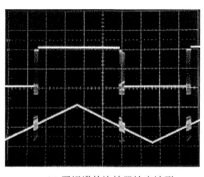

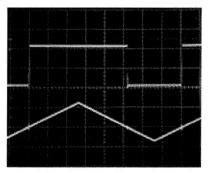

(a) 无迟滞的比较器输出波形

(b) 有迟滞的比较器输出波形(5 mV迟滞电压)

图 9.2.3　观察到的迟滞的影响

不带迟滞的比较器的输入电压切换点是输入失调电压,而不是理想比较器的零电压,例如 TLV3201/TLV3202 的输入失调电压为 1～2 mV。失调电压(即切换电压)一般随温度、电源电压的变化而变化,如图 9.2.4 和 9.2.5 所示[132]。

通常用电源抑制比(PSRR)衡量这一影响,它表示标称电压的变化对失调电压的影响,例如 TLV3201/TLV3202,在电源电压 V_{DD} 为 2.5～5.5 V 时,PSRR 为 65～85 dB。

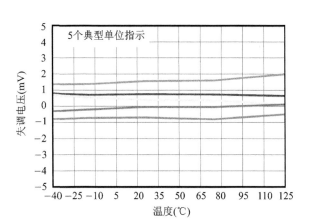

图 9.2.4　失调电压随温度的变化而变化

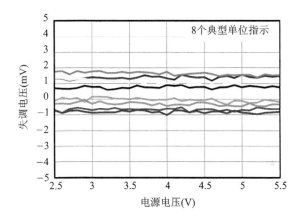

图 9.2.5　失调电压随电源电压的变化而变化

9.2.2　输入阻抗和输入偏置电流

理想的比较器的输入阻抗为无穷大,因此,理论上对输入信号不产生影响,而实际比较器的输入阻抗不可能做到无穷大,例如,TLV3201/TLV3202 的共模输入阻抗为 $10^{13}\,\Omega\parallel 2\,\text{pF}$,差模输入阻抗为 $10^{13}\,\Omega\parallel 4\,\text{pF}$。

因此,输入端有电流经过信号源内阻并流入比较器内部,从而产生额外的压差。

输入偏置电流(I_{BIAS})定义为两个比较器输入电流的中值,用于衡量输入阻抗的影响。例如,TLV3201/TLV3202[132](如图 9.2.6 所示),在温度为 $+25\,℃$,电源电压为 $+2.7\sim +5\,\text{V}$ 时,输入偏置电流仅 50 pA,输入失调电流为 50 pA;在温度为 $-40\,℃\sim +125\,℃$ 的整个工作温度范围内,电源电压为 $+2.7\sim +5\,\text{V}$ 时,输入偏置电流为 5 nA,输入失调电流为 2.5 nA。

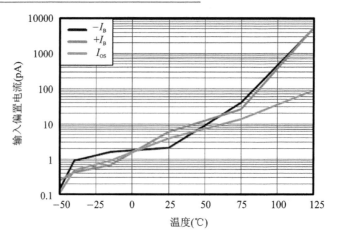

图 9.2.6 输入偏置电流与温度的关系

9.2.3 输入电压范围

随着低电压应用的普及,为进一步优化比较器的工作电压范围,一些公司例如 TI 公司利用 NPN 管与 PNP 管相并联的结构作为比较器的输入级,从而使比较器的输入电压得以扩展,可以比电源电压高出 200 mV,因而达到了所谓的超电源摆幅标准。这种比较器的输入端允许有较大的共模电压。例如,TLV3201/TLV3202 的输入电压范围为 $(V_{EE}-0.2) \sim (V_{CC}+0.2)$ V。

9.2.4 比较器输出和输出延时时间 t_{pd}

由于比较器仅有两个不同的输出状态,零电平或电源电压,具有满电源摆幅特性的比较器输出级为射极跟随器,这使得其输出信号与电源摆幅之间仅有极小的压差。该压差取决于比较器内部晶体管饱和状态下的集电极与发射极之间的电压。CMOS 满摆幅比较器的输出电压取决于饱和状态下的 MOSFET,与双极型晶体管结构相比,在轻载情况下电压更接近于电源电压。

比较器的传输延时示意图如图 9.2.7 所示。输出延时时间是选择比较器的关键参数,延时时间包括信号通过元器件产生的传输延时和信号的上升时间与下降时间。

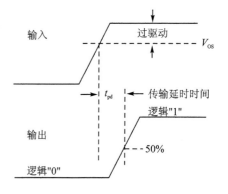

图 9.2.7 比较器的传输延时示意图

对于高速比较器,例如,LMH7322 高速比较器具有极短的传输延时时间(723~818 ps),具有最小化的传输延时时间 t_{pd} 偏移(5~110 ps),传输延时时间的离散性也非常小(5~110 ps)。例如,TLV3201/TLV3202 的延时时间的典型值:从低电平到

高电平为 50～5 ns,从高电平到低电平为 50～55 ns,上升时间为 4.8 ns 和下降时间
为 5.2 ns。对于反相输入,传输延时用 t_{pd-} 表示;对于同相输入,传输延时用 t_{pd+} 表
示。t_{pd+} 与 t_{pd-} 之差称为偏差。

如图 9.2.8 所示,设计时应注意不同因素对延时时间的影响,其中包括电源电
压、温度、容性负载、输入过驱动等因素[133]。

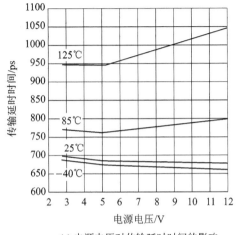

(a) 电源电压对传输延时时间的影响

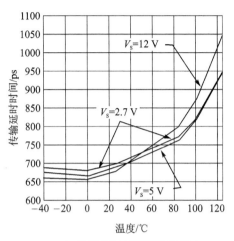

(b) 温度对传输延时时间的影响

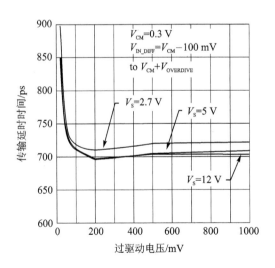

图 9.2.8　一些因素对延时时间的影响

过驱动对延时时间的影响[134]如图 9.2.9 所示,传输延时时间随过驱动而降低。

注意:传输延时是指从输入信号跨过转换点到比较器输出实际切换时间。传输
延时离散是指传输延时相对于过驱动电平的变化。如果在自动测试系统的引脚驱动
电子设备中使用比较器,传输延时离散将决定最大边缘分辨率。相比之下,传输延时
可以视为固定时间偏移,因此可以通过其他技术予以补偿。

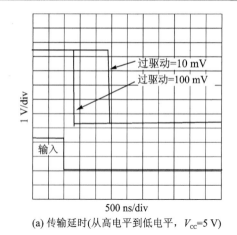

(a) 传输延时(从高电平到低电平, V_{cc}=5 V)

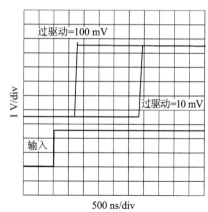

(b) 传输延时(从低电平到高电平, V_{cc}=5 V)

图 9.2.9   一些因素对延时时间的影响

9.2.5   速度与功耗

有些应用需要权衡比较器的速度与功耗。TI 公司针对这一问题提供了多种芯片类型供选择。

例如,低功耗低偏移电压双路比较器 LM193－N/四路比较器 LM139－N 的上升时间为 0.7 μs,静态电流为 0.5 mA(每通道);高速双路比较器 LM319－N 上升时间为 0.025 μs,静态电流为 6.25 mA(每通道);超低功耗四路比较器 LP339－N 上升时间为 5 μs,静态电流为 0.025 mA(每通道);具有 RSPECL 输出的双路 700 ps 高速比较器 LMH7322 上升时间为 0.0007 μs,静态电流为 15 mA(每通道);带有电压基准的军用增强型产品纳瓦级功耗 1.8 V 比较器 TLV3011－EP 的电压电压仅 1.8～5.5 V,静态电流为 0.005 mA(每通道)等。

9.2.6   电源电压

比较器与运算放大器工作在同样的电源电压下,传统的比较器需要±15 V 的双电源供电或高达 36 V 的单电源供电,这些产品在工业控制中仍有需求,许多厂商也仍在提供该类产品。

但是,从市场发展趋势看,目前大多数应用需要比较器工作在电池电压所允许的单电源电压范围内,而且,比较器必须具有低电流、小封装,有些应用中还要求比较器具有关断功能。

例如:TLV3011－EP、TLV3012－Q1、TLV3491A－EP 具有电压基准的汽车类纳瓦级功率推挽比较器可工作在 1.8～5.5 V 电压范围内,静态电流为 0.005 mA(每通道),采用 6 引脚端 SOT23、SC70 封装。4 路低电压 LinCMOS(TM)差动比较器 TLC352/TLC354 工作电压可低至 1.4～16 V,采用 8 引脚端和 14 引脚端 PDIP、SOIC、TSSOP 因而非常适合电池供电的便携式产品使用。

9.3 比较器的选择

9.3.1 可选择的比较器类型

TI 公司等生产 160 多种、性能各异的比较器提供给用户选择,例如:

1. 内置基准电压源的比较器

比较器通常用于比较一路输入电压和一路固定的电压基准,为满足这种应用需求,TI 公司将基准源与比较器集成在同一芯片内。例如,可调节电压基准的双路运算放大器、双路比较器 LM613,具有电压基准的低功耗漏极开路输出比较器 TLV3011,具有可调节滞后现象的微功耗精密比较器和精密基准的比较器 LMP7300,具有电压基准的军用增强型产品 1.8 V 纳瓦级功耗的比较器 TLV3011 - EP 和 TLV3012 - Q1 等。

将基准源与比较器集成在同一芯片内不仅可以节省空间而且比外部基准耗电少,例如 TLV3012 - Q1 在全温范围内的最大消耗电流只有 0.005 mA。考虑环境温度的变化和基准源的类型,集成基准源的精度一般在 1% 至 4%(例如 TLV3011/TLV3012)。

对于精度要求较高的应用,需要考虑比较器内置基准电压源的精度。

2. 双通道、四通道比较器

TI 公司生产多种型号的双通道、四通道比较器。例如,高速双路比较器 LM119,低功耗低偏移电压四路比较器 LM139 - N,低功耗低偏移电压四路比较器 LM239 - N,低功耗低偏移电压四路比较器 LM2901 - N,超低功耗四路比较器 LP339 - N,可调节电压基准、双路运算放大器、双路比较器 LM613,电压增强型双路差动比较器 LM2903V,电压增强型四路差动比较器 LM2901V,4 路差动比较器 LM139 等。有些比较器提供漏极开路输出;有些比较器内部基准可以连接到这些比较器的同相输入端或反相输入端,利用 3 个外部电阻即可设置过压、欠压门限;有些芯片还含有滞回输入引脚,该引脚外接两个分压电阻设置滞回电压门限;为便于使用,有些比较器还提供互补输出,即对应于输入的变化,两路变化方向相反的输出等。

3. 高速、低功耗比较器

TI 公司可以提供各种高速、低功耗比较器,非常适合高速 ADC 和高速采样电路等应用。TI 公司可以提供的低功耗比较器型号与参数如表 9.3.1 所列。

4. 微型封装比较器

一些纳安级功耗比较器采用节省空间的 SOT23 - 5、SC70 - 5、micro SMD - 8 等封装,电源电压仅 1.8 V,电源电流低至 0.000 58 mA。这些比较器非常适合两节电池供电的监测/管理应用。

表 9.3.1 TI 公司提供的低功耗比较器型号与参数

型 号	通道	响应时间 /μs	偏移电压 25℃/mV	输出电流 /mA	电源电压 范围/V	每通道 电流/mA	最大输入偏 置电流/nA	温度范围 /℃	封 装
LMP7300	1	4	0.3	10	2.7～12	0.012	3	−40～125	SOIC−8
LMV7271	1	0.88	4	34	1.8～5	0.009	100	−40～85	SC70−5, SOT23−5
LMV7272	2	0.88	4	34	1.8～5	0.009	100	−40～85	micro SMD−8
LMV7275	1	0.88	4	34	1.8～5	0.009	100	−40～85	SC70−5, SOT23−5
LMV7291	1	0.88	4	34	1.8～5	0.009	100	−40～85	SC70−5
LMV761	1	0.12	0.3	40	2.7～5	0.275	0.05	−40～125	SOIC−8, SOT23−6
LMV762	2	0.12	0.2	40	2.7～5	0.275	0.05	−40～125	SOIC−8
LPV7215	1	4.5	3	15	1.8～5	0.000 58	0.001	−40～85	SC70−5, SOT23−5

更多的内容可以从"TI 主页(http://www.ti.com.cn)→放大器和线性器件 → 比较器"页面查找。TI 比较器是"放大器和线性器件产品"的子集。用户可以从此页面查找比较器芯片,下载数据表及应用手册、订购样片并使用参数搜索来搜索与比较器相关的其他模拟解决方案。

9.4 不要将运算放大器用作比较器

9.4.1 运算放大器和比较器两者之间的区别

比较器是一种带有反相和同相两个输入端以及一个输出端的器件,该输出端的输出电压范围一般在电源的轨到轨之间,运算放大器同样如此。比较器具有低偏置电压、高增益和高共模抑制的特点,运算放大器亦是如此。

那么两者之间有何区别[135]呢?比较器拥有逻辑输出端,可显示两个输入端中哪个电位更高。如果其输出端可兼容 TTL 或 CMOS(许多比较器的确如此),则比较器的输出始终为正负电源的轨之一,或者在两轨间进行快速变迁。

运算放大器有一个模拟输出端,但输出电压通常不靠近两个供电轨,而是位于两者之间。这种器件设计用于各种闭环应用,来自输出端的反馈进入反相输入端。但多数现代运算放大器的输出端可以摆动到供电轨附近。为何不将它们用作比较器呢? 注意:一些教材在讲解比较器结构和工作原理时也是用的运算放大器。

运算放大器具有高增益、低偏置和高共模抑制的特点。其偏置电流通常低于比较器,而且成本更低。此外,运算放大器一般提供 2 个或 4 个一组的封装模式。如果需要 3 个运算放大器和 1 个比较器,购买 4 个运算放大器,使其中之一闲置,然后再单独买一个比较器,这样做似乎毫无意义。

然而,把运算放大器用作比较器时,最好的建议其实非常简单,那就是切勿这样做!

比较器设计用于开环系统,用于驱动逻辑电路,用于高速工作,即使过载亦是如此。而这些均不是运算放大器的设计用途。运算放大器设计用于闭环系统,用于驱动简单的电阻性或电抗性负载,而且不能过载至饱和状态。

9.4.2　将运算放大器用作比较器的原因

然而,将运算放大器当作比较器使用却非常吸引人,其中原因有多种(如方便、经济、低 I_B、低 V_{OS} 等),有些属于技术范畴,而有一个原因则纯属经济使然[135]。

运算放大器不但有单运放封装,同时提供双运放或 4 运放型号,即将 2 个或 4 个运算放大器集成在一个芯片上。这类双核和 4 核型号比 2 个或 4 个独立运算器便宜,而且占用电路板面积更小,进一步节省了成本。尽管将四运放器件中的闲置运算放大器用作比较器而不是单独购买比较器实为经济之举,但这并不符合良好设计规范。

比较器专门针对干净快速的切换而设计,因此其直流参数往往赶不上许多运算放大器。因而,在要求低 V_{OS}、低 I_B 和宽 CMR 的应用中,将运算放大器用作比较器可能比较方便。如果高速度是非常重要的,将运算放大器用作比较器将得不偿失。

9.4.3　运算放大器用作比较器存在的一些问题

不将运算放大器用作比较器的原因也有多种,最重要的原因是速度,不过也包括输出电平、稳定性(和迟滞),以及多种输入结构等原因[135]。

1. 速　　度

多数比较器的速度都非常快,而有些则可以用极快来形容,不过,有些运算放大器也有着非常快的速度。为什么将运算放大器用作比较器时会造成低速度呢? 比较器设计用于大差分输入电压,而运算放大器一般用于驱动闭环系统,在负反馈的作用下,其输入电压差降至非常低。当运算放大器过载时,有时仅几毫伏也可能导致过载,其中有些放大级可能发生饱和。这种情况下,器件需要相对较长的时间从饱和中恢复,因此,如果发生饱和,其速度将慢得多,如图 9.4.1 所示。

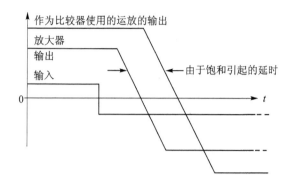

图 9.4.1　由于饱和产生的传输延时

　　过载运算放大器的饱和恢复时间很可能远远超过正常群延时（实际指信号从输入端到达输出端的时间），并且通常取决于过载量。

　　由于仅有少数运算放大器标有从不同程度过载状态恢复所需要的时间，因此，用户有必要根据特定应用的不同过载水平，通过试验确定可能发生的延时。设计计算中用到的数值应至少两倍于任何测试中发现的最差数值，这是因为测试所用样片不一定具有代表性。

2. 输出级结构

　　专门型比较器的输出端设计用于驱动特定逻辑 IC 芯片系列。输出级通常采用单独供电，以确保逻辑电平准确无误。

　　现在运算放大器多采用轨到轨输出，其最大正电平接近正电源，最低负电平接近负电源。老式设计所用架构的两个供电轨都具有 1.5 V 以上的动态余量。

　　如果逻辑 IC 芯片和运算放大器共用同一电源，轨到轨运算放大器可成功驱动 CMOS 和 TTL 逻辑系列，但是，如果运算放大器和逻辑 IC 芯片采用不同电源，则需在两者之间另外设置接口电路。注意，这种情况采用于适用 ±5 V 电源的运算放大器，必须用 +5 V 电源驱动逻辑；如果施加 −5 V 电源，则可能损坏逻辑 IC 芯片。

3. 输入结构

　　对于用作比较器的运算放大器，还需考虑与其输入相关的多种因素。首先一条假设是，运算放大器的输入阻抗无穷大。对于电压反馈运算放大器来说，这种假设是极其合理的，但并不适用于整个设计流程。对于反相输入端阻抗极低的电流反馈（跨导）运算放大器来说，该假设无效。因此，不得将其用作比较器。

　　输入阻抗和偏置电流的实际特性也必须纳入考虑范围。由于多数运算放大器具有高阻抗、低偏置电流的特点，因此，要保证某种设计支持除零和无穷大极限之外的实际预期工作电压范围并不困难，但必须进行精确的计算。否则，据墨菲定律，如果可能出错，就一定会出错。

　　有些运算放大器的输入级由一对长尾式晶体管或 FET 构成。这些晶体管具有高输入阻抗,即使当反相和同相输入端之间存在较大差分电压时,也是如此。但多数运算放大器具有更为复杂的输入结构,如偏置补偿输入级,或由两个输入级构成的轨到轨输入级,其中一个输入级使用 NPN 或 N-沟道器件,另一个则使用其他 PNP 或 P-沟道器件,两者以并行方式连接,以使其共模范围能同时包括正负供电电源电压。

　　运算放大器旨在与负反馈相配合,以尽可能降低其差分输入。这些复杂结构对大差分输入电压的反应可能并不能让人满意。如图 9.4.2 所示保护电路,当差分输入低于 ± 0.6 V 时,器件将表现出较高的输入阻抗,不过,超过此值时,保护二极管开始导通,差分输入阻抗快速降低。

　　在一些比较器应用中,差分输入被限制在数十或数百毫伏之内,但在有些应用中并不存在这种限制,此时,上述影响将非常明显。

4. 相位翻转

　　一些 FET 输入运算放大器,甚至某些双极型号存在一种称为相位翻转的现象。如果输入超过允许的共模范围,反相和同相输入将互换角色,如图 9.4.3 所示。由于运算放大器制造商不希望其产品的相位翻转特性受到关注,因而,数据表一般以共模范围限值来呈现该特性,对于超过此限值所带来的后果,往往一笔带过。将运算放大器用作比较器,相位翻转的影响是严重的,不能够忽略。

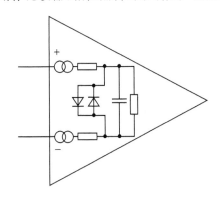

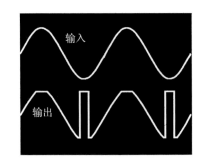

图 9.4.2　运算放大器的输入保护电路结构　　　　图 9.4.3　相位翻转的现象

5. 不稳定性

　　用作比较器的运算放大器没有负反馈,因此其开环增益非常高。跃迁期间,哪怕是极少量的正反馈也可能激发振荡。反馈可能来自输出与同相输入之间的杂散电容,也可能来自共地阻抗中存在的输出电流。

　　注意:尽管运算放大器并非专门为用作比较器而设计,但在多种应用中(如能够接受几十微妙的响应时间,采取补偿、设置迟滞等办法),将运算放大器用作比较器的确是一种可行的设计选择。然而,最好的建议就是切勿这样做!

9.5 过零检测器电路设计

9.5.1 采用单电源的过零检测器电路

一个采用单电源的过零检测电路[136]如图 9.5.1 所示。电路采用 LM393 构成。图中,D1 用来防止负的输入超过 $0.6\ \text{V}$,$R_1 + R_2 = R_3$。为了减少过零误差要求 $R_3 \leqslant \dfrac{R_5}{10}$。

LM193/LM293/LM393/LM2903 是一个双比较器芯片,可以采用单/双电源工作,电源电压范围为 $2.0 \sim 36\ \text{V}$ 或者 $\pm 1.0 \sim \pm 18\ \text{V}$,电流消耗为 $0.4\ \text{mA}$,输入偏置电流为 $25\ \text{nA}$,输入失调电流为 $\pm 5\ \text{nA}$,最大失调电压为 $\pm 3\ \text{mV}$,输出饱和电压为 $250\ \text{mV}$(在 $4\ \text{mA}$),输出电压可以匹配 TTL、DTL、ECL、MOS 和 CMOS 逻辑电平。

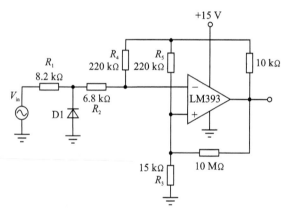

图 9.5.1 采用单电源的过零检测电路 1

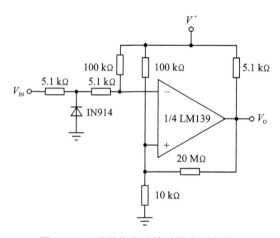

图 9.5.2 采用单电源的过零检测电路 2

9.5.2 采用正负电源的过零检测器电路

一个采用正负电源的过零检测电路[137]如图 9.5.3 所示。电路采用 LP339 构成。LP339 是一个超低功耗的四比较器芯片,电源电流仅 60 μA,一个比较器功耗仅 75 μW(@+5 V_{DC}),输入偏置电流为 3 nA,输入失调电流为$\pm$0.5 nA,输入失调电压为$\pm$2 mV。

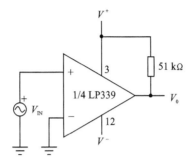

图 9.5.3 采用正负电源的过零检测电路

9.5.3 驱动 MOS 电路的过零检测器电路

一个采用正负电源驱动 MOS 电路的过零检测电路[138]如图 9.5.4 所示。电路采用 LM111 构成。电位器 R_1 用来调节失调电压。

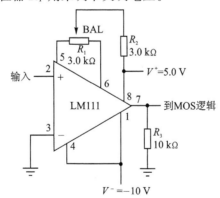

图 9.5.4 驱动 MOS 电路的过零检测器电路

9.6 迟滞比较器电路设计

9.6.1 同相迟滞比较器电路

TLV3201/TLV3202 具有的迟滞传输特性[132]如图 9.6.1 所示。

在图 9.6.1 中:V_{TH} 为实际设定电压或阈值触发电压。V_{OS} 为在输入端 V_{IN+} 和

$V_{\text{IN}-}$ 之间的内部失调电压,附加到 V_{TH} 上,影响比较器的触发点。V_{HYST} 为内部迟滞电压,用来减少比较器对噪声的敏感度。

TLV3201/TLV3202 构成同相迟滞比较器电路,需要 2 个外部电阻,电路连接如图 9.6.2(a)所示,电压基准 V_{REF} 连接在反相输入端。当输入电压 V_{IN} 为低于 V_{REF} 时,电路输出为低电平。电路输出从低电平转向高电平,要求 V_{IN} 必须上升到 $V_{\text{IN}1}$。$V_{\text{IN}1}$ 计算公式如下:

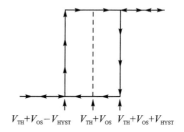

图 9.6.1　TLV3201/TLV3202 的迟滞传输特性

$$V_{\text{IN}1} = R_1 \times \frac{V_{\text{REF}}}{R_2} \times V_{\text{REF}} \tag{9.6.1}$$

当输入电压 V_{IN} 为高于 V_{REF} 时,电路输出为高电平。为了使电路输出返回低电平状态,在 V_{A} 等于 V_{REF} 以前,V_{IN} 必须等于 V_{REF},有:

$$V_{\text{IN}2} = \frac{V_{\text{REF}}(R_1 + R_2) - V_{\text{CC}} \times R_1}{R_2} \tag{9.6.2}$$

这个电路的迟滞特性在 $V_{\text{IN}1}$ 和 $V_{\text{IN}2}$ 之间,如图 9.6.2(d)所示,ΔV_{IN} 为:

$$\Delta V_{\text{IN}} = V_{\text{CC}} \times \frac{R_1}{R_2} \tag{9.6.3}$$

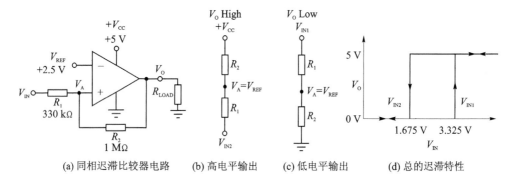

(a) 同相迟滞比较器电路　(b) 高电平输出　(c) 低电平输出　(d) 总的迟滞特性

图 9.6.2　同相迟滞比较器电路和特性(TLV3201/TLV3202)

一个采用 LMV761/LMV762/LMV762Q 构成的同相迟滞比较器电路[139] 如图 9.6.3 所示。LMV761/LMV762/LMV762Q 是低电压、低功耗、上拉输出的比较器,输入失调电压为 0.2 mV,输入偏置电流为 0.2 pA,比较延时为 120 ns,CMRR 为 100 dB,PSRR 为 110 dB,工作温度范围为 −40～125 ℃,上拉输出,2.7～5 V 单电源工作,电源电流为 300 μA。

在图 9.6.3 所示电路中,当 V_{IN} 上升到 $V_{\text{IN}1}$,输出从低电平转换到高电平,其中,$V_{\text{IN}1} = (V_{\text{REF}}(R_1 + R_2))/R_2$。当 V_{IN} 下降到 $V_{\text{IN}2}$,输出从高电平转换到低电平,其中,$V_{\text{IN}2} = (V_{\text{REF}}(R_1 + R_2) - V_{\text{CC}}R_1)/R_2$。

在 V_{IN1} 和 V_{IN2} 之间的迟滞是不同的。

$$\Delta V_{IN} = V_{IN1} - V_{IN2}$$
$$= ((V_{REF}(R_1 + R_2))/R_2) - ((V_{REF}(R_1 + R_2)) - (V_{CC}R_1))/R_2)$$
$$= V_{CC}R_1/R_2 \tag{9.6.4}$$

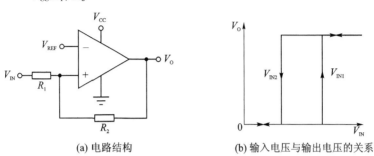

(a) 电路结构　　　　　(b) 输入电压与输出电压的关系

图 9.6.3　同相迟滞比较器电路(LMV761/LMV762/LMV762Q)

一个采用 LM139/LM239/LM339/LM2901/LM3302 构成的同相迟滞比较器电路[136]如图 9.6.4 所示。LM139/LM239/LM339/LM2901/LM3302 是一个四比较器芯片,电源电压范围为:LM139/139A 电源电压范围为 $2 \sim 36$ V 或者 $\pm 1 \sim \pm 18$ V,LM2901 电源电压范围为 $2 \sim 36$ V 或者 $\pm 1 \sim \pm 18$ V,LM3302 电源电压范围为 $2 \sim 28$ V 或者 $\pm 1 \sim \pm 14$ V,输入偏置电流为 25 nA ,输入失调电流为 5.0 nA,输出饱和电压为 130 mV(@ 4.0 mA),输出电压可以匹配 TTL、DTL、ECL、MOS 和 CMOS 逻辑电平。

在图 9.6.4 中:

$$V_{REF} = \frac{V_{CC}R_1}{R_{REF} + R_1} \tag{9.6.5}$$

$$R_2 \approx R_1 \ // \ R_{REF} \tag{9.6.6}$$

$$V_H = \frac{R_2}{R_2 + R_3}\left[(V_{O(max)} - V_{O(min)}\right] \tag{9.6.7}$$

一个采用 LP339 构成的同相迟滞比较器电路[137]如图 9.6.5 所示。

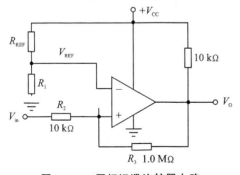

图 9.6.4　同相迟滞比较器电路
(LM139/239/339/2901/3302)

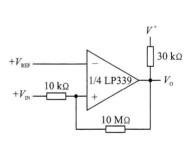

图 9.6.5　同相迟滞比较器
电路(LP339)

9.6.2　反相迟滞比较器电路

TLV3201/TLV3202 构成反相迟滞比较器电路[132]，需要 3 个外部电阻，电路连接如图 9.6.6(a)所示。当反相输入端的输入电压 $V_{\rm IN}$ 小于 R_1 和 R_2 构成的电阻分压器电压 $V_{\rm A}$ 时，电路输出高电平($V_{\rm O}=V_{\rm CC}$)，如图 9.6.6(b)所示，$R_1 \parallel R_3$ 与 R_2 串联，有：

$$V_{\rm A1} = V_{\rm CC} \times \frac{R_2}{(R_1 \parallel R_3) + R_2} \tag{9.6.8}$$

当反相输入端的输入电压 $V_{\rm IN}$ 大于 R_1 和 R_2 构成的电阻分压器电压 $V_{\rm A}$ 时，电路输出低电平($V_{\rm O}$ 接近 0 V)，如图 9.6.6(c)所示，$R_2 \parallel R_3$ 与 R_1 串联，有：

$$V_{\rm A2} = V_{\rm CC} \times \frac{R_2 \parallel R_3}{R_1 + (R_2 \parallel R_3)} \tag{9.6.9}$$

总的迟滞特性如图 9.6.6(d)所示，$\Delta V_{\rm A}$ 为：

$$\Delta V_{\rm A} = V_{\rm A1} - V_{\rm A2} \tag{9.6.10}$$

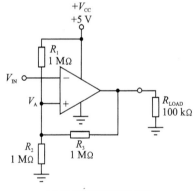

(a) 反相迟滞比较器电路

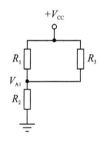

(b) 高电平输出($V_{\rm OH}$)

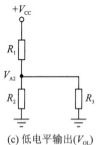

(c) 低电平输出($V_{\rm OL}$)

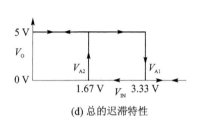

(d) 总的迟滞特性

图 9.6.6　反相迟滞比较器电路和特性(TLV3201/TLV3202)

一个采用 LM393(LM193/LM293/LM393/LM2903)的具有滞后功能的比较器电路[136]如图 9.6.7 所示。图中，LM193/LM293/LM393/LM2903 双比较器芯片可以采用单/双电源工作，电源电压范围为 2.0～36 V 或者 ±1.0～±18 V，电流消耗为

全国大学生电子设计竞赛基于 TI 器件的模拟电路设计

0.4 mA,输入偏置电流为 25 nA,输入失调电流为 ± 5 nA,最大失调电压为 ± 3 mV,
输出饱和电压为 250 mV(在 4 mA),输出电压可以匹配 TTL、DTL、ECL、MOS 和
CMOS 逻辑电平。

在图 9.6.7 中:

$$R_S = R_1 \parallel R_2 \tag{9.6.11}$$

$$V_{th1} = V_{REF} + \frac{(V_{CC} - V_{REF})R_1}{R_1 + R_2 + R_L} \tag{9.6.12}$$

$$V_{th2} = V_{REF} - \frac{(V_{REF} - V_{OL})R_1}{R_1 + R_2} \tag{9.6.13}$$

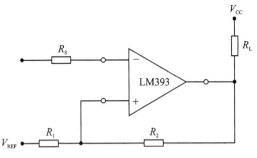

图 9.6.7 反相迟滞比较器电路(LM393)

一个采用 LM139/LM239/LM339/LM2901/LM3302 构成的反相迟滞比较器
电路[136]如图 9.6.8 所示,在图 9.6.8 中:

$$V_{REF} \approx \frac{V_{CC}R_1}{R_{REF} + R_1} \tag{9.6.14}$$

$$R_3 \simeq R_1 \parallel R_{REF} \parallel R_2 \tag{9.6.15}$$

$$V_H = \frac{R_1 \parallel R_{REF}}{R_1 \parallel R_{REF} + R_2}[V_{O(max)} - V_{O(min)}] \tag{9.6.16}$$

$$R_2 \gg R_{REF} \parallel R_1 \tag{9.6.17}$$

一个采用 LP339 构成反相迟滞比较器电路[137]如图 9.6.9 所示。

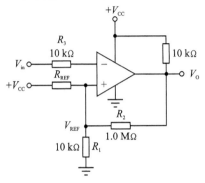

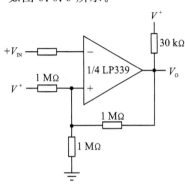

图 9.6.8 反相迟滞比较器电路

(LM139/239/339/2901/3302)

图 9.6.9 反相迟滞比较器

电路(LP339)

9.6.3　具有内部迟滞的比较器电路

LMP7300 是一个具有内部基准电压微功耗的精密比较器,具有可调节的迟滞特性。LMP7300 利用 4 个外部电阻设置迟滞特性,典型的具有不对称迟滞特性的电路和特性[140] 如图 9.6.10 所示,迟滞电压为 -10 mV$\sim +3$ V。

图 9.6.10 中 V_{IL} 和 V_{IH} 由以下公式确定。

$$V_{\mathrm{IL}} = V_{\mathrm{REF}} - V_{\mathrm{REF}}\left(\frac{R_1}{R_1 + R_2}\right) \tag{9.6.18}$$

$$V_{\mathrm{IH}} = V_{\mathrm{REF}} + V_{\mathrm{REF}}\left(\frac{R_1}{R_1 + R_2}\right) \tag{9.6.19}$$

注意:LMP7300 输出需要一个上拉电阻。

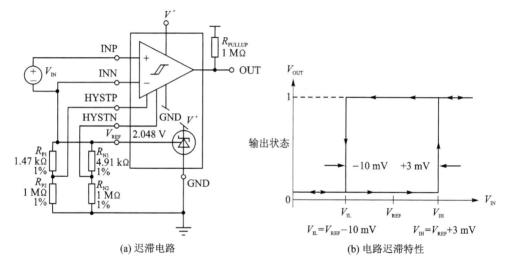

(a) 迟滞电路　　　　　　　　　　　　(b) 电路迟滞特性

图 9.6.10　具有不对称迟滞特性的电路和特性

如图 9.6.11 所示,LMP7300 也可以配置成没有迟滞特性的比较器电路[140]。

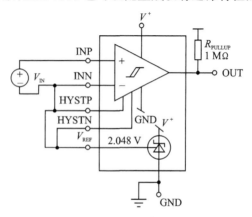

图 9.6.11　没有迟滞特性的比较器电路

如图 9.6.12 所示，LMP7300 利用 2 个外部电阻设置迟滞特性，可以配置成具有对称迟滞特性的电路[140]，图 9.6.12 所示电路迟滞电压为 ±5 mV。

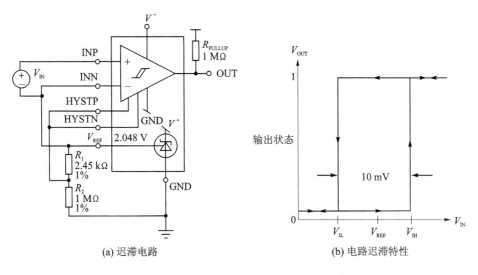

(a) 迟滞电路　　　　　　　　　　　(b) 电路迟滞特性

图 9.6.12　具有对称迟滞特性的电路和特性

如图 9.6.13 所示，LMP7300 利用 2 个外部电阻设置迟滞特性，连接 HYSTP 引脚端到 V_{REF} 引脚端，可以配置成具有负迟滞特性的电路[140]，图 9.6.13 所示电路迟滞电压为 −10 mV。

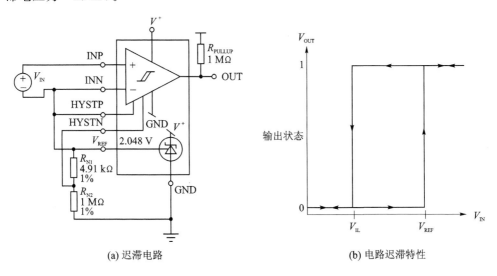

(a) 迟滞电路　　　　　　　　　　　(b) 电路迟滞特性

图 9.6.13　具有负迟滞特性的电路和特性

如图 9.6.14 所示，LMP7300 利用 2 个外部电阻设置迟滞特性，连接 HYSTN 引脚端到 V_{REF} 引脚端，可以配置成具有正迟滞特性的电路[140]，图 9.6.14 所示电路迟滞电压为 +10 mV。

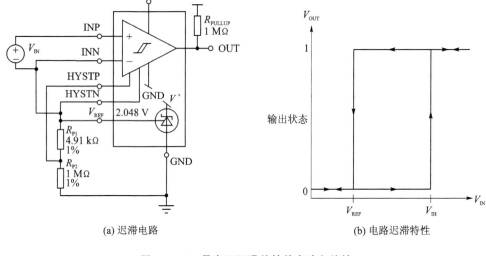

(a) 迟滞电路　　　　　　　　　　　　　(b) 电路迟滞特性

图 9.6.14　具有正迟滞特性的电路和特性

9.7　窗口比较器电路

9.7.1　窗口比较器电路结构

　　一个窗口比较器示意图如图 9.7.1 所示,一个窗口比较器使用两个比较器,采用不同的参考电压和一个共同的输入电压。输入电压低于参考电压 V_{REF2} 和高于参考电压 V_{REF1} 时,输出逻辑高电平。

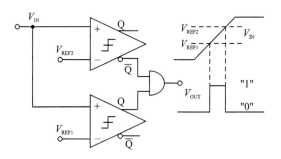

图 9.7.1　一个窗口比较器示意图

9.7.2　高电平有效窗口比较器

　　一个利用 TLV3502 - Q1 构成的窗口比较器(高电平有效)电路[141] 如图 9.7.2 所示,采用不同的参考电压和一个共同的输入电压。当输入电压 V_{IN} 高于参考电压 V_{LO} 和低于参考电压 V_{HI} 时,输出逻辑高电平。

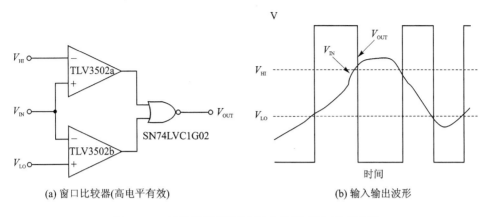

(a) 窗口比较器(高电平有效)　　　(b) 输入输出波形

图 9.7.2　窗口比较器(高电平有效)和输入输出波形

9.7.3　低电平有效窗口比较器

一个利用 TLV3502 – Q1 构成的窗口比较器(低电平有效)电路[141]如图 9.7.3 所示,采用不同的参考电压和一个共同的输入电压。当输入电压 V_{IN} 高于参考电压 V_{HI} 和低于参考电压 V_{LO} 时,输出逻辑高电平。

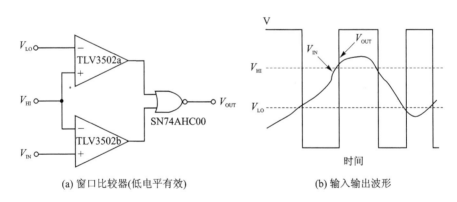

(a) 窗口比较器(低电平有效)　　　(b) 输入输出波形

图 9.7.3　窗口比较器(低电平有效)和输入输出波形

9.7.4　双门限比较器电路

一个采用 LM339 比较器构成的双门限比较器电路[136]如图 9.7.4 所示。

LM139/LM239/LM339/LM2901/LM3302 是一个四比较器芯片,采用集电极开路的输出形式,使用时允许将各比较器的输出端直接连在一起,使用一个上拉电阻,如图 9.7.4(a)所示。

当信号电压 u_i 位于参考电压 V_{REF1}、V_{REF2} 之间时(即 $V_{REF1} < u_i < V_{REF2}$),输出电压 u_O 为高电平 V_{OH},否则输出 u_O 为低电平 V_{OL}。电路传输特性如图 9.7.4(b)所示。

全国大学生电子设计竞赛基于 TI 器件的模拟电路设计

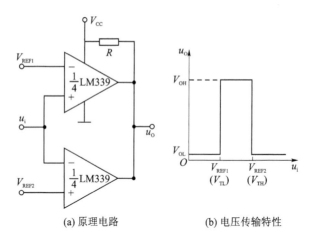

(a) 原理电路　　　　　　　(b) 电压传输特性

图 9.7.4　LM339 构成的双门限比较器及其电压传输特性

9.8　逻辑电平转换电路设计

9.8.1　驱动 CMOS IC 的电路

一个采用 LM393 比较器构成的驱动 CMOS 电路[136]如图 9.8.1 所示,输出上拉电阻为 100 kΩ。

9.8.2　驱动 TTL IC 的电路

一个采用 LM393 比较器构成的驱动 TTL 电路[136]如图图 9.8.2 所示,输出上拉电阻为 10 kΩ。

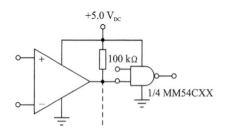

图 9.8.1　驱动 CMOS 电路

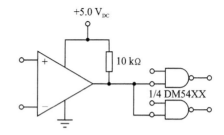

图 9.8.2　驱动 TTL 电路

9.8.3　与门(AND)电路

一个采用 LM193 比较器构成的与门(AND)电路[136]如图 9.8.3 所示,门限电压为 +0.375 V,输出上拉电阻为 3 kΩ。

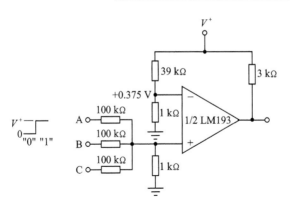

图 9.8.3　与门(AND)电路

9.8.4　或门(OR)电路

一个采用 LM193 比较器构成的或门(OR)电路[136] 如图 9.8.4 所示,门限电压为 +0.075 V,输出上拉电阻为 3 kΩ。

9.8.5　逻辑或输出电路

一个采用 LM193 比较器构成的或输出电路[136] 如图 9.8.5 所示,输出上拉电阻为 3 kΩ。

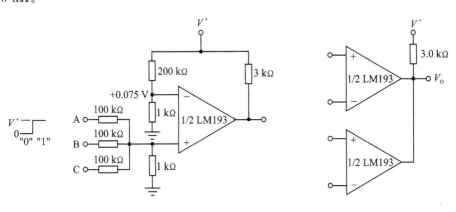

图 9.8.4　或门(OR)电路　　　　　　　图 9.8.5　或输出电路

9.8.6　模拟信号到 LVDS 逻辑电平转换电路

一个将模拟信号转换成 LVDS 逻辑电平电路[133] 如图 9.8.6 所示。电路采用 LMH7322 构成。

在图 9.8.6 中,LMH7322 是一个双比较器芯片,传输延时为 700 ps,上升/下降时间为 160 ps,电源电压范围为 2.7~12 V,输出兼容(RS)PECL。LMH7322 能够配置成 LVDS 电平。这里连接 V_{CCO} 到 2.5 V，V_{CCO}—1.1 V 作为逻辑"1"，V_{CCO}—1.5 V 作为逻辑"0"。这个电平符合 LVDS 要求（1 000 mV 和 1 400 mV）。输入信号通过 50 Ω 传输线 AC 耦合到 LMH7322，端接电阻为 50 Ω。

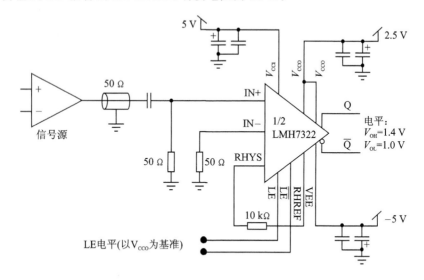

图 9.8.6　模拟信号转换成 LVDS 逻辑电平电路 1

一个将模拟信号转换成 LVDS 逻辑电平的电路[142] 如图 9.8.7 所示。电路采用 LMH7324 构成，输入级电源使用＋5 V ～—5 V。

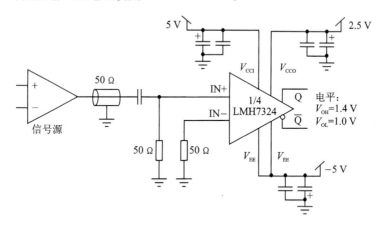

图 9.8.7　模拟信号转换成 LVDS 逻辑电平电路 2

9.8.7　PECL 到 RSECL 逻辑电平转换电路

一个将 PECL 逻辑电平转换成 RSECL 逻辑电平的电路[133] 如图 9.8.8 所示。电路采用 LMH7322 构成。为了实现 PECL 到 RSECL 逻辑电平转换，V_{CCI} 引脚端必须连接到＋5 V，V_{CCO} 引脚端必须连接到地电平。输出电平—1 100 mV 为逻辑"1"，输出电平－1 500 mV 为逻辑"0"。VEE 连接到－5.2 V 的 ECL 电源。

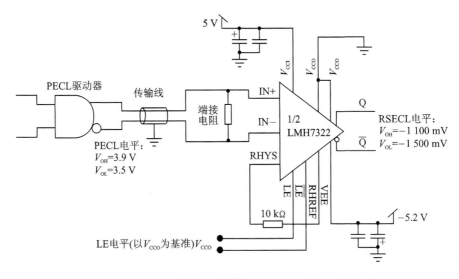

图 9.8.8　PECL 逻辑电平转换成 RSECL 逻辑电平的电路 1

　　一个将 PECL 逻辑电平转换成 RSECL 逻辑电平的电路[142]如图 9.8.9 所示。电路采用 LMH7324 构成。

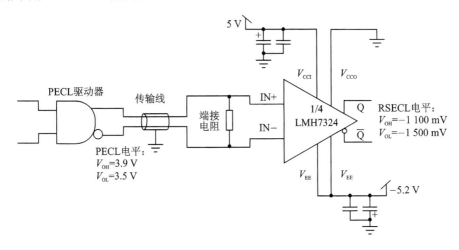

图 9.8.9　PECL 逻辑电平转换成 RSECL 逻辑电平电路 2

9.8.8　ECL 到 RSPECL 逻辑电平转换电路

　　一个将 ECL 逻辑电平转换 RSPECL 逻辑电平的电路[133]如图 9.8.10 所示。电路采用 LMH7322 构成。为了实现 ECL 逻辑电平到 RSPECL 逻辑电平的转换，V_{CCI} 引脚端必须连接到地，V_{CCO} 引脚端必须连接到 5 V，VEE 连接到－5.2 V 的 ECL 电源。

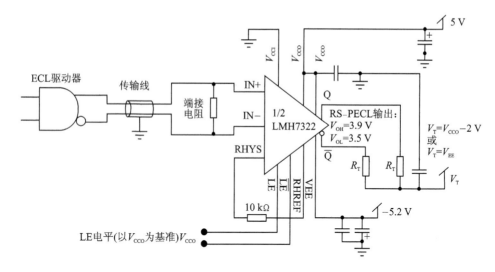

图 9.8.10　ECL 逻辑电平转换 RSPECL 逻辑电平电路 1

　　一个将 ECL 逻辑电平转换 RS - PECL 逻辑电平的电路[142]如图 9.8.11 所示。电路采用 LMH7324 构成。

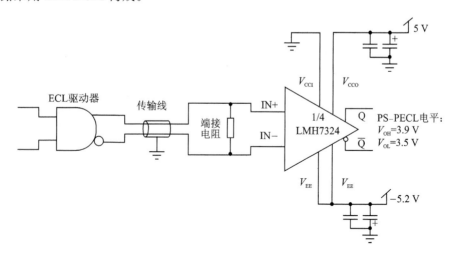

图 9.8.11　ECL 逻辑电平转换 RS - PECL 逻辑电平电路 2

9.9　比较器构成的振荡器电路设计

9.9.1　矩形波产生电路结构和工作原理

　　矩形波产生电路是一种能够直接产生矩形波或方波的非正弦信号发生电路。由于矩形波或方波包含极丰富的谐波,因此,这种电路又称为多谐振荡电路[7,28,128]。基本电路组成如图 9.9.1 所示,它是在迟滞比较器的基础上,增加了一个由 R_F 和 C 组成的积分电路,把输出电压经 R_F 和 C 反馈到比较器的反相端。由图 9.9.1 可知,比较器电源电压为 $\pm V_{CC}$,电路的正反馈系数 F 为:

$$F \approx \frac{R_2}{R_1 + R_2} \tag{9.9.1}$$

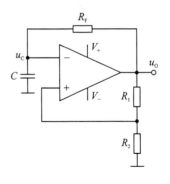

设 $t=0$ 时,电容器上的电压 $u_C = -FV_{OL}$,比较器输出高电平 $u_O = V_{OH} = +V_{CC}$。加到电压比较器同相端的电压为 $+FV_{OH}$,而加于反相端的电压,

图 9.9.1　矩形波产生电路

由于电容器 C 上的电压 u_C 不能突变,只能由输出电压 u_O 通过电阻 R_F 按指数规律向 C 充电来建立,如图 9.8.2(a)所示,充电电流为 i_+。显然,当加到反相端的电压 u_C 略正于 $+FV_{OH}$ 时,输出电压便立即从高电平 V_{OH} 迅速翻转到低电平 V_{OL}($u_O = V_{OL}$ $= -V_{CC}$),V_{OL} 又通过 R_F 对 C 进行反向充电,如图 9.9.2(b)所示,充电电流为 i_-。直到 u_C 略负于 $-FV_{OL}$ 值时,输出状态再翻转回来。如此循环不已,如图 9.9.2(c)所示,形成一系列的方波输出。

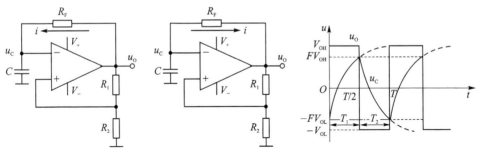

(a) 电容器C充电情况　　　　(b) 电容器反向充电情况　　　　(c) 输出电压与电容器电压波形图

图 9.9.2　矩形波产生电路工作原理图

输出端及电容器 C 上的电压波形如图 9.9.2(c)所示。设 $t=0$ 时,$u_C = -FV_{OL}$,则 $T/2$ 的时间内,由于电容器被充电,电容 C 上的电压 u_C 将以指数规律由 $-FV_{OL}$ 向 $+V_{OH}$ 方向变化,电容器端电压随时间变化规律为:

$$u_C(t) = V_{OH}\left[1 - (1+F)e^{-\frac{t}{R_f C}}\right] \tag{9.9.2}$$

设 T 为方波的周期,当 $t = T/2$ 时,$u_C(T/2) = +FV_{OH}$,代入上式,可得

$$u_C\left(\frac{T}{2}\right) = V_{OH}\left[1 - (1+F)e^{-\frac{t}{R_f C}}\right] = FV_{OH} \tag{9.9.3}$$

对 T 求解,可得:

$$T = 2R_f C \ln\frac{1+F}{1-F} = 2R_f C \ln\left(1 + 2\frac{R_2}{R_1}\right) \tag{9.9.4}$$

如适当选取 R_1 和 R_2 的值,可使 $F=0.462$,则振荡周期可简化为 $T=2R_{\mathrm{F}}C$,或振荡频率为

$$f = \frac{1}{T} = \frac{1}{2R_{\mathrm{f}}C} \tag{9.9.5}$$

在比较器的输出端引入限流电阻 R 和两个背靠背的双向稳压管就组成了一个如图9.9.3所示的双向限幅方波发生电路,输出电压幅度为 $\pm V_{\mathrm{Z}}$。

通常将矩形波为高电平的持续时间与振荡周期的比称为占空比。对称方波的占空比为50%。如需产生占空比小于或大于50%的矩形波,只需适当改变电容 C 的正、反向充电时间常数即可。一个最经典的方法是用图9.9.4所示电路代替电阻 R_{F}。这样,当 u_{O} 为正时($u_{\mathrm{O}}=V_{\mathrm{OH}}$),$D_1$ 导通而 D_2 截止,正向充电时间常数为 $R_{\mathrm{F1}}C$;当 u_{O} 为负时($u_{\mathrm{O}}=V_{\mathrm{OL}}$),$D_1$ 截止而 D_2 导通,反向充电时间常数为 $R_{\mathrm{F2}}C$。选取不同的 $R_{\mathrm{F1}}/R_{\mathrm{F2}}$ 比值,就可以改变占空比。设忽略了二极管的正向电阻,此时的振荡周期为:

$$T = (R_{\mathrm{f1}} + R_{\mathrm{f2}})C\ln\left(1 + 2\frac{R_2}{R_1}\right) \tag{9.9.6}$$

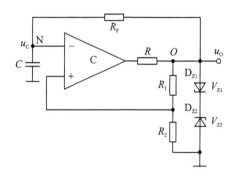

图9.9.3 双向限幅的矩形波产生电路

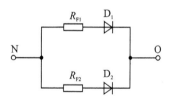

图9.9.4 改变正、反向充电时间
常数的一种网络

注意:在低频范围(如 10 Hz～10 kHz)内,可以采用运算放大器来构成图9.9.3所示振荡器电路。当振荡频率较高时,为了获得前后沿较陡的方波,必须选择转换速率较高的电压比较器。

9.9.2 比较器构成的方波振荡器电路

一个采用 LM339 比较器构成的方波振荡器电路[141]如图9.9.5所示,图中:

$$T_1 = T_2 = 0.69RC \tag{9.9.7}$$

$$f \approx \frac{7.2}{C(\mu F)} \tag{9.9.8}$$

$$R_2 = R_3 = R_4 \tag{9.9.9}$$

$$R_1 \approx R_2 \,/\!/\, R_3 \,/\!/\, R_4 \tag{9.9.10}$$

一个采用 LM393 比较器构成的方波振荡器电路[136]如图9.9.6所示。

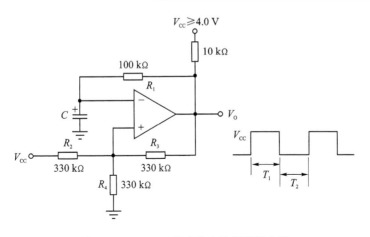

图 9.9.5　LM339 构成的方波振荡器电路

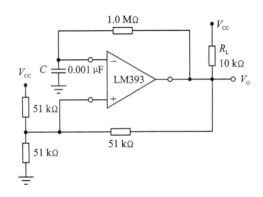

图 9.9.6　LM393 构成的方波振荡器电路

355

一个采用 LP339 构成方波振荡器电路[137]如图 9.9.7 所示,电路所示参数振荡器频率为 10 kHz。

TLV350x 构成的张弛振荡器电路[142]如图 9.9.8 所示。在图 9.9.8 中,电阻 R_2 设置触发阀值为 1/3 和 2/3 电源电压,比较器输入正端在 $V+$ 的 1/3 和 $V+$ 的 2/3 之间交替变换,取决于输出为低电平或高电平。电路时间常数是 $0.69R_1C$,每个周期是 $1.38R_1C$。对于图 9.9.8 所示参数(62 pF 和 1 kΩ),计算所得的输出信号频率为 10.9 MHz。由于分布参数的影响,实际输出信号频率为低于 10.9 MHz。

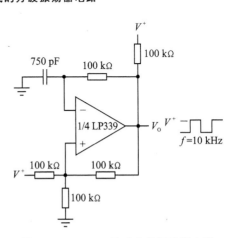

图 9.9.7　LP339 构成方波振荡器电路

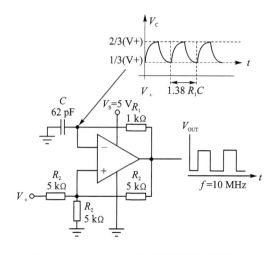

图 9.9.8　TLV350x 构成的张弛振荡器电路

TLV3492 构成的张弛振荡器电路[144]如图 9.9.9 所示,对于图 9.9.9 所示参数(1 000 pF 和 1 MΩ),计算所得的输出信号频率为 724 Hz。

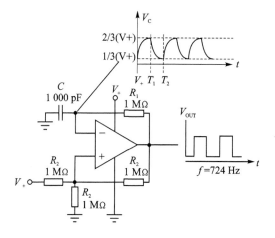

图 9.9.9　TLV3492 构成的张弛振荡器电路

9.9.3　比较器构成的脉冲发生器电路

一个采用比较器 LMV139 构成的脉冲发生器电路[141]如图 9.9.10 所示,输出脉冲宽度:高电平为 6 μs,低电平为 60 μs。改变 R_1 和 R_2 的数值,可以改变输出脉冲宽度。比较器也可以采用 LP339 构成。

9.9.4　比较器构成的晶体振荡器电路

一个采用比较器 LMV7219 构成的晶体振荡器电路[145]如图 9.9.11 所示。

在图 9.9.10 中,LMV7219 是一个低功耗高速比较器,工作电压范围为 2.7~5 V,在电源电压为 5V 时,电流仅为 1.1 mA,提供上拉/下拉轨到轨输出,传输延时时间仅 7 ns,采用 SC70-5 和 SOT23-5 封装。电阻 R_1 和 R_2 设置在比较器的非反相输入端的偏置点。电阻 R_3、R_4 和 C_1 设置反相输入端的平均直流电平(基于输出电压)。晶体提供一个谐振的正反馈和稳定的振荡。电路的输出占空比是 50% 左右。

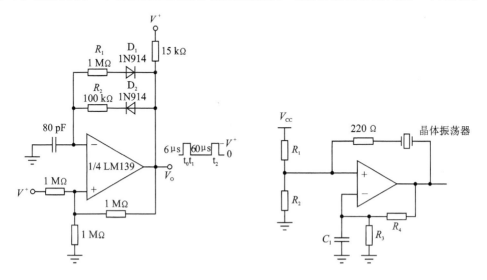

图 9.9.10 采用 LMV139 构成的
脉冲发生器电路

图 9.9.11 采用 LMV7219 构成的
晶体振荡器电路

一个采用比较器 LMV139 构成的晶体振荡器电路[141]如图 9.9.12 所示,振荡器频率为 100 kHz。

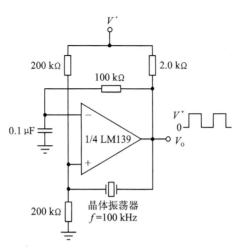

图 9.9.12 采用 LM139 构成的晶体振荡器电路

9.10 比较器构成的锯齿波、三角波发生器电路

9.10.1 锯齿波发生器电路

锯齿波和正弦波、方波、三角波是常用的基本测试信号。一个典型的锯齿波电压产生电路[7,28,128]如图 9.10.1 所示,电路由一个同相输入迟滞比较器(C_1)和一个充放电时间常数不等的积分器(A_1)组成。从图 9.10.1 可见,同相输入迟滞比较器的输入 u_{i1} 就是积分器的输出 u_O,由图 9.10.1 有:

$$u_{P1} = u_1 - \frac{u_1 - u_{O1}}{R_1 + R_2} R_1 \tag{9.10.1}$$

考虑到电路翻转时,有 $u_{N1} \approx u_{P1} = 0$,即得:

$$u_i = V_T = -\frac{R_1}{R_2} u_{O1} \tag{9.10.2}$$

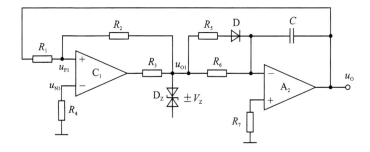

图 9.10.1 锯齿波电压产生电路

由于 $u_{O1} = \pm V_Z$,由式(9.10.2),可分别求出上、下门限电压和门限宽度为:

$$V_{TH} = \frac{R_1}{R_2} V_Z \tag{9.10.3}$$

$$V_{TL} = -\frac{R_1}{R_2} V_Z \tag{9.10.4}$$

和:

$$\Delta V_T = V_{TH} - V_{TL} = 2\frac{R_1}{R_2} V_Z \tag{9.10.5}$$

设 $t = 0$ 时接通电源,有 $u_{O1} = -V_Z$,则 $-V_Z$ 经 R_6 向 C 充电,使输出电压按线性规律增长。当 u_O 上升到门限电压 V_{TH} 使 $u_{P1} = u_{N1} = 0$ 时,比较器输出 u_{O1} 由 $-V_Z$ 上跳到 $+V_Z$,同时门限电压下跳到 V_{TL} 值。以后 $u_{O1} = +V_Z$ 经 R_6 和 D、R_5 两支路向 C 反向充电,由于时间常数减小,u_O 迅速下降到负值。当 u_O 下降到门限电压 V_{TL} 使 $u_{P1} = u_{N1} = 0$ 时,比较器输出 u_{O1} 又由 $+V_Z$ 下跳到 $-V_Z$。如此周而复始,产生振荡。由于电容 C 的正向与反向充电时间常数不相等,输出波形 u_O 为锯齿波电压,u_{O1} 为矩形

波电压,如图 9.10.2 所示。可以证明,设忽略二极管的正向电阻,其振荡周期为:

$$T = T_1 + T_2$$
$$= \frac{2R_1R_6C}{R_2} + \frac{2R_1(R_6 \parallel R_5)C}{R_2}$$
$$= \frac{2R_1R_6C(R_6 + 2R_5)}{R_2(R_5 + R_6)} \qquad (9.10.6)$$

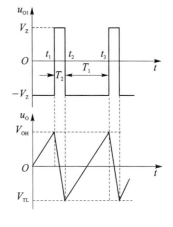

显然,图 9.10.1 所示电路,当 R_5、D 支路开路,电容 C 的正、反向充电时间常数相等时,此时锯齿波就变成三角波,图 9.10.1 所示电路就变成方波(u_{O1})—三角波(u_O)产生电路,其振荡周期为:

$$T = \frac{4R_1R_6C}{R_2} \qquad (9.10.7)$$

图 9.10.2　锯齿波电压产生电路的波形

9.10.2　精密三角波发生器电路

三角波较好的线性指标使得三角波发生器在许多“扫描”电路和测试设备中非常有用。例如,开关电源和电机控制电路就需要用三角波发生器实现脉宽调制(PWM)。

下面介绍如何使用单片比较器,配合几个无源器件实现简单的三角波发生器[146]。

1. 三角波发生器基本电路

三角波发生器基本电路如图 9.10.3 所示,采用 LM613 构成的三角波发生器电路如图 9.10.4 所示。LM613 芯片内部包含有 2 个比较器和 2 个运算放大器,一个基准电压源,基准电压范围为 1.244(Min)~1.236 5 V (Max),精度为 ±0.6%。电源电压范围为 4~36 V[147]。

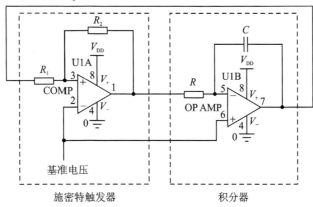

图 9.10.3　三角波发生器基本电路

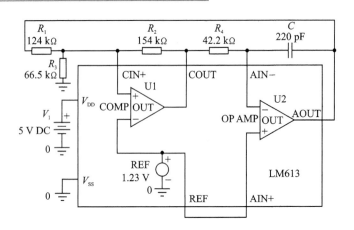

图 9.10.4 采用 LM613 构成的三角波发生器电路

图 9.10.3 所示的三角波发生器基本电路包括两部分功能：积分器用于产生三角波输出，带有外部滞回的比较器(施密特触发器)用于控制三角波幅度。

运放被配置成产生三角波的积分器，其基本原理为对恒压积分产生一个线性斜坡电压，积分器输出通过施密特触发器反馈到其反相输入端。施密特触发器的输入阈值电压根据三角波峰值电压设定。

但图 9.10.3 所示电路有一个缺点，三角波峰值电压必须与比较器反相输入端的基准电压对称。如要产生 0.5～4.5 V 的三角波，则需要(0.5 V+4.5 V)/2＝2.5 V 的基准电压，由于标准带隙基准的输出电压是 1.23 V(LM613 的为 1.244～1.236 5 V)，所以最好能够不依赖基准电压独立设置三角波输出电压。

在图 9.10.4 中加在滞回网络上的电阻 R_3 即可帮助实现这一功能，使用 R_3 后，LM613 输出的三角波峰值便不再受基准电压的影响。

2. 电路设计

(1) 施密特触发器设计构建"触发灵活"的比较器

施密特触发器设计的目的是构建"触发灵活"的比较器。

① 选择 R_2。

LM613 比较器的 C_{IN+} 引脚的输入偏置电流小于 40 nA。为了降低输入偏置电流带来的误差，流过 R_2 的电流至少也应该大于 4 μA。由于 R_2 电流等于(V_{REF} — V_{OUT})/R2，考虑到输出有两个状态，分别计算 R_2：

$$R_2 = V_{REF}/I_{R2} \tag{9.10.8}$$

以及：
$$R_2 = \left[(V_{DD} - V_{REF})/I_{R2}\right] \tag{9.10.9}$$

在两个结果中选择较小的一个，例如，如果 V_{DD}＝5 V、V_{REF}＝1.23 V、选择 I_{R2}＝8 μA，计算得到的两个 R_2 的结果分别为 471.25 kΩ 和 153.75 kΩ，因此 R_2 选用 154 kΩ。

② 选择 R_1 和 R_3

在三角波上升沿,比较器输出低电平(V_{SS}),同样,在三角波下降沿,比较器输出高电平(V_{DD})。因此,比较器必须要在三角波峰值和谷值处反转。对比较器同相输入端进行节点分析,解方程即得出这两个阈值:

$$\frac{V_{IH}}{R_1} + \frac{V_{SS}}{R_2} = V_{REF}\left(\frac{1}{R_1} + \frac{1}{R_2} + \frac{1}{R_3}\right) \tag{9.10.10}$$

$$\frac{V_{IL}}{R_1} + \frac{V_{DD}}{R_2} = V_{REF}\left(\frac{1}{R_1} + \frac{1}{R_2} + \frac{1}{R_3}\right) \tag{9.10.11}$$

在本例中,三角波电压范围取 0.5～4.5 V,将 $V_{IH}=4.5$ V、$V_{IL}=0.5$ V、$V_{DD}=5$ V 和 $V_{REF}=1.23$ V 代入方程,可得出 $R_1=124$ kΩ,$R_3=66.5$ kΩ。

(2) 积分器设计

积分器设计的目的为了产生精确三角波。根据比较器的两种输出状态,可计算出流经 R_4 的电流:

$$I_{R4} = (V_{DD} - V_{REF})/R_4 \tag{9.10.12}$$

以及:

$$I_{R4} = V_{REF}/R_4 \tag{9.10.13}$$

由于运放最大输入偏置电流为 40 nA,因此,为了降低误差,流经 R_4 的电流应总是大于 0.4 μA,由此可得出:$R_4 < 6.12$ MΩ。

三角波频率计算公式如下:

$$f = 1\Big/\left[\frac{V_{OUT,P-P}}{(V_{CC} - V_{REF})}(R_4 \times C) = \frac{V_{OUT,P-P}}{V_{REF}}(R_4 \times C)\right] \tag{9.10.14}$$

在本例中,取 $f = 25$ kHz、$V_{OUT,P-P}=4$ V(对应 0.5～4.5 V 的三角波)、$V_{REF}=1.23$ V。则时间常数为 $R_4 \times C = 9.27$ μs,选 $C=220$ pF,得到 $R_4=42.2$ kΩ。

(3) 实验验证

如果运放没有摆率限制,实验结果应该与计算结果吻合。由于反馈电容以恒定电流充(放)电,输出信号的最大变化率为:

$$\frac{dV_{Omax}}{dt} = \frac{I_{R4,max}}{C} = \frac{V_{CC} - V_{REF}}{R_4 \times C} = 0.406\ \frac{V}{\mu s} \tag{9.10.15}$$

考虑到工艺偏差,运放的典型摆率应该比输出信号最大摆率高 40% 以上,在本例中为 0.56 V/μs。根据 LM613 的数据资料,其运放的摆率为 0.45 V/μs,所以能够产生 25 kHz 的三角波。

9.10.3　压控方波—三角波发生器电路

一个采用 LM193(LM193/LM293/LM393/LM2903)构成的压控方波—三角波发生器电路[136]如图 9.10.5 所示。图中,电源电压 $V_+ = +30$ V,控制电压范围为:250 m $V_{DC} \leqslant V_C \leqslant +50\ V_{DC}$。对应的振荡器输出信号频率 f_O:700 Hz $\leqslant f_O \leqslant$ 100 kHz。

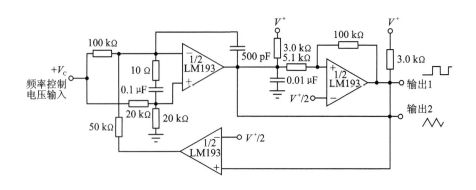

图 9.10.5　采用 LM193 构成的压控方波—三角波发生器电路

9.11　比较器构成的波形变换电路

9.11.1　单稳态电路

一个采用 LM139 电压比较器构成的单稳态电路[141]如图 9.11.1 所示。

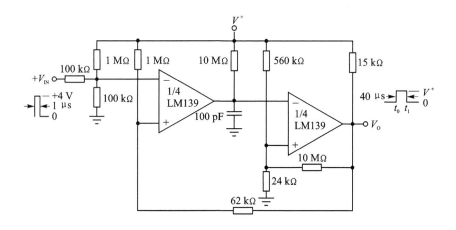

图 9.11.1　单稳态电路(LM139)

一个采用 LP339 构成的单稳态电路[137]如图 9.11.2 所示,电路可以输出脉冲宽度为 1 ms。

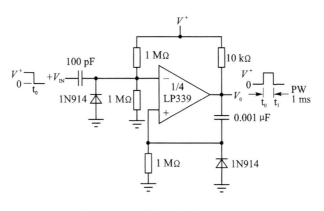

图 9.11.2 单稳态电路(LP339)

9.11.2 双稳态电路

一个采用 LP339 构成双稳态电路[137]如图 9.11.3 所示。

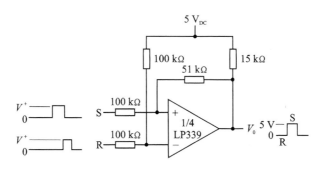

图 9.11.3 采用 LP339 构成的双稳态电路

9.11.3 延时发生器电路

一个采用 LP339 电压比较器构成的延时发生器电路[137]如图 9.11.4 所示。三路比较器 LP339 设置不同的 V_{REF},当输入信号为高电平时,电容器 C_1 被充电,随着 V_{C1} 的上升,三路比较器 LP339 输出延时不同的脉冲。

该电路也可以采用 LM139/LM339 电压比较器构成。

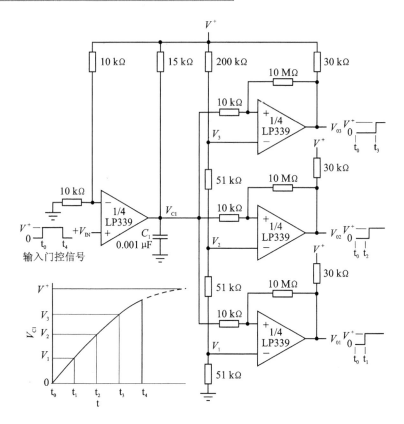

图 9.11.4　采用 LP339 构成的延时发生器电路

9.12　比较器构成的电流检测电路

一个采用差分放大器 OPA320 和比较器 TLV3201 构成的电流监测电路[132]如图 9.12.1 所示,电路采用单电源供电,差分放大器 OPA320 的增益配置为 50,增益带宽为 20 MHz。

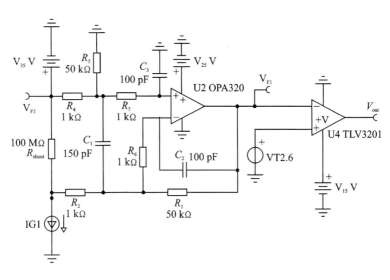

图 9.12.1　快速响应输出电流监测电路

9.13　比较器构成的电压检测电路

9.13.1　微功耗精密电池低电压检测电路

采用 LMP7300 构成的微功耗精密电池低电压检测电路[140]如图 9.13.1 所示。LMP7300 是一个微功率、精密基准和可调迟滞的比较器，比较延时为 4 μs，输入偏移电压为 0.3 mV，可调迟滞为 1 mV/mV，基准电压为 2.048 V，基准电压精度为 0.25%，基准电压源电流为 1 mA，输出上拉，电源电压范围为 2.7~12 V，电流消耗为为 13 μA，工作温度范围为 −40~125 ℃。

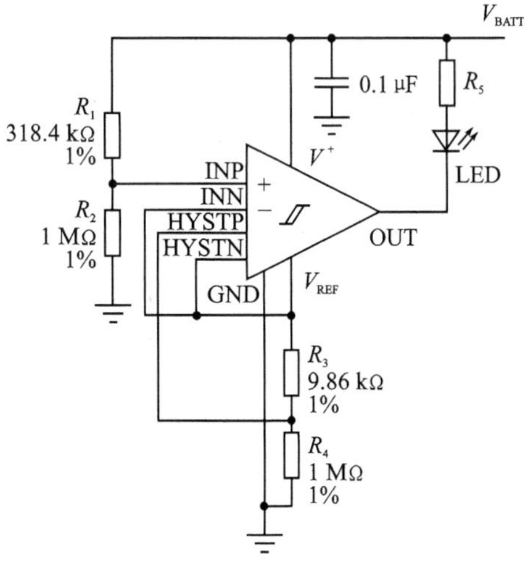

在本电路中，当 $V_{BATT} \times \dfrac{R_2}{R_1 + R_2} \leqslant V_{REF}$ 时，LED 导通。

图 9.13.1　微功耗精密电池低电压检测电路

如果 $\dfrac{V_{REF}}{V_{BATT}} = \alpha$ 和 R_2 是已知的，则有 $R_1 = R_2 \left(\dfrac{1-\alpha}{\alpha} \right) = R_2 \left(\dfrac{V_{BATT} - V_{REF}}{V_{REF}} \right)$。

在本例中，$V_{REF} = 2.048$ V，$V_{BATTLOW} = +2.7$ V，$R_2 = 1$ MΩ，则有 $R_1 = 318.4$ kΩ。电阻 R_5 用来调节 LED 的亮度。

9.13.2 纳安级功耗的高侧端电压监测电路

采用 TLV3701 构成的纳安级功耗的高侧端电压监测电路[148]如图 9.13.2 所示。

TLV3701 是一个纳安级功耗的比较器,电源电流仅 560 nA,电源电压为 2.7 V～16 V,CMOS 上拉输出。

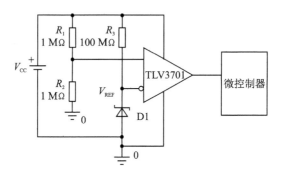

图 9.13.2 高侧端电压监测电路

9.14 比较器构成的温度检测与控制电路

9.14.1 精密高温开关电路

一个采用 LMP7300 构成的精密高温开关电路[140]如图 9.14.1 所示,电桥建立的触发点温度在 85 ℃,复位点温度在 80 ℃。比较器设置了一个 14.3 mV 的正迟滞和没有负迟滞。当温度上升到 85 ℃时,正 14.3 mV 的迟滞允许温度下降到 80 ℃前复位。

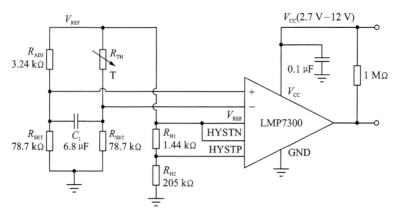

图 9.14.1 精密高温开关电路

温度传感器使用 Omega 44008 NTC 热敏电阻。44008 的精度为±0.2 ℃,在 85 ℃时电阻为 3270.9 Ω,在 80 ℃时电阻为 3840.2 Ω。

触发电压阈值由 R_{ADJ} 和 R_{SET} 的比例设置,输入信号偏置由热敏电阻的电阻率 R_{TH} 和 R_{SET} 设置。

电容器 C_1 建立一个低频率极点,极点频率 $f_{CORNER} = 1/(2\pi C_1 \times 2(R_{SET} /\!/ R_{ADJ}))$。电容器 C_1 与电阻 R_{SET}、R_{ADJ} 构成一个低通滤波器。为了限制在桥电阻的热噪声,极点频率 $f_{CORNER} < 10$ Hz,可以根据电阻值和 f_{CORNER} 选择 C_1。

如图 9.15.1 所示,电阻 R_{ADJ} 为 3.24 kΩ(精度为 1%),R_{SET} 为 78.7 kΩ(精度为 1%),电桥增益为 2.488 mV/℃(@85℃)。电路实际行程点为 85.3 ℃和复位点是 80.04 ℃。在所选择的参数值的最坏情况下,跳闸温度时的不确定性为±1.451 ℃ 和复位的不确定性为±1.548 ℃。

9.14.2　环境温度监测用温度控制窗口检测器

利用两个 LMP7300 可以配置一个微功率窗口检测器电路[140],图 9.14.2 所示

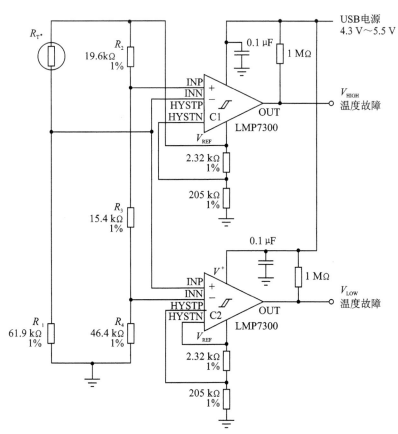

图 9.14.2　监测环境温度的窗口检测器电路

电路可以用来监视环境温度的变化。电路中,温度窗口设置为 15～35 ℃,比较器 1 用来监测高温点,比较器 2 用来监测低温点。温度传感器使用 Omega 44008 NTC 热敏电阻。当温度低于 15 ℃和高于 35 ℃时,电路输出高低电平,指示温度故障。

9.15　比较器构成的单片机复位电路

　　TLV3492 构成的单片机复位电路[144]如图 9.15.1 所示。

　　如图 9.15.2 所示,采用 TLV301x 也可以构成的单片机复位电路。

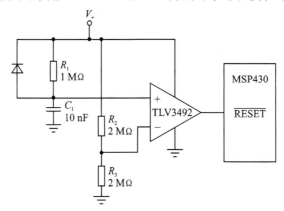

图 9.15.1　TLV3492 构成的单片机复位电路

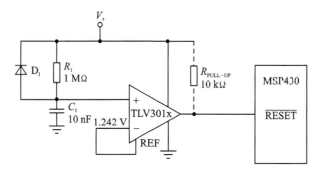

注意:仅 TLV3011 使用 $R_{pull-up}$。

图 9.15.2　TLV301x 构成的单片机复位电路

9.16　比较器构成的驱动电路

9.16.1　蜂鸣器驱动电路

　　一个采用 LP339 构成蜂鸣器驱动电路[137]如图 9.16.1 所示,电路可以驱动一个 12 V/20 mA 的蜂鸣器。

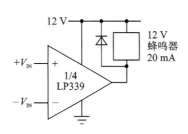

图 9.16.1　蜂鸣器驱动电路

9.16.2　继电器驱动电路

一个采用 LP339 构成继电器驱动电路[137]如图 9.16.2 所示,电路可以驱动一个 12 V/10 mA 的继电器。

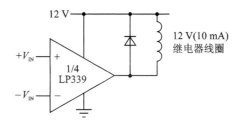

图 9.16.2　继电器驱动电路

9.16.3　LED 驱动电路

一个采用 LP339 构成 LED 驱动电路[137]如图 9.16.3 所示,电路可以驱动一个 15 mA 的 LED。

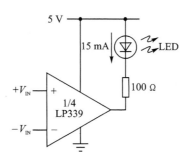

图 9.16.3　LED 驱动电路

9.16.4　音频峰值指示电路

一个采用 LP339 构成音频峰值指示电路[137]如图 9.16.4 所示,电路驱动 3 个 LED,用来指示 3 个不同峰值的音频电平。

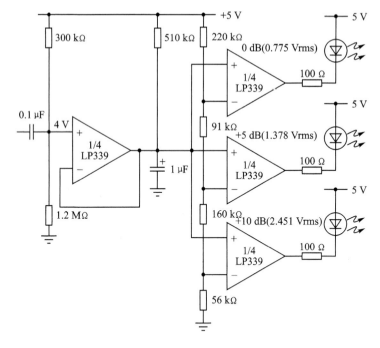

图 9.16.4　音频峰值指示电路

第 **10** 章

模拟乘法器电路设计

10.1 模拟乘法器基本特性

10.1.1 模拟乘法器的符号和功能

模拟集成乘法器能实现两个互不相关的模拟信号间的相乘功能。它不仅应用于模拟运算方面,而且广泛地应用于无线电广播、电视、通信、测量仪表、医疗仪器以及控制系统,进行模拟信号的变换及处理。目前,模拟集成乘法器已成为一种普遍应用的非线性模拟集成电路[7,28,128]。

模拟乘法器是一个具有两个输入端口 X 和 Y 及一个输出端口 Z 的三端口非线性网络,其符号如图 10.1.1 所示。

一个理想的模拟乘法器,其输出端 Z 的瞬时电压 $u_O(t)$ 仅与两输入端 X 和 Y 的瞬时电压 $u_X(t)$ 和 $u_Y(t)$($u_X(t)$ 和 $u_Y(t)$ 的波形、幅值、频率均是任意的)的乘积成正比,不含有任何其他分量。

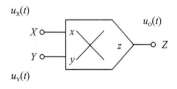

图 10.1.1 模拟乘法器符号

模拟乘法器输出特性可表示为:

$$u_O(t) = Ku_X(t)u_Y(t) \tag{10.1.1}$$

或:

$$Z = KXY \tag{10.1.2}$$

式中,$K(1/V)$ 为相乘系数(增益),其数值取决于乘法器的电路参数。

10.1.2 模拟乘法器的工作象限

根据模拟乘法器两输入电压 X、Y 的极性,乘法器有 4 个工作象限(又称区域),如图 10.1.2 所示[7,28,128]。

当 $X>0$,$Y>0$ 时,乘法器工作于第 I 象限;当 $X>0$,$Y<0$ 时,乘法器工作于第 Ⅳ 象限,其他按此类推。

如果两输入电压都只能取同一极性(同为正或同为负)时,乘法器才能工作,则称之为"单象限乘法器";如果其中一个输入电压极性可正、可负,而另一个输入电压极

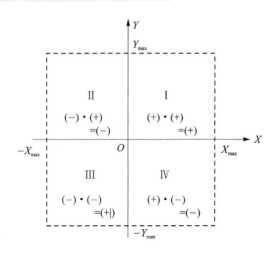

图 10.1.2　模拟乘法器的工作象限

性只能取单一极性(即只能是正或只能是负),则称之为"二象限乘法器";如果两输入电压极性均可正、可负,则称之为"四象限乘法器"。

两个单象限乘法器可构成一个二象限乘法器;两个二象限乘法器则可构成一个四象限乘法器。

10.1.3　模拟乘法器的传输特性

模拟乘法器有两个独立的输入量 X 和 Y,输出量 Z 与 X、Y 之间的传输特性既可以用式(10.1.1)或者(10.1.2)表示,也可以用四象限输出特性和平方律输出特性来描述。

1. 四象限输出特性[7,28,128]

当模拟乘法器两个输入信号中,有一个为恒定的直流电压 E 时,根据(10.1.2)式得到

$$Z = (KE)Y \tag{10.1.3}$$

或:
$$Z = (KE)X \tag{10.1.4}$$

上述关系称为理想模拟乘法器四象限输出特性,其曲线如图 10.1.3 所示。

由图 10.1.3 可知,模拟乘法器输入、输出电压的极性关系满足数学符号运算规则;有一个输入电压为零时,模拟乘法器输出电压亦为零;有一个输入电压为非零的直流电压 E 时,模拟乘法器相当于一个增益为 $A_V = KE$ 的放大器。

2. 平方律输出特性[7,28,128]

当模拟乘法器两个输入电压相同时,则其输出电压为:

$$Z = KX^2 = KY^2 \tag{10.1.5}$$

当模拟乘法器两个输入电压幅度相等而极性相反时,则其输出电压为:

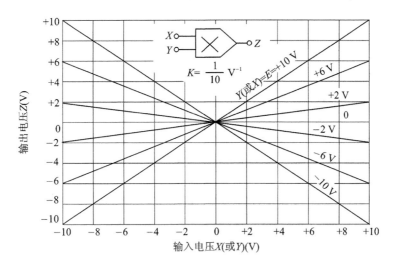

图 10.1.3　理想模拟乘法器四象限输出特性

$$Z = -KX^2 = -KY^2 \tag{10.1.6}$$

上述关系称为理想模拟乘法器的平方律输出特性,其曲线如图 10.1.4 所示,是两条抛物线。

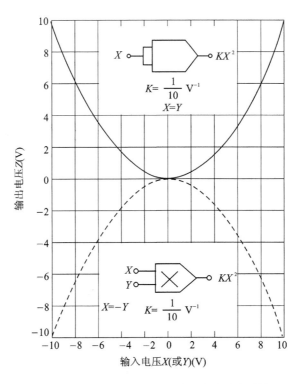

图 10.1.4　理想模拟乘法器的平方律输出特性

全国大学生电子设计竞赛基于 TI 器件的模拟电路设计

373

10.1.4　模拟乘法器的线性与非线性特性

模拟乘法器是一种非线性器件,一般情况下,它体现出非线性特性[7,28,128]。

例如,两输入信号为 $X = Y = V_{\mathrm{m}}\cos\omega t$ 时,则输出电压为:

$$Z = KXY = KV_{\mathrm{m}}^2\cos^2\omega t = \frac{1}{2}KV_{\mathrm{m}}^2 + \frac{1}{2}KV_{\mathrm{m}}^2\cos 2\omega t \qquad (10.1.7)$$

可见,输出电压中含有新产生的频率分量。

又如 X、Y 均为直流电压时:

当 $X = Y = E_1$,则 $Z_1 = KE_1^2$

当 $X = Y = E_2$,则 $Z_2 = KE_2^2$

当 $X = Y = E_1 + E_2$,则 $Z_2 = K(E_1 + E_2)^2 \neq Z_1 + Z_2$

可见,一般情况下,线性迭加原理不适用于模拟乘法器。

然而,在一定条件下,模拟乘法器又体现出线性特性。例如,$X = E$(恒定直流电压)、$Y = u_1 + u_2$(交流电压)时,则输出电压 Z 为:

$$Z = KXY = KE(u_1 + u_2) = KEu_1 + KEu_2 \qquad (10.1.8)$$

可见,输出电压中,不含新的频率分量,而且符合线性迭加原理,故此时,模拟乘法器亦可作线性器件使用。

10.2　模拟乘法器 MPY634

10.2.1　模拟乘法器 MPY634 的基本特性

MPY634 是 TI 公司提供的具有 10 MHz 的带宽,四象限准确性 $\pm 0.5\%$,内置运算放大器的乘法器芯片。其电源电压 $V_{\mathrm{S}} = \pm 8\ \mathrm{V_{DC}} \sim \pm 18\ \mathrm{V_{DC}}$,采用 DIP - 14 和 SOIC - 16 封装,内部结构[149]如图 10.2.1 所示,传输函数为:

$$V_{\mathrm{OUT}} = A\left[\frac{(X_1 - X_2)(Y_1 - Y_2)}{\mathrm{SF}} - (Z_1 - Z_2)\right] \qquad (10.2.1)$$

式中,A 为输出放大器的开环增益,典型值为 85 dB(@DC)。SF 为标度系数,SF 标称值为 10.000 V,利用外部电阻可以在 3 V ～ 10 V 的范围内调节。X,Y,Z 是输入电压满刻度输入电压等于所选择的 SF,最大输入电压 $= \pm 1.25$ SF。

10.2.2　乘法电路

MPY634 作为乘法器的基本电路[149]如图 10.2.2 所示,电路传输函数为:

$$V_{\mathrm{OUT}} = \frac{(X_1 - X_2)(Y_1 - Y_2)}{10\ \mathrm{V}} + Z_2 \qquad (10.2.2)$$

式中,$-10\ \mathrm{V} \leqslant X$,$Y \leqslant +10\ \mathrm{V}$。

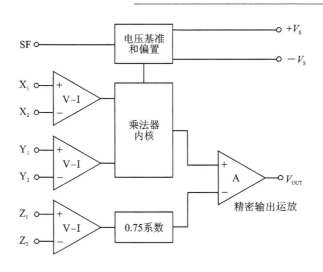

图 10.2.1　MPY634 的内部结构

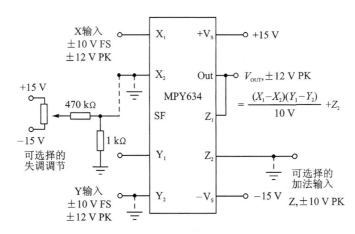

图 10.2.2　乘法电路

10.2.3　除法电路

MPY634 作为除法器的基本电路[149]如图 10.2.3 所示,电路传输函数为:

$$V_{OUT} = \frac{10\ V(Z_2 - Z_1)}{(X_1 - X_2)} + Y_1 \qquad (10.2.3)$$

式中,$0.1\ V \leqslant X \leqslant 10\ V$, $-10\ V \leqslant Z \leqslant 10\ V$。

10.2.4　平方电路

MPY634 作为平方器使用时,利用基本的乘法器电路,并联 X 或者 Y 输入端即可,电路传输函数为:

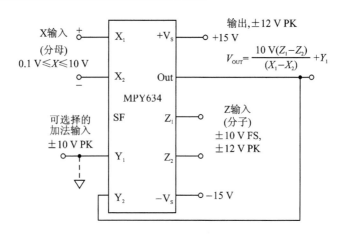

图 10.2.3　除法电路

$$V_{\text{OUT}} = \frac{(X_1 - X_2)^2}{10\ \text{V}} + Z_2 \qquad (10.2.4)$$

式中，$-10\ \text{V} \leqslant X \leqslant 10\ \text{V}$。

10.2.5　开方电路

　　MPY634 作为开方器的基本电路[149]如图 10.2.4 所示，电路的传输函数为：

$$V_{\text{OUT}} = \sqrt{10\ \text{V}(Z_2 - Z_1)} + X_2 \qquad (10.2.5)$$

式中，$Z_1 \leqslant Z_2$，$1\ \text{V} \leqslant Z \leqslant 10\ \text{V}$。

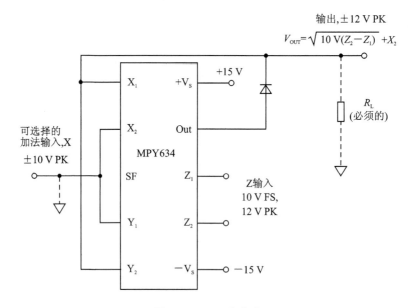

图 10.2.4　开方电路

10.3　模拟乘法器应用电路例

10.3.1　相位检测电路

MPY634 构成的相位检测电路[149] 如图 10.3.1 所示,电路中,输入信号 $X = A \sin(2\pi ft)$, $f = 10$ MHz。输入信号 $Y = B \sin(2\pi ft + \theta)$, $f = 10$ MHz。有:

$$输出信号\ V_O = (AB/20) \cos\theta \qquad (10.3.1)$$

在图 10.3.1 中,R_x 用来为 PLL 电路提供一个环路阻尼特性。

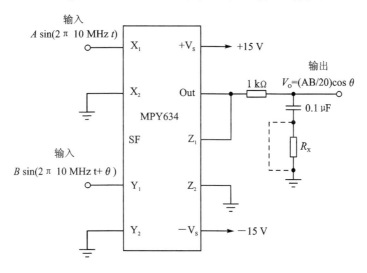

图 10.3.1　MPY634 构成的相位检测电路

10.3.2　压控放大器电路

一个由 MPY634 和运算放大器 OPA606 构成的压控放大器电路[149] 如图 10.3.2 所示,电路中,1 kΩ 的可变电阻连接到 SF 引脚端,用来微调电路增益。电路的带宽受运算放大器 A_1 限制,运算放大器 A_1 工作在相对较高的增益状态。电路输出:

$$V_O = 10 \cdot E_c \cdot E_s \qquad (10.3.2)$$

10.3.3　正弦函数发生器电路

MPY634 构成的正弦函数发生器电路[149] 如图 10.3.3 所示,电路中,输入信号 E_0 范围为 0～10 V,电路输出:

$$V_{OUT} = (10\ V) \sin\theta \qquad (10.3.3)$$

式中,$\theta = (\pi/2)(E_0/10\ V)$。

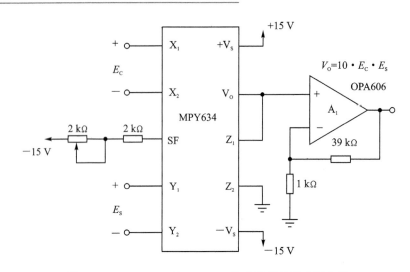

图 10.3.2　MPY634 和 OPA606 构成的压控放大器电路

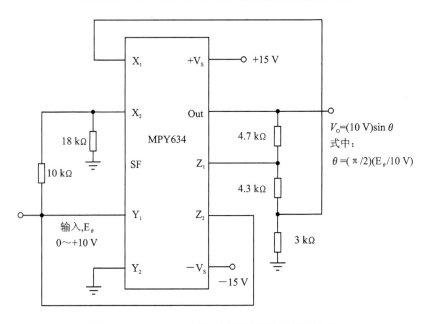

图 10.3.3　MPY634 构成的正弦函数发生器电路

10.3.4　线性 AM(调幅)电路

MPY634 构成的线性 AM(调幅)电路[149]如图 10.3.4 所示,电路中,输入的调制信号为 $\pm E_M$,输入的载波信号为 $E_C \sin \omega t$,电路输出:

$$V_{OUT} = 1 \pm (E_M/10\text{ V})E_C \sin \omega t \tag{10.3.4}$$

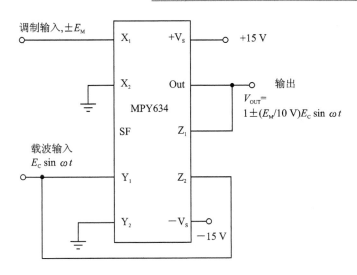

图 10.3.4　MPY634 构成的线性 AM 电路

10.3.5　倍频器电路

MPY634 构成的倍频器电路[149] 如图 10.3.5(a)所示,电路中,输入信号为 $A\sin\omega t$,电路输出:

$$V_{OUT} = (A^2/20)\cos(2\omega t) \tag{10.3.5}$$

在图 10.3.5(b)中,输入信号为 20 V_{p-p}, 200 kHz;输出信号为 10 V_{p-p}, 400 kHz。

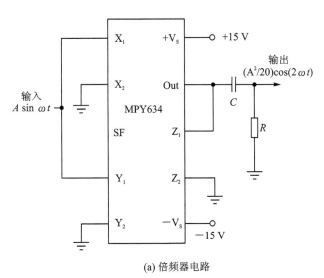

(a) 倍频器电路

图 10.3.5　MPY634 构成的倍频器电路和波形

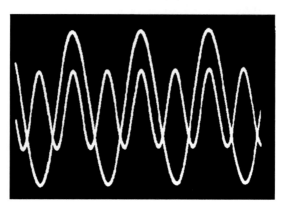

(b) 输出波形

图 10.3.5　MPY634 构成的倍频器电路和波形(续)

10.3.6　平衡调制器电路

MPY634 构成的平衡调制器电路[149]如图 10.3.6 所示,电路中,输入的调制信号为 $\pm E_M$,输入的载波信号为 $E_C \sin \omega t$,电路输出波形如图 10.3.6(b)所示,载波信号频率 $f_C = 2$ MHz,幅度 $= 1$ V rms;调制信号频率 $f_s = 120$ kHz,幅度 $= 10$ V$_{p-p}$。

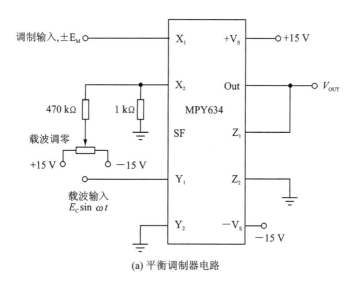

(a) 平衡调制器电路

图 10.3.6　MPY634 构成的平衡调制器电路和波形

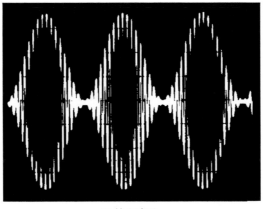

(b) 输出波形

图 10.3.6　MPY634 构成的平衡调制器电路和波形(续)

10.3.7　开立方运算电路

开立方运算电路[28]如图 10.3.7 所示。从图 10.3.7 可见,电路采用 2 个乘法器,乘法器的输入连接到运算放大器的输出,其中一个乘法器构成平方电路,其输出作为另一个乘法器的输入。

利用虚地,有 $i_i = u_i/R, i_F = u''_O/R$,其中 $u''_x O = u'_O \times u_O = u_O \times u_O \times u_O = u_O{}^3$ 。

由 $i_i = i_F$,有 $u_i/R = u''_O/R = u_O{}^3/R$ 。可以推出输出电压 u_O 为:

$$u_O = \sqrt[3]{-\frac{1}{K^2} u_i}$$ (10.3.6)

式中,$K(1/V)$ 为相乘系数(增益),其数值取决于乘法器的电路参数。

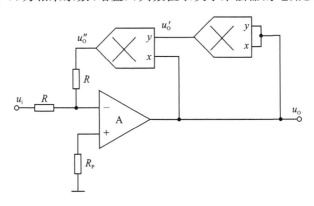

图 10.3.7　开立方运算电路

10.3.8　均方根运算电路

信号电压 $u_i(t)$ 或噪声电压 $e(t)$ 的均方根值 E_{rms}(又称为有效值)表征该电压的

能量,可表示为:

$$E_{rms} = \sqrt{\overline{e^2(t)}}$$ (10.3.7)

式中 $\overline{e^2(t)}$ 表示任意波形电压 $e(t)$ 的平方值在时间上取平均,即:

$$\overline{e^2(t)} = \lim_{T \to \infty} \frac{1}{T} \int_0^T e^2(t)\,dt$$ (10.3.8)

式中,T 为取平均的时间间隔。

由数学表达式可见,对噪声电压 $e(t)$ 的有效值的测量,实质上是对 $e(t)$ 先进行平方运算,接着在时间上取平均值,最后进行开方的运算过程。因此,可以利用前面介绍的平方电路、开方电路及运放构成的有源低通滤波器(取平均值)构成均方根运算电路[28],如图 10.3.8 所示。

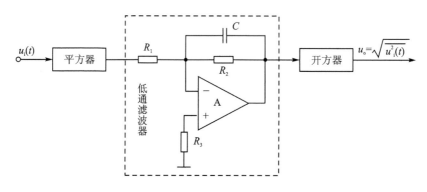

图 10.3.8　均方根运算电路

10.3.9　幂级数形式表示的函数发生电路

利用模拟集成乘法器与集成运算放大器配合,可以构成各种各样能以幂级数形式表示的函数发生电路。

例如,函数 $f(x) = a_0 + a_1 x + a_2 x^2 + a_3 x^3$ 可由图 10.3.9 所示电路来产生[28]。

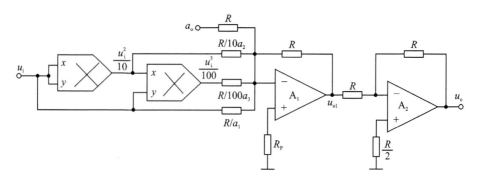

图 10.3.9　函数 $f(x)$ 发生电路

由图可知运放 A_1 的输出 u_{o1} 为：

$$u_{o1} = -\left(\frac{R}{R}a_0 + \frac{R}{R/a_1}u_i + \frac{R}{R/10a_2}\frac{u_i^2}{10} + \frac{R}{R/100a_3}\frac{u_i^3}{100} \right)$$
$$= -(a_0 + a_1 u_i + a_2 u_i^2 + a_3 u_i^3) \tag{10.3.9}$$

运放 A_2 的输出 u_O 为：

$$u_o = -\frac{R}{R}u_{o1} = a_0 + a_1 u_i + a_2 u_i^2 + a_3 u_i^3 \tag{10.3.10}$$

可见电路输出特性方程与函数 $f(x)$ 的表达式完全相同。

10.3.10　自动增益控制电路(AGC)

乘法器也可以应用于自动增益控制(AGC)电路中,其原理方框图[28]如图 10.3.10 所示。在图 10.3.10 中,乘法器的 y 输入端口加高频输入信号 u_S,x 输入端口加可控直流输入电压($E_o - \Delta E$),乘法器输出信号再经 A_2 构成的增益为 A_v 的同相放大器放大后获输出信号电压 u_O,其表达式为

$$u_O = KA_v(E_O - \Delta E)u_S \tag{10.3.11}$$

式中 K 为乘法器相乘增益。

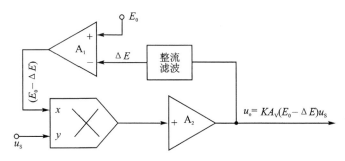

图 10.3.10　乘法器构成的自动增益控制(AGC)电路

因为 ΔE 是由输出电压 u_O 取样并经整流、滤波所得的直流增量电压,ΔE 的大小与输出电压 u_O 的幅度增量成正比。ΔE 与固定电压 E_O(其决定小信号增益)在运放 A_1 中相减,故($E_O - \Delta E$)的减小的变化率与输入高频电压 u_S 振幅增大的变化率相同,当 u_S 的振幅变化时,控制电压($E_O - \Delta E$)做相反方向的变化,信号传输通道总增益 $KA_v((E_O - \Delta E)$ 作相应变化,维持输出电压幅度基本不变。

由乘法器构成的自动增益控制电路,克服了偏压式自动增益控制电路的固有缺点。偏压式 AGC 中,增益的控制是靠改变放大管工作电流来实现的,必然会引起输入、输出阻抗的变化,影响放大器的调谐与匹配,导致放大器频率特性曲线变形、通频带变化、失真增大及稳定性变差等。而采用如图 10.3.10 所示 AGC 电路完全不存在上述问题,大大地提高了 AGC 性能。

10.3.11　压控三角波与方波发生器

采用乘法器构成的压控三角波（方波）发生器电路[28]如图 10.3.11 所示。压控三角波（方波）发生器的频率可以由外加电压来控制。这种电路可用于电压/频率变换（VFC）、压控振荡器（VCO）及压控扫描电路中。

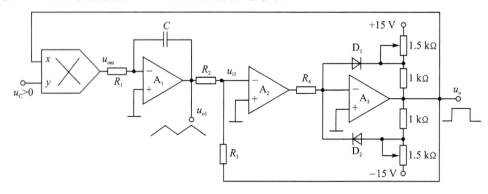

图 10.3.11　采用乘法器构成的压控三角波（方波）发生器电路

在图 10.3.11 中，运放 A_1 为积分器，输出三角波 u_{o1}；A_2、A_3 构成施密特触发器，输出方波 u_O。输出波形的频率不仅与积分时间常数 R_1C 及正反馈分压电阻 R_2、R_3 有关，而且与积分器 A_1 输入端电压的大小有关。改变控制电压 u_C，可以改变积分器 A_1 的输入电压 u_{Om}，从而控制振荡信号频率。压控三角波（方波）发生器各点的波形如图 10.3.12 所示。

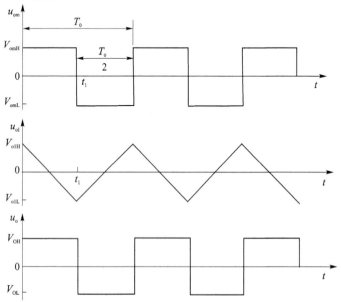

图 10.3.12　压控三角波（方波）各点的波形

下面分析发生器输出频率与各元件参数的关系。

设方波电压 u_0 的正、负最大值相等，$V_{OH} = |V_{OL}|$；三角波电压 u_{O1} 的正、负最大值亦相等，$V_{O1H} = |V_{O1L}|$；当 u_C 为正的直流控制电压时，乘法器输出 u_{Om} 亦是方波电压，其正、负最大值为：

$$V_{omH} = KV_{oH}u_C \tag{10.3.12}$$

$$V_{omL} = KV_{oL}u_C \tag{10.3.13}$$

可见 $V_{OmH} - |V_{OmL}|$。

由图 10.3.11 可知，运放 A_2 反相输入端电压 u_{i2} 为：

$$u_{i2} = \frac{R_2}{R_2 + R_3}u_o + \frac{R_3}{R_2 + R_3}u_{o1} \tag{10.3.14}$$

当 $u_{i2} = 0$ 时，施密特触发器翻转，输出状态改变。此时，积分器 A_1 输出电压 u_{O1} 为：

$$u_{o1} = -\frac{R_2}{R_3}u_o \tag{10.3.15}$$

设 $t=0$ 时，u_O 从 V_{OL} 跳变到 V_{OH}，此时 $u_{o1}(0) = -R_2V_{oL}/R_3 = R_2V_{oH}/R_3 = V_{o1H}$ 而 u_{om} 亦会从 $KV_{oL}u_C = -KV_{oH}u_C$ 跳变成 $KV_{oH}u_C$。此后，u_{Om} 对 C 充电，$u_{O1}(t)$ 向负方向线性变化，即：

$$u_{o1}(t) = u_{o1}(0) - u_{om}\frac{t}{R_1C} = \frac{R_2}{R_3}V_{oH} - KV_{oH}u_C\frac{t}{R_1C} \tag{10.3.16}$$

当 $t = T_0/2$ 时，u_O 又从 V_{OH} 跳变到 V_{OL}，即触发器又翻转，$u_{i2} = 0$，即：

$$u_{o1}\left(\frac{T_0}{2}\right) = \frac{R_2}{R_3}V_{oH} - KV_{oH}u_C\frac{T_0}{2R_1C} = -\frac{R_2}{R_3}V_{oH} \tag{10.3.17}$$

由上式可求得三角波（方波）周期 T_0 为：

$$T_0 = \frac{4R_1R_2C}{KR_3}\frac{1}{u_C} \tag{10.3.18}$$

则频率 f_0 为：

$$f_0 = \frac{1}{T_0} = \frac{KR_3}{4R_1R_2C}u_C \tag{10.3.19}$$

可见，当 R_1、R_2、R_3、C 及乘法器相乘增益 K 确定后，改变控制电压 u_C 便可以控制三角波、方波的频率。

第**11**章

VFC 和 FVC 变换电路设计

11.1　集成的 VFC(电压－频率转换器)

　　电压－频率变换电路(VFC)能把输入信号电压变换成相应的频率信号,即它的输出信号频率与输入信号电压值成比例,故又称之为电压控制振荡器(VCO)。VFC广泛地应用于调频、调相、模/数变换(A/D)、数字电压表、数据测量仪器及远距离遥测遥控设备中。

　　电压－频率变换电路(VFC)电路通常主要由积分器、电压比较器、自动复位开关电路 3 部分组成。各种类型 VFC 电路的主要区别仅在于复位方法及复位时间不同。VFC 可以由通用模拟集成电路组成的,但专用模拟集成 V /F 转换器,其性能更稳定、灵敏度更高、非线性误差更小。集成 V/F、F/V 转换器大多采用恒流源复位型VFC 电路作为基本电路。

　　模拟集成 V/F、F/V 转换器,具有精度高、线性度高、温度系数低、功耗低、动态范围宽等一系列优点,目前已广泛地应用于数据采集、自动控制和数字化及智能化测量仪器中。

　　TI 公司可以提供 LM231A/LM231/LM331A/LM331 精密的电荷平衡型电压－频率变换器,其工作频率范围为 1~100 kHz,最大线性度为 0.01%,输出脉冲电平可与 TTL、CMOS 电路兼容。电源电压范围为 4~40 V,在电源电压 $V_{CC}=5$ V 时,功耗为 15 mW。

11.1.1　电荷平衡型电压－频率变换器工作原理

　　LM231A/LM231/LM331A/LM331 系列电压－频率转换器芯片内部电路[28,150]包含:由输入比较器、定时比较器和 R-S 触发器构成的单稳定时器(又称单脉冲定时器),能隙基准电源电路,精密镜象电流源,电流开关及集电极开路输出管等部分。

　　8 个引脚功能分别为:

　　引脚端 1 为电流输出端,电流开关接通时输出镜像电流源电流;

　　引脚端 2 为镜象电流源基准电流控制端,其端电压为 $V_{REF}=1.9$ V,外接电阻 R_S 时,镜像电流源输出电流 $i_S=1.9$ V$/R_S$;

引脚端 3 为频率输出端,需外接上拉电阻,输出频率为受输入电压控制的脉冲串;

引脚端 4 为负电源端($-V_{EE}$ 或接地端);

引脚端 5 为定时网络连接端,该端与 $+V_{CC}$ 间外接定时电阻 R_T,与引脚端 4 之间外接定时电容 C_T;

引脚端 6 为比较器阀值电压端,芯片用作 VFC 时,该端外接充放电并联网络 R_L、C_L,或接比较电平。用作 FVC 时,该端输入频率信号;

引脚端 7 为比较器比较电压端,芯片用作 VFC 时,该端输入电压信号;用作 FVC 时,该端接比较电平;

引脚端 8 为正电源 $+V_{CC}$ 端。

LM231A/LM231/LM331A/LM331 系列芯片用作 VFC 的原理电路如图 11.1.1 所示。

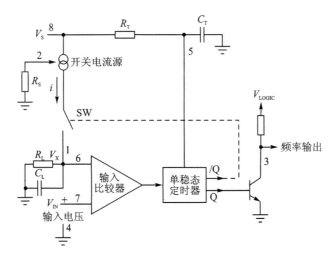

图 11.1.1　VFC 的原理电路

分析 VFC 原理如下:

① 当正输入电压 V_{IN},使引脚端 7 输入电压 $V_7 > V_6$(引脚端 6 电压 V_X)时,输入比较器输出高电平,使单稳态定时器输出端 Q 为高电平、$\overline{Q}$ 为低电平,输出晶体管 T 饱和导通,频率输出端(引脚端 3)输出低电平 $V_O = V_{OL} \approx 0$ V;

② 电流开关 SW 闭合,镜象电流源输出电流 i_S 对 C_L 充电,引脚端 6 电压 V_6(V_X)逐渐上升,同时,与引脚端 5 相连的芯片内放电管截止,电源电压 V_S 经 R_T 对 C_T 充电,当 C_T 上电压上升至 $V_5 = V_{CT} \geq 2V_S/3$ 时,单稳态定时器输出改变状态,Q 端为低电平、$\overline{Q}$ 端为高电平,使晶体管 T 截止,$V_O = V_{OH} = V_{LOGIC}$;

③ 电流开关 SW 断开,C_L 通过 R_L 放电,使 V_6 下降,同时,C_T 通过芯片内放电管快速放电到零。当 $V_6 = V_{CL} \leq V_7(V_{IN})$ 时,又开始第二个脉冲周期,如此循环往复,输出端(引脚端 3)输出连续的脉冲信号。

全国大学生电子设计竞赛基于 TI 器件的模拟电路设计

设输出脉冲信号周期为 T_0，输出为低电平($V_O = V_{OL} \approx 0$ V)的持续时间为 t_1。t_1 期间电流 i_S 提供给 C_L、R_L 的总电荷量 Q_S 为：

$$Q_S = i_S t_1 = 1.9 \frac{t_1}{R_S} \tag{11.1.1}$$

周期 T_0 内流过 R_L 的总电荷量(包括 i_S 提供及 C_L 放电提供)Q_R 为：

$$Q_R = i_L T_0 \tag{11.1.2}$$

式中 i_L 为流过 R_L 的平均电流，当 $V_{IN} \approx V_6$ 时，i_L 可近似计为：

$$i_L \approx \frac{V_6}{R_L} \approx \frac{V_{IN}}{R_L} \tag{11.1.3}$$

故 Q_R 为：

$$Q_R \approx \frac{V_{IN}}{R_L} T_0 \tag{11.1.4}$$

由定时电容 C_T 充电方程式：

$$V_{C_T} = V_{CC} \left[1 - \exp\left(-\frac{t_1}{R_T C_T} \right) \right] = \frac{2}{3} V_{CC} \tag{11.1.5}$$

可求得：

$$t_1 = (\ln 3) R_T C_T \approx 1.1 R_T C_T \tag{11.1.6}$$

根据电荷平衡原理，周期 T_0 内 i_S 提供的电荷量应等于 T_0 内 R_L 消耗掉的总电荷量，即 $Q_S = Q_R$，可求得输出脉冲信号频率 f_O 为：

$$f_O = \frac{1}{T_0} \approx \frac{R_S u_i}{1.9(\ln 3) R_T C_T R_L} \approx \frac{R_S u_i}{2.087 R_T C_T R_L} \tag{11.1.7}$$

从上式可知，输出脉冲的频率与输入信号的电压值成正比例关系。

输出低电平脉冲的宽度 t_1 取决于 R_T(常取 11.8 kΩ)和 C_T 的值。满量程输出频率 f_{OFS} 可以在输入满量程电压 V_{IFS} 的条件下，通过调整 R_S 的数值(常取 1.4 kΩ)来校正。输出脉冲幅度取决于 V_{LOGIC} 数值。

11.1.2　电荷平衡型频率－电压变换器工作原理

改变 LM231A/LM231/LM331A/LM331 的引脚端连接方式，LM231A/LM231/LM331A/LM331 也可以作为频率－电压转换器(FVC)使用[28]。

频率信号从引脚端 6 输入，电压信号从引脚端 1 输出(引脚端 1 输出电流信号，利用外接电阻转换为电压)。

频率－电压转换器(FVC)主要由芯片中的输入比较器、定时比较器、R－S 触发器、镜像电流源 i_S、电流开关 SW 和放电管 T 组成。输入比较器的同相输入端 7 脚外加一个小于 V_S 的比较电平 V_{th7}，例如取 $V_{th7} = 9 V_S/10$；反相输入端 6 脚除加上固定电压 V_S 外(通过电阻 R)，外输入负脉冲频率信号 V_{IN} 经电阻 R 和电容器 C 构成微分网络，微分后亦加到引脚端 6；其输出端为 R－S 触发器的置位端 S。定时比较器的反相输入端由内电路加一个固定的比较电平 $V_{th} = 2 V_S/3$；同相输入端 5 脚外接定

时网络 R_T、C_T；其输出端为 R-S 触发器的复位端 R。

利用微分电路产生的负向尖峰脉冲触发 R-S 触发器导通，对电容器 C_T 进行充电/放电控制。根据 C_T 充电规律，可以求得 t_1 为：

$$t_1 = (\ln 3)R_T C_T \approx 1.1 R_T C_T \tag{11.1.8}$$

i_S 提供的总电荷量 Q_S 为：

$$Q_S = i_S t_1 = \frac{1.9}{R_S} t_1 \tag{11.1.9}$$

输入信号的一个周期 $T_i = 1/f_i$ 内，R_L 消耗的总电荷量 Q_R 为：

$$Q_R = i_L T_i = \frac{V_o}{R_L} T_i \tag{11.1.10}$$

根据电荷平衡原理，令 $Q_S = Q_R$ 可求得输出端平均电压为：

$$V_o = \frac{1.9 t_1}{T_i} \frac{R_L}{R_S} \approx 2.09 \frac{R_L}{R_S} R_T C_T f_i \tag{11.1.11}$$

从式(11.1.11)可见，电路输出的直流电压 V_{OUT} 与输入信号的频率 f_i 成正比例，电路可以实现频率—电压转换的功能。

11.2　集成的 VFC(电压－频率转换器)应用电路

11.2.1　简单的 VFC(电压－频率转换器)电路

一个采用 LM331 构成的简单的 VFC(电压－频率转换器)电路[150] 如图 11.2.1 所示。

电路中，输入端电阻 $R_{IN} = 100$ kΩ($\pm 10\%$)，附加在引脚端 7 的路径中，用来消除引脚端 6 的偏置电流的影响(典型值为 -80 nA)，并帮助提供最低频率偏移。

在引脚端 2 的电阻 R_S 是由一个 12 kΩ 的固定电阻加上一个 5 kΩ 的电位器组成，5 kΩ 的电位器用来调节增益。这个调整的功能用来微调 LM231/331 的增益误差，以及 R_T，R_L 和 C_T 的误差。

为了获得最好的效果，所有的元件都应采用具有稳定的、低温度系数的元件。例如，电阻采用金属膜电阻器。选择的电容应具有低介电吸收和适合的温度特性，例如选择选择 NP0 陶瓷、聚苯乙烯、聚四氟乙烯或聚丙烯电容器。

一个电容 C_{IN} 从引脚端 7 连接到地，作为 V_{IN} 的滤波器。在大多数情况下，电容 C_{IN} 可以选择为 0.01 μF～0.1 μF，如果需要更好的滤波效果，可以使用 1 μF 电容。

当引脚端 6 和引脚端 7 的 RC 时间常数相匹配时，在 V_{IN} 电压阶跃变化会导致 f_{OUT} 的阶跃变化。如果 C_{IN} 是远远低于 C_L，在 V_{IN} 的阶跃变化可能会导致 f_{OUT} 暂时停止。

一个 47 Ω 电阻与 1 μF 电容器 C_L 串联，提供一个滞后，这有助于输入比较器提供出色的线性。

满量程输入电压为 10 V,输出频率为:

$$f_{\text{OUT}} = \frac{V_{\text{IN}}}{2.09\ \text{V}} \cdot \frac{R_{\text{S}}}{R_{\text{L}}} \cdot \frac{1}{R_{\text{T}}C_{\text{T}}} \tag{11.2.1}$$

对应图 11.2.1 所示参数,满量程输入电压,f_{OUT} 为 10 kHz,线性度为 $\pm 0.03\%$ ($@f_{\text{OUT}} = 10$ Hz~ 11 kHz)。

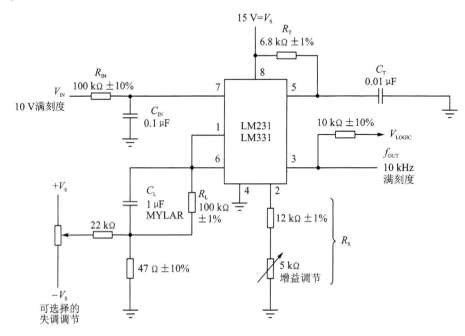

图 11.2.1　采用 LM331 构成的 VFC 转换电路

11.2.2　精密的 VFC(电压－频率转换器)电路

一个采用 LM331 和运算放大器 LF411A 构成的精密的 VFC(电压－频率转换器)电路[150]如图 11.2.2 所示。

电路中,LM331 的阈值电压端引脚端 6 加上比较电平 $V_{\text{th6}} = V_{\text{S}}/2 = 7.5$ V,引脚端 7 输入的比较电压由外输入信号 V_{IN} 经运放 A 及 R_{IN}、C_{F} 构成的反相积分器产生。当积分器输出电压 $V_7 \geqslant V_6 = V_{\text{th6}}$ 时,芯片内单稳态定时电路中的 R - S 触发器置位,$Q = \text{“1”}$、$\bar{Q} = \text{“0”}$,电流开关 SW 把镜像电流源 i_{S} 接通,从引脚端 1 流出,对 C_{F} 反方向充电,使积分输出电压下降,$V_7 < V_{\text{th6}}$,芯片内单稳态定时电路中的放大管 T 截止,$+V_{\text{S}}$ 经 R_{T} 对 C_{T} 充电,V_{ct} 上升,当 $V_5 = V_{\text{CT}} \geqslant 2\ V_{\text{S}}/3$ 时,R - S 触发器复位,$Q = \text{“0”}$、$\bar{Q} = \text{“1”}$,电流开关 SW 把 i_{S} 短接到地,放电管 T 导通,C_{T} 通过 T 快速放电,$V_{\text{CT}} = 0$。$V_{\text{IN}}(<0)$ 又对 C_{F} 正向充电,积分器输出电压正向线性增加,V_7 上升。当 $V_7 \geqslant V_6 = V_{\text{th6}}$ 时,R - S 触发器又置位。如此循环往复,在输出引脚端 3 产生一个频率为 f_{OUT} 的脉冲波。

因为周期 $T_0 = 1/f_{OUT}$ 内,积分电容 C_F 上没有净增电荷量,因此镜象电流 i_S 流向运放 A 的平均电流 I 完全被输入电压 V_{IN} 产生的电流 $i_{IN} = V_{IN}/R_{IN}$ 所抵消。i_S 从引脚端 1 流向运放 A 的时间取决于定时电路,为 $t_1 = 1.1R_T C_T$,因而平均电流 I 为:

$$I = \frac{i_S(1.1R_T C_T)}{T_0} = \frac{1.9}{R_S}(1.1R_T C_T) f_0 \tag{11.2.2}$$

令 $I = -V_{IN}/R_{IN}$,可以求得 f_{OUT} 为:

$$f_{OUT} = \frac{-V_{IN}}{2.09\ V} \cdot \frac{R_S}{R_{IN}} \cdot \frac{1}{R_T C_T} \tag{11.2.3}$$

当 $C_T = 0.01\ \mu F$、$R_S = 14.212\ k\Omega$,则满量程输入电压为 $-10\ V$ 时,满量程输出频率为 10 kHz。

在图 11.2.2 所示电路中,标注"＊"的使用低温度系数的元器件。对于 $V_S = 8 \sim 22\ V$,标注"＊＊"电阻选择为 5 kΩ 或者 10 kΩ;对于 $V_S = 4.5 \sim 8\ V$,标注"＊＊"电阻必须选择为 10 kΩ。

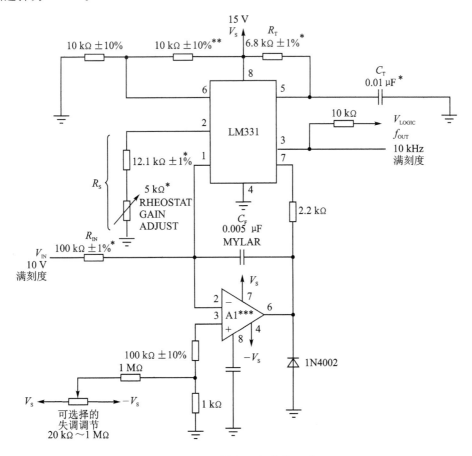

图 11.2.2　精密 V/F 转换电路

全国大学生电子设计竞赛基于 TI 器件的模拟电路设计

391

11.2.3   隔离式的 VFC(电压－频率转换器)电路

一个采用 LM331 和光耦合器 4N28 构成的隔离式的 VFC(电压－频率转换器)电路[150]如图 11.2.3(a)所示。输入电压 V_{IN} 经 LM331 转换为脉冲信号,脉冲输出信号 f_{OUT} 连接到光耦合器 4N28,通过光耦耦合到下一级电路。

一个采用 LM331 和高电压脉冲变压器构成的隔离式的 VFC(电压－频率转换器)电路[150]如图 11.2.3(b)所示。输入电压 V_{IN} 经 LM331 转换为脉冲信号,脉冲输出信号 f_{OUT} 连接到高电压脉冲变压器,通过磁耦合到下一级电路。

一个采用 LM331 和无线发射和接收模块构成的隔离式的 VFC(电压－频率转换器)电路[150]如图 11.2.3(c)所示。输入电压 V_{IN} 经 LM331 转换为脉冲信号,脉冲输出信号 f_{OUT} 连接到无线发射,通过无线电波耦合(RF 连接)到下一级电路。注意:接收模块需要与发射模块配套。

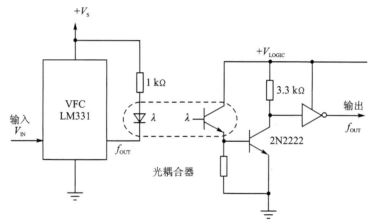

(a) 光耦合的隔离式的VFC(电压–频率转换器)电路

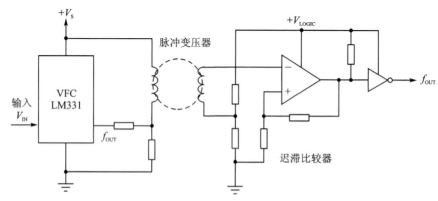

(b) 磁耦合的隔离式的VFC(电压–频率转换器)电路

图 11.2.3   隔离式的 VFC(电压–频率转换器)电路

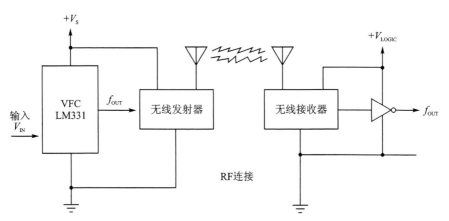

(c) RF连接的隔离式的VFC(电压–频率转换器)电路

图 11.2.3　隔离式的 VFC(电压-频率转换器)电路(续)

11.2.4　FVC(频率－电压转换器)电路

一个采用 LM331 构成的 FVC(频率－电压转换器)电路[150,151] 如图 11.2.4 所示。

在图 11.2.3(a)所示电路中,输入脉冲 f_{IN} 经由 CR 网络微分,在引脚端 6 的脉冲负沿脉冲通过输入比较器触发芯片内部的定时器电路。像 VFC 转换器一样,平均电流流出引脚 $I_{AVERAGE} = i \times (1.1 R_T C_T) \times f$。这个电流被 $R_L = 100$ kΩ 和 1 μF 电容器滤波输出,纹波将低于 10 mV 峰峰值,但响应速度较慢,时间常数为 0.1 s,稳定到 0.1% 的准确度的建立时间为 0.7 s。电路输出电压为:

$$V_{OUT} = f_{IN} \times 2.09 \text{ V} \times \frac{R_L}{R_S} \times (R_T C_T) \qquad (11.2.4)$$

图 11.2.3(a)所示电路对应 10 kHz 的满量程,非线性度为 ±0.06%。

在图 11.2.3(b)所示电路中,运算放大器作为一个 2 阶低通滤波器并提供了一个缓冲的输出。在 1 000 Hz 以上时,纹波将小于 5 mV 峰峰值;输入频率低于 200 Hz 时,纹波将大于 5 mV 峰峰值。

电路中,选择:

$$R_X = \frac{(V_S - 2 \text{ V})}{0.2 \text{ mA}} \qquad (11.2.5)$$

电路输出电压为:

$$V_{OUT} = - f_{IN} \times 2.09 \text{ V} \times \frac{R_F}{R_S} \times (R_T C_T) \qquad (11.2.6)$$

图 11.2.3(b)所示电路对应 10 kHz 的满量程,非线性度为 ±0.01%。

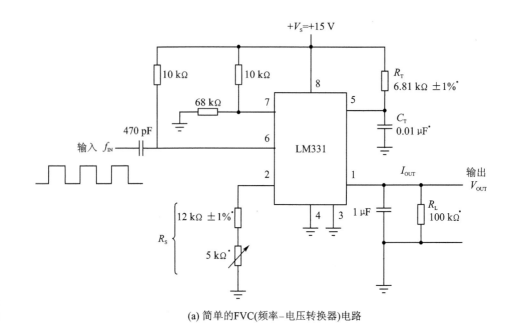

(a) 简单的FVC(频率–电压转换器)电路

(b) 精密的FVC(频率–电压转换器)电路

图 11.2.4　FVC(频率—电压转换器)电路

11.2.5　光强度－频率转换电路

一个采用 LM331 和光电晶体管构成的光强度－频率转换电路[150]如图 11.2.5 所示。电路中,光电晶体管选择 L14F－1、L14G－1 或者 L14H－1,输出频率 $f_{\mathrm{OUT}} \propto \lambda$,满量程输出为 100 kHz。

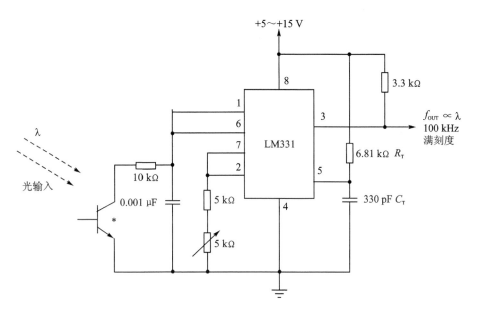

图 11.2.5　光强度－频率转换电路

11.2.6　温度－频率转换电路

一个采用 LM331 和 3 端子可调节电流源 LM234/334 构成的温度－频率转换电路[150]如图 11.2.6 所示。电路中,LM234/334 是一个 3 端子可调节电流源,其电流 I_{SET} 是与绝对温度(℃K)成正比。在任何温度下的 I_{SET} 可以计算出来:

$$I_{\mathrm{SET}} = I_{\mathrm{O}}(T/T_{\mathrm{O}}) \qquad (11.2.7)$$

式中,I_{O} 是温度在 T_{O}(℃K)时测量的 I_{SET} 值。

输出频率 $f_{\mathrm{OUT}} \propto$ 温度,输出为 10 Hz/℃K。

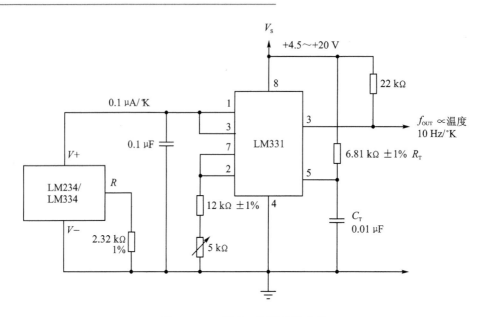

图 11.2.6　温度－频率转换电路

11.3　集成的 FVC(频率－电压转换器)应用电路

11.3.1　频率－电压转换(FVC)电路

　　一个采用集成的 FVC(频率－电压转换器)芯片 LM2907/LM2917 构成的 FVC (频率－电压转换器)电路[152] 如图 11.3.1 所示。电路中,LM2907/LM2917 是一个集成的 FVC(频率－电压转换器)芯片,输出电压与频率关系为:

$$V_{\text{OUT}} = f_{\text{IN}} \times V_{\text{CC}} \times R_1 \times C_1 \tag{11.3.1}$$

　　对于 0 频率输入,输出摆幅到地,线性度为±0.3%,提供 50 mA 吸入或者源出电流,可以直接驱动继电器工作。

　　电路输出电压纹波为:

$$V_{\text{RIPPLE}} = \frac{V_{\text{CC}}}{2} \times \frac{C_1}{C_2} \times \left(1 - \frac{V_{\text{CC}} \times f_{\text{IN}} \times C_1}{I_2}\right) \text{pk} - \text{pk} \tag{11.3.2}$$

　　电路可输入的最高频率为:

$$f_{\text{MAX}} = \frac{I_2}{C_1 \times V_{\text{CC}}} \tag{11.3.3}$$

　　电路中,R 和 C 与芯片内部放大器构成 2 极点 Butterworth 滤波器,以减少输出电压纹波。Butterworth 滤波器的极点频率为:

$$f_{\text{POLE}} = \frac{0.707}{2\pi RC} \tag{11.3.4}$$

响应时间为：

$$\tau_{\mathrm{RESPONSE}} = \frac{2.57}{2\pi f_{\mathrm{POLE}}} \tag{11.3.5}$$

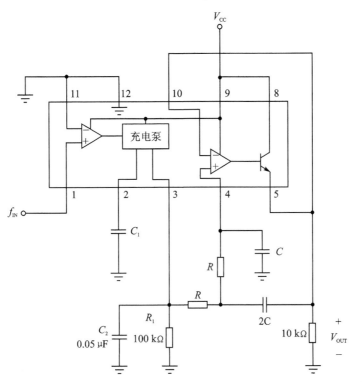

图 11.3.1　频率—电压转换(FVC)电路

11.3.2　转速表电路

　　一个采用集成的 FVC(频率—电压转换器)芯片 LM2907/LM2917 构成的转速表电路[152]如图 11.3.2 所示。电路输出电压为 67 Hz/V。

11.3.3　触摸开关电路

　　一个采用集成的 FVC(频率—电压转换器)芯片 LM2907/LM2917、金属触摸板和 JK 触发器构成的触摸开关电路[152]如图 11.3.3 所示。

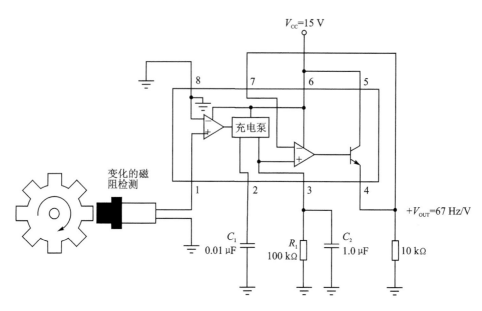

图 11.3.2 转速表电路

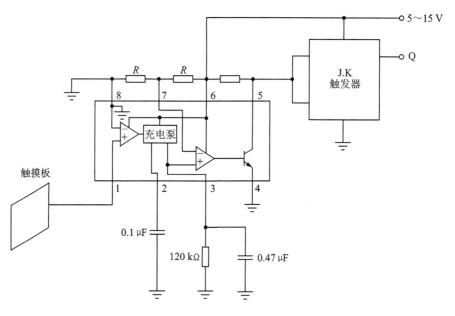

图 11.3.3 触摸开关电路

第 **12** 章

滤波器电路设计

12.1 滤波器的基本特性和参数

12.1.1 滤波器的基本特性

滤波器是一种能够选择性地通过或阻止(抑制)某频段信号的电路。根据其通过(或阻止)信号的频率来分类,可以分为低通滤波器、高通滤波器、带通滤波器和带阻滤波器。滤波器可以采用 LC、RC、LCR、LR 或者是分布参数元件构成。滤波器还可以分为有源滤波器和无源滤波器两种。有源滤波器由运算放大器和集总参数无源元件构成,或者由专用的滤波器芯片构成;无源滤波器主要由集总参数或分布参数元件构成,包括陶瓷滤波器、晶体滤波器和 SAW 滤波器。

滤波器电路特性如图 12.1.1 所示。

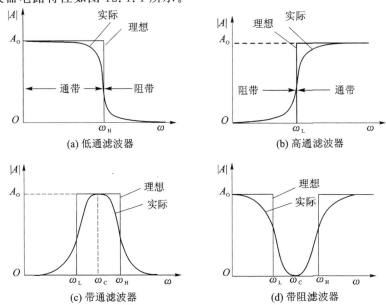

图 12.1.1 滤波器电路的基本特性

低通滤波器电路的基本特性如图 12.1.1(a)所示,允许所有低于截止频率 f_H (定义为:通带幅度响应下降 3 dB 处的频率,即 -3 dB 点的频率的信号通过。低通滤波器可以用来滤除高于截止频率 f_H 的信号谐波成分和干扰信号。

高通滤波器电路的基本特性如图 12.1.1(b)所示,允许所有高于截止频率 f_L 的信号通过。高通滤波器可以用来消除低于截止频率 f_L 的信号干扰。

带通滤波器电路的基本特性如图 12.1.1(c)所示,允许所有在低端截止频率 (f_L)和高端截止频率 (f_H)之间的信号通过。在 f_L 和 f_H 以外的信号将被阻止。带通滤波器的 Q 值定义为中心频率与带宽之比。例如,一个带通滤波器的中心频率是 10 000 kHz,通带带宽为 25 kHz,Q 值为 10 000÷25＝400。

带阻滤波器电路的基本特性如图 12.1.1(d)所示,允许所有低于低端截止频率 (f_L)和高于高端截止频率 (f_H)的信号通过。在 f_L 和 f_H 之内的信号将被阻止。带阻滤波器的带宽可以设计成宽带或者是窄带形式的。窄带带阻滤波器可用来抑制(阻止)一个单一频率。

12.1.2　滤波器的基本参数

LC 滤波器、陶瓷滤波器、晶体滤波器、声表面波滤波器(SAW)和分布参数滤波器这些不同种类的滤波器在射频电路中广泛应用,它们的尺寸、价格、性能各不相同,应用范围也不同,例如:

LC 滤波器适合精确滤波形的应用,工作频率范围从 1 kHz～1.5 GHz。但是对于需要陡峭的边缘的滤波波形(窄带滤波),LC 滤波器是不合适的。

在带通滤波器和带阻滤波器中经常使用晶体滤波器,工作频率范围在 10 kHz～400 MHz。声表面波滤波器的频率边缘响应是最陡峭的,在 20 MHz～3 GHz 频带中可以代替 LC 滤波器,具有 6～25 dB 的插入损耗。

分布参数滤波器利用印制电路板上的铜箔(导线)构成窄带或者宽带滤波器,工作频率范围为 500 MHz～40 GHz(以上),具有很高的 Q 值。但是根据其频率和设计的不同,它将占用大量的印制电路板空间。

一些不同结构的滤波器具有不同的特性。例如巴特沃斯(Butterworth)滤波器,频率响应具有最大平坦性,具有中等的选择性,适中的群延时,对元件的变化不是那么敏感。切比雪夫(Chebyshev)滤波器具有很高的频率选择性,但频率响应在通带内有一定的纹波,该纹波在信号通过滤波器输出端时强行加入到信号中,具有高的群延时变化。贝塞尔(Bessel)滤波器在整个通带内没有纹波,并且只有很小的群延时变化,但它的选择性很差,对元件的要求很高。

在综合分析滤波器的各种情况时,有下列一些重要的参数。

1. 绝对衰减(Absolute attenuation)

绝对衰减是指在阻带中某一特定的频段上,滤波器所能达到的最大的衰减,单位为 dB。

2. 带宽(Bandwidth)

对于带通滤波器,带宽的定义是通带内 3 dB 衰减的两个截止频率点之间的间隔 $(f_H - f_L)$,单位为 Hz。

3. 中心频率(Center frequency)

中心频率指通带的中心点频率,单位为 Hz。

4. 截止频率(Cutoff frequency)

截止频率指相对平均的通带频率响应,下降达到 3 dB 的频率点,单位为 Hz。

5. 倍频衰减量(dB /octave,Decibels of attenuation Per octave)

倍频衰减量表现滤波器的频率响应的陡峭程度。通过倍频衰减量,可以了解当频率相对通带增加或者减少时的衰减。

6. 差分延时(Differential delay)

差分延时是指在两种不同频率之间的群延时变化(GDV,Group Delay Variation),单位为 ns。

7. 群延时(GD,Group Delay)

群延时是指任何离散信号通过滤波器或电路时所产生的在时间上的延时,单位为 ns。任何有陡峭的频率响应,或者是有高极点的滤波器都有很高的群延时变化。降低 GD 值可以通过采用增加滤波器带宽;或者选择较少的极点;或者选择巴特沃斯滤波器;或者满足特定选择性的条件下,用贝塞尔滤波器。群延时变化直接等同于上面所述的差分延时。

8. 插入损耗(Insertion loss)

插入损耗是滤波器固有的、某种程度的功率损耗,插入损耗定量地描述了功率响应幅度与 0 dB 基准的差值,其数学表达式为

$$IL = 10\lg \frac{P_{in}}{P_L} = -10\lg(1 - |\Gamma_{in}|^2) \tag{12.1.1}$$

式中,P_L 是滤波器向负载输出的功率;P_{in} 是滤波器从信号源得到的输入功率;$|\Gamma_{in}|$ 是从信号源向滤波器看去的反射系数,单位为 dB。

9. 插入损耗线性系数(Insertic loss linearity)

插入损耗线性系数是指反映插入损耗随着输入功率的变化而变化的情况,单位为 dB。

10. 通频带(Passband)

在幅频特性曲线上衰减 3dB 的两个频率点 f_H 和 f_L 之间的频率差(f_H 和 f_L 是

插入损耗达到 3dB 的两个频率点),单位为 Hz。

11. 通频带波动(Passband ripple)

通频带波动表示在通频带内幅度的起伏。

12. 相移(Phase shift)

相移指用来表示输入信号和输出信号的相位差。

13. 极点(Poles)

极点是指在低通或高通滤波器中,电抗元件的个数,如电感、电容;或在带通滤波器中电抗元件对的数量。对全极点滤波器而言,其极点和阶数是一致的,并且其极点数量决定了滤波器幅频特性的陡峭程度。

14. 品质因数 Q(Quality factor)

品质因数 Q 为中心频率与 3dB 带宽的比值。对于同一个中心频率,带宽越窄,则 Q 越高。在 LC 滤波器电路中,如果元件的 Q 值较小的话,则滤波器的插入损耗会提高,在阻带内的衰减特性也会变差,滤波器在通带边缘的响应也会变得圆滑。

15. 回波损耗(Return loss)

回波损耗用来表示输入功率和反射功率的关系,单位为 dB。由于回波损耗的影响,有一部分的输入功率不能到达负载端,而是返回了输入端。

16. 纹波(Ripple)

纹波反映了通带内信号响应的平坦度,单位为 dB。在数字系统中,高的纹波会引起高的误比特率。

17. 纹波损耗(Ripple loss)

纹波损耗指在滤波器的通带内最大衰减值和最小衰减值之间的差别。

18. 矩形因数(Shape factor)

矩形因数为 60 dB 带宽(BW_{60dB})与 3 dB 带宽($BW_{3\,dB}$)的比值,它描述了滤波器在截止频率附近响应曲线变化的陡峭程度,即:

$$S_F = BW_{60\,dB}/BW_{3\,dB} \tag{12.1.2}$$

19. 寄生响应(Spurious responses)

寄生响应是由滤波元件本身的引线及寄生电感、电容等的电抗,在不同的频率下谐振导致的。如 AT 切割类型的晶体滤波器,将会在奇数倍的基频上有此种响应。分布式微波滤波器还有一个再进入模式,它能够使得在阻带内获得第二个通带。

20. 阻带(Reject band)

阻带是指带通、低通、高通、带阻滤波器衰减到预定的水平的频带部分,一般是

60 dB(或者更少),是在截止频率以外的衰减更大的频率部分,单位为 Hz。

12.1.3　滤波器类型的选择

滤波器的设计过程包括两个步骤[153,154]:

第 1 步,确定滤波器响应特性,即定义滤波器的衰减和相位响应。

第 2 步,定义滤波器的拓扑结构,即如何进行构建。

注意:不同类型的滤波器具有不同的响应,这些响应的衰减、群延时、阶跃响应和脉冲响应等均不同。标准响应可以满足一个特定滤波器衰减和相位要求的传递函数有多种,选择哪一个取决于具体的系统。首先需要确定的是时域响应和频域响应哪个更为重要;同时,还要权衡它们与滤波器的复杂程度及成本的关系。

1. 巴特沃兹(Butterworth)滤波器(最大幅度平坦度)

巴特沃兹(Butterworth)滤波器实现了衰减和相位响应的最佳平衡。通带和阻带均不存在纹波,因而也被称为最平坦滤波器。巴特沃兹滤波器幅度的平坦度是以通带和阻带间相对较宽的过渡带为代价的,其瞬态特性表现一般。

与其他类型的滤波器相比,巴特沃兹滤波器具有尽可能平坦的通带幅度响应。截止频率的衰减设计为−3 dB。高于截止频率的频带衰减具有适中的斜率——20 dB 滚降每十倍频程每极点。巴特沃兹滤波器的脉冲响应具有适当的过冲(overshoot)及振铃(ring)。巴特沃兹滤波器各元素值的实效性更高、重要性更低。其频率响应、群延时、脉冲响应和阶跃响应[154]如图 12.1.2 所示。

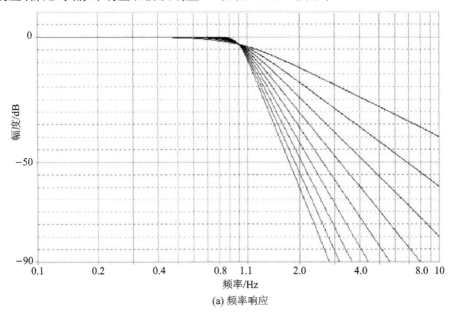

(a) 频率响应

图 12.1.2　巴特沃兹滤波器的频率响应、群延时、脉冲响应和阶跃响应

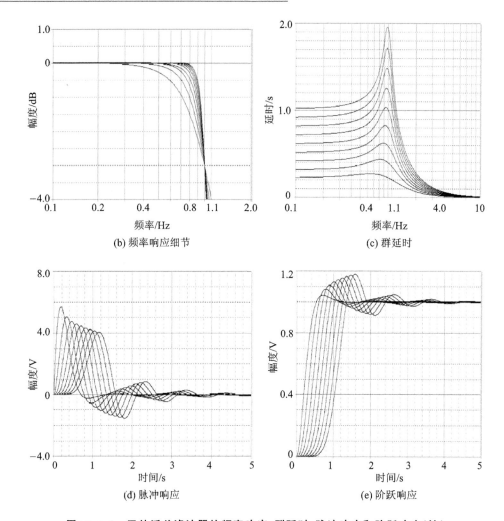

图 12.1.2 巴特沃兹滤波器的频率响应、群延时、脉冲响应和阶跃响应(续)

综合比较：

巴特沃兹滤波器的优点是：提供了最大的通带幅度响应平坦度,具有良好的综合性能,其脉冲响应优于切比雪夫,衰减速度优于贝赛尔。

巴特沃兹滤波器的缺点是：阶跃响应存在一定的过冲及振荡。

2. 切比雪夫(Chebyshev)滤波器(等纹波幅度)

与相同阶数的巴特沃兹滤波器相比,此类型的切比雪夫滤波器在通带以外的衰减更为陡峭。该优点是以牺牲通带内的幅度变化量(纹波)为代价的。与巴特沃兹及贝赛尔响应(3 dB 衰减位于截止频率处)不同,切比雪夫滤波器的截止频率定义为响应滚降至低于纹波带的频点。

对于偶数阶滤波器而言,所有纹波均高于 0 dB 了益的直流响应,因此截止频点位于 0 dB 衰减处。对于奇数阶滤波器来说,所有的纹波均低于 0 dB 增益的直流响应,截止频率则定义为低于纹波带最大衰减点(- ripple dB 的频点)。在极点数量一定时,增加通带纹波可实现更陡峭截止。相对于巴特沃兹滤波器而言,切比雪夫滤波器的脉冲响应具有更大的振铃。

　　不同 dB 值的切比雪夫滤波器特性不同。0.01dB 切比雪夫滤波器的频率响应、群延时、脉冲响应和阶跃响应[154]如图 12.1.3 所示。

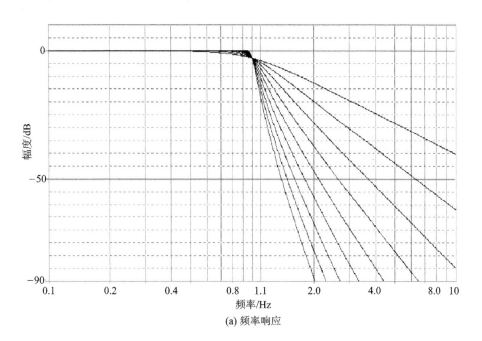

(a) 频率响应

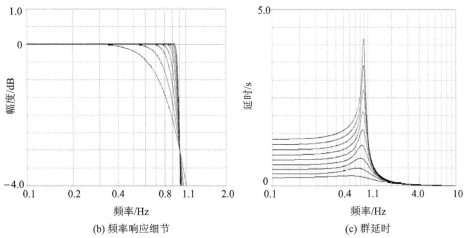

(b) 频率响应细节　　　　　　　　(c) 群延时

图 12.1.3　0.01 dB 切比雪夫滤波器的频率响应、群延时、脉冲响应和阶跃响应

全国大学生电子设计竞赛基于 TI 器件的模拟电路设计

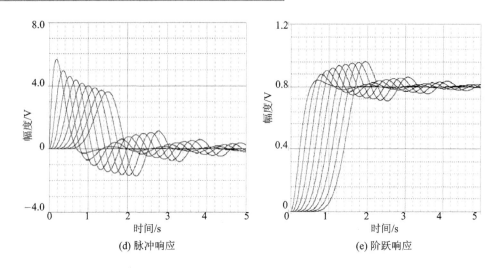

(d) 脉冲响应　　　　　　　　　　(e) 阶跃响应

图 12.1.3　0.01 dB 切比雪夫滤波器的频率响应、群延时、脉冲响应和阶跃响应（续）

综合比较：

切比雪夫滤波器的优点是：与巴特沃兹相比，切比雪夫滤波器具有了更良好的通带外衰减。

切比雪夫滤波器的缺点是：通带内纹波令人不满，阶跃响应的振铃较严重。

3. 贝塞尔(Bessel)滤波器(最大延时时间平坦度)

贝塞尔滤波器也称为汤姆逊（Thomson）型滤波器。贝塞尔（Bessel）滤波器经过优化，通带是线性相位的（即恒定延时），从而能获得更好的瞬态响应。由于其线性相位响应特性，使得此类滤波器具有最优的脉冲响应（最小化过冲及振铃）性能。

对于给定的极点数量而言，贝塞尔的幅频响应并不如巴特沃兹平坦，−3 dB 截止频率以外频带的衰减也不如巴特沃兹陡峭。

尽管须采用更高阶的贝塞尔滤波器来逼近给定的巴特沃兹滤波器的幅频响应，但考虑到贝塞尔滤波器的脉冲响应保真度，增加一定的复杂性（源于附加的滤波器部件）也是物有所值的。

贝塞尔滤波器的频率响应、群延时、脉冲响应和阶跃响应[154]如图 12.1.4 所示。

综合比较：

贝塞尔滤波器的优点是：具有最优的阶跃响应——非常小的过冲及振铃。

贝塞尔滤波器的缺点是：与巴特沃兹滤波器相比，贝塞尔滤波器的通带外衰减较为缓慢。

4. 等纹波误差的线性相位滤波器

线性相位滤波器的通带相位响应呈线性，比贝塞尔滤波器范围更宽，且在远大于截止频率的频点也能提供很好的衰减。这是通过允许相位响应出现纹波（类似于切比雪夫滤波器幅度纹波)才实现的。由于纹波增多,恒定延时带进一步延伸至阻带。由于群延时为相位响应的衍生物,因而同样会出现纹波。阶跃响应将表现出略高于贝塞尔滤波器的过冲,脉冲响应则会呈现出更多的振铃现象。

等纹波误差为 0.05° 的等纹波滤波器的频率响应、群延时、脉冲响应和阶跃响应[154] 如图 12.1.5 所示。

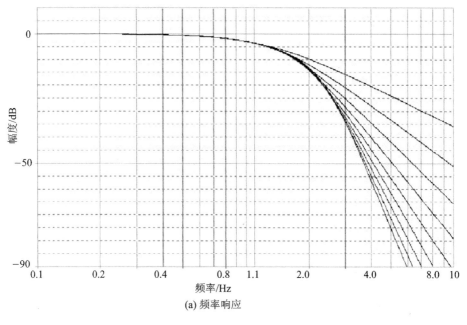

(a) 频率响应

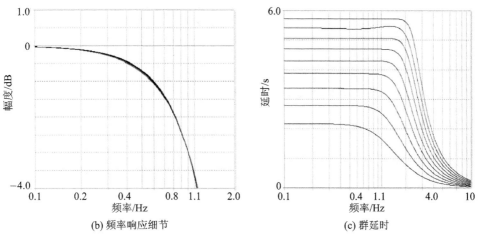

(b) 频率响应细节

(c) 群延时

图 12.1.4 贝塞尔滤波器的频率响应、群延时、脉冲响应和阶跃响应

全国大学生电子设计竞赛基于 TI 器件的模拟电路设计

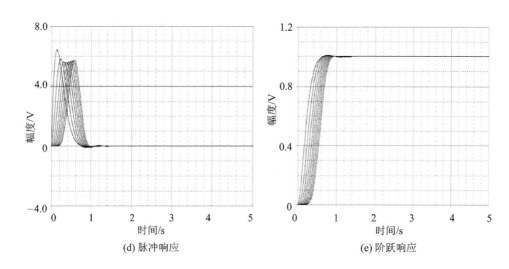

(d) 脉冲响应　　　　　　　　　　(e) 阶跃响应

图 12.1.4　贝塞尔滤波器的频率响应、群延时、脉冲响应和阶跃响应(续)

5. 6 dB 和 12 dB 高斯滤波器

6 dB 和 12 dB 高斯滤波器实为切比雪夫滤波器与(类似于贝塞尔滤波器的)高斯滤波器的折衷产物。过渡型滤波器在通带中的相移接近线性,且滚降平滑、有单调性。在通带之上特别是当 n 值较高时,存在一个临界点,超过此点时,衰减大幅增加。

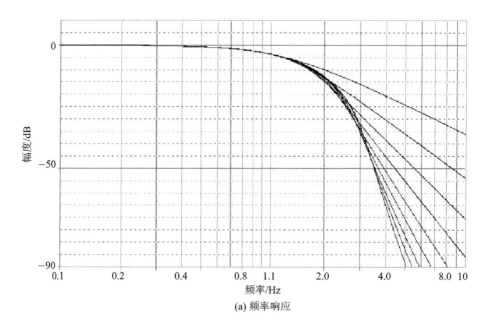

(a) 频率响应

图 12.1.5　等纹波误差为 0. 05°的等纹波滤波器的频率响应、群延时、脉冲响应和阶跃响应

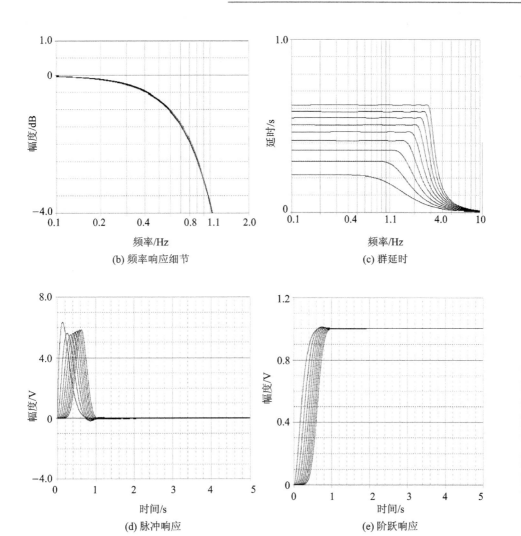

(b) 频率响应细节　　　　　　(c) 群延时

(d) 脉冲响应　　　　　　(e) 阶跃响应

图 12.1.5　等纹波误差为 0.05°的等纹波滤波器的频率响应、群延时、脉冲响应和阶跃响应(续)

　　6 dB 高斯滤波器在通带瞬态响应方面优于巴特沃兹滤波器。超过临界点(即 ω_0 =1.5)时,滚降特性与巴特沃兹滤波器相似。

　　12 dB 高斯滤波器在通带瞬态响应方面远优于巴特沃兹滤波器。超过 12 dB 临界点(即 ω_0=2)时,衰减低于巴特沃兹滤波器。

　　逼近 12 dB 高斯滤波器的频率响应、群延时、脉冲响应和阶跃响应[154]如图 12.1.6 所示。

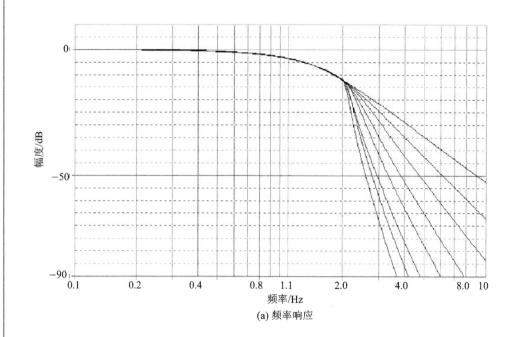

(a) 频率响应

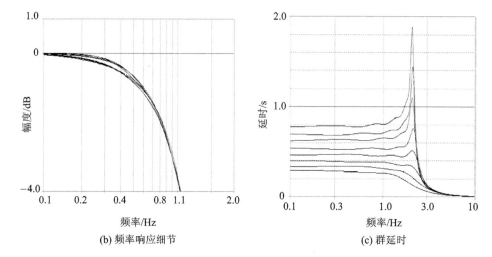

(b) 频率响应细节　　　　　　　　　　(c) 群延时

图 12.1.6　逼近 12 dB 高斯滤波器的频率响应、群延时、脉冲响应和阶跃响应

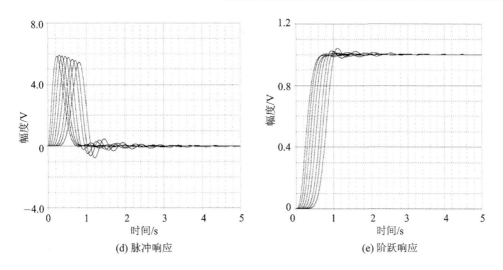

(d) 脉冲响应 (e) 阶跃响应

图 12.1.6 逼近 12 dB 高斯滤波器的频率响应、群延时、脉冲响应和阶跃响应(续)

12.2 利用 Active Filters 设计工具进行滤波器电路设计

12.2.1 进入 TI WEBENCH 设计中心

在 TI 主界面的 Design Support 下拉菜单中,选择 WEBENCH® Design Center,或者按照网址 http://www.ti.com/ww/en/analog/webench/index.shtml 可以进入 WEBENCH Design Center WEBENCH Designer Tools & Eco - System (WEBENCH 设计工具和 Eco 系统)。如图 12.2.1 所示,WEBENCH 设计工具具有功能强大的软件算法和可视化界面,能够在几秒钟为用户提供完整的电源、照明、传感器等应用设计。

WEBENCH Designer Tools 包含有:

● Power (single supply);

● LED (enter LED);

● Sensor AFE & Sensor Interface;

● Active Filters | Amplifiers;

● EasyPLL;

● All WEBENCH Tools。

单击各选项,可以进入对应的设计工具。

注意:使用 WEBENCH Design Center 提供的 WEBENCH Designer Tools 需要先注册。

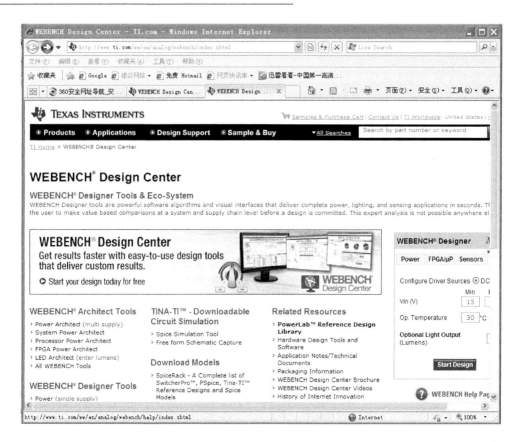

图 12.2.1 WEBENCH Design Center 主界面

12.2.2 进入 WEBENCH Active Filter Designer

单击 Active Filters | Amplifiers 的 Active Filters,进入 WEBENCH® Active Filter Designer(有源滤波器设计工具),在所显示的界面,图 12.2.2 所示对话框中,可以选择设计对象:PLL、Filter、Amps。图 12.2.2 所示选择的是 Filter。

在 Filter 设计对话框中,可以选择 Lowpass、Highpass、Bandpass、Bandstop 滤波器。单击 Start Design 按钮,进入滤波器设计界面,如图 12.2.3 所示,开始滤波器电路设计。

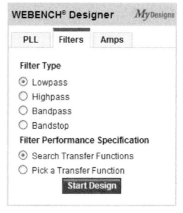

图 12.2.2 Filter 设计对话框

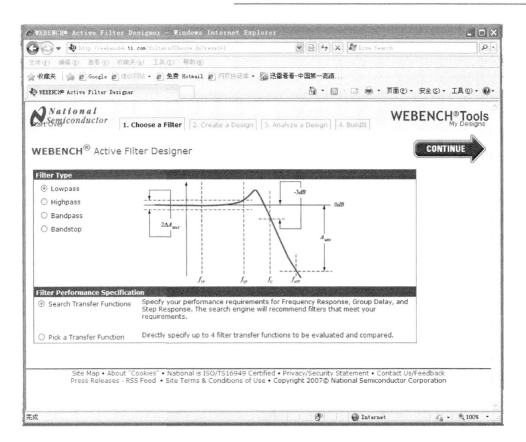

图 12.2.3　滤波器设计界面

12.2.3　选择滤波器类型和传输函数

在图 12.2.3 滤波器设计界面中,选择滤波器类型和 Search Transfer Functions (搜索传输函数)或者 Pick a Transfer Function(选择一个传输函数)。本示例 Search Transfer Functions(搜索传输函数),单击按钮 **CONTINUE** ,进入 Specify Performance(指定性能)界面和对话框,如图 12.2.4 所示。单击 ⊞ ,可以打开 Flatness(平坦度)、Group Delyay(组延时)等界面和对话框(图 12.2.5),在对话框中可以设置和修改相关参数。

12.2.4　滤波器参数设置与修改

在对话框中可以设置和修改相关参数后,单击按钮 **CONTINUE** ,进入下一步。如果参数设置有问题,软件会产生一个错误修改提示,如图 12.2.6 所示。

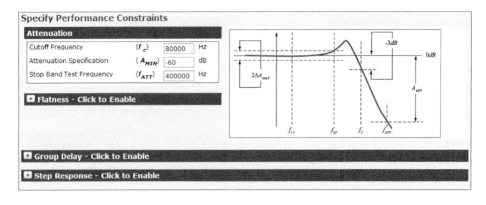

图 12.2.4　Specify Performance(指定性能)界面和对话框

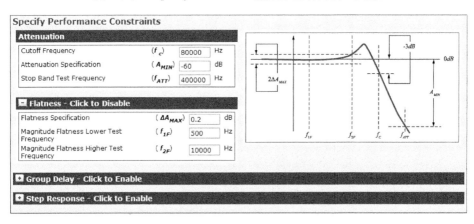

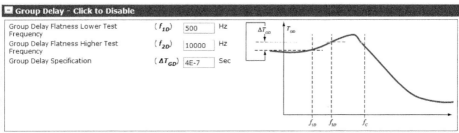

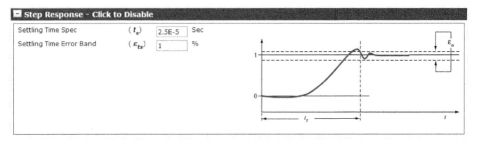

图 12.2.5　Specify Performance(指定性能)界面

Please correct the following errors:

- Stop Band Test Frequency must be greater than the -3dB Frequency, which is 800000 Hz

(a) 错误提示示例1

Please correct the following errors:

- The attenuation requirements you have selected exceed our available solutions. Please try the following:
  - Reduce the Attenuation Spec
  - Increase the attenuation test frequency
  - Reduce the cutoff frequency

(b) 错误提示示例2

图 12.2.6　错误修改提示

12.2.5　设计的滤波器参数和特性曲线

修改参数后,单击按钮 CONTINUE,进入下一步,显示界面如图 12.2.7 所示。滤波器参数和特性曲线如图 12.2.8 所示。

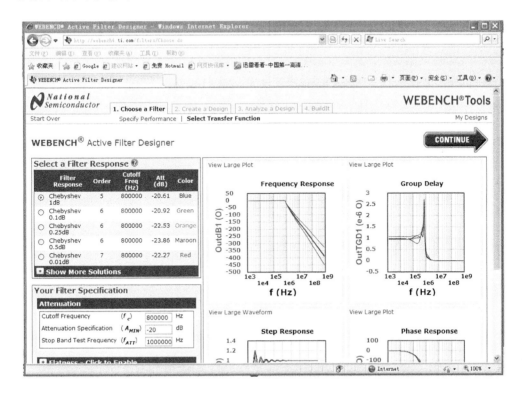

图 12.2.7　滤波器参数和特性曲线界面

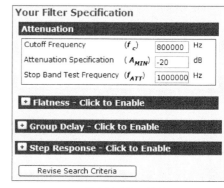

(a) 选择滤波器响应　　　　　　　(b) 用户的滤波器特性

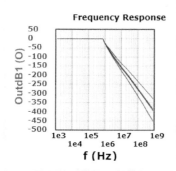

(c) 滤波器频率响应

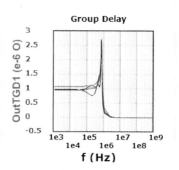

(d) 滤波器组延时

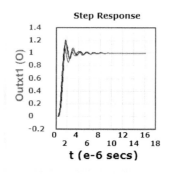

(e) 滤波器建立响应

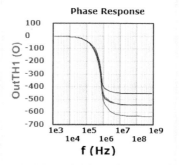

(f) 滤波器相位响应

图 12.2.8　滤波器参数和特性曲线

12.2.6 创建电路

单击按钮 CONTINUE，进入下一步，显示"2. Create a Design"界面如图 12.2.9 所示。

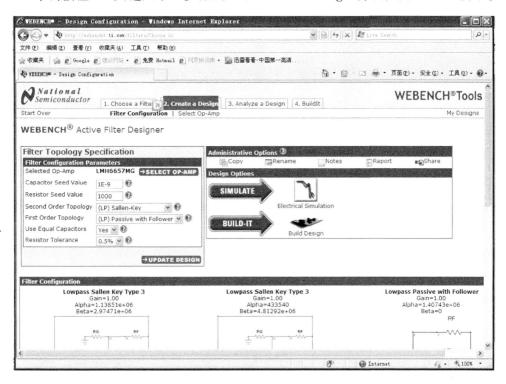

图 12.2.9 "2. Create a Design"界面

在图 12.2.9 所示界面中，可以看到所设计的滤波器拓扑结构规范、电路和元器件参数，如图 12.2.10 所示。

(a) 滤波器拓扑结构规范

图 12.2.10 所设计的滤波器拓扑结构规范以及相关参数

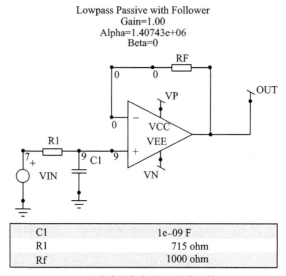

Lowpass Passive with Follower
Gain=1.00
Alpha=1.40743e+06
Beta=0

C1	1e-09 F
R1	715 ohm
Rf	1000 ohm

(b) 滤波器电路1和元器件参数

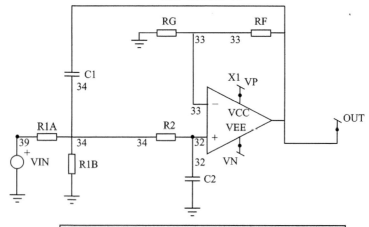

Lowpass Sallen Key Type 3
Gain=1.00
Alpha=433540
Beta=4.81292e+06

C1	1e-09 F
C2	1e-09 F
R1a	4590 ohm
R1b	4640 ohm
R2	18.7 ohm
Rf	1000 ohm
Rg	1010 ohm

(c) 滤波器电路2和元器件参数

图 12.2.10　所设计的滤波器拓扑结构规范以及相关参数(续)

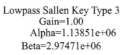

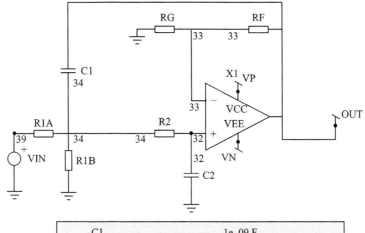

C1	1e-09 F
C2	1e-09 F
R1a	1640 ohm
R1b	1890 ohm
R2	113 ohm
Rf	1000 ohm
Rg	1150 ohm

(d) 滤波器电路3和元器件参数

Your Filter Specification

Design Parameters

Your Email	fuzhi619@yahoo.com.cn
Your User ID	3492274
Your Design ID	21
Design Name	Lowpass Chebyshev 1dB Filter Order 5

Required Parameters

Overall System Gain	1
Input Voltage DC	0
Input Voltage amplitude (Vin p-p)	1
SupplyVoltage	+/-5V
If 'Other', Positive Supply is	5
If 'Other', Negative Supply is	-5

Transfer Function Parameters

Filter Type	Lowpass
Filter Response	Chebyshev 1dB
Filter Order	5
Reference Frequency	800000.0
Q Bandpass/Bandstop	10.0

(e) 用户滤波器规范

图 12.2.10 所设计的滤波器拓扑结构规范以及相关参数(续)

12.2.7 设计分析

单击图 12.2.9 中 [SIMULATE] 按钮,进入"3. Analyze a Design",显示界面如图 12.2.11 所示。移动鼠标到各元器件,可以看到该元器件的型号、数值等相关参数。

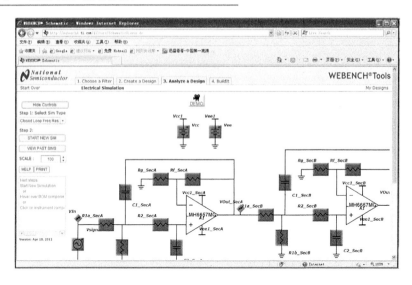

图 12.2.11　"3. Analyze a Design"界面

12.2.8　建立设计

单击图 12.2.9 中 **BUILD-IT** 按钮，进入"4. BuildIt"，显示界面如图 12.2.12 所示。可以选择购买或者申请运算放大器，以及电路所需材料清单，如图 12.2.13 所示。

图 12.2.12　"4. BuildIt"界面

Bill of Materials

Part	Qty	Attributes	Component Name(s)
Panasonic ERJ-14NF1004U	1	1000000.0 Ohm	Rload
Yageo America RT0603BRD071K64L	1	1640.0 Ohm	R1a_SecA
Panasonic ERJ-8ENF1130V	1	113.0 Ohm	R2_SecA
Yageo America RT0603BRD071K01L	1	1010.0 Ohm	Rg_SecB
Panasonic ERJ-6ENF1151V	1	1150.0 Ohm	Rg_SecA
Panasonic ERJ-14NF1001U	3	1000.0 Ohm	Rf_SecB, Rf_SecC, Rf_SecA
Panasonic ERJ-8ENF7150V	1	715.0 Ohm	R1_SecC
National Semiconductor LMH6657MG	3		A1_SecA, A1_SecC, A1_SecB
Panasonic ERJ-8ENF1871	1	18.7 Ohm	R2_SecB
Panasonic ERJ-6ENF4641V	1	4640.0 Ohm	R1b_SecB
Yageo America RT0603BRD074K59L	1	4590.0 Ohm	R1a_SecB
AVX 06031C102JAT2A	5	1.0E-9 F	C2_SecA, C2_SecB, C1_SecC, C1_SecB, C1_SecA
Yageo America RT0603BRD071K89L	1	1890.0 Ohm	R1b_SecA

图 12.2.13　电路所需材料清单

12.3　利用 FilterPro 滤波器设计软件进行滤波器电路设计

　　TI 公司提供了一个 FilterPro 滤波器设计软件,并提供了一个滤波器设计软件使用指南:SBFA001C FilterPro™ User's Guide. pdf 文档。

　　在 WEBENCH Design Center 界面上,可以下载 FilterPro v3. 1 滤波器设计软件,安装后即可直接使用。

12.3.1　进入 FilterPro

　　从"程序"→Texas Instruments→FilterPro desktop 可以进入 FilterPro v3. 1 滤波器设计软件。打开的 FilterPro v3. 1 滤波器设计软件界面如图 12.3.1 所示。

12.3.2　选择滤波器类型

　　第 1 步在图 12.3.2 所示选项中可以选择滤波器类型,选择不同类型的滤波器将显示不同的滤波器特性。

12.3.3　设置滤波器特性参数

　　选择滤波器类型后,单击 Next 按钮,进入第 2 步,可以在图 12.3.3 所示对话框中设置滤波器特性参数。

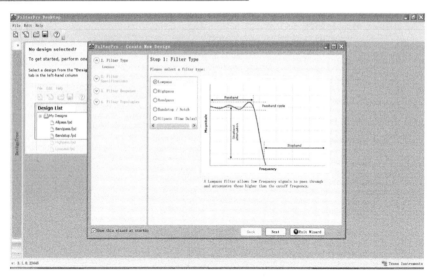

图 12.3.1　打开的 FilterPro v3.1 滤波器设计软件界面

(a) 选择滤波器

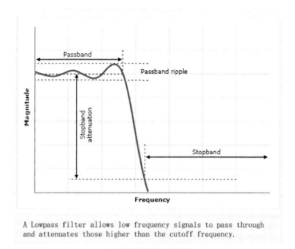

A Lowpass filter allows low frequency signals to pass through and attenuates those higher than the cutoff frequency.

(b) 低通滤波器特性

图 12.3.2　选择滤波器类型

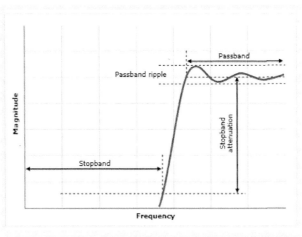

A Highpass filter allows high frequency signals to pass through and attenuates those lower than the cutoff frequency.

(c) 高通滤波器特性

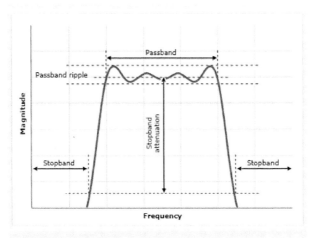

A Bandpass filter allows frequencies around the center frequency to pass through and attenuates those outside the range.

(d) 带通滤波器特性

图 12.3.2　选择滤波器类型 (续)

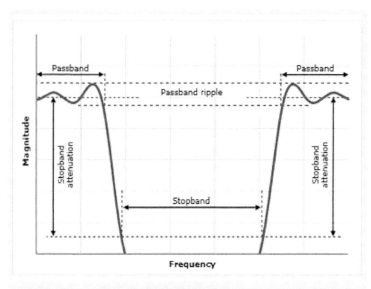

A Bandstop filter attenuates frequencies around the center frequency and allows those outside the range to pass.

(e) 带阻滤波器特性

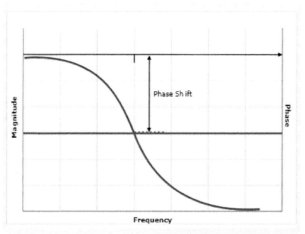

An Allpass filter allows all frequencies to pass through equally but may alter phase relationships between various frequencies.

(f) 全通滤波器特性

图 12.3.2　选择滤波器类型(续)

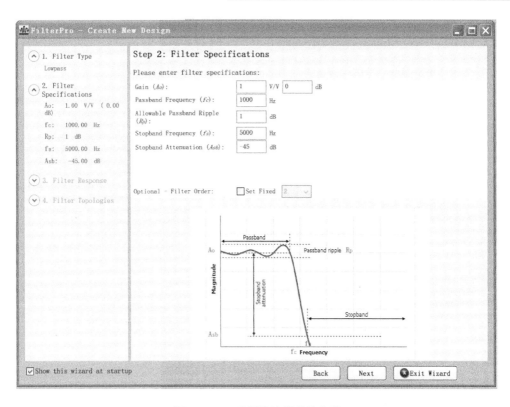

图 12.3.3　设置滤波器特性参数

12.3.4　选择滤波器的响应

选择设置滤波器特性参数后，单击 `Next` 按钮，进入第 3 步，可以在图 12.3.4 所示中观察到滤波器的响应。

12.3.5　选择滤波器的结构类型

观察和选择滤波器的响应后，单击 `Next` 按钮，进入第 4 步，可以在图 12.3.5 所示中观察到滤波器的拓扑结构。在图 12.3.6 所示对话框中可以选择滤波器的结构类型，如图 12.3.7 和 12.3.8 所示。

12.3.6　设计得到的滤波器的电路结构、元器件参数、相频特性

选择滤波器的拓扑结构后，单击 `Finish` 按钮，进入第 5 步，可以在图 12.3.9 所示中观察到滤波器的电路结构、元器件参数、相频特性等。放大的图 12.3.9 中滤波器的电路结构、元器件参数、特性图如图 12.3.10 所示。

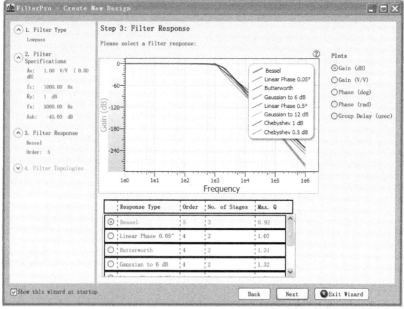

(a) 滤波器的响应

Response Type	Order	No. of Stages	Max. Q
Bessel	5	3	0.92
Linear Phase 0.05°	4	2	1.07
Butterworth	4	2	1.31
Gaussian to 6 dB	4	2	1.32

(b) 选择不同滤波器的响应

图 12.3.4　观察和选择滤波器的响应

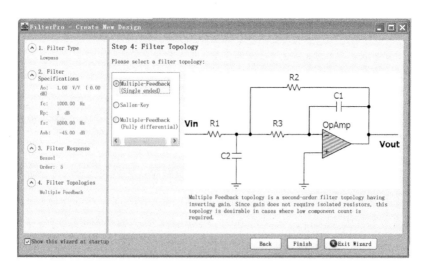

图 12.3.5　观察滤波器的拓扑结构(Multiple-Feedback(Single ended))

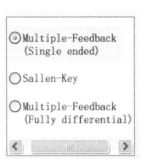

图 12.3.6　选择滤波器的结构类型

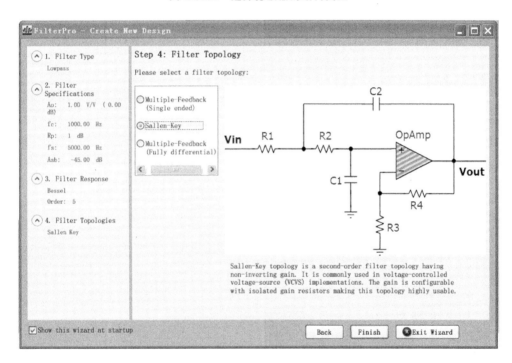

图 12.3.7　Sallen-Key 滤波器的拓扑结构

12.3.7　其他操作

单击图 12.3.11 所示按钮,可以获得所设计电路的电路图、数据、元器件清单,设计报告等文件。设计报告中包含有电路原理图、元器件参数、相频特性等。

在图 12.3.1 中选择 Edit→Design 菜单项,可以进入下一个滤波器电路设计。

12.3.8　与 TINA‑TI 电路仿真工具结合使用

利用 FilterPro 滤波器设计软件设计完成的滤波器电路,运算放大器采用的是理

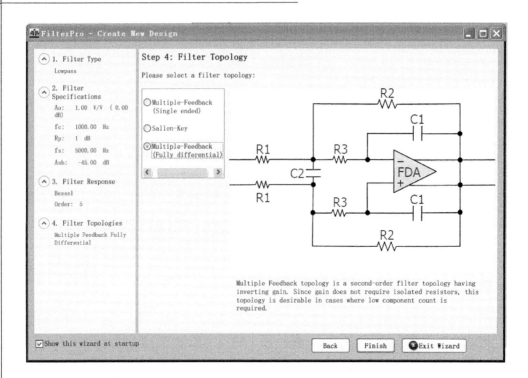

图 12.3.8　Multiple-Feedback(全差动放大器)滤波器的拓扑结构

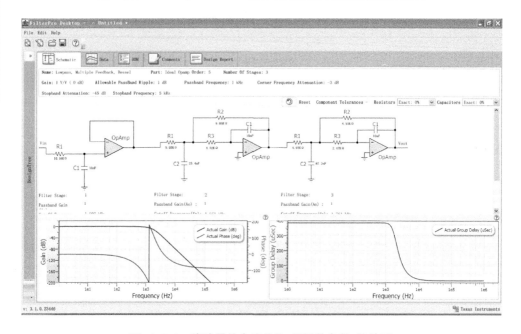

图 12.3.9　滤波器的电路结构、元器件参数、特性图

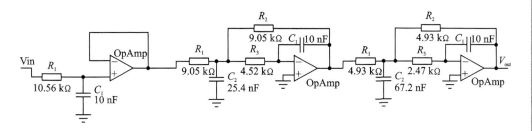

Filter Stage:	1	Filter Stage:	2	Filter Stage:	3
Passband Gain	1	Passband Gain(Ao):	1	Passband Gain(Ao):	1
Cutoff Frequency	1.507 kHz	Cutoff Frequency(fn):	1.561 kHz	Cutoff Frequency(fn):	1.761 kHz
QualityFactor(Q):	0.5	QualityFactor(Q):	0.56	QualityFactor(Q):	0.92
Filter Response:	Bessel	Filter Response:	Bessel	Filter Response:	Bessel
Circuit Topology:	RealPole	Circuit Topology:	MultipleFeedback	Circuit Topology:	MultipleFeedback
Min GBW reqd.:	75.35 kHz	Min GBW reqd.:	87.416 kHz	Min GBW reqd.:	162.012 kHz

(a) 电路结构和特性

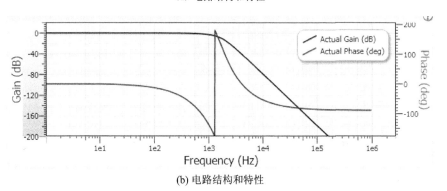

(b) 电路结构和特性

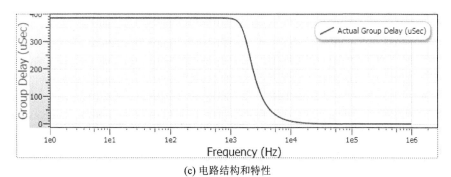

(c) 电路结构和特性

图 12.3.10 放大的图 12.3.9 中滤波器的电路结构、元器件参数、特性图

图 12.3.11 功能按钮

想运算放大器,可以利用 TINA-TI 电路仿真工具,选择具体的运算放大器型号进行仿真,获得可以实际运行的滤波器电路。

12.4　利用 TINA-TI 电路仿真工具进行滤波器电路设计

12.4.1　TINA-TI 电路仿真工具简介

TINA-TI 是一款易于使用但功能强大的电路仿真工具,基于 SPICE 引擎。TINA-TI 是完整功能版本的 TINA,和 TI 的宏模型以及无源和有源模型一起加载。相比 7.0 版本,TINA-TI 的新 9 版本在以下方面进行了改进:

- 已包含原理图符号编辑器(可与宏向导配合使用),可以为导入的 SPICE 宏模型创建自己的符号。
- 宏不必一定得是 TI 出品——可以导入任何品牌的 SPICE 模型。
- 无需有源或非线性分析组件(可以立即运行采用无源的电路)。
- TINA-TI 包含初始条件和节点集组件。
- TINA-TI 包含线性和非线性受控源(VCVS、CCVS、VCCS、CCCS)和受控源向导。
- TINA-TI 现在允许 WAV 文件充当激励(信号源)。可以在 PC 的多媒体系统上播放计算波形,并将计算波形作为 *. wav 文件导出。
- TINA-TI 拥有多核处理器支持;它及其他优化性能使模拟运行速度快了 2~20 倍。
- 采用 XML 格式的原理图文件导入/导出。
- 包含的块向导用于制作方框图。
- TINA-TI™ 包括更多 SPICE 模型和示例电路。
- TINA-TI™ 9 中开发的电路将与 TINA Industrial 9 版本配合使用。
- TINA-TI™ 版本 7.0 与版本 9 向前兼容,而版本 9 支持版本 7.0 格式的节省原理图。
- 提供英语、繁体和简体中文、日语和俄语版本。

TINA-TI™ 版将继续在某个时间期限内得到支持。建议用户下载最新版本的 TINA-TI 以获得版本 9 的所有优势。

1. 特　性

TINA-TI™ 提供了 SPICE 的所有传统直流、瞬态和频率域分析以及更多。TINA 具有广泛的后处理功能,允许你按照希望的方式设置结果的格式。虚拟仪器允许选择输入波形、探针电路节点电压和波形。TINA 的原理图捕捉非常直观——真正的"快速入门"。

辅助版本 TINA－TI™是完整功能版,但是不支持完整版 TINA 所具有的某些其他功能。TINA－TI™安装大约需要 200 MB 空间。直接安装,如果想卸载也很容易,你肯定不想卸载。TINA－TI™是 DesignSoft 的一款产品,此特别辅助版本 TINA－TI™是由 DesignSoft 专为德州仪器(TI)而准备的。

2. 宏模型

TINA－TI™版本 9 和 TI 模拟宏模型一起预加载。每个宏模型均已经过测试并且在工具中可用。有关可用 TINA－TI 模型的完整列表,请参见"SpiceRack——完整列表"。

3. 应　用

TINA－TI™中包括了许多应用原理图。这是电路仿真最快捷、最容易的方式。你可以修改它们并用"另存为"保存更改。这些应用原理图将可在 TINA 的全部版本上运行,可配置为运行示例中所示的分析类型。

可以从 TINA－TI™程序软件的"Examples"文件夹下的文件夹中获得这些文件。要在下载最新版本后查看工具中的此信息,请转到菜单栏中的"文件",然后选择菜单选项"打开示例……"。

应用原理图类别包括:

- 放大器和线性电路:
  o 音频(音频运算放大器滤波器、麦克风前置放大器)
  o 负载电容补偿(C－Load 补偿、线路驱动器)
  o 比较器(比较器电路)
  o 控制环路(PI 温度控制)
  o 电流环路(4～20 mA、0～10 mA)
  o 电流测量(电流发送、并联测量)
  o 差动放大器差动到单端(差动输入到单端输出、单端输入到差动输出等)
  o FilterPro 滤波器(多反馈,Sallen－Key:由 FilterPro 合成)
  o 其他滤波器(全通、低通过、高通、可调、双 T 形)
  o 振荡器(维恩电桥)
  o 功率放大器(激光驱动器、TEC 驱动器、并行电源、LED 驱动器、光电二极管驱动器)
  o 精密放大器(低漂移、低噪声、低偏移、分压器)
  o 传感器调节(热敏、电阻电桥、电容电桥、Inst 放大器滤波器)
  o 信号处理(峰值检测器、削波放大器)
  o 单电源(单电源运算放大器电路)
  o 测试(电容乘法器、调节电压基准、通用集成器、负载消除、x1000 缩放放大器、准耦合 AC 放大器)

o 互阻抗放大器(光电二极管、光探测器)

o 电压电流转换器(电压至电流、电流至电流)

o 宽带(宽带运算放大器电路)

- SMPS(开关式电源)

o 针对 SMPS 器件的器件评估模块 (EVM) 参考设计

以下文件目前尚未包括在 TINA - TI™ 的"示例"文件夹下,但可从下方的链接下载:

- 噪声分析

o 噪声源

- 传感器仿真器

o　RTD 仿真器

4. TINA - TI™ 版本 9 的最低硬件和软件要求

TINA - TI™ 版本 9 的最低硬件和软件要求是:

- 与 IBM PC 兼容的计算机,带有:

o Pentium 或等效处理器

o 256 MB 的 RAM

o 至少有 200 MB 可用空间的硬盘驱动器

- 鼠标（Mouse）

- VGA 适配卡和监视器

- Microsoft Windows 98/ME/NT/2000/XP/Vista/Windows 7

TINA - TI™ 使用入门:快速入门指南(SBOU052A - August 2007 - Revised August 2008 Getting Started with TINA - TI™) 概括性地介绍了强大的电路设计和模拟工具 TINA - TI。TINA - TI 是对各种基本电路和高级电路(包括复杂架构)进行设计、测试和故障排除的理想选择,无任何节点或器件数量限制。此文档旨在帮助新的 TINA - TI™ 用户在尽可能短的时间内使用 TINA - TI™ 软件的基本功能着手创建电路仿真。

12.4.2　"TINA - TI™"的下载和安装

单击 WEBENCH® Design Center 界面上的"TINA - TI™ - Downloadable Circuit Simulation Spice Simulation Tool"可以进入"SPICE - Based Analog Simulation Program"下载界面,如图 12.4.1 所示。

TI 提供原理图编辑器使用指南:"SBOU052A Getting Started with TINA - TI™. pdf"。

选择"TINA - TI_SIMP_CHINESE:SPICE - Based Analog Simulation Program",单击"Download"下载该软件。

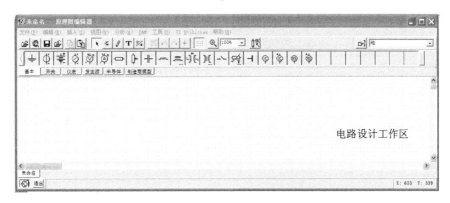

图 12.4.1　"SPICE‐Based Analog Simulation Program"下载界面

下载完成,解压缩后,双击图标 ，按照提示进行安装。

12.4.3　学习和了解"原理图编辑器"的功能

安装完成后,双击桌面快捷方式图标,进入原理图编辑器,如图 12.4.2 所示。原理图编辑器使用方法可以参考文档"Getting Started with TINA‐TI:A Quick Start Guide(Rev. A)(PDF 3321 KB)21 Aug 2008"。

图 12.4.2　原理图编辑器

也可以单击"帮助"下拉菜单,选择"内容"、"元件帮助"等菜单。进入相关的界面,了解和学习该软件的功能、使用方法等。

选择"内容"菜单,进入"内容"帮助界面,如图 12.4.3 所示。选择需要了解的内容,单击该选项,即可显示该内容,例如选择"傅立叶(频)谱",显示内容如图 12.4.4 所示。

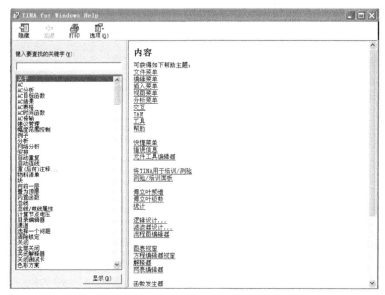

图 12.4.3　"内容"帮助界面

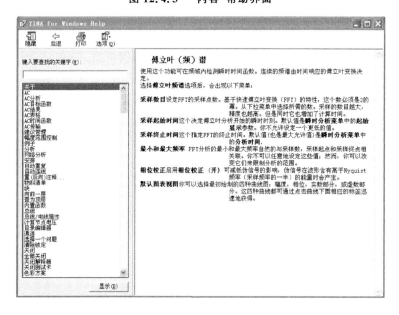

图 12.4.4　选择"傅立叶(频)谱"的显示内容

选择"元件帮助"菜单，进入"元件帮助"的界面，如图 12.4.5 所示。

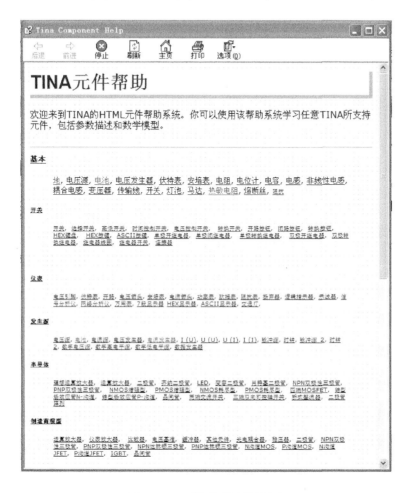

图 12.4.5　"元件帮助"的界面

单击"元件帮助"帮助界面中的选项，可以了解和学习相关内容。例如单击"制造商模型 运算放大器"选项，显示的界面如图 12.4.6 所示。

12.4.4　"原理图编辑器"中的滤波器示例

在"文件"下拉菜单中，单击"打开例子"，出现示例选择文件夹界面，如图 12.4.7 所示。选择所需示例文件夹，单击"打开"，例如打开"Filters_FilterPro"或者"Filters_Other"，可以选择文件夹中所包含的示例，如图 12.4.8 和图 12.4.9 所示。

在"Filters_FilterPro"和"Filters_Other"文件夹包含有 TI 公司提供的各种滤波器设计例。对于初学者来说，利用这些示例完成所需滤波器的设计，是一个快捷和有效的途径。

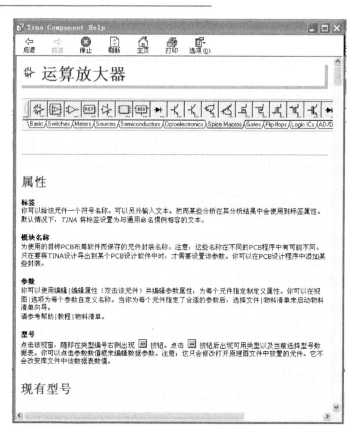

图 12.4.6　"制造商模型 运算放大器"选项的界面

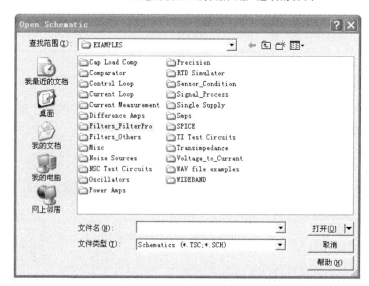

图 12.4.7　示例选择文件夹界面

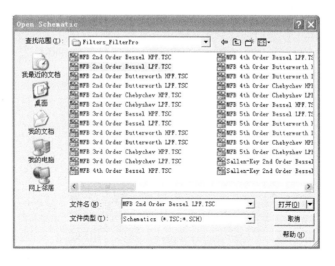

图 12.4.8　打开"Filters_FilterPro"文件夹

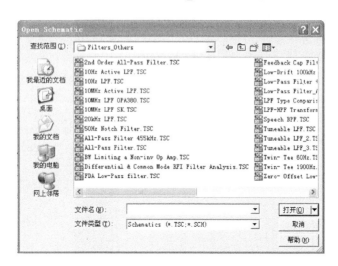

图 12.4.9　打开"Filters_Other"文件夹

例如图 12.4.8 所示,选择"MFB 2nd Order Bessel LPF. TSC",单击"打开",在"原理图编辑器""电路设计工作区"显示的内容如图 12.4.10 所示。图 12.4.10 中给出了一个 1 kHz 2 阶 Bessel 低通滤波器电路和相关特性。

单击"原理图编辑器"的"分析"菜单,选择"交流分析"中的"交流传输特性",显示界面如图 12.4.11 所示,输入相关参数,单击"确定"按钮,可以获得该电路的"交流传输特性"如图 12.4.12 所示。修改电路中的元器件参数,可以改变电路的传输特性。

在"原理图编辑器"中可以进行新的电路设计。具体操作请参考 TI 公司提供的原理图编辑器使用指南:"SBOU052A Getting Started with TINA - TI™. pdf"。

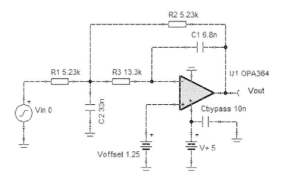

1kHz 2nd- Order Bessel Low- Pass Filter

Neil P. Albaugh TI- Tucson 23 December 2005

This filter was designed using TI's "FilterPro" software. The cutoff frequency and gain can be changed by editing this circuit with new RC values determined by FilterPro.

This filter topology is inherently a phase inverting configuration. For a non- inverting low- pass filter use a Sallen- Key type.

As shown, this filter is designed for use on a single power supply. For bipolar supplies, Voffset is not needed. Large value resistors-- typical in low frequency filters-- require a CMOS or JFET input op amp to minimize offset voltage errors.

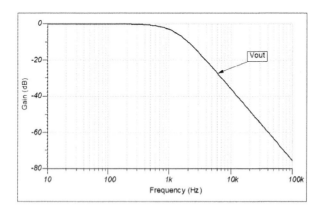

图 12.4.10　在"原理图编辑器""电路设计工作区"显示的内容

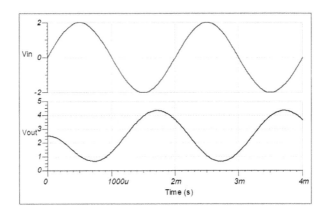

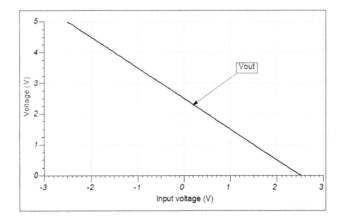

图 12.4.10　在"原理图编辑器""电路设计工作区"显示的内容(续)

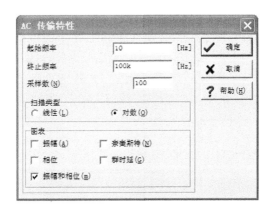

图 12.4.11　"交流传输特性"显示界面

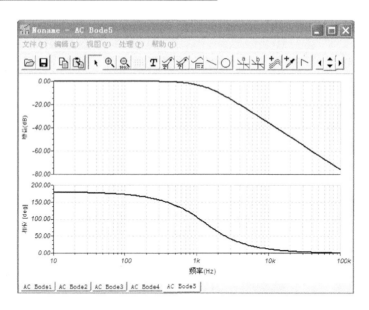

图 12.4.12　电路的"交流传输特性"

12.5　开关电容器和开关电容器滤波器

在连续模拟域中,信号滤波一度完全是由无源器件(通常是电感、电阻、电容、晶振、SAW 滤波器)的配置来实现的。后来,通过缓冲和增益的运放构建的有源滤波器为滤波器设计人员提供了更大的灵活性和更高的性能,但仍然是在模拟信号上连续工作。DSP 技术催生了稳定而灵活的离散时间数字滤波器,采样模拟信号完全由数值计算来处理,其中所用的一些滤波算法无法由连续时间模拟滤波器来实现。

开关电容滤波器(SCF)是一种中间类型的器件,综合了连续时间和离散时间两方面特征。开关电容滤波器利用 CMOS 开关和电容来模拟电阻的特性(用 CMOS 开关和电容取代电阻)。因此,许多滤波器架构都可以完全由单芯片器件来实现,而无须外部器件。开关电容滤波器与 DSP 技术一起,特别适合在语音和音频带宽信号中应用。由于开关电容滤波器是采样器件,因此有关离散时间采样的所有概念(如奈奎斯特定理、混叠等)均适用于这种器件[28,112,155,156]。

12.5.1　开关电容器的等效电阻

1. 开关电容等效电阻的基本概念[28,112,155,156]

利用电荷转移概念,可以理解开关电容等效电阻的基本概念。如图 12.5.1 所示,如果单刀双掷开关 S 从 V_1 切换到 V_2,则将发生瞬时电荷转移,$\Delta Q = C(V_1 - V_2) = C\Delta V$,电荷流入或者流出 V_2,其中假设 C 没有串联电阻,而且 V_1 和 V_2 为理想电压源。如果单刀双掷开关 S 以某一时钟频率 f_S（周期为 T，$T=1/f_S$）来回开合，则 V_1 和 V_2 之间将有一个平均电流 i 流过：

$$i = \Delta Q/T = C\Delta V/T = Cf_S\Delta V$$

(12.5.1)

可以提供同样大小平均电流的等效电阻"R"为：

$$\text{"}R\text{"} = \Delta V/i = T/C = 1/(Cf_S)$$

(12.5.2)

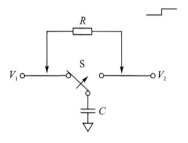

图 12.5.1　开关电容的等效电阻

如图 12.5.2 所示，在集成电路中，单刀双掷开关 S 利用 CMOS 开关实现，采用非重叠的双相时钟驱动。为保证开关电容的等效电阻有效，单刀双掷开关 S 必须具有非常低的导通电阻和非常高的关断电阻，而 CMOS 技术可以满足该技术要求。

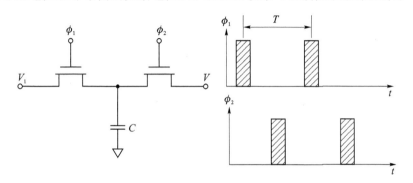

图 12.5.2　CMOS 开关的实现方法

2. 开关电容器等效电阻的使用[28,112,155,156]

利用这种等效的开关电容电阻，可以实现许多传统的无源和有源滤波器配置。一个单极点无源 RC 滤波器和其等效的开关电容滤波器电路如图 12.5.3 所示。一个一阶有源低通 RC 滤波器及其等效开关电容滤波器如图 12.5.4 所示。

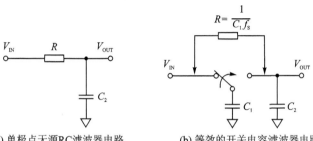

(a) 单极点无源RC滤波器电路　　　(b) 等效的开关电容滤波器电路

图 12.5.3　一个单极点无源 RC 滤波器和其等效的开关电容滤波器电路

全国大学生电子设计竞赛基于 TI 器件的模拟电路设计

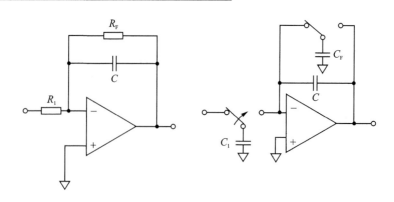

图 12.5.4 一阶有源低通 RC 滤波器及其等效开关电容滤波器

RC 滤波器的一3 dB 频率为：

$$f_{-3\,\text{dB}} = 1/(2\pi RC_2) \tag{12.5.3}$$

对于开关电容滤波器，将等效电阻"R"带入，有：

$$f_{-3\,\text{dB}} = f_S C_1/(2\pi C_2) \tag{12.5.4}$$

从式(12.5.2)可以看到，对于开关电容滤波器，带宽($f_{-3\,\text{dB}}$)取决于采样速率(采样时钟频率 f_S)和电容值之比。为使时间采样和电荷共享的影响最小，通常需要 $f_S \gg f_{-3\,\text{dB}}$。(通常要求 50 到 100 倍)。

当使用开关电容滤波器概念时，频率($f_{-3\,\text{dB}}$)由电容比和采样时钟频率决定，滤波器带宽与电容比成比例，而不是与绝对值成比例，滤波器带宽随时钟频率而变化，电容比和采样时钟频率二者均可非常精确且无漂移。与数字滤波器不同，开关电容滤波器完全可以像模拟滤波器一样定义。

开关电容滤波器对模拟信号进行采样，因此通常必须前置连续时间抗混叠滤波器，以消除奈奎斯特频率以上的频谱成分。由于开关电容滤波器的采样速率通常远高于其通带，因此一个单极点或双极点 RC 滤波器通常就能达到上述目的。

为了对电源线噪声等干扰信号实行充分的共模抑制，模拟电路经常使用差分放大器。开关电容滤波器的设计也可以使用这些原则。图 12.5.5 显示了一个有源差分积分器及其等效的开关电容。除了能提供对噪声的良好共模抑制比(CMRR)之外，差分配置还能对开关操作引起的瞬变实行共模抑制。

图 12.5.5(a)有源差分积分器的输出 V_{OUT} 为：

$$V_{\text{OUT}} = \frac{(V_1 \cdot V_2)}{j\omega R_1 C_2} \tag{12.5.5}$$

图 12.5.5(b) 等效开关电容滤波器的输出 V_{OUT} 为：

$$V_{\text{OUT}} = \frac{(V_1 \cdot V_2) f_S C_1}{j\omega C_2} \tag{12.5.6}$$

开关电容积分器经常用于 Σ-$\triangle$ 型 ADC 的调制器电路中。

注意：开关电容滤波器也存在有多种局限性和误差源，如局限使用于较低频率，

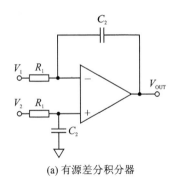
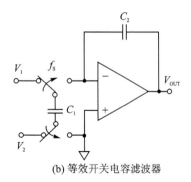

(a) 有源差分积分器　　　　　　　(b) 等效开关电容滤波器

图 12.5.5　有源差分积分器及其等效开关电容滤波器

开关电容和运放会引入随机噪声,泄漏电流则可能会产生失调误差,开关本身会导致时钟馈通,来自开关本身的时钟馈通可能会产生同步误差。由于开关电容滤波器是采样器件,必须遵从奈奎斯特采样法则,为了防止混叠引起误差,通常要求较大的过采样比,需要抗混叠滤波器。

12.5.2　开关电容器滤波器 IC 的内部结构

LMF100 是 TI 公司提供的一种高性能的双开关电容器滤波器[157],中心频率 f_0 范围为 0.1 Hz～100 kHz,时钟频率 f_{CLK} 范围为 12.0 Hz～3.5 MHz,时钟频率 f_{CLK}/中心频率 f_0 比率偏差范围为 ±0.2 ～±0.8 ％,电源电压范围为 4～15 V,引脚端与 MF10 开关电容器滤波器兼容。

在已知的频率范围内,LMF100 的性能接近连续的滤波器,每个 LMF100 可以产生两个完整的二阶函数。LMF100 的内部结构如图 12.5.6 所示,通过改变引脚端的连接方式和配置不同的外部电阻,改变时钟频率,LMF100 可以工作在不同模式,构成各种类型的滤波器。

12.5.3　2 阶滤波器的基本特性

在下面图和公式中,一些符号的定义如下:

f_{CLK} 是外部时钟信号的频率,加到引脚端 10 或 11。

f_0 是带通滤波器的中心频率。

f_{notch} 是在 notch 输出的最低增益(理想情况下为 0)频率。

Q 是品质因数。

f_z 是零点频率。

Q_z 是零点的品质因数。

H_{OBP} 是在 $f=f_0$ 的带通滤波器输出增益(V/ V)。

H_{OLP} 是 $f \to 0$ Hz 的低通滤波器输出增益(V/ V)。

H_{OHP} 是 $f \to f_{CLK}/ 2$ 的高通滤波器的输出增益(V/ V)。

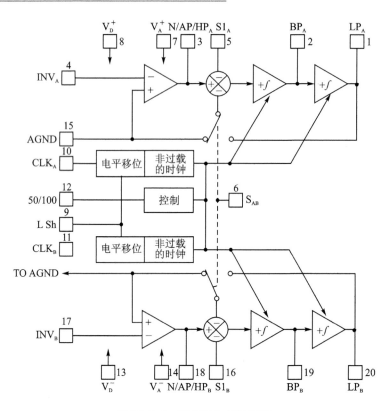

图 12.5.6　LMF100 内部结构

H_{ON} 是 $f \to 0$Hz 和 $f \to f_{CLK} / 2$ notch 的输出增益(V/V)。

H_{ON1} 是 $f \to 0$Hz notch 的输出增益(V/V)。

H_{ON2} 是 $f \to f_{CLK}/2$ notch 的输出增益(V/V)。

1. 2 阶带通滤波器特性[157,158]

2 阶带通滤波器的响应如图 12.5.7 所示。2 阶带通滤波器计算公式如下：

$$H_{BP}(s) = \frac{H_{OBP} \dfrac{\omega_O}{Q} s}{s^2 + \dfrac{s\omega_O}{Q} + \omega_O^2} \tag{12.5.7}$$

$$Q = \frac{f_0}{f_H - f_L}; \quad f_0 = \sqrt{f_L f_H} \tag{12.5.8}$$

$$f_L = f_0 \left(\frac{-1}{2Q} + \sqrt{\left(\frac{1}{2Q} \right)^2 + 1} \right) \tag{12.5.9}$$

$$f_H = f_0 \left(\frac{1}{2Q} + \sqrt{\left(\frac{1}{2Q} \right)^2 + 1} \right) \tag{12.5.10}$$

$$\omega_O = 2\pi f_0 \tag{12.5.11}$$

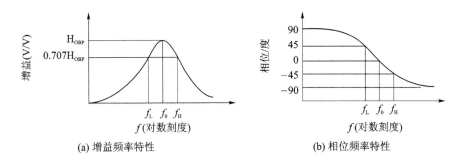

(a) 增益频率特性   (b) 相位频率特性

图 12.5.7 2 阶带通滤波器响应

2. 2 阶低通滤波器特性[157,158]

2 阶低通滤波器的响应如图 12.5.8 所示。2 阶低通滤波器计算公式如下：

$$H_{LP}(s) = \frac{H_{OLP}\omega_O^2}{s^2 + \dfrac{s\omega_O}{Q} + \omega_O^2} \tag{12.5.12}$$

$$f_C = f_0 \times \sqrt{\left(1 - \frac{1}{2Q^2}\right) + \sqrt{\left(1 - \frac{1}{2Q^2}\right)^2 + 1}} \tag{12.5.13}$$

$$f_p = f_0 \sqrt{1 - \frac{1}{2Q^2}} \tag{12.5.14}$$

$$H_{OP} = H_{OLP} \times \frac{1}{\dfrac{1}{Q}\sqrt{1 - \dfrac{1}{4Q^2}}} \tag{12.5.15}$$

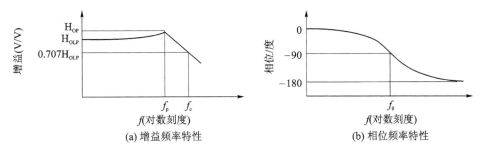

(a) 增益频率特性   (b) 相位频率特性

图 12.5.8 2 阶低通滤波器响应

3. 2 阶高通滤波器特性[157,158]

2 阶高通滤波器的响应如图 12.5.9 所示。2 阶高通滤波器计算公式如下：

$$H_{HP}(s) = \frac{H_{OHP}s^2}{s^2 + \dfrac{s\omega_O}{Q} + \omega_O^2} \tag{12.5.16}$$

445

$$f_C = f_0 \times \left[\sqrt{\left(1 - \frac{1}{2Q^2}\right) + \sqrt{\left(1 - \frac{1}{2Q^2}\right)^2 + 1}} \right]^{-1} \tag{12.5.17}$$

$$f_p = f_0 \times \left[\sqrt{1 - \frac{1}{2Q^2}} \right]^{-1} \tag{12.5.18}$$

$$H_{OP} = H_{OHP} \times \frac{1}{\frac{1}{Q}\sqrt{1 - \frac{1}{4Q^2}}} \tag{12.5.19}$$

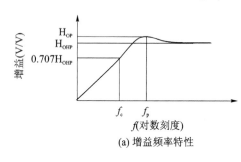

(a) 增益频率特性

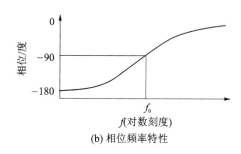

(b) 相位频率特性

图 12.5.9　2 阶高通滤波器响应

4. 2 阶 Notch 滤波器特性[157,158]

2 阶 Notch 滤波器的响应如图 12.5.10 所示。2 阶 Notch 滤波器计算公式如下：

$$H_N(s) = \frac{H_{ON}(s^2 + \omega_O^2)}{s^2 + \frac{s\omega_O}{Q} + \omega_O^2} \tag{12.5.20}$$

$$Q = \frac{f_0}{f_H - f_L}; \ f_0 = \sqrt{f_L f_H} \tag{12.5.21}$$

$$f_L = f_0 \left(\frac{-1}{2Q} + \sqrt{\left(\frac{1}{2Q}\right)^2 + 1} \right) \tag{12.5.22}$$

$$f_H = f_0 \left(\frac{1}{2Q} + \sqrt{\left(\frac{1}{2Q}\right)^2 + 1} \right) \tag{12.5.23}$$

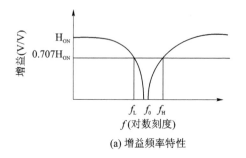

(a) 增益频率特性

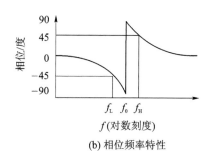

(b) 相位频率特性

图 12.5.10　2 阶 Notch 滤波器响应

5. 2 阶全通滤波器特性[157,158]

2 阶全通滤波器的响应如图 12.5.11 所示。2 阶全通滤波器计算公式如下：

$$H_{AP}(s) = \frac{H_{OAP}\left(s^2 - \dfrac{s\omega_O}{Q} + \omega_O^2\right)}{s^2 + \dfrac{s\omega_O}{Q} + \omega_O^2} \tag{12.5.24}$$

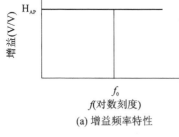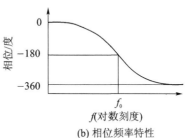

(a) 增益频率特性　　　　　　　　　(b) 相位频率特性

图 12.5.11　2 阶全通滤波器响应

6. Q 值的影响[157,158]

Q 值对增益频率特性的影响如图 12.5.12 所示。例如，从图 12.5.12(a) 可见，Q 值越高，带宽越窄。从图 12.5.12(b) 和 (c) 可见，Q 值越高，在截止频率处过冲越大。

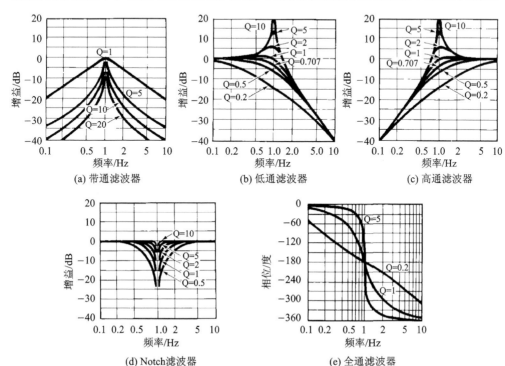

图 12.5.12　Q 值对增益频率特性的影响

447

12.5.4 工作模式 1：Notch 1，带通，低通输出

LMF100 的工作模式 1（Notch 1（$f_{\text{notch}} = f_0$），带通，低通输出）连接形式[157] 如图 12.5.13 所示。在工作模式 1，有：

$$f_0 = \frac{f_{\text{CLK}}}{100} \quad \text{或} \quad \frac{f_{\text{CLK}}}{50} \tag{12.5.25}$$

低通滤波器输出增益（$f \to 0 \text{Hz}$）：

$$H_{\text{OLP}} = -\frac{R_2}{R_1} \tag{12.5.26}$$

带通滤波器输出增益（$f = f_0$）：

$$H_{\text{OBP}} = -\frac{R_3}{R_1} \tag{12.5.27}$$

Notch 的输出增益（$f \to 0 \text{ Hz}$ 和 $f \to f_{\text{CLK}}/2$）：

$$H_{\text{ON}} = \frac{-R_2}{R_1} \tag{12.5.28}$$

$$Q = \frac{f_0}{\text{BW}} = \frac{R_3}{R_2} \tag{12.5.29}$$

电路动态特性：

$$H_{\text{OLP}} = \frac{H_{\text{OBP}}}{Q} \tag{12.5.30}$$

或者：

$$H_{\text{OBP}} = H_{\text{OLP}} \times Q = H_{\text{ON}} \times Q \tag{12.5.31}$$

对于高 Q 值，有：

$$H_{\text{OLP}}(\text{peak}) \cong Q \times H_{\text{OLP}} \tag{12.5.32}$$

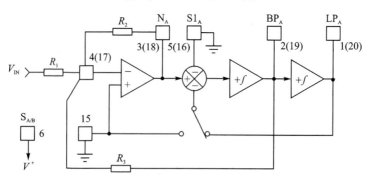

图 12.5.13 工作模式 1（Notch 1，带通，低通输出）连接形式

12.5.5 工作模式 2：Notch 2，带通，低通输出

LMF100 的工作模式 2（Notch 2（$f_{\text{notch}} < f_0$），带通，低通输出）连接形式[157] 如

图 12.5.14 所示。在工作模式 2,有:

$$f_0 = \frac{f_{CLK}}{100} \sqrt{\frac{R_2}{R_4} + 1} \quad 或 \quad \frac{f_{CLK}}{50} \sqrt{\frac{R_2}{R_4} + 1} \tag{12.5.33}$$

$$f_{notch} = \frac{f_{CLK}}{100} \quad 或 \quad \frac{f_{CLK}}{50} \tag{12.5.34}$$

$$Q = \frac{\sqrt{R_2/R_4 + 1}}{R_2/R_3} \tag{12.5.35}$$

低通滤波器输出增益($f \rightarrow 0$ Hz):

$$H_{OLP} = -\frac{R_2/R_1}{R_2/R_4 + 1} \tag{12.5.36}$$

带通滤波器输出增益($f = f_0$):

$$H_{OBP} = -R_3/R_1 \tag{12.5.37}$$

Notch 的输出增益($f \rightarrow 0$ Hz):

$$H_{ON_1} = -\frac{R_2/R_1}{R_2/R_4 + 1} \tag{12.5.38}$$

Notch 的输出增益($f \rightarrow f_{CLK}/2$):

$$H_{ON_2} = -R_2/R_1 \tag{12.5.39}$$

滤波器动态特性:

$$H_{OBP} = Q \sqrt{H_{OLP} H_{ON_2}} = \sqrt{H_{ON_1} H_{ON_2}} \tag{12.5.40}$$

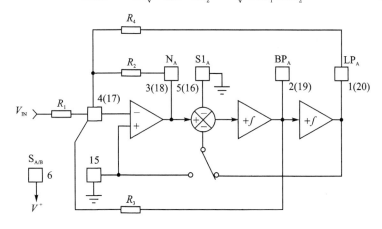

图 12.5.14 工作模式 2(Notch 2,带通,低通输出)连接形式

12.5.6 工作模式 3:高通、带通、低通输出

LMF100 的工作模式 3(高通、带通、低通输出)连接形式[157]如图 12.5.15 所示。在工作模式 3,有:

$$f_0 = \frac{f_{CLK}}{100} \times \sqrt{\frac{R_2}{R_4}} \quad 或 \quad \frac{f_{CLK}}{50} \times \sqrt{\frac{R_2}{R_4}} \tag{12.5.41}$$

$$Q = \sqrt{\frac{R_2}{R_4}} \times \frac{R_3}{R_2} \tag{12.5.42}$$

高通滤波器的输出增益($f \to f_{CLK} / 2$)：

$$H_{OHP} = -\frac{R_2}{R_1} \tag{12.5.43}$$

带通滤波器输出增益($f = f_0$)：

$$H_{OBP} = -\frac{R_3}{R_1} \tag{12.5.44}$$

低通滤波器输出增益($f \to 0\ Hz$)：

$$H_{OLP} = -\frac{R_4}{R_1} \tag{12.5.45}$$

电路动态特性：

$$\frac{R_2}{R_4} = \frac{H_{OHP}}{H_{OLP}} \tag{12.5.46}$$

$$H_{OBP} = \sqrt{H_{OHP} \times H_{OLP}} \times Q \tag{12.5.47}$$

对于高 Q 值，有：

$$H_{OLP(peak)} \cong Q \times H_{OLP} \tag{12.5.48}$$

$$H_{OHP(peak)} \cong Q \times H_{OHP} \tag{12.5.49}$$

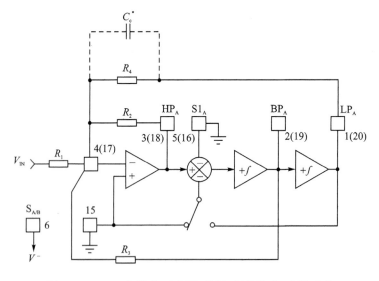

图 12.5.15　工作模式 3(高通、带通、低通输出)连接形式

12.5.7　工作模式 4：全通、带通、低通输出

LMF100 的工作模式 4(全通、带通、低通输出)连接形式[157]如图 12.5.16 所示。在工作模式 4，有：

$$f_0 = \frac{f_{\text{CLK}}}{100} \quad \text{或} \quad \frac{f_{\text{CLK}}}{50} \tag{12.5.50}$$

$$Q = \frac{f_0}{\text{BW}} = \frac{R_3}{R_2} \tag{12.5.51}$$

全通滤波器增益$\left(0 < f < \dfrac{f_{\text{CLK}}}{2}\right)$：

$$H_{\text{OAP}}^* \mid = -\frac{R_2}{R_1} = -1 \tag{12.5.52}$$

低通滤波器输出增益$(f \to 0\ \text{Hz})$：

$$H_{\text{OLP}} = -\left(\frac{R_2}{R_1} + 1\right) = -2 \tag{12.5.53}$$

带通滤波器输出增益$(f = f_0)$：

$$H_{\text{OBP}} = -\frac{R_3}{R_2}\left(1 + \frac{R_2}{R_1}\right) = -2\left(\frac{R_3}{R_2}\right) \tag{12.5.54}$$

电路动态特性：

$$H_{\text{OBP}} = (H_{\text{OLP}}) \times Q = (H_{\text{OAP}} + 1)Q \tag{12.5.55}$$

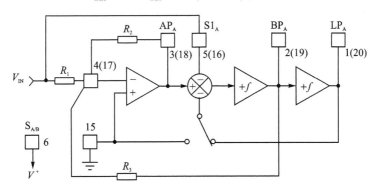

图 12.5.16　工作模式 4(全通、带通、低通输出)连接形式

12.5.8　工作模式 5:复零点、带通、低通输出

LMF100 的工作模式 5(复零点、带通、低通输出)连接形式[157]如图 12.5.17 所示。在工作模式 5,有:

$$f_0 = \sqrt{1 + \frac{R_2}{R_4}} \times \frac{f_{\text{CLK}}}{100} \quad \text{或} \quad \sqrt{1 + \frac{R_2}{R_4}} \times \frac{f_{\text{CLK}}}{50} \tag{12.5.56}$$

$$f_Z = \sqrt{1 - \frac{R_1}{R_4}} \times \frac{f_{\text{CLK}}}{100} \quad \text{或} \quad \sqrt{1 - \frac{R_1}{R_4}} \times \frac{f_{\text{CLK}}}{50} \tag{12.5.57}$$

$$Q = \sqrt{1 + R_2/R_4} \times \frac{R_3}{R_2} \tag{12.5.58}$$

$$Q_Z = \sqrt{1 - R_1/R_4} \times \frac{R_3}{R_1} \qquad (12.5.59)$$

复零点的输出增益($f \to 0$ Hz)：

$$H_{0_{Z1}} = \frac{-R_2(R_4 - R_1)}{R_1(R_2 + R_4)} \qquad (12.5.60)$$

复零点的输出增益($f \to f_{CLK}/2$)：

$$H_{0_{Z2}} = \frac{-R_2}{R_1} \qquad (12.5.61)$$

带通滤波器输出增益：

$$H_{OBP} = -\left(\frac{R_2}{R_1} + 1\right) \times \frac{R_3}{R_2} \qquad (12.5.62)$$

低通滤波器输出增益：

$$H_{OLP} = -\left(\frac{R_2 + R_1}{R_2 + R_4}\right) \times \frac{R_4}{R_1} \qquad (12.5.63)$$

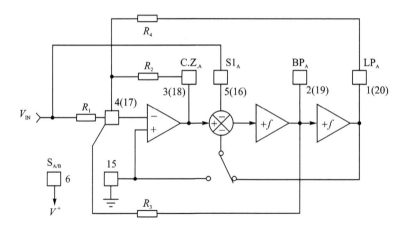

图 12.5.17　工作模式 5(复零点、带通、低通输出)连接形式

12.5.9　工作模式 6：单极点、全通、高通、低通滤波器

LMF100 的工作模式 6(单极点、全通、高通、低通滤波器)连接形式[157] 如图 12.5.18 所示。

在工作模式 6(a)单极点，高通、低通滤波器，有：

$$f_C = \frac{R_2}{R_3}\frac{f_{CLK}}{100} \quad 或 \quad \frac{R_2}{R_3}\frac{f_{CLK}}{50} \qquad (12.5.64)$$

$$H_{OLP} = -\frac{R_3}{R_1} \qquad (12.5.65)$$

$$H_{OHP} = -\frac{R_2}{R_1} \qquad (12.5.66)$$

在工作模式 6(b) 单极点低通滤波器, 有:

$$f_C \cong \frac{R_2}{R_3} \frac{f_{CLK}}{100} \quad \text{或} \quad \frac{R_2}{R_3} \frac{f_{CLK}}{50} \tag{12.5.67}$$

$$H_{OLP_1} = 1 (\text{相同}) \tag{12.5.68}$$

$$H_{OLP_2} = -\frac{R_3}{R_2} \tag{12.5.69}$$

在工作模式 6(c) 单极点, 全通、低通滤波器, 有:

$$f_C = \frac{f_{CLK}}{50} \quad \text{或} \quad \frac{f_{CLK}}{100} \tag{12.5.70}$$

$$H_{OAP} = 1 (f \to 0 \text{ Hz}) \tag{12.5.71}$$

$$H_{OAP} = -1 (f \to f_{CLK}/2) \tag{12.5.72}$$

$$H_{OLP} = -2 \tag{12.5.73}$$

$$R_1 = R_2 = R_3 \tag{12.5.74}$$

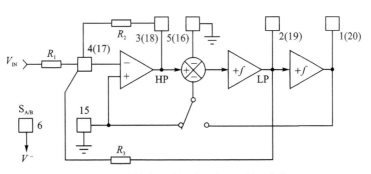

(a) 工作模式6(a)单极点, 高通、低通滤波器

453

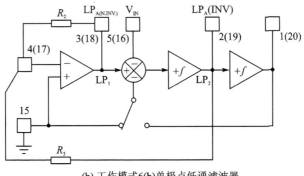

(b) 工作模式6(b)单极点低通滤波器

图 12.5.18　工作模式 6 (单极点, 全通、高通、低通滤波器) 连接形式

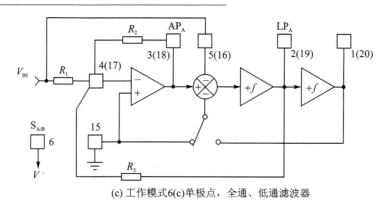

(c) 工作模式6(c)单极点，全通、低通滤波器

图 12.5.18　工作模式 6（单极点，全通、高通、低通滤波器）连接形式（续）

12.5.10　工作模式 7：求和积分器

LMF100 的工作模式 7（求和积分器）连接形式[157]如图 12.5.19 所示，有：

$$系数\ K = \frac{R_2}{R_1} \tag{12.5.75}$$

$$积分输出\ \mathrm{OUT}_1 = -\frac{K}{\tau}\int \mathrm{IN}_1\,\mathrm{d}t - \frac{1}{\tau}\int \mathrm{IN}_2\,\mathrm{d}t \tag{12.5.76}$$

$$积分输出\ \mathrm{OUT}_2 = \frac{1}{\tau}\int \mathrm{OUT}_1\,\mathrm{d}t \tag{12.5.77}$$

$$积分时间常数\ \tau = \frac{16}{f_{\mathrm{CLK}}} \quad 或 \quad \frac{8}{f_{\mathrm{CLK}}} \tag{12.5.78}$$

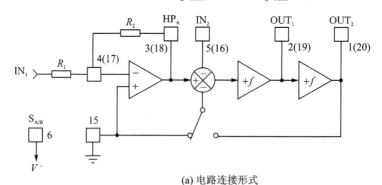

(a) 电路连接形式

(b) 等效电路

图 12.5.19　工作模式 7（求和积分器）连接形式

12.5.11 开关电容器滤波器 IC 应用电路

1. 4 阶 100 kHz Butterworth 低通滤波器

一个采用 LMF100 构成的 4 阶 100 kHz（截止频率）的 Butterworth 低通滤波器[157]如图 12.5.20 所示，电阻参数如图中所示，输入时钟频率为 3.5 MHz，电路采用±5 V 电源供电。

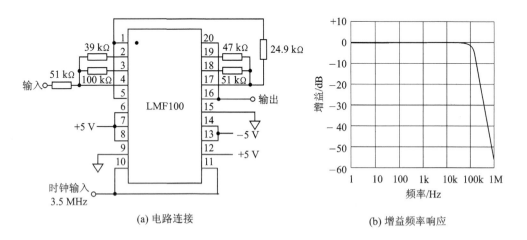

(a) 电路连接   (b) 增益频率响应

图 12.5.20　4 阶 100 kHz Butterworth 低通滤波器

2. 4 阶 1 000 Hz Chebyshev 低通滤波器

一个采用 LMF100 构成的 4 阶截止频率 1 000 Hz、纹波 1 dB、单位直流增益的 Chebyshev 低通滤波器[157]如图 12.5.21 所示，电阻参数如图中所示，输入时钟频率为 100 kHz，电路采用±5 V 电源供电。

3. 4 阶 Butterworth 滤波器

TLC04/MF4A - 50 是一个 4 阶 Butterworth（巴特沃斯）滤波器芯片，主要特性如下：时钟到截止频率误差为 0.8%，截止频率变化范围为 0.1 Hz～30 kHz，时钟—截止频率比为 50:1 或者 100:1，截止频率稳定性与外部时钟有关，采用自有时钟或者外部时钟（TTL 和 CMOS 兼容），可以采用正负电源或者单电源工作，电源电压范围为 5～12 V。

TLC04/MF4A - 50 采用±5 V 电源供电和自有时钟的应用电路[159]如图 12.5.22 所示，时钟频率如下：

$$f_{\text{clock}} = \frac{1}{RC \times \ln\left[\left(\dfrac{V_{\text{CC}} - V_{\text{IT}-}}{V_{\text{CC}} - V_{\text{IT}+}}\right)\left(\dfrac{V_{\text{IT}+}}{V_{\text{IT}-}}\right)\right]} \tag{12.5.79}$$

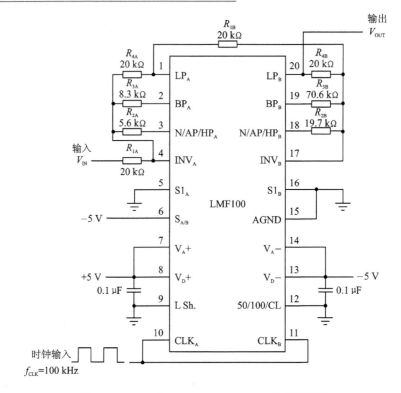

图 12.5.21　4 阶 1 000 Hz Chebyshev 低通滤波器

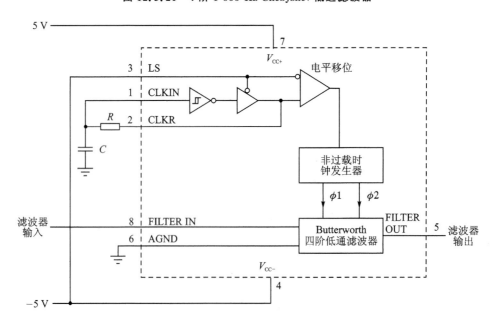

图 12.5.22　采用±5 V 电源供电和自有时钟的应用电路

对于 $V_{cc}=10$ V：

$$f_{clock} = \frac{1}{1.69RC} \tag{12.5.80}$$

TLC04/MF4A-50 采用 10 V 单电源供电和外部时钟的应用电路如图 12.5.23 所示。

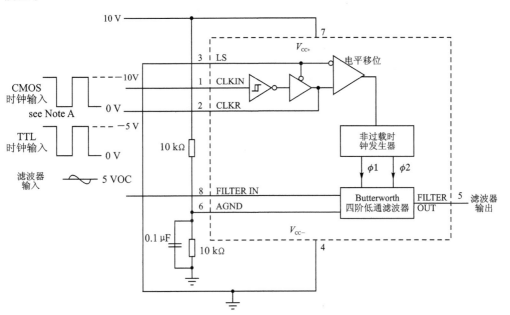

图 12.5.23 采用 10 V 单电源供电和外部时钟的应用电路

457

12.6 通用有源滤波器 IC

12.6.1 通用有源滤波器 UAF42

TI 公司提供的通用有源滤波器 UAF42，其芯片内部包含有 4 个运算放大器和 2 个 1 000 pF 电容器。电容器的精度为 $\pm 0.5\%$，片上电阻 R 为 50 kΩ，精度为 $\pm 0.5\%$。能够配置为低通滤波器、高通滤波器、带通滤波器和带阻滤波器形式。采用 PDIP-14 和 SOIC-16 封装，电源电压 V_S 范围为 ± 6 V~± 18 V。

1. Chebyshev 低通滤波器电路例

利用 UAF42 和 2 个外部电阻构成的单位增益、2 极点、1.25 dB 纹波的 Chebyshev 低通滤波器[160]如图 12.6.1 所示，电路截止频率为 10 kHz。

利用 UAF42 和运算放大器，以及外部电阻和电容器构成的 3 极点的 Chebyshev 低通滤波器[160]如图 12.6.2 所示，电路截止频率为 347 kHz。

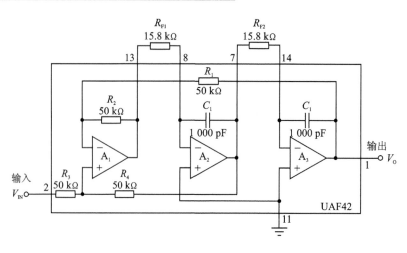

图 12.6.1 10 kHz Chebyshev 低通滤波器

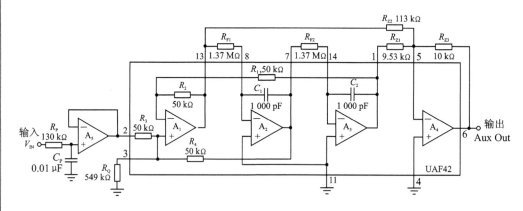

图 12.6.2 347 Hz Chebyshev 低通滤波器

2. 带通滤波器电路例

利用 UAF42 和 3 个外部电阻构成的带通通滤波器电路例和特性[161] 如图 12.6.3 所示,电路中心频率为 350 kHz,Q＝10。如表 12.6.1 所列,改变 3 个外部电阻的阻值,可以改变带通滤波器的中心频率。

表 12.6.1 中心频率与外部电阻的关系

中心频率 （Hz）	R_{F1} , R_{F2} （Ω）	R_Q （Ω）
350	453k	2.8k
440	365k	2.8k
480	332k	2.8k
620	255k	2.8k

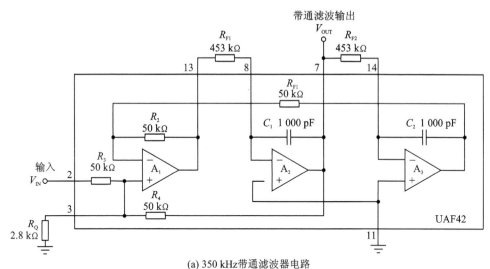

(a) 350 kHz带通滤波器电路

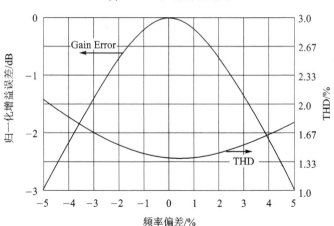

(b) 带通滤波器频率偏差

图 12.6.3 350 kHz 带通滤波器电路和特性

12.6.2 3 V 视频放大器和滤波器 OPA360/OPA361/OPA362

TI公司提供 3 V 视频放大器和滤波器芯片 OPA360/OPA361/OPA362。OPA360/OPA361/OPA362 内部具有一个 2 极点的滤波器和高速放大器,可以 DC 耦合连接到视频 DAC(Video-DAC)输出。其中:OPA360 采用 2.7～3 V 单电源工作,输出摆幅为 GND+25mV 到 V_+ -300 mV。OPA361/OPA362 采用 2.5～3.3 V 单电源工作,输出摆幅为 GND+5mV 到 V_+ -250 mV。OPA360/OPA361/OPA362 输出可以直接连接到标准的 150 Ω 视频负载。

OPA360 的典型应用电路[162] 如图 12.6.4 所示。

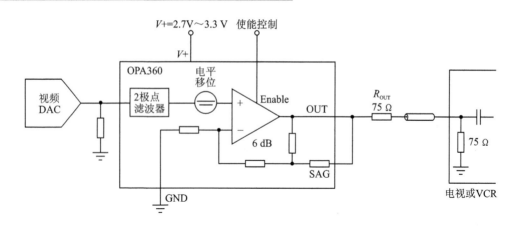

图 12.6.4　OPA360 的典型应用电路

12.6.3　THS73xx 系列的视频放大器和滤波器

TI 公司提供多款 THS73xx 系列的视频放大器和滤波器芯片。例如,具有 4 V/V 增益的 3 通道 ED 滤波器视频放大器 THS7320,具有 1 - SD 和 3 全高清滤波器和 6 dB 增益的 4 通道视频放大器 THS7372,具有 3 - SD 和 3 全高清滤波器和 6 dB 增益的 6 通道视频放大器 THS7364,具有 9.5 MHz 滤波器和 6 dB 增益的 4 通道 SDTV(组件和复合)视频放大器 THS7374,具有 5 阶滤波器和 12.2 V/V 增益的 3 通道 SDTV 视频放大器 THS7315 等。

一个采用 THS7372 构成的单电源,DC 耦合输入/DC 耦合输出的视频音频线路驱动器电路[163]如图 12.6.5 所示。

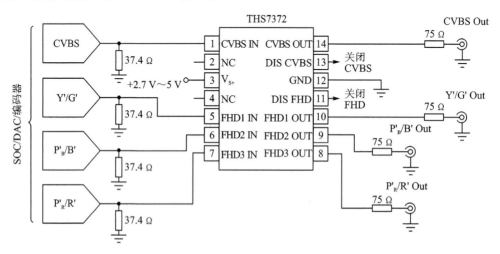

图 12.6.5　单电源、DC 耦合输入/DC 耦合输出的视频音频线路驱动器电路

THS7372 是一款低功耗、单电源、2.7 V 至 5 V、4 通道集成视频缓冲器。它包含一个 SDTV 过滤器和 3 个固定全高清(真高清)HDTV 过滤器。所有滤波器特有六阶巴特沃斯(Butterworth)特性,可用作模数转化器(DAC)重构过滤器或模数转换器(ADC)图形保真滤波器。THS7372 有灵活输入耦合能力,并能被设置用于 AC 或者 DC 耦合输入。300 mV 输出水平偏移允许具有 0~300 mV 输入的全同步动态输出范围。AC 耦合模式包含一个透明同步顶端箝位电路以提供 CVBS、Y′和 G′B′R′信号。可通过添加一个外部电阻到 V_{S+} 来很容易地实现对 P′B/P′R 的 AC 耦合偏压。THS7372 具有 6 dB 增益的轨到轨输出级,允许 AC 和 DC 线路驱动,能驱动双线路,或者 75 Ω 负载,采用 TSSOP - 14 封装。

12.7　利用数字电位器实现数控的低通滤波器

12.7.1　数字电位器和运算放大器构成的低通滤波器电路

TI 公司可以提供 TPL0401A/B - 10 (10 kΩ,128 抽头、I²C 接口),TPL0501 - 100(100 kΩ、256 抽头、SPI 接口),TPL0102 - 100 (100 kΩ、256 抽头、I²C 接口、双通道),TPL0202 - 10 (10 kΩ、256 抽头、SPI 接口、双通道)等数字分压器(数字电位器)。

一个利用数字电位器和运算放大器构成的音频低通滤波器[164]如图 12.7.1 所示。该电路采用单电源供电的运算放大器,电源电压范围 2.7~12.5 V。电路包含一级前置衰减,12.0 V 供电时可处理 12.0 V_{P-P}(1.77 V_{RMS})输入。为了产生一个双极点(极点在同一频点)低通滤波器(每十倍频程衰减 12 dB),电容 C_3 必须是 C_2 的两倍以上,可变电阻(数字电位器)U1 - POT0 和 U1 - POT2 设置在相同值,截止频率(f_c)的计算公式如下:

$$f_c = \frac{1.414}{6.28 R_{POT} C_3} \tag{12.7.1}$$

其中,R_{POT} 是可变电阻 U1 - POT0 和 U1 - POT2 设置的电阻值。

数字电位器可用来构建数控低通滤波器,图 12.7.1 所示电路中的双极点滤波器能够在音频应用中提供良好的性能,选择不同的电容、电位器值可以调整滤波器的截止频率,最高可达 500 kHz。

电路的输入部分(C_1、U1 - POT1、U2A、R_1 和 R_2)是音量控制电路,它还用于将音频信号的直流偏置到 $V_{CC}/2$,使信号可以在不被钳位的条件下通过数字电位器和运放。在任何供电电源下,电路能够处理最大信号摆幅,因此,该设计能够很好地工作在 V_{CC} 为 2.7~12.5 V 范围内,输出直流电平保持在 $V_{CC}/2$。

对于已经限定工作范围的应用,可以去掉输入级电路,采用直接耦合的方式连接到滤波器。去掉输入电路后,输出信号只是经过截止频率为 f_c 的双极点滤波器滤波后的信号。

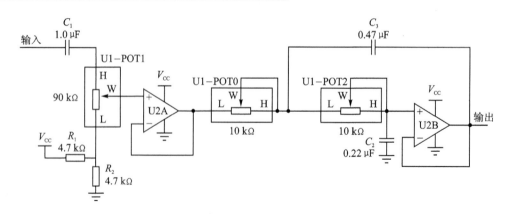

图 12.7.1　数字电位器和运算放大器构成的音频低通滤波器

更改电容或选择不同端到端电阻的数字电位器,该电路的截止频率可以设置到 500 kHz。

用于计算 R_{POT} 的数字电阻模型如图 12.7.2 所示,对于指定位置,相应的开关将闭合而其他位置的开关开路。电位器每递增一个单元位置,电阻将相应增加 1 LSB,最高抽头位置除外。可通过下式计算 R_{POT}:

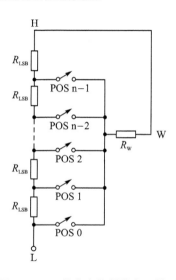

$$R_{POT} = \frac{R_W R_{LSB}(a-n)}{R_W + R_{LSB}(a-n)} + nR_{LSB}$$

$$(12.7.2)$$

其中,R_{LSB} 是数据手册电气参数表中的端到端电阻除以抽头数(a);R_W 是数据手册电气参数表中的滑动端电阻;n 是电位器的编程位置;a 是数字电位器的总抽头数。

图 12.7.2　数字电位器的电阻模型

例如,TPL0401A/B - 10 (10 kΩ、128 抽头、I^2C 接口)电位器的 R_{POT} 电阻值与抽头位置呈线性关系,端到端电阻为 10 kΩ,滑动端电阻最小值是 100 Ω[165]。这两个参数都会对滤波特性产生显著影响,但主要影响的是截止频率的最小值和最大值,实际截止频率可以在最小值和最大值之间调节,选择适当的电容值即可将截止频率设置在可调范围内所要求的频点。

12.7.2　数字电位器和运算放大器的选择

1. 滤波电路选择数字电位器时需要考虑的因素

滤波电路选择数字电位器时需要考虑几个因素如下:

● 使用数字电位器的最大限制是电位器端点的电压,通常该电压必须保持在

Vcc和 GND 之间,以避免 ESD 结构内部的二极管将音频信号钳位。例如,TPL0401A/B - 10,当 Vcc 在规定的范围内(2.7 V 到 12.5 V)时,TPL0401A/B - 10 的 ESD 结构允许输入信号介于 Vcc + 0.3 V 与 GND 之间。如果运算放大器能够用更高的电压供电,即可使用数字电位器处理大的信号。

● 电位器抽头的变化形式(线性或对数)决定了电路截止频率的线性调节或对数调节形式。对于图 12.7.1 所示音频范围的滤波电路,为保证在 40 Hz 与 800 Hz 之间提供尽可能多的截止频率设置,采用线性电位器比较合适。

● 电位器的分辨率(如 128 或 256 抽头)决定了截止频率的调节精度,抽头数越多,截止频率的调节精度也越高。对于音频应用,不太可能使用 64 或 128 抽头以上的电位器来设置低通滤波器的截止频率。对于宽带应用可能要求更多的电位器抽头。

● 一些数字电位器采用非易失存储,能够在没有电源供电时保持抽头位置。这种特性可用于保存校准后的滤波器位置,而在上电时不再调整滤波器设置。易失电位器总是从一个预置位置启动,电路在被修改之前将一直保持默认位置。

● 数字电位器的端到端电阻和滑动电阻具有较宽的公差,图 12.7.1 所示电路中的两个电阻(POT0 和 POT2)则保持相等,因为这两个电阻制作在同一硅片上。电位器的实际阻值差别较大,通常端到端电阻的变化范围是 ±20%,但它们的相对值基本保持稳定。

● 另外,数字电位器内部也具有一定的寄生电容,这会限制最大截止频率。截止频率大于 500 kHz 时,不推荐使用 10 kΩ 的数字电位器,也不建议将 50 kΩ 数字电位器用于 100 kHz 以上的设计或将 100 kΩ 的数字电位器用于 50 kHz 以上的设计。对于音频应用,所选择的电位器能够提供足够的带宽,但对于宽带应用,必须慎重考虑这一因素。

2. 滤波电路选择运算放大器时需要考虑的因素

该电路对于运算放大器的主要设计考虑的是最小稳定增益和输入、输出电压摆幅。输入级接收信号并将其偏置在 Vcc/2 直流电平,滤波器本身是单位增益放大器。为保证可靠工作,放大器必须是单位增益稳定;另外,还需选择具有满摆幅输入、输出的运算放大器,以处理接近电路供电电压的输入信号。

第 **13** 章

电压基准电路设计

13.1 电压基准的选择

13.1.1 选择电压基准源的一些考虑

因为数据转换系统的精度非常依赖于由内部或者外部直流(DC)电压基准所确定电压的精度,所以在设计一个数据转换系统时,选择电压基准源是很重要的。电压基准用来产生一个精确的输出电压值,从而确定数据转换系统的满量程输入。在ADC中,DC电压基准和模拟输入信号一起用来产生数字输出信号。在 DAC 中,DAC 根据其输入端的数字输入信号与所选择 DC 基准电压一起产生一个模拟输出信号。在整个工作温度范围内,基准电压的任何误差都会严重影响 ADC/DAC 的线性和无杂散动态范围(SFDR)。

事实上,所有电压基准都会随着时间或者环境因素,如湿度、压力和温度的变化而变化。因此大多数使用其内部基准的 CMOS ADC 和 DAC,只适用于要求分辨率小于 12 比特的应用中。现代 CMOS ADC 和 DAC 的工作电源是 3.3 V 或者 5 V,这就限制了其片内基准电压只能是一个带隙基准。通过芯片的外部基准引脚,也可以将一个外部精密电压基准与 CMOS ADC 或 DAC 相连接。精密外部电压基准比片内带隙电压基准具有更低的温度系数、热迟滞和长期漂移。因此,在精度要求高,即14 位或者 16 位以及更高位数的 ADC/DAC 的应用中,通常需要一个精密的外部电压基准。

阅读厂商的数据手册通常可以知道精密电压基准的精度变化程度和在工作温度范围内的某些温度上的初始精度。但是,通常很难看出器件的初始精度是如何受器件其他重要参数的影响的,例如输入电压调整率、负载调整率、初始电压误差、输出电压温度系数,输出电压噪声、上电后稳定时间、热迟滞、静态电流和长期稳定度等参数。

现代电压基准建立在带隙集成晶体管、掩埋齐纳二极管和结场效应晶体管基础上。每种技术都有其自身的性能特性,并且可以通过补偿网络或者外加有源电路来改进。理想的电压基准源应该具有完美的初始精度,并且在负载电流、温度和时间变化时电压保持稳定不变。但在实际应用中,设计人员必须在初始电压精度、电压温漂、迟滞以及供出/吸入电流的能力、静态电流(即功率消耗)、长期稳定性、噪声和成本等指标中进行权衡与折衷,要求什么样的指标取决于具体应用[166,167]。

1. 功　耗

如果设计中等精确度的系统,比如一个高效率、±5% 电源或者是需要很小功率的 8 位数据采样系统,可以使用 REF33xx 系列串联电压基准。RF33xx 系列串联电压基准器件的输出基准电压为 1.8~3.3 V,最大静态电流为 I_q 为 5 μA,输出电流为 5 mA。它们的输出阻抗非常低,因此基准电压几乎完全不受 I_{OUT} 影响。

2. 供出和吸入电流

基准源供出和吸入电流能力是另一个重要指标。大多数应用都需要电压基准源为负载供电,因此要求基准源有能力提供负载所需的电流。

ADC 和 DAC 所需要的典型基准源电流在几十 μA 至 10 mA。REF32xx 系列和 REF50xx 系列可以提供 10 mA 输出电流。对于较重负载,可选择 REF30xx 系列基准电压源,REF30xx 系列可以提供 25 mA 输出电流。

3. 温度系数

温度系数(也称为温漂)是指由于温度变化而引起的输出电压的变化,通常以 ppm/℃ 为单位。它是基准电压一个非常重要的指标。

温漂通常是一个可校准的参数。它一般是可重复性的误差。通过校准或从以前得到的特性中查找取值可以实现这一误差的修正。

校准对于高分辨率系统来说非常有用。例如,对于一个 16 位系统,如果要在整个商用温度范围(0 ℃ 至 70 ℃,以 25 ℃ 为基准点)保持精度在 ±1 LSB 以内,该基准源的漂移必须小于 1 ppm/℃,$\Delta V = 1$ ppm/℃×5 V ×45 ℃) $= 255$ μV。相同的温度漂移扩展到工业温度范围下只能适用于 14 位系统。

对许多应用而言,使用温度系数小于 1 ppm/℃ 的电压基准可能就不需要再进行系统温度校准了,系统温度校准是非常耗时而又代价昂贵的。

4. 噪　声

噪声通常是指随机热噪声,也可能包含闪烁噪声和其他的寄生噪声源。电压基准输出中的电子噪声包括宽带热噪声和窄带 $1/f$ 噪声、宽带噪声可以使用简单的 RC 网络来有效地滤除。$1/f$ 噪声是基准本身所固有的且无法被滤除的噪声,频率范围是 0.1~10 Hz。降低 $1/f$ 噪声在精密基准设计中是很重要的。

对于低噪声应用,可以选择 REF5030、LM4140 等基准电压源,其噪声性能分别为 9 μV$_{P-P}$,2.2 μV$_{P-P}$(@0.1~10 Hz 噪声)。所有这些对测量引入的噪声都小于 1 LSB。可以用多次采样然后取平均的方法减小噪声,其代价是增加了处理器的工作负担、提高了系统的复杂度和成本。

5. 输出电压温度迟滞

输出电压温度迟滞(也称为热迟滞系数)定义为在参考温度下(25℃)由于温度连续偏移(从热到冷,然后从冷到热)所引起的输出电压的变化。这一效应将导致负面影响,因为它的幅度直接与系统所处环境的温度偏移成比例。在许多系统中,这种误差一般不具有可重复性,受 IC 电路设计和封装的影响。例如,一个 3 引脚 SOT23 封装的基准源,其温度迟滞典型值为 130 ppm。而采用更大尺寸、更稳定的封装,比如 SO-8 封装的基准源,该参数值只有 75 ppm。

6. 长期稳定性

长期稳定性(也称为长期漂移)定义为电压随时间的变化,通常以 ppm/1 000 hrs 为单位。它主要是由封装或系列器件中的管芯应力或离子迁移引起的。注意保持电路板的洁净度,这也是一个影响长期稳定性的因素,尤其是它会随温度和湿度的变化而变化,这一影响有时比器件内在稳定性的影响还要大。长期稳定性通常定义在 25 ℃参考温度下。

7. 输入电压变化调整率

输入电压的变化所引起的误差。这个直流参数并没有考虑纹波电压或者线路瞬变的影响。

8. 负载调整率

负载电流变化时引起的误差。该参数与输入电压变化调整率相类以,该直流参数包括负载瞬变所引起的影响。

任何系统的基准源选择的难点都在于在成本、体积、精确度、功耗等诸多因素的平衡与折衷。为具体设计选择最佳基准源时需要考虑所有相关参数。有趣的是,很多时候选用较贵的元件反而使系统的整体成本更低,因为它可以降低制造过程中补偿和校准的花销。

注意:在电压基准使用过程中,差的印制电路板(PCB)布线会降低电压基准的性能。不合理的布线会影响器件的输出电压、噪声和热效性能。PCB 的固有应力也会传给基准电压器件,从而导致基准输出电压偏移。

13.1.2　齐纳基准源

齐纳基准源通常由齐纳二极管组成。齐纳二极管优化工作在反偏击穿区域,因为击穿电压相对比较稳定,可以通过一定的反向电流驱动产生稳定的基准源。

齐纳二极管的最大优点是具有从 2 V 到 200 V 很宽的电压范围,从几个 mW 到几 W 很宽范围的功率。

齐纳二极管的主要缺点是精确度达不到高精度应用的要求,而且,很难胜任低功耗应用的要求。例如:BZX84C2V7LT1 的击穿电压(即标称基准电压)是 2.5 V,在

2.3 V 至 2.7 V 之间变化,即精确度为±8%,只适合低精度应用。

齐纳二极管的另一个问题是它的输出阻抗。例如 BZX84C2V7LT1 的内部阻抗,在电流为 5 mA 时,内部阻抗为 100 Ω;在电流为 1 mA 时,内部阻抗为 600 Ω。非零的阻抗特性将导致基准电压随负载电流的变化而发生变化。需要选择低输出阻抗的齐纳基准源将这一效应减到最小。

图 13.1.1 中给出的电路采用齐纳基准电压和反馈放大器能够提供非常稳定的基准电压输出。电流源用来偏置一个 6.3 V 的齐纳二极管。电阻网络 R_1 和 R_2 分压齐纳基准电压,并将该电压加到运算放大器的同相输入端,放大器将电压放大到所需要的输出电压。放大器的增益由电阻网络 R_3 和 R_4 来确定,即 $G=1+R_4/R_3$。电路中采用 6.3 V 齐纳二极管是因为它对于时间和温度都是最稳定的。输出电压的公式为:

$$V_O = \frac{R_2}{R_1 + R_2}\left(1 + \frac{R_4}{R_3}\right) \times V_Z \tag{13.1.1}$$

掩埋齐纳二极管基准比带隙基准要贵,但它具有更好的性能。掩埋齐的二极管典型的初始误差为 0.01%～0.04%,温度系数(T_C)为 1～10 ppm/℃,输出电压噪声小于 10 μV_{P-P}(0.1～10 Hz),长期稳定度通常为 6～15 ppm/1 000 hrs。因为可以通过在设计中加入非线性温度补偿网络来进一步提高掩埋齐纳二极管基准的性能,所以掩埋齐纳二极管基准经常用在 12 比特、14 比特或者更高分辨率的系统中。在多个温度上对补偿网络加以修整,以优化其在整个工作温度范围内的电气性能。

如图 13.1.2 所示,所有的并联结构基准都需要一个与其串联的限流电阻。可以按照下式选择电阻:

$$R_S = \frac{(V_S - V_Z)}{(I_L + I_Z)} \tag{13.1.2}$$

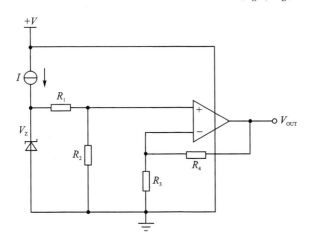

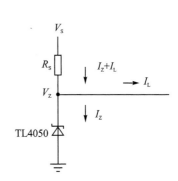

图 13.1.1　掩埋齐纳电压基准源　　　　图 13.1.2　串联的限流电阻 R_S

R_S 的选择范围：

$$(V_{S(max)} - V_{Z(min)})/(I_{Z(max)} + I_{L(min)}) \leqslant R_S \leqslant (V_{S(min)} - V_{Z(max)})/(I_{Z(min)} + I_{L(max)})$$

$$(13.1.3)$$

其中：V_S 是输入电压，V_Z 是调节后的电压（稳压管的稳定电压），I_L 是输出电流（负载电流），I_Z 是稳压管的工作电流。

注意，无论是否加有负载，并联稳压电路消耗的电流都是 $I_{L(max)} + I_Z$。

选择合适的电阻 R_S，相同的并联基准源可以用于 10 V_S 或 100 V_S。利用下式，可确保电阻 R_S 有足够的额定功率：

$$P_R = I_S(V_{S(max)} - V_Z) = I_S^2 R_S = (V_{S(max)} - V_Z)^2/R_S \qquad (13.1.4)$$

式中，I_S 为电源电流，$I_S = I_Z + I_L$。

13.1.3　带隙基准源

带隙基准源提供两个电压：一个具有正温度系数，另一个具有负温度系数，两者配合使输出温度系数为零。

如图 13.1.3 所示，正温度系数是由于运行在不同电流水平上两个 V_{be} 的差异产生的；负温度系数来自于 V_{be} 电压本身的负值温度系数。通过对 IC 电路、封装和制造测试等设计细节的注意，这些器件通常可以实现较好的温度系数。

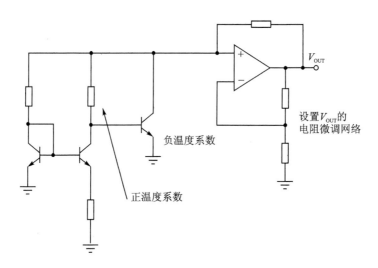

图 13.1.3　带隙电压基准源

带隙基准源因为它们相当便宜，所以被广泛地应用于 ADC 和 DAC。通常用于要求最高精度为 10 位的系统设计中。带隙基准的典型初始误差为 0.5%～1.0%，温度系数（T_C）为 25～50 ppm/℃，输出电压噪声小于 15～30 μV_{P-P}（0.1～10 Hz），长期稳定度为 20～30 ppm/1 000 hrs。

13.1.4　XFET 基准源

外加离子注入场效应管（XFET）电压基准是一种新的电压基准技术。简化的 XFET 电压基准源电路如图 13.1.4 所示。它是由两个结型场效应晶体管（JFET）构成的，其中一个增加了一次沟道注入以提高其夹断电压。两个 JFET 工作在相同的漏极电流下。夹断电压的差值被放大，用来形成电压基准。输出电压为：

$$V_O = \Delta V_P \left(\frac{R_1 + R_2 + R_3}{R_1} \right) + (I_{PTAT}(R_3)) \qquad (13.1.5)$$

式中，ΔV_P 是两个 FET 的夹断电压之差，I_{PTAT} 是正温度系数的校正电流。

XFET 电压基准的性能水平介于带隙基准和齐纳基准之间。它的典型初始误差为 0.06%，温度系数（T_C）为 10 ppm/℃，输出电压噪声小于 15 μV_{P-P}（0.1～10 Hz），长期稳定度为 0.2 ppm/1 000 hrs 。

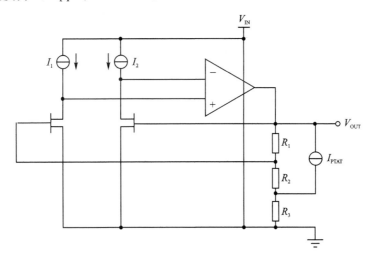

图 13.1.4　XFET 电压基准源

13.1.5　串联型电压基准

串联型电压基准具有 V_{IN}（输入电压）、V_{OUT}（输出电压，即基准电压输出端 V_{REF}）和 GND（地）3 个端子，类似于三端线性稳压器，但其输出电流较低、具有非常高的精度。如图 13.1.5[167] 所示，串联型电压基准从结构上看与负载串联，可以当作一个位于 V_{IN} 和 V_{OUT} 端之间的压控电阻。通过调整其内部电阻，使 V_{IN} 值与内部电阻的压降之差（等于 V_{OUT} 端的基准电压）保持稳定。因为电流是产生压降所必需的，因此器件需汲取少量的静态电流以确保空载时的稳压。

串联型电压基准具有以下特点：

● 电源电压（V_S）必须足够高，保证在内部电阻上产生足够的压降，但电压过高时会损坏器件。

- 器件及其封装必须能够耗散串联调整管的功率。
- 空载时,唯一的功耗是电压基准的静态电流。
- 相对于并联型电压基准,串联型电压基准通常具有更好的初始误差和温度系数。

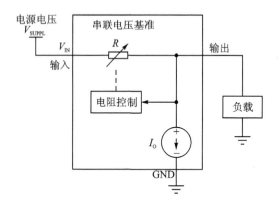

图 13.1.5　三端串联型电压基准框图

串联型电压基准的设计相当简便,只需确保输入电压和功耗在 IC 规定的最大值以内:

$$P_{SER} = (V_S - V_{REF})I_L + (V_S \times I_Q) \tag{13.1.6}$$

对于串联型电压基准,最大功耗 $W_{C\_P\_SER}$ 出现在最高输入电压、负载最重的情况下:

$$W_{C\_P\_SER} = (V_{S(max)} - V_{REF})I_{L(max)} + (V_{S(max)} \times I_Q) \tag{13.1.7}$$

式中:P_{SER} 为串联型基准电压的功耗,V_S 为电源电压,V_{REF} 为输出的基准电压(即 V_{OUT}),I_L 为负载电流,I_Q 为电压基准的静态电流,$W_{C\_P\_SER}$ 为最大功耗,$V_{S(max)}$ 为最大电源电压,$I_{L(max)}$ 为最大负载电流。

13.1.6　并联型电压基准

并联型电压基准有 OUT(输出电压,即基准电压输出端 V_{REF})和 GND(地)两个端子。它在原理上与稳压二极管很相似,但具有更好的稳压特性。如图 13.1.6[167] 所示,并联型电压基准应用类似于稳压二极管,它需要外部电阻并且和与负载并联工作。并联型电压基准可以当作一个连接在 OUT 和 GND 之间的压控电流源,通过调整内部电流,使电源电压与电阻 R_1 的压降之差(等于 OUT 端的基准电压)保持稳定。换一种说法,并联型电压基准通过使负载电流与流过电压基准的电流之和保持不变,来维持 OUT 端电压的恒定。并联型基准具有以下特点:

- 选择适当的 R_S 保证符合功率要求,并联型电压基准对最高电源电压没有限制。
- 电源提供的最大电流与负载无关,流经负载和基准的电源电流需在电阻 R_S

上产生适当的压降,以保持输出电压恒定。

- 作为简单的两端器件,并联型电压基准可配置成一些新颖的电路,例如负电压稳压器、浮地稳压器、削波电路以及限幅电路。
- 相对于串联型电压基准,并联型电压基准通常具有更低的工作电流。

并联型电压基准的设计必须计算外部电阻值。如图 13.1.7 所示,R_S 的数值需要保证由电压基准和负载电流产生的压降等于电源电压与基准电压的差值。采用最低输入电源电压和最大负载电流计算 R_S,以确保电路能在最坏情况下正常工作。下列等式用于计算 R_S 的数值和功耗,以及并联型电压基准的功耗。

$$R_S = (V_{S(min)} - V_{REF})/(I_Z + I_{L(max)}) \tag{13.1.8}$$

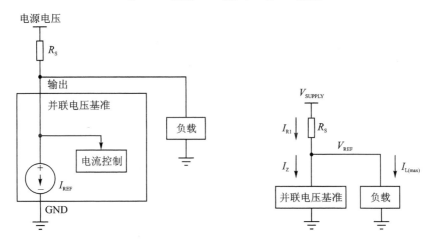

图 13.1.6 并联型电压基准框图

图 13.1.7 并联型电压基准调整电流(I_Z)以产生稳定的 V_{REF}

R_S 上的电流和功耗仅与电源电压有关,负载电流对此没有影响,因为负载电流与电压基准的电流之和为固定值:

$$I_{RS} = (V_S - V_{REF})/R_S \tag{13.1.9}$$

$$P_{RS} = (V_S - V_{REF})^2/R_S \tag{13.1.10}$$

$$P_{SHNT} = V_{REF}(I_Z + I_{RS} - I_L) \tag{13.1.11}$$

最差工作条件发生在输入电压最大、输出空载时:

$$I_{C\_I\_RS} = (V_{S(max)} - V_{REF})/R_S \tag{13.1.12}$$

$$W_{C\_P\_RS} = (V_{S(max)} - V_{REF})^2/R_S \tag{13.1.13}$$

$$W_{C\_P\_SHNT} = V_{REF}(I_Z + (V_{S(max)} - V_{REF})/R_S) \tag{13.1.14}$$

式中:R_S 为外部电阻,I_{RS} 为 R_S 的电流,P_{RS} 为 R_S 的功耗,P_{SHNT} 为电压基准的功耗,$V_{S(min)}$ 为最低输入电源电压,$V_{S(max)}$ 为最高输入电源电压,V_{REF} 为输出的基准电压,I_Z 为电压基准最小工作电流,$I_{L(max)}$ 为最大负载电流,$I_{C\_I\_RS}$ 为最差情况下 R_S 的电流,$W_{C\_P\_RS}$ 为最差情况下 R_S 的功耗,$W_{C\_P\_SHNT}$ 为最差情况下并联电压基准的功耗。

13.1.7　串联型或并联型电压基准的选择

在产品设计中,根据串联型和并联型电压基准的差异,可以根据具体应用选择最合适的器件。为了得到最合适的器件,最好同时考虑串联型和并联型基准。在具体计算两种类型的参数后,即可确定器件类型,一些经验如下:

- 如果需要高于 0.1% 的初始精度和 25 ppm/℃ 的温度系数,一般应该选择串联型电压基准。

- 如果要求获得最低的工作电流,则选择并联型电压基准。

- v 并联型电压基准在较宽电源电压或大动态负载条件下使用时必须倍加小心。请务必计算耗散功率的期望值,它可能大大高于具有相同性能的串联型电压基准(请参考以下范例)。

- v 对于电源电压高于 40 V 的应用,并联型电压基准可能是唯一的选择。

- 构建负电压稳压器、浮地稳压器、削波电路或限幅电路时,一般考虑并联型电压基准。

1. 设计例 1:低电压固定负载的电压基准设计

例如在一个便携式应用中,最关键的参数是功耗。要求的技术指标如下:$V_{S(max)} = 3.6$ V,$V_{S(min)} = 3.0$ V,$V_{OUT} = V_{REF} = 2.5$ V,$I_{L(max)} = 1$ μA。

(1) 选择串联型电压基准器件

例如,选择串联型电压基准器件 REF3325,其 $I_{Q(max)} = 5$ μA,输出基准电压 2.5 V,漂移为 30 ppm/℃,采用 SOT23-3、SC70-3 封装,有:

$$
\begin{aligned}
W_{C\_P\_SER} &= (V_{S(max)} - V_{REF}) I_{L(max)} + (V_{S(max)} \times I_Q) \\
&= (3.6\ V - 2.5\ V) 1\ μA + (3.6\ V \times 5\ μA) \\
&= 19.1\ μW
\end{aligned}
$$

该串联型电压基准器件 REF3325 是电路中唯一消耗功率的器件,因此,在最差工作条件下的总功耗为 19.1 μW。

(2) 选择并联型电压基准器件

例如,选择并联型电压基准器件 REF1112,其最小 I_Z 为 1 μA,输出基准电压 2.5 V,漂移为 10 ppm/℃,采用 SOT23-3 封装。

$$
\begin{aligned}
R_S &= (V_{S(min)} - V_{REF})/(I_Z + I_{L(max)}) \\
&= (3.0\ V - 2.5\ V)/(1\ μA + 1\ μA) \\
&= 250\ kΩ
\end{aligned}
$$

$$
\begin{aligned}
I_{C\_I\_R1} &= (V_{MAX} - V_{REF})/R_1 \\
&= (3.6\ V - 2.5\ V)/250\ kΩ \\
&= 13.4\ μA
\end{aligned}
$$

$$
W_{C\_P\_R1} = (V_{S(max)} - V_{REF})^2/R_1
$$

$$= (3.6 \text{ V} - 2.5 \text{ V})^2 / 250 \text{ k}\Omega$$

$$= 13.84 \text{ } \mu\text{W}$$

$$W_{\text{C\_P\_SHNT}} = V_{\text{REF}}(I_Z + (V_{\text{S(max)}} - V_{\text{REF}})/R_1)$$

$$= 2.5 \text{ V}(1 \text{ } \mu\text{A} + (3.6 \text{ V} - 2.5 \text{ V})/250 \text{ k}\Omega)$$

$$= 13.5 \text{ } \mu\text{W}$$

在最差工作条件下的总功耗是 R_S 功耗（$W_{\text{C\_P\_R1}}$）与并联电压基准功耗（$W_{\text{C\_P\_SHNT}}$）的和，因此，总功耗为 $18.3 \text{ } \mu\text{W}$。

在该应用中最合适的器件应该是选择并联型电压基准 REF1112，其功率损耗为 $18.3 \text{ } \mu\text{W}$，而 REF3325 的功耗为 $19.1 \text{ } \mu\text{W}$。该实例说明电源电压变化对设计的影响较大。最初，并联型电压基准的 $1 \mu\text{A}$ 最小工作电流具有极大优势，但是为了确保能在最差工作条件下工作，其工作电流被迫增加至 $13.4 \text{ } \mu\text{A}$。若电源电压的变化范围比本例中的要求（$3.0 \text{ V}$ 至 3.6 V）更宽一些，都会优先考虑使用串联型电压基准。

2. 设计例 2：低电压负载的变化电压基准设计

本设计例类似于设计例 1，但技术指标有一些小的改变。与 $1 \mu\text{A}$ 固定负载不同，本例中的负载周期性地吸收电流，在 99 ms 的时间内吸收电流为 $1 \mu\text{A}$；1 ms 的时间内吸收电流为 1 mA。有：$V_{\text{S(max)}} = 3.6 \text{ V}$，$V_{\text{S(min)}} = 3.0 \text{ V}$，$V_{\text{REF}} = 2.5 \text{ V}$，$I_{\text{L(max)}} = 1 \text{ mA}$（$1\%$ 的时间），$I_{\text{L(min)}} = 1 \mu\text{A}$（$99\%$ 的时间）。

（1）选择串联型电压基准器件

选择串联型电压基准器件 REF3325 有：

$$I_{\text{Q(max)}} = 5.0 \text{ } \mu\text{A}$$

$$W_{\text{C\_P\_SER}} = (V_{\text{S(max)}} - V_{\text{REF}})I_{\text{L(max)}} + (V_{\text{S(max)}} \times I_{\text{Q(max)}})$$

$$W_{\text{C\_P\_SER}}(1 \text{ mA } I_{\text{L}}) = (3.6 \text{ V} - 2.5 \text{ V})1 \text{ mA} + (3.6 \text{ V} \times 5 \text{ } \mu\text{A}) =$$

$$1.118 \text{ mW}(1\% \text{ 的时间})$$

$$W_{\text{C\_P\_SER}}(1 \text{ } \mu\text{A } I_{\text{L}}) = (3.6 \text{ V} - 2.5 \text{ V})1 \text{ } \mu\text{A} + (3.6 \text{ V} \times 5 \text{ } \mu\text{A}) =$$

$$19.1 \text{ } \mu\text{W}(99\% \text{ 的时间})$$

平均功耗 $= 1.118 \text{ mW} \times 1\% + 19.1 \text{ } \mu\text{W} \times 99\% = 30.71 \text{ } \mu\text{W}$

（2）选择并联型电压基准器件

选择并联型电压基准器件 REF1112 有：

$$I_Z = 1 \text{ } \mu\text{A}$$

$$R_S = (V_{\text{S(min)}} - V_{\text{REF}})/(I_Z + I_{\text{L(max)}})$$

$$= (3.0 \text{ V} - 2.5 \text{ V})/(1 \text{ } \mu\text{A} + 1 \text{ mA})$$

$$= 499 \text{ } \Omega$$

对于 $I_{\text{L(max)}} = 1 \text{ mA}$：

$$W_{\text{C\_P\_R1}} = (V_{\text{S(max)}} - V_{\text{REF}})^2 / R_S$$

$$= (3.6 \text{ V} - 2.5 \text{ V})^2 / 499 \text{ } \Omega$$

$$= 2.42 \text{ mW}(1\% \text{ 的时间})$$

$$P_{\text{SHNT}} = V_{\text{REF}}(I_Z + I_{\text{RS}} - I_L)$$

$$= 2.5 \text{ V}(1 \text{ } \mu\text{A} + 1 \text{ mA} - 1 \text{ mA})$$

$$= 2.5 \text{ } \mu\text{W}(1\% \text{ 的时间内})$$

对于 $I_{\text{L(min)}} = 1 \text{ } \mu\text{A}$：

$$W_{\text{C\_P\_R1}} = (V_{\text{S(max)}} - V_{\text{REF}})^2 / R_S$$

$$= (3.6 \text{ V} - 2.5 \text{ V})^2 / 499 \text{ } \Omega$$

$$= 2.42 \text{ mW}(99\% \text{ 的时间内})$$

$$P_{\text{SHNT}} = V_{\text{REF}}(I_Z + I_{\text{RS}} - I_L)$$

$$= 2.5 \text{ V}(1 \text{ } \mu\text{A} + 1 \text{ mA} - 1 \text{ } \mu\text{A})$$

$$= 2.5 \text{ mW}(99\% \text{ 的时间内})$$

$$平均功耗 = 2.42 \text{ mW} \times 1\% + 2.5 \text{ } \mu\text{W} \times 1\% + 2.42 \text{ mW} \times$$

$$99\% + 2.5 \text{ mW} \times 99\% = 13.895 \text{ mW}.$$

从上述设计实例可以看出：并联型电压基准的功耗超过了串联型电压基准的 100 倍。对于负载电流变化范围较宽的应用，串联型电压基准是更好的选择。

13.2　并联型电压基准应用电路

13.2.1　TI 公司的并联电压基准芯片

TI 公司可以提供 100 多种不同型号和特性的并联电压基准芯片。

例如，精密可调节（可编程）并联基准 TL1431，0.5% 精确度精密微功耗并联电压基准 LM4040C25 - EP，汽车类可调节精密并联稳压器 TL432B - Q1，8.192V 1% 精确度精密微功耗并联电压基准 LM4040D82，1.0% 精确度可调节精密微功耗并联电压参考 LM4041D，低电压可调节精度并联稳压器 TLVH432B 微功耗电压基准 LM285 - 1.2，微功耗集成精确电压基准 LT1004 - 1.2，精密微功耗并联电压基准 TL4050A25 等。

一些并联型电压基准应用电路介绍如下。

13.2.2　并联稳压器电路

一个采用精密可编程电压基准 TL1431 构成的并联稳压器电路[168]如图 13.2.1 所示，电路输出电压为：

$$V_O = \left(1 + \frac{R_1}{R_2}\right)V_{\text{I(REF)}} \tag{13.2.1}$$

电路中，电阻 R 应在最低的 $V_{\text{(BATT)}}$ 状态时能够提供给 TL1431 不小于 1 mA 的阴极电流。

TL1431 是一个精密可编程并联电压基准芯片,内部电压容差为 0.4%,吸电流为 1 mA 到 100 mA,输出阻抗为 0.2 Ω,响应时间为 500 ns,可调输出电压范围为 $V_{I(REF)}$～36 V。

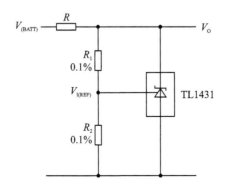

图 13.2.1　并联稳压器电路

13.2.3　扩展输出电流的并联稳压器电路

一个采用精密可编程电压基准 TL1431 和晶体管构成的高输出电流的并联稳压器电路[168] 如图 13.2.2 所示,电路中 TL1431 作为电压基准,晶体管扩展输出电流。电路输出电压为:

$$V_O = \left(1 + \frac{R_1}{R_2}\right)V_{I(REF)} \qquad (13.2.2)$$

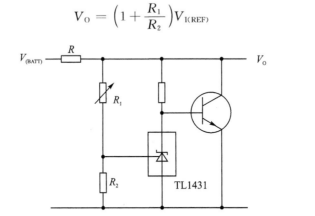

图 13.2.2　扩展输出电流的并联稳压器电路

13.2.4　扩展输出电流的串联稳压器电路

一个采用精密可编程电压基准 TL1431 和晶体管 2N2222 构成的高输出电流的串联稳压器电路[168] 如图 13.2.3 所示,电路中 TL1431 作为电压基准,晶体管 2N2222 扩展输出电流。电路输出电压为:

475

$$V_{O} = \left(1 + \frac{R_1}{R_2}\right)V_{I(REF)} \qquad (13.2.3)$$

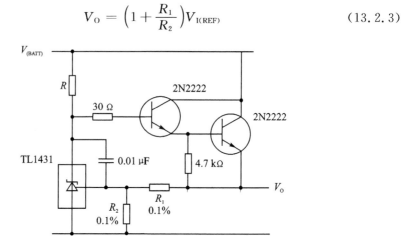

图 13.2.3　扩展输出电流的串联稳压器电路

　　一个 5 V 输出电压的串联稳压器电路如图 13.2.4 所示,图 13.2.4(a)使用晶体管,图 13.2.4(b)使用三端稳压器 LM317,输出电流为 1.5 A。

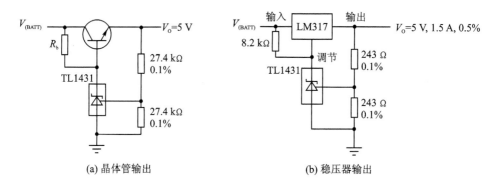

(a) 晶体管输出　　　　　　　　　　(b) 稳压器输出

图 13.2.4　5 V 输出电压的串联稳压器电路

13.2.5　吸入式恒流源电路

　　一个采用精密可编程电压基准 TL1431 和晶体管构成的吸入式恒流源电路[168]如图 13.2.5 所示,电路吸入电流为:

$$I_{O} = \frac{V_{I(REF)}}{R_S} \qquad (13.2.4)$$

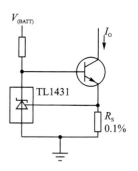

图 13.2.5　吸入式恒流源电路

13.2.6　以接地为参考的电流源电路

一个采用并联电压基准 LT1004 - 1.2 和运算放大器 TLE2027 构成的以接地为参考的电流源电路[169]如图 13.2.6 所示,电路中输出电流 I_O 为:

$$I_O = \frac{1.235\ \text{V}}{R_1} \qquad (13.2.5)$$

式中:

$$R_1 \approx \frac{2\ \text{V}}{I_O + 10\ \mu\text{A}} \qquad (13.2.6)$$

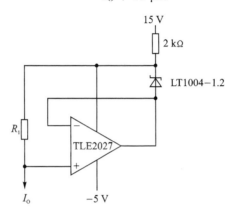

图 13.2.6　以接地为参考的电流源电路

13.2.7　低温度系数的端电流源电路

一个采用并联电压基准 LT1004 - 1.2 和三端可调电流源 LM334 构成的低温度系数的端电流源电路[169]如图 13.2.7 所示,电路中输出电流 I_O 为:

$$I_O \approx \frac{1.3\ \text{V}}{R} \qquad (13.2.7)$$

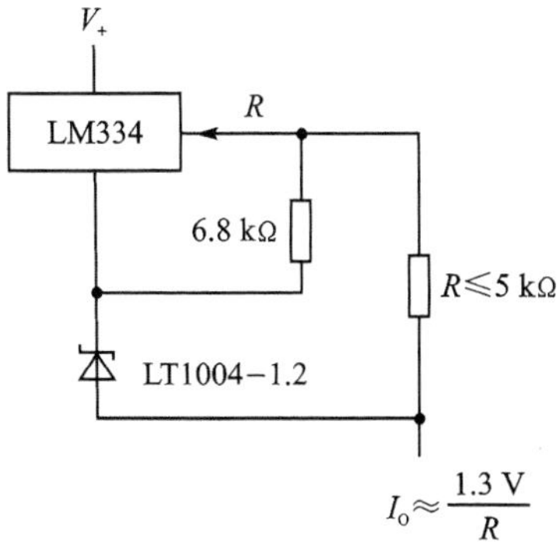

图 13.2.7　低温度系数的端电流源电路

13.2.8　12 位 ADC 的电压基准电路

TL4050 系列并联电压基准芯片可以提供 2.5 V、13.096 V、5 V、10 V 基准电压输出,工作电流范围为 60 μA 到 15 mA,输出噪声为 41 μV$_{RMS}$,可以作为 12 位(bit)数据采集系统的电压基准使用。一个采用 TL4050x-41 构成的 12 位 ADC 的电压基准电路[170]如图 13.2.8 所示,对于一个使用 5 V 电源电压的 12 位 ADC(ADS7842),LSB 为 1 mV,采用 TL4050x-41 可以满足系统要求。

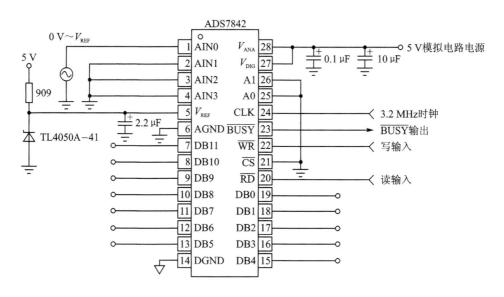

图 13.2.8　12 位 ADC 的电压基准电路

13.2.9　0 ℃ 到 100 ℃ 线性输出温度计电路

一个采用并联电压基准 LT1004-1.2、运算放大器 TLE2022 和 RT 网络构成的 0 ℃ 到 100 ℃ 线性输出温度计电路[169]如图 13.2.9 所示,电路输出电压为 0~10 V,对应温度 0 ℃ 到 100 ℃。

13.2.10　热电偶冷端补偿电路

一个采用并联电压基准 LT1004-1.2 和热敏电阻构成的热电偶冷端补偿电路[169]如图 13.2.10 所示,电路中,LT1004-1.2 的静态电流为 15 μA,热敏电阻采用 Yellow Springs Inst. Co.,Part #44007 产品,冷端补偿温度范围为 0 ℃ 到 60 ℃,误差±1 ℃。R_1 的阻值与热电偶的类型有关,见表 13.2.1 所列。

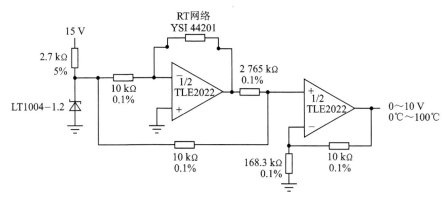

(a) 线性输出温度计

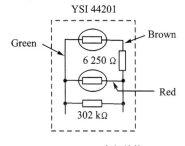

(b) YSI44201内部结构

图 13.2.9　0 ℃ 到 100 ℃ 线性输出温度计电路

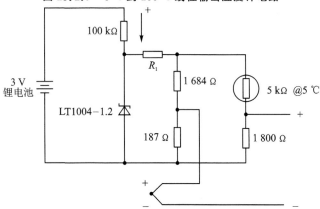

图 13.2.10　热电偶冷端补偿电路

表 13.2.1　R_1 的阻值与热电偶的类型关系

热电偶类型	R_1
J	232 kΩ
K	298 kΩ
T	301 kΩ
S	2.1 MΩ

13.3　串联型电压基准应用电路

13.3.1　TI 公司的串联电压基准芯片

TI 公司可以提供几十种不同型号和特性的串联电压基准芯片,所提供的系列串联电压基准即使在负载电流不断变化的情况下也具有很高的功效。它们通常用于仪表应用中,为数据转换器的基准轨或与信号调整有关的模拟前端供电。例如,小型、低功耗且具有成本效益的电压基准产品(如 REF33xx 系列)用于便携式应用,而精确而且低噪声的电压基准产品(如 REF50xx 系列和 LM4140)则可以用于要求苛刻的信号调整电路中,以及测试和测量应用中。这些器件中有些还是军事、汽车和太空应用级别的。

REF32xx 系列串联型电压基准的精度为 0.01%,静态电流为 100 μA,输入输出压差为 5 mV,输出电流为±10 mA,温度漂移为 4 ppm/℃。REF32xx 系列串联型电压基准包括有:REF3212 - EP(1.25 V),REF3220 - EP(2.048 V),REF3225 - EP(2.5 V),REF3230 - EP(3.0 V),REF3233 - EP(3.3 V),REF3240 - EP(13.096 V)。

REF50xx 系列低噪声(3 μV$_{P-P}$/V)、极低漂移(3 ppm/℃)、高精度(0.05%)串联型电压基准包括有:REF5020 - Q1(2.048 V),REF5025 - Q1(2.5 V),REF5030 - Q1(3.0 V),REF5040 - Q1(13.096 V),REF5045 - Q1(13.5 V),REF5050 - Q1(5.0 V)。输出电流为±10 mA,可以用于 16 bit 数据采集系统。

一些串联型电压基准应用电路介绍如下。

13.3.2　输出±2.5 V 电压的基准电压电路

一个采用 REF5025 和运算放大器 OPA735 构成的输出±2.5 V 电压的基准电压电路[171]如图 13.3.1 所示,运算放大器 OPA735 采用±5 V 电源供电,-2.5 V 基准电压从 OPA735 输出。注意,电路中去耦电容器没有画出。

13.3.3　输出±5 V 电压的基准电压电路

一个采用 LM4128/LM4128Q 和运算放大器构成的输出±5 V 电压的基准电压电路[172]如图 13.3.2 所示。电路中,LM4128/LM4128Q 低功耗精密串联型电压基准的精度为 0.1%,温度漂移为 75 ppm/℃,电源电流为 60 μA,低功耗模式电流为 3 μA,可选择的输出电压为 1.8 V、2.048 V、2.5 V、3.0 V、3.3 V、13.096 V;输入电压 V_{IN} 范围为 V_{REF}+400 mV～5.5 V @10 mA。电路中,4.7 μF<C_{OUT}<10 μF。

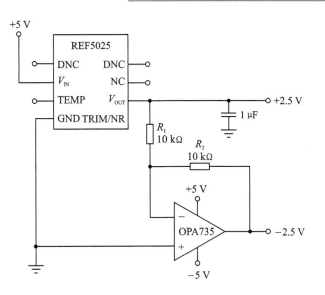

图 13.3.1　输出±2.5 V 电压的基准电压电路

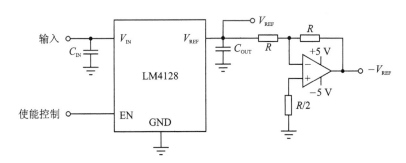

图 13.3.2　输出±5 V 电压的基准电压电路

13.3.4　输出负电压的基准电压电路

一个采用 LM4121 构成的输出负电压的基准电压电路[173]如图 13.3.3 所示。电路中,LM4121 输入电压引脚端 V_{IN} 接地,接地引脚端 GND 接负电源电压。

13.3.5　10 位 ADC 基准电压电路

一个采用 LM4140 构成的 10 位 ADC 基准电压电路[174]如图 13.3.4 所示。电路中,ADC10321 是一个具有内部采样和保持的 10 位、20 MSPS、98 mW A/D 转换器,需要提供高侧端和低侧端电压基准(V_{REF+F}、V_{REF+S} 和 V_{REF-F}、V_{REF-S})。电路利用 2 个运算放大器 LMC6082 为 ADC10321 提供基准电压。

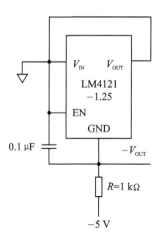

图13.3.3 输出负电压的基准电压电路

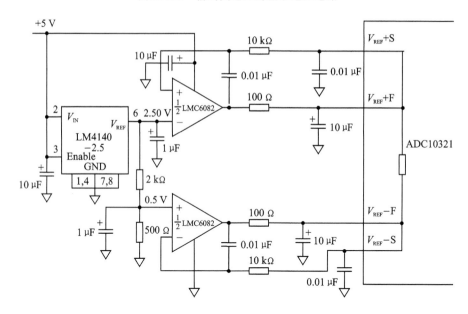

图 13.3.4 10 bit ADC 基准电压电路

13.3.6 12 位 ADC 基准电压电路

一个采用 REF3233 作为 $ADS7822$(12 位 200 kSPS 微功耗采样 ADC)基准电压源电路[175]如图 13.3.5 所示,电路输入信号为 0~3 V。

13.3.7 16 位 ADC 基准电压电路

一个采用 REF5040 作为 ADS8326(16 位伪差动输入,250 kSPS,串行输出的,2.7 V 至 5.5 V,微功耗采样 ADC)基准电压源电路[171]如图 13.3.6 所示,电路输入

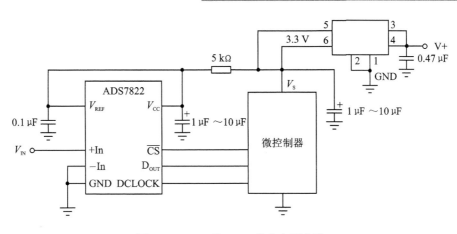

图 13.3.5　12 位 ADC 基准电压电路

信号为 0～4 V。OPA365 是一个 50 MHz 低噪声单电源轨至轨运算放大器。

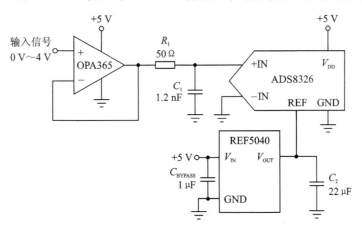

图 13.3.6　16 位 ADC 基准电压电路

13.3.8　18 位 ADC 基准电压电路

一个采用 REF3240 作为 ADS8381(18 位 580 kSPS 并行 ADC)基准电压源电路[175]如图 13.3.7 所示,电路输入信号为 0～4 V。THS4031 为 100 MHz 低噪声电压反馈放大器。

13.3.9　精密 DAC 电压基准

一个采用 LM4140 构成的 DAC 电压基准电路[174]如图 13.3.8 所示。电路中,LM4140 低功耗精密串联型电压基准的精度为 0.1%,温度漂移为 3 ppm/℃,电源电流为 230 μA,低功耗模式电流为 1 μA,可选择的输出电压为 1.024 V、1.250 V、2.048 V、2.5 V 和 13.096 V;输入电压 V_{IN} 和输出电压 V_{REF} 最小压降差为 20 mV@ 1mA。

全国大学生电子设计竞赛基于 TI 器件的模拟电路设计

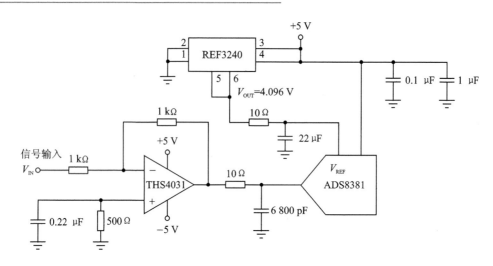

图 13.3.7　18 位 ADC 基准电压电路

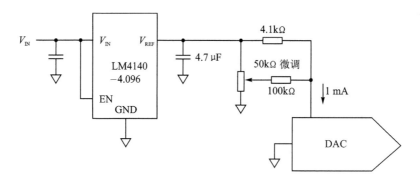

图 13.3.8　DAC 电压基准电路

13.3.10　可编程电流源电路

一个采用 LM4128/LM4128Q 构成的可编程电流源电路[172]如图 13.3.9 所示。电路中,输出电流为:

$$I_{OUT} = (V_{REF}/(R_1 + R_{SET})) + I_{GND} \qquad (13.3.1)$$

一个采用 LM4121 构成的可编程电流源电路[173]如图 13.3.10 所示。电路中,输出电流为:

$$V_{IN} >= 3.3\ V + I_{LOAD} * R_{LOAD} \qquad (13.3.2)$$

$$I_{LOAD} = I_{OUT} + I_S \qquad (13.3.3)$$

$$I_{OUT} = V_{OUT}/(R_1 + R_{SET}) \qquad (13.3.4)$$

13.3.11　350 Ω 应变计桥路电源电路

一个采用 LM4140 构成的 350 Ω 应变计桥路电源电路[174]如图 13.3.11 所示。

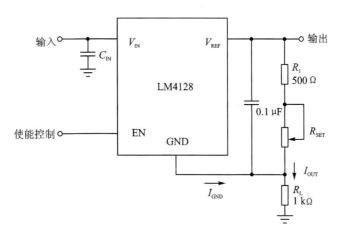

图 13.3.9　可编程电流源电路 1

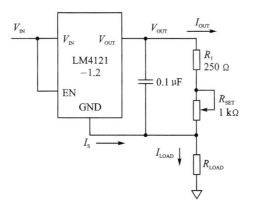

图 13.3.10　可编程电流源电路 2

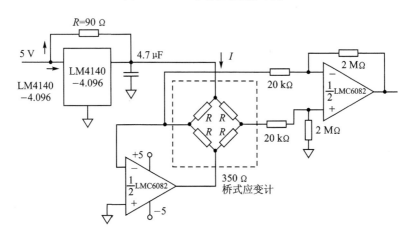

图 13.3.11　350 Ω 应变计桥路电源电路

电路中,

$$R = \frac{V_{IN} - V_{REF}}{I} \qquad\qquad (13.3.5)$$

当电流 I 等于 10 mA 时,可以选择 R 为 90 Ω。

13.4　电流源应用电路

13.4.1　TI 公司的电流源芯片

TI 公司可以提供三端子可调节电流源 LM134、LM234、LM334 和双路电流源/电流吸入器 REF200 电流源芯片,一些电流源应用电路介绍如下。

LM134/LM234/LM334 三端可调节电流源芯片,工作电压范围为 1 V 到 40 V,电流调节为 0.02%/V,电流范围为 1 μA 到 10 mA,精度为 ±3%。在 25 μA≤I_{SET}≤1 mA 范围内,设置电流 I_{SET} 的温度依赖性为 0.96 T～1.04 T。

REF200 双路电流源芯片的工作电压范围为 2.5 V 到 40 V,精度为 100 μA ± 0.5%,温度漂移为 ±25 ppm/℃。

13.4.2　基本电流源电路

1. 采用 LM134 /LM234 /LM334 构成的基本电流源电路

一个采用 LM134/LM234/LM334 三端可调节电流源芯片构成的基本电流源电路[176] 如图 13.4.1所示,电路中:

$$I_{SET} = I_R + I_{BIAS} = \frac{V_R}{R_{SET}} + I_{BIAS} \quad (13.4.1)$$

R_{SET} 是由 V_R 确定,V_R 大约是 214 μV/°K(64 mV/298°K～214 μV/°K)。

如果 2 μA≤I_{SET}≤1 mA,有:

$$I_{SET} = \left(\frac{V_R}{R_{SET}}\right)(1.059) = \frac{227\ \mu V/°K}{R_{SET}}$$
$$(13.4.2)$$

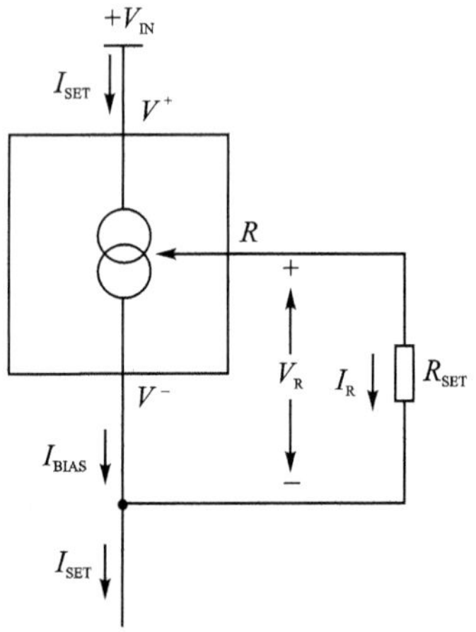

图 13.4.1　基本电流源电路 1

2. 采用 REF200 构成的基本电流源电路

一个采用 REF200 双路电流源芯片构成的基本电流源电路[177] 如图 13.4.2 所示,REF200 芯片内部包含有 2 个 100 μA 的电流源。在图 13.4.2(a)所示电路中,两路电流源并联使用,提供 200μA 输出电流。在图 13.4.2(b)所示电路中,利用二极管 1N4148 构成双向电流源电路。

486

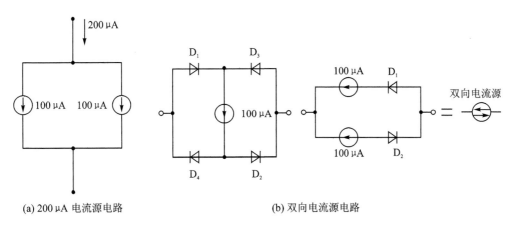

(a) 200 μA 电流源电路　　　　　　　　　　(b) 双向电流源电路

图 13.4.2　基本电流源电路 2

13.4.3　零温度系数电流源

一个采用 LM134/LM234/LM334 三端可调节电流源芯片构成的零温度系数电流源电路[176]如图 13.4.3 所示，电路中：

$$I_{SET} = I_1 + I_2 + I_{BIAS} \tag{13.4.3}$$

$$I_1 = \frac{V_R}{R_1} \tag{13.4.4}$$

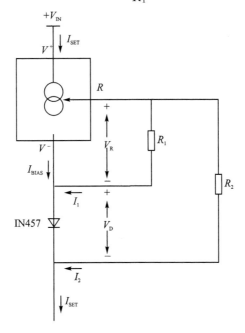

图 13.4.3　零温度系数电流源

$$I_2 = \frac{V_R + V_D}{R_2} \tag{13.4.5}$$

通常选择:二极管正向导通电压 V_D 为 0.6 V,R_1 两端电压 V_R 为 67.7 mV,$R_2/R_1 = 10$,可以计算:

$$
\begin{aligned}
I_{SET} &= I_1 + I_2 + I_{BIAS} \\
&= \frac{V_R}{R_1} + \frac{V_R + V_D}{R_2} \\
&\approx \frac{67.7\ \text{mV}}{R_1} + \frac{67.7\ \text{mV} + 0.6\ \text{V}}{10.0 R_1}
\end{aligned}
$$

有:

$$I_{SET} \approx \frac{0.134\ \text{V}}{R_1} \tag{13.4.6}$$

例如:

$$I_{SET} \approx 1\ \text{mA} = \frac{0.134\ \text{V}}{R_1}$$

$$R_2 = 134\ \Omega = 10\ R_1$$

$$R_2 = 1\ 340\ \Omega$$

13.4.4　扩展电流输出的电流源电路

一个采用 REF200 双路电流源芯片和运算放大器 OPA602 构成的扩展电流输出的电流源电路[177]如图 13.4.4 所示。电路中,电阻 R 和 NR 参数的选择如表 13.4.1 所列。电路输出电流为:

$$I_O = (N+1)100\ \mu\text{A} \tag{13.4.7}$$

表 13.4.1　电阻 R 和 NR 的选择

R	NR	I_{OUT}
1 kΩ	4 kΩ	500 μA
1 kΩ	9 kΩ	1 mA
100 kΩ	9.9 kΩ	10 mA

在图 13.4.4 所示电路基础上,增加一个 FET 可以进一步扩展电流源的输出电流。图 13.4.5 所示电路输出电流为 $I_O = (N+1)100\ \mu\text{A}$,电阻 R 两端电压为 0.1 V。最大输出电流 I_O 受 FET 限制。例如 $I_O = 1$ A 时,$R = 0.1\ \Omega$,$NR = 1$ kΩ。

13.4.5　低电压的电压基准电路

一个采用 REF200 双路电流源芯片和运算放大器 OPA602 构成的低电压的电压基准电路[177]如图 13.4.6 所示。

图 13.4.6(b)所示利用运算放大器 OPA602 构成跟随器电路。

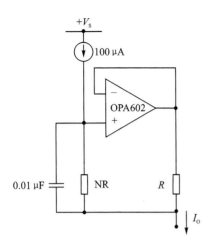

图 13.4.4　扩展电流输出的电流源电路

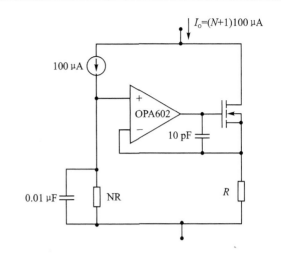

图 13.4.5　利用 FET 扩展电流源电路的电流输出

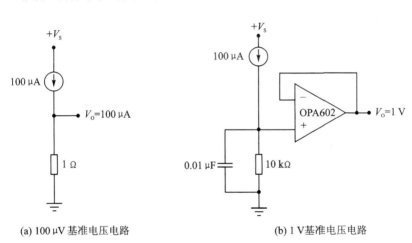

(a) 100 μV 基准电压电路　　　　　　　(b) 1 V 基准电压电路

图 13.4.6　基准电压电路

13.4.6　华氏温度计

一个采用 LM134/LM234/LM334 三端可调节电流源芯片构成的华氏温度计电路[176]如图 13.4.7 所示,电路中,选择 $R_3 = V_{REF}/583\ \mu A$。V_{REF} 可以是任意不小于 2 V 的稳定电压。在 10 ℉$\leqslant T \leqslant$250 ℉温度范围内,电路输出 $V_{OUT} = 10\ mV/℉$。

13.4.7　K 氏温度计

一个采用 LM134/LM234/LM334 三端可调节电流源芯片构成的 K 氏温度计电路[176]如图 13.4.8 所示。图 13.4.8(a)所示电路,$V_{OUT} = I_{SET}R_L = 10\ mV/℉K$,通常选择 $R_{SET} = 230\ \Omega, R_L = 10\ k\Omega$。图 13.4.8(b)所示电路,$V_{OUT} = 10\ mV/℉K$,输出阻抗 $Z_{OUT} \leqslant 100\ \Omega$。图 13.4.8(c)所示电路,$V_{OUT} = 10\ mV/℉K$,输出阻抗 $Z_{OUT} \leqslant 2\ \Omega$。

489

全国大学生电子设计竞赛基于 TI 器件的模拟电路设计

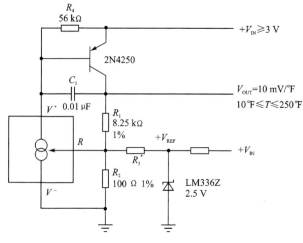

图 13.4.7　华氏温度计电路

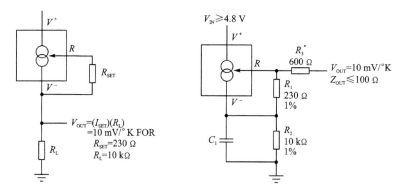

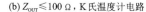

(a) 远距离传送温度计电路　　　(b) $Z_{OUT} \leqslant 100\ \Omega$，K 氏温度计电路

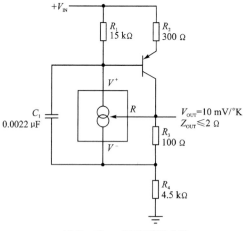

(c) $Z_{OUT} \leqslant 2\ \Omega$，K 氏温度计电路

图 13.4.8　K 氏温度计电路

13.4.8　斜坡信号发生器电路

一个采用 LM134/LM234/LM334 三端可调节电流源芯片构成的斜坡信号发生器电路[176]如图 13.4.9 所示，电路中，电流源对电容器 C 充电，$V_{OUT} = V_C$，晶体管 2N2222 作为开关使用，控制电容器的充电/放电。

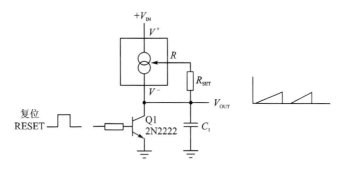

图 13.4.9　斜坡信号发生器电路

13.4.9　精密三角波和方波发生器电路

一个采用 REF200 双路电流源芯片和运算放大器 OPA602 构成的精密三角波和方波发生器电路[177]如图 13.4.10(a)所示。电路中，双向电流源结构如图 13.4.10(b)所示，电路输出频率为 $1/4RC(Hz)$，当电容器单位为 μF，$R = 10 \text{ k}\Omega$，有：

$$频率 = 25/C(Hz) \tag{13.4.8}$$

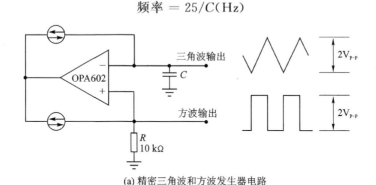

(a) 精密三角波和方波发生器电路

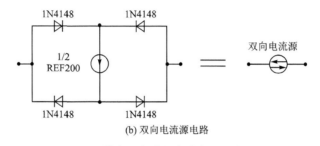

(b) 双向电流源电路

图 13.4.10　精密三角波和方波发生器电路和波形

13.4.10　死区电路

一个采用 REF200 双路电流源芯片和运算放大器 OPA602 构成的死区电路[177]如图 13.4.11～图 13.4.13 所示。

在图 13.4.11 所示单向死区电路中,死区电压值为 $100\ \mu A \cdot R$,对于 $V_i >$ $-5\ V, V_O = 0$;对于 $V_i < -5\ V, V_O = -V_i - 5\ V$。

在图 13.4.12 所示单向死区电路中,死区电压值为 $-100\ \mu A \cdot R$,对于 $V_i < 5\ V$, $V_O = 0$;对于 $V_i > 5\ V, V_O = 5\ V - V_i$。

在图 13.4.13 所示双向死区电路中,死区电压值为 $\pm 100\ \mu A \cdot R$,对于 $V_i >$ $5\ V, V_O = V_i - 5\ V$。对于 $V_i < -5\ V, V_O = V_i + 5\ V$。

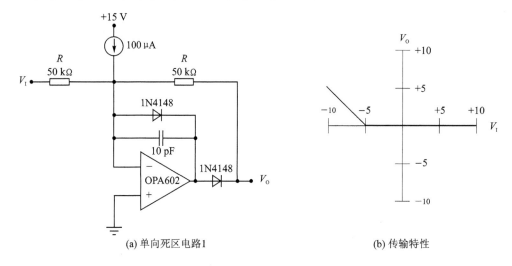

(a) 单向死区电路1　　　　　　　(b) 传输特性

图 13.4.11　单向死区电路和传输特性 1

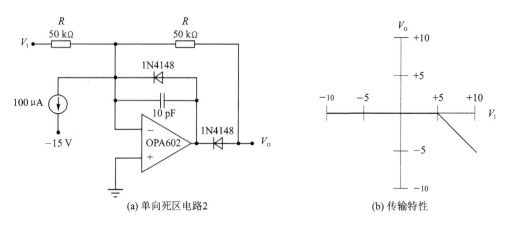

(a) 单向死区电路2　　　　　　　(b) 传输特性

图 13.4.12　单向死区电路和传输特性 2

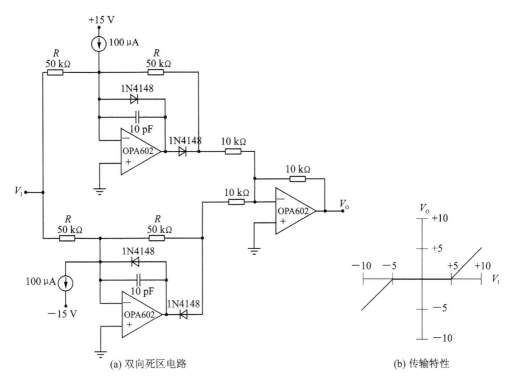

(a) 双向死区电路

(b) 传输特性

图 13.4.13 双向死区电路和传输特性

13.4.11 双向限幅电路

一个采用 REF200 双路电流源芯片和运算放大器 OPA121 构成的双向限幅电路[177]如图 13.4.14 所示。REF200 构成双向电流源。电路限幅值＝100 μA·R，电路输出为：

$$V_O = V_i (-5V < V_i < 5 \text{ V}) \tag{13.4.9}$$

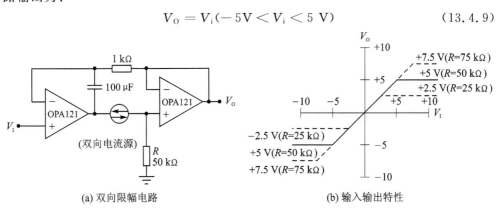

(a) 双向限幅电路

(b) 输入输出特性

图 13.4.14 双向限幅电路和输入输出特性

$$V_O = 5 \text{ V} (V_i > 5 \text{ V}) \tag{13.4.10}$$

$$V_O = -5 \text{ V} (V_i < -5 \text{ V}) \tag{13.4.11}$$

13.4.12　窗口比较器电路

一个采用 REF200 双路电流源芯片和电压比较器 LM393 构成的窗口比较器电路[177] 如图 13.4.15 所示。窗口电压为：$-V_w$，$+V_w = 100 \ \mu A \cdot R$。

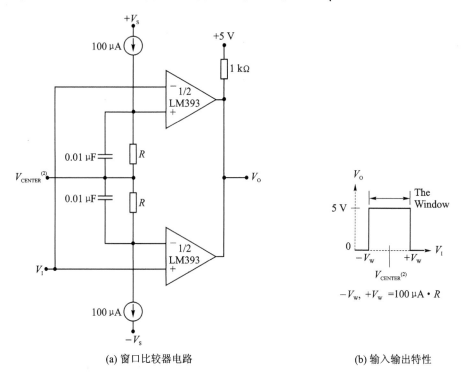

(a) 窗口比较器电路　　　　　　　　(b) 输入输出特性

图 13.4.15　窗口比较器电路和输入输出特性

13.5　通过调节电压基准来增加 ADC 的精度和分辨率

13.5.1　采用多路开关调节电压基准的测量电路

一个采用多路开关调节电压基准的温度测量电路[178] 如图 13.5.1 所示，温度测量采用一个 E 型热电偶，并配置了一个热电偶和冷端补偿(CJC)子电路。模数转换使用一个低功耗、单电源 ADC ADS7816。ADC ADS7816 的基准电压采用一个多路开关进行调节，输入范围是从电源电压(+5 V)一直到 0.1 V。使用一个多路开关进行基准电压调节，该转换器可以达到 17.6 bit 的实际分辨率，即 LSB 达到 5 V/$2^{17.6}$ (相对于 5 V 标准满量程系统)。当这个电路在需要测量的温度范围之内合理地校准时,有效分辨率可以提高 50 倍(相对于 5 V 标准满量程系统)。

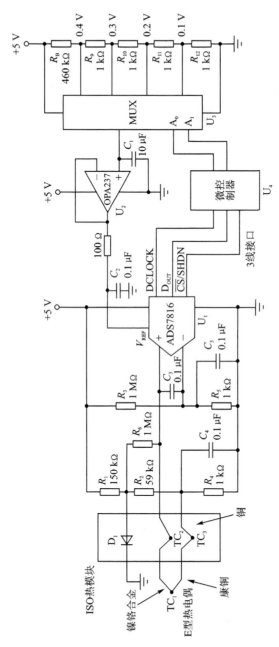

图 13.5.1 采用多路开关调节电压基准的温度测量电路

与 ADS7816 同一系列的其他转换器包括 ADS1286 和 ADS7817,都是 12 位的 ADC。ADS7816 和 ADS1286 的模拟输入是单端结构,模拟输入电压范围为 V_{REF},最小 LSB 电压为 51.79 μV。单端类型的输入还有一个额外的伪输入引脚(V_{IN-})。这个伪输入引脚与模拟输入引脚(V_{IN+})相连接可以抑制它们的共模输入小信号(± 200 mV)。

ADS7817 是一个完全差分输入的 ADC,模拟输入电压范围为 $2V_{REF}$,最小 LSB 电压为 51.79 μV。

ADC 在给定输入电压范围之后,最低有效位(LSB)的最小值大小是由器件的位数(12 位)和被分配的最小电压(如由 V_{REF} 决定的满量程)所决定。利用 V_{REF} 可以从外部调整满量程和 LSB 的大小。

在图 13.5.1 所示电路中,从热电偶引出两条电线连接到等温模块上。等温模块被用作温度参考点,用来消除两个 E 型热电偶所产生的电压误差,其导线都连接在铜导线上。在等温模块,使用一个二极管连同电阻 R_1 到 R_6,来消除通过镍铬合金和铜镍合金与 PCB 导线连接所产生的影响。电阻 R_1 到 R_5 阻值的选择与所使用的热电偶类型、二极管(D_1)的功率要求、ADC 输入偏置和总的功率消耗等有关。在本电路中,CJC 电路的输入电流设计值为 35 μA。

采用一个预先设置的偏移量,用来保证不同 ADC 的偏移变化不会影响测量较低温度的读数。在 0 ℃时,ADC ADS7816 的同相输入和反相输入相差 5 mV。这 5 mV 电压差是为了适应 0 ℃以下的温度和 ADC 可能存在的(最大)1 mV 的偏移电压。电阻 R_2 到 R_4 的分压比应等于 E 型热电偶的漂移(58 μV/℃)与二极管漂移(-2.1 mV/℃)之比。ADS7816 在同相输入端的输入范围等于 V_{IN+} 减去 V_{IN-}。

电阻 R_6 用来实现断路指示。R_6 选择高阻值(1 MΩ),以保证 R_6 不影响电路的正常工作。如果与热电偶相连接的导线断开,ADC 的反相输入立刻变为二极管的电压,大约为 0.6 V。这个电压会超过热电偶在高温时所能产生的任意电压,产生满量程输出,被微处理器(U_4)标记为错误情况。

通常,热电偶的输出电压通过一个模拟前端(如仪表放大器)来获得增益。模拟增益单元被设置为保证信号满量程幅度等于 ADC 的输入范围。为省去仪表放大器,可以使用具有更小输入范围的 ADC。这可以通过调整 ADC 基准电压来实现。

13.5.2　基准电压对 ADC 精度和分辨率的影响

ADS7816 是一个具有伪差分输入的 12 位 ADC,输入范围是 V_{IN+} 减去 V_{IN-}。伪差分输入引脚(V_{IN-})的输入范围是 ± 200 mV。在应用中,可通过减少 V_{REF} 来获得增益,这与通过相应地减少转换器的 FSR 而得到的增益相同。因为 ADC 的输入范围减少了,而转换器的分辨率仍然是 12 位。图 13.5.1 中的多路开关(U_3)用来选择分压器所产生的电压作为 V_{REF}。V_{REF} 的电压范围和绝对值依赖于热电偶类型和应用的温度范围。对于 0 ℃~1 000 ℃之间的温度范围,E 型热电偶 Δ 电压的变化是 58 mV。多路开关的输出的 V_{REF} 电压,通过单电源运算放大器 U_2 滤波和缓冲。改变基准电压对 ADC 精度和分辨率的影响如表 13.5.1 和表 13.5.2 所列。

如表 13.5.1 所列,通过减少 V_{REF},ADS7816 的输入范围一点一点地减少。而 ADC 的有效分辨率仍然保持在 12 位,与 5V FSR 的系统相比,实际精度可提高到

17.6 位,改变增益系数从 1 倍到 50 倍。

表 13.5.1　改变基准电压对 ADC ADS7816 精度和分辨率的影响

V_{REF} (V)	ADS7816 的 LSB 电压(μV)	相对 5 V FSR 的 虚拟精度(位)	有效增益
5.00	1220	12	1.00
3.75	916	12.5	1.33
2.50	610	13	2.00
1.25	305	14	13.00
0.50	122	15.3	10.00
0.30	73.2	16	16.67
0.20	48.8	16.7	25.00
0.10	213.5	17.6	50.00

ADS7817 的输入范围是基准电压的两倍。V_{REF} 减小,ADS7817 的输入范围也按比例减少。而 ADC 的有效分辨率仍然保持在 12 位,与 5 V FSR 的系统相比,实际精度可提高到 17.6 位,改变增益系数从 1 倍到 50 倍。

表 13.5.2　改变基准电压对 ADC ADS7817 精度和分辨率的影响

V_{REF} (V)	差分输入电压范围 (V)	ADS7817 的 LSB 电压 (μV)	相对 5 V FSR 的 虚拟精度(位)	有效增益
2.50	±2.50	1 220	12	1.00
1.25	±1.25	612	13	2.00
0.50	±0.50	244	113.3	5.00
0.30	±0.30	146	15	8.33
0.20	±0.20	97.6	15.7	12.50
0.10	±0.10	49.0	16.3	25.00
0.05	±0.05	213.5	17.6	50.00

第 14 章

模拟开关及多路复用器电路设计

14.1 模拟开关基础

14.1.1 理想的模拟开关模型

理想模拟开关的模型[179]如图 14.1.1 所示,导通时,阻抗 $R_{ON}=0$,输入信号不失真、也不衰减地通过,输出信号等于输入信号;断开时,阻抗 $R_{OFF}=\infty(\to\infty)$,输入信号完全被阻断,不能够通过。

理想型模拟开关不存在导通电阻,具有无穷大的关断阻抗和零时间延时,可以处理大信号和共模电压。而实际的 CMOS 模拟开关不满足其中任意一条,但人们可以做到尽量逼近理想的开关。与模拟开关有关的技术指标要求如下:

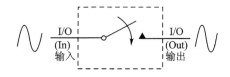

图 14.1.1　理想的模拟开关模型

① 泄漏小,即要求开关阻断时,输入信号泄漏到输出去的分量小,这就是要求阻断电阻 R_{OFF} 很大($R_{OFF}\to\infty$),输入输出之间的分布电容 C_0 很小(保证高频时泄漏小),泄漏电流 $I_{泄漏}\to0$。

② 导通电阻 $R_{ON}=0$(保证输入信号通过开关时不衰减,而且谐波失真小)。

③ 输入电阻 $R_i\to\infty$,输入电容 $C_i\to0$。

④ 插入损耗小。

⑤ 开关速度快,频带宽(为了传输高频信号)。

⑥ 有防静电干扰(ESD)保护。

⑦ 多通道之间串扰小,隔离度好(避免不同通道信号串扰混杂)。

⑧ 多通道之间失配小。

14.1.2 CMOS 开关

CMOS 开关具有优秀的组合属性。其最基本的形式是 MOSFET,这是一种电压控制电阻。在"导通"状态下,其电阻可能不到 1 Ω,而在"关断"状态下,其电阻则会升至数百兆欧,并且存在皮安(pA)级漏电流。

互补 MOS 工艺(CMOS)可以产出优异的 P 沟道和 N 沟道 MOSFET。并联连接 PMOS 和 NMOS 器件,构成的基本双向 CMOS 开关如图 14.1.2 所示。PMOS 和 NMOS 器件的组合有利于减少导通电阻,并且同时也可以减少电阻随信号电压的变化。

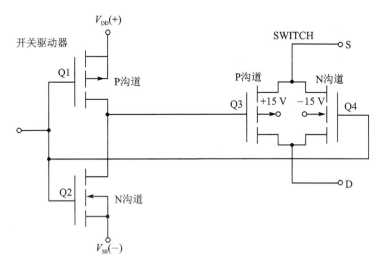

图 14.1.2 并联连接的 PMOS 和 NMOS 器件构成的基本双向 CMOS 开关

PMOS 和 NMOS 器件的导通电阻随通道电压的变化如图 14.1.3 所示。这种非线性电阻可能给直流精度和交流失真带来误差。如图 14.1.3 底部曲线所示,双向 CMOS 开关大幅度地降低了导通电阻,其线性度也得到了提高[180]。

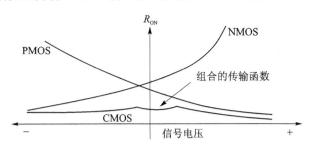

图 14.1.3 CMOS 开关导通电阻与信号电压的关系

TS12A12511 单 SPDT(单刀双掷开关)模拟开关导通电阻与信号电压的关系[181]如图 14.1.4 所示。

两个相邻 CMOS 开关的等效电路[180]如图 14.1.5 所示,该模型包括漏电流和结电容。

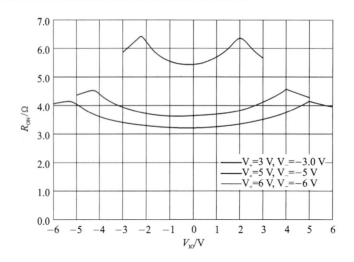

图 14.1.4　TS12A12511 导通电阻与信号电压的关系

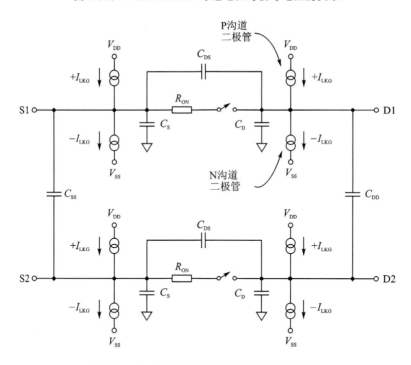

图 14.1.5　两个相邻 CMOS 开关的等效电路

14.1.3　影响模拟开关直流性能的一些参数

在模拟开关中,存在一些误差源。一些参数会直接影响交流和直流性能,而另一些参数则可能只影响交流性能[180]。

与处于导通状态的单个 CMOS 开关相关的直流误差如图 14.1.6 所示。当开关导通时,直流性能主要受开关导通电阻(R_{ON})和漏电流(I_{LKG})的影响。R_{G}、R_{ON} 和 R_{LOAD} 组合形成一个阻性衰减器,结果会产生增益误差。漏电流 I_{LKG} 流过与 R_{G} 和 R_{ON} 之和并联的 R_{LOAD} 的等效电阻。

开关导通电阻 R_{ON} 会导致增益误差,这个误差可以利用系统增益校准。而且开关导通电阻 R_{ON} 随输入的信号电压的变化(即 R_{ON} 调制)也会带来失真,这个失真是无法校准的。对于低阻(电阻值)电路,R_{ON} 导致的误差更明显,而对于高阻(电阻值)电路,则受漏电流影响更大。

当开关导通时,电阻(R_{G}、R_{ON} 和 R_{LOAD})和漏电流(I_{LKG})的影响如下所示[180]:

$$V_{\mathrm{OUT}} = V_{\mathrm{IN}} \left[\frac{R_{\mathrm{LOAD}}}{R_{\mathrm{G}} + R_{\mathrm{ON}} + R_{\mathrm{LOAD}}} \right] + I_{\mathrm{LKG}} \left[\frac{R_{\mathrm{LOAD}}(R_{\mathrm{ON}} + R_{\mathrm{G}})}{R_{\mathrm{G}} + R_{\mathrm{ON}} + R_{\mathrm{LOAD}}} \right] \quad (14.1.1)$$

如果 $R_{\mathrm{G}} = 0$,有:

$$V_{\mathrm{OUT}} = V_{\mathrm{IN}} \left[\frac{R_{\mathrm{LOAD}}}{R_{\mathrm{ON}} + R_{\mathrm{LOAD}}} \right] + I_{\mathrm{LKG}} \left[\frac{R_{\mathrm{LOAD}} R_{\mathrm{ON}}}{R_{\mathrm{ON}} + R_{\mathrm{LOAD}}} \right] \quad (14.1.2)$$

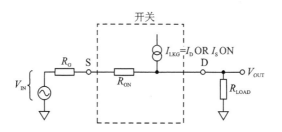

图 14.1.6　影响模拟开关直流性能的一些参数

当开关断开时,漏电流可能引起的误差如图 14.1.7 所示。流过负载电阻 R_{LOAD} 的漏电流 I_{LKG} 会在输出端产生一个对应的电压误差,有:

$$V_{\mathrm{OUT}} = I_{\mathrm{LKG}} \times R_{\mathrm{LOAD}} \quad (14.1.3)$$

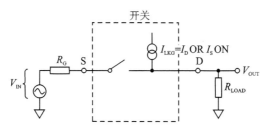

图 14.1.7　漏电流可能引起的误差

14.1.4　影响模拟开关交流性能的一些参数

1. C_{DS}、C_{D} 和 C_{LOAD} 与 R_{ON} 和 R_{LOAD} 组合的影响

影响模拟开关交流性能的一些参数[180]如图 14.1.8 所示。这些寄生(分布)电容

会影响馈通、串扰和系统带宽,会导致性能下降。当开关导通时,C_{DS}(漏极到源极电容)、C_D(漏极—地电容)和 C_{LOAD}(负载电容)与 R_{ON} 和 R_{LOAD} 组合,所形成的传递函数[180]如下:

$$A(s) = \left[\frac{R_{LOAD}}{R_{LOAD} + R_{ON}} \right] \left[\frac{sR_{ON}C_{DS} + 1}{s\left(\frac{R_{LOAD}R_{ON}}{R_{LOAD} + R_{ON}} \right)(C_{LOAD} + C_D + C_{DS}) + 1} \right]$$

(14.1.4)

$$A(dB) = 20 \log\left[\frac{R_{LOAD}}{R_{LOAD} + R_{ON}} \right] + 10 \log\left[\omega^2 (R_{ON}C_{DS})^2 + 1 \right] -$$

$$10\log^2\left[\left(\frac{R_{LOAD}R_{ON}}{R_{LOAD} + R_{ON}} \right)^2 (C_{LOAD} + C_D + C_{DS})^2 + 1 \right]$$

(14.1.5)

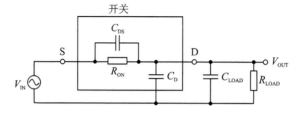

图 14.1.8　开关导通时影响模拟开关交流性能的一些参数

在等效电路中,C_{DS} 会在传递函数 $A(s)$ 的分子中形成一个零点。该零点通常出现在高频下,因为开关导通电阻很小。带宽同时也是开关输出电容与 C_{DS} 和负载电容的函数。该频率极点出现在等式的分母中。

复合频率域传递函数可以改写为以下所示形式[180]:

$$A(s) = \left[\frac{R_{LOAD}}{R_{LOAD} + R_{ON}} \right] \left[sR_{ON}C_{DS} + 1 \right] \left[\frac{1}{s\left(\frac{R_{LOAD}R_{ON}}{R_{LOAD} + R_{ON}} \right)(C_{LOAD} + C_D + C_{DS}) + 1} \right]$$

(14.1.6)

直流增益(DC GAIN)为:

$$DC\ GAIN = \frac{R_{LOAD}R_{ON}}{R_{LOAD} + R_{ON}}$$

(14.1.7)

极点频率为:

$$f_{POLE} = \frac{0.159}{\left(\frac{R_{LOAD}R_{ON}}{R_{LOAD} + R_{ON}} \right)(C_{LOAD} + C_D + C_{DS})}$$

(14.1.8)

零点频率为:

$$f_{ZERO} = \frac{0.159}{R_{ON}C_{DS}}$$

(14.1.9)

2. 电容 C_D 和 C_{DS} 的影响

当开关导通时,开关的波特图[180]如图 14.1.9 所示。在多数情况下,主要受输出

电容 C_D 的影响,极点频率将首先出现。因此,为了使带宽最大化,模拟开关应具有低的输入电容、低的输出电容和低的导通电阻。

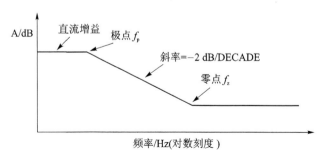

图 14.1.9　开关导通时的波特图

串联的旁路电容 C_{DS} 不但会在导通状态响应中形成一个零点,同时也会在关断状态下导致开关馈通,使开关性能下降。如图 14.1.10 所示,当开关关断时,C_{DS} 将把输入信号耦合至输出负载之中。

当开关断开时,复合频率域传递函数[180]为:

$$A(s) = \frac{s(R_{LOAD})(C_{DS})}{s(R_{LOAD})(C_{LOAD} + C_D + C_{DS}) + 1} \tag{14.1.10}$$

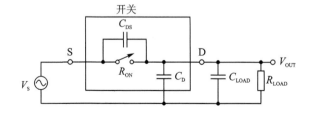

图 14.1.10　开关关断时影响模拟开关交流性能的一些参数

较大的 C_{DS} 值会导致较大的馈通值,后者与输入频率成比例。关断隔离度随频率变化如图 14.1.11 所示。实现关断隔离最大化最简单的方式是选择 C_{DS} 尽量小的模拟开关。

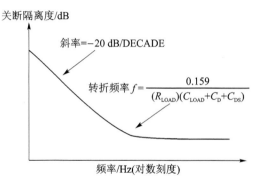

图 14.1.11　关断隔离度与频率的关系

TS12A12511 关断隔离度与频率关系[181] 如图 14.1.12 所示。从图 14.1.12 可见,随着频率的增加,关断隔离度下降,将会有越来越多的信号到达输出端。

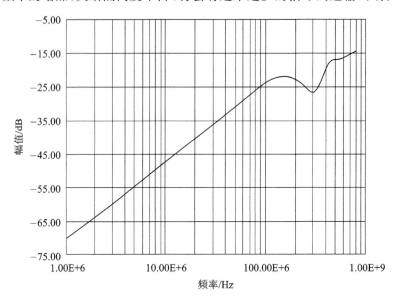

图 14.1.12　TS12A12511 关断隔离度与频率关系

3. 电荷注入的影响

影响模拟开关性能的另一个交流参数是开关期间产生的电荷注入。电荷注入的等效电路[180] 如图 14.1.13 所示。

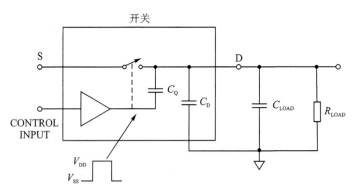

图 14.1.13　电荷注入的等效电路

当开关控制输入置位时,控制电路会使在 CMOS 开关的栅极处发生较大的电压变化(从 V_{DD} 至 V_{SS},反之亦然)。这种快速的电压变化会通过栅极—漏极电容 C_Q 将一个电荷注入到开关输出。耦合电荷的数量取决于栅极—漏极电容 C_Q 的大小。

在开关过程中,电荷注入会在输出电压中导致阶跃变化,如图 14.1.14 所示[180]。

变化的输出电压 ΔV_{OUT} 为注入的电荷量 Q_{INJ}（为栅极—漏极电容 C_Q 的函数）和负载电容 C_L 的函数,有:

$$Q_{\text{INJ}} = C_L \times \Delta V_{\text{OUT}} \qquad (14.1.11)$$

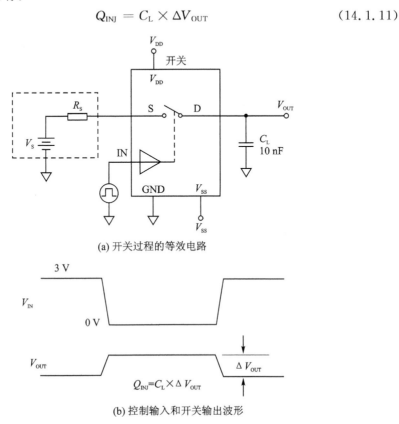

(a) 开关过程的等效电路

(b) 控制输入和开关输出波形

图 14.1.14　电荷注入在输出电压中导致的阶跃变化

开关电容导致的另一个问题是开关通道时保留的电荷。这种电荷会在开关输出中导致瞬变,图 14.1.15 所示即为该现象。设开始时 S_2 闭合、S_1 断开。C_{S1} 和 C_{S2} 充电至 -5 V。当 S_2 断开、S_1 闭合时,-5 V 会保持于 C_{S1} 和 C_{S2} 上。因此,在放大器 A 的输出会看到一个 -5 V 的瞬变。

在放大器 A 的输出使 C_{S1} 和 C_{S2} 完全放电,在建立 0 V 之前,输出不会稳定下来。保留的电荷在多路复用信号时导致的动态建立时间瞬变[180]如图 14.1.15 所示。因此,在选择正确的输入缓冲时,放大器的瞬变和建立特性是一个重要的考虑因素。

4. 串　扰

相邻开关的通道间串扰等效电路[180]如图 14.1.16 所示,串扰与两个开关之间的电容相关,用电容 C_{SS} 表示。

TS12A12511 串扰与频率关系[181]如图 14.1.17 所示。从图 14.1.17 可见,随着频率的增加,串扰增加,开关之间的串扰将会增加。

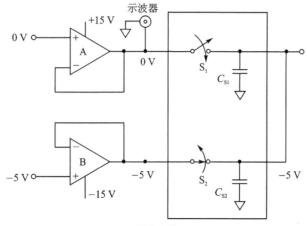

(a) 示意电路

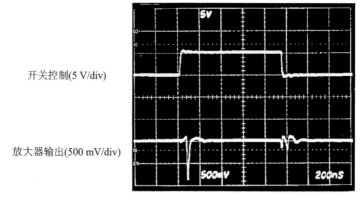

(b) 控制信号和放大器输出波形

图 14.1.15　保留的电荷在多路复用信号时导致动态建立时间瞬变

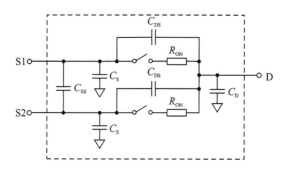

图 14.1.16　相邻开关的通道间串扰等效电路

5. 开关的建立时间

开关本身有着自己的建立时间,这也是必须考虑的。动态传递函数[180]如下:

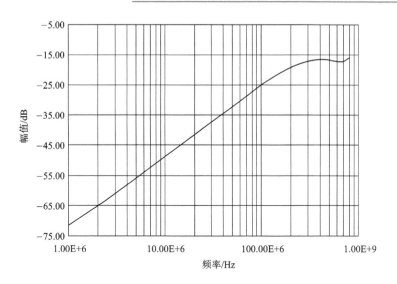

图 14.1.17　TS12A12511 串扰与频率关系

从关断到导通：

$$t_{\mathrm{SETT}} = t_{\mathrm{ON}} + \left(\frac{R_{\mathrm{ON}} R_{\mathrm{LOAD}}}{R_{\mathrm{ON}} + R_{\mathrm{LOAD}}} \right) (C_{\mathrm{LOAD}} + C_{\mathrm{D}}) \left(- \ln \frac{\% \mathrm{ERROR}}{100} \right) \quad (14.1.12)$$

从导通到关断：

$$t_{\mathrm{SETT}} = t_{\mathrm{OFF}} + (R_{\mathrm{LOAD}}) (C_{\mathrm{LOAD}} + C_{\mathrm{D}}) \left(- \ln \frac{\% \mathrm{ERROR}}{100} \right) \quad (14.1.13)$$

模拟开关的建立时间模型[180]如图 14.1.18 所示。建立时间是可以计算的,因为其响应是开关和电路电阻与电容的函数。可以假定这是一个单极点系统,可以根据建立目标系统的精度计算所需时间常数,如表 14.1.1 所列。

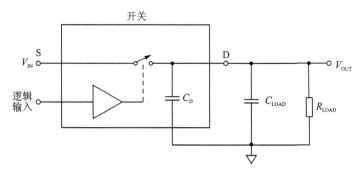

图 14.1.18　模拟开关的建立时间模型

应用模拟开关时,开关时间是一个重要的考虑因素,但是,不能将开关时间与建立时间相混淆。导通时间和关断时间只是从控制输入到开关切换间的传播延时的一种衡量指标,主要由驱动和电平转换电路中的时间延时导致。t_{ON} 和 t_{OFF} 两个值一般是在从控制输入前沿的 50% 点到输出信号电平的 90% 点之间测量的。

表 14.1.1　为单极点系统建立 1 LSB 精度所需时间常数

分辨率(bit)	LSB(%FS)	时间常数
6	1.563	4.16
8	0.391	5.55
10	0.097 7	6.93
12	0.024 4	8.32
14	0.006 1	9.70
16	0.001 53	11.09
18	0.000 38	12.48
20	0.000 095	13.86
22	0.000 024	15.25

14.1.5　模拟开关应用时应注意的一些问题

1. 把多路复用开关置于运算放大器求和点以减少 ΔR_{ON} 的影响

一个带开关输入的单位增益反相器电路如图 14.1.19 所示,应该注意的是,由于导通电阻 R_{ON} 是输入电压的函数(见图 14.1.3 和 14.1.4),其非线性变化将导致增益误差和失真误差。如果电阻较大,则开关漏电流有可能带来误差。小电阻有利于减少漏电流误差,但会增加因 R_{ON} 电阻值产生的误差。

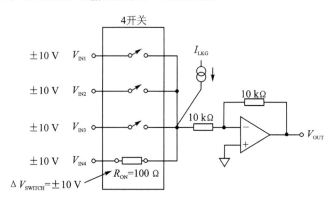

图 14.1.19　带开关输入的单位增益反相器

为了减少因输入电压变化导致的 R_{ON} 变化(ΔR_{ON})的影响,建议采用图 14.1.20 所示电路结构[180],把多路复用开关置于运算放大器求和点。与图 14.1.19 相比较,这样可以确保模拟开关仅以约 ±100 mV 而非全 ±10 V 电压调制,但这样要求各个输入引脚都需要一个独立的电阻。

采用图 14.1.20 电路结构形式,必须知道因添加多路复用开关给求和点增加了多少寄生电容 C_S,因为给该节点增加的任何电容都会给放大器闭环响应带来相移。如果该电容过大,则放大器可能变得不稳定并产生振荡。这可能需要在反馈电阻上

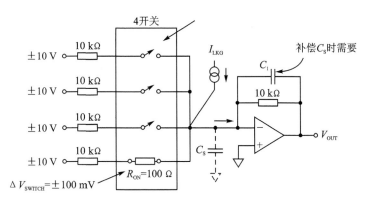

图 14.1.20　减少 ΔR_{ON} 的影响

跨接一个小电容 C_1 来稳定电路。

2. 用大电阻值减少 ΔR_{ON} 的影响

在如图 14.1.21 所示电路中,有限的 R_{ON} 电阻值可能成为重要的误差源。增益设置电阻应该至少是开关导通电阻的 1 000 倍,以保证 0.1% 的增益精度[180]。较高的值会带来更高的精度,却会降低带宽,增加对漏电流和偏置电流的敏感度。

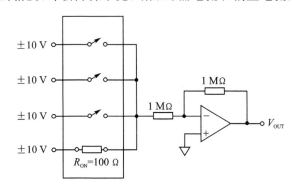

图 14.1.21　用大电阻值减少 ΔR_{ON} 的影响

补偿 R_{ON} 的一种更好的方式是使一个开关与反相放大器的反馈电阻串联[180],如图 14.1.22 所示。不妨假定,单个芯片上的多个开关在绝对特性和温度跟踪特性方面良好匹配。因此,放大器在单位增益下具有闭环增益稳定性,因为总前馈电阻和反馈电阻是相匹配的。

3. 采用同相跟随器电路结构形式减少 ΔR_{ON} 的影响

如图 14.1.23 所示,利用同相输入较高的输入阻抗,采用同相跟随器电路结构形式,可以较好地消除 R_{ON} 带来的误差[180]。

4. 减少 ΔR_{ON} 对可编程增益放大器(PGA)的影响

CMOS 开关和多路复用器通常与运算放大器相结合,可以构成一个可编程增益

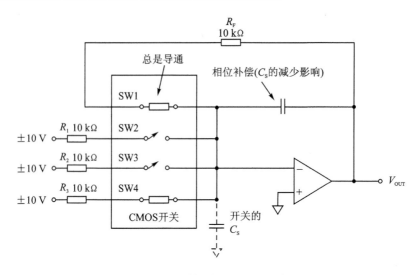

图 14.1.22　利用反馈降低 ΔR_{ON} 导致的增益误差

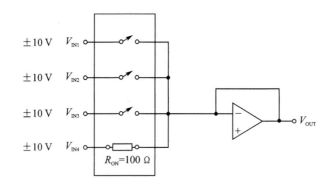

图 14.1.23　采用同相跟随器电路结构形式减少 ΔR_{ON} 的影响

放大器（PGA）。

一个模拟开关与运算放大器构成的不良 PGA 设计如图 14.1.24（a）所示。一个同相运算放大器有 4 个不同的增益设置电阻,各通过一个开关接地,R_{ON} 为 $100 \sim 500$ Ω。即使当 R_{ON} 低至 25 Ω 时,增益为 16 时的误差为 2.4%,比 8 位精度还要差! R_{ON} 还会随温度而变化,在开关间也会发生变化。虽然可以增加电阻减少误差,但随之带来的是噪声和失调问题。对于这种电路结构,提高精度的唯一方法是使用几乎不存在导通电阻 R_{ON} 的继电器。只有在这种情况下,继电器仅数 mΩ 的 R_{ON} 只会产生较小的误差(与模拟开关几百欧姆相比)。

一个改进的 PGA 设计[180]如图 14.1.24（b）所示。在图 14.1.24（b）中,开关与运算放大器的反相输入串联。由于运算放大器的输入阻抗非常大,因而与开关 R_{ON} 不再相干,而此时的增益完全由外部电阻决定。请注意:如果运算放大器偏置电流较高,R_{ON} 可能会增加较小的失调误差。如果存在失调误差,则可在 V_{IN} 端用一个等效电阻进行补偿。

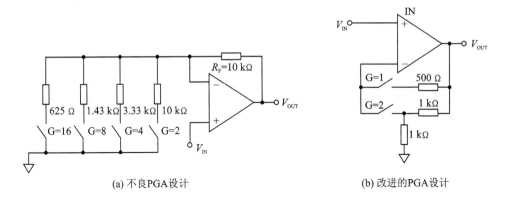

(a) 不良PGA设计　　　　　　　　(b) 改进的PGA设计

图 14.1.24　可编程增益放大器(PGA)

5. 利用外部串联电阻实现过流保护

利用外部串联电阻实现模拟开关的过流保护电路[180]如图 14.1.25 所示,在信号源和模拟开关输入端之间插入一个串联电阻,可以把电流限制在安全范围内,一般要求电流低于 5~30 mA。

注意:由于 R_{LOAD} 和 R_{LIMIT} 会构成一个阻性的衰减器,只有在开关驱动相对较高的阻抗负载的时候,这种方法才是有效的。

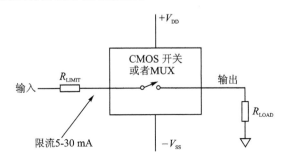

图 14.1.25　利用外部串联电阻实现过流保护

6. 利用肖特基二极管实现过压保护

利用肖特基二极管实现模拟开关的过压保护电路[180]如图 14.1.26 所示,将肖特基二极管从输入引脚连接至各个电源电压引脚端。二极管实际上可以有效防止输入引脚超过电源电压达 0.3~0.4 V 以上,由此可以避免闩锁条件的发生。另外,如果输入电压超过电源电压,则输入电流会经过外部二极管流至电源,而不流到模拟开关器件中。肖特基二极管可以轻松处理 50~100 mA 瞬变电流,因而,R_{LIMIT} 电阻可以非常低。

利用图 14.1.27 所示电路[182],也可以实现模拟开关的过压保护。

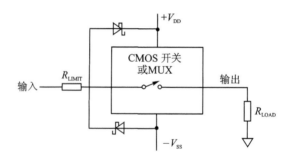

图 14.1.26　利用肖特基二极管实现模拟开关的过压保护

7. 输出端感性负载的过压保护

一个利用二极管实现的输出端感性负载的过压保护电路[182]如图 14.1.28 所示，二极管连接在感性负载和电源引脚端之间，实现输出端的过压保护。

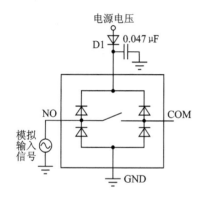

图 14.1.27　利用 4 个二极管实现模拟
开关的过压保护

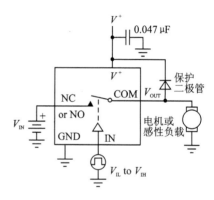

图 14.1.28　输出端感性负载的
过压保护电路

14.2　TI 的模拟开关和多路复用器

14.2.1　TI 的模拟开关选择树

TI 公司提供了范围广泛的多路复用器和开关产品，包括用于 USB、LAN、视频和 PCIe 等应用的模拟开关、负载开关以及特种开关。不同系列的模拟开关具有不同的电阻、带宽、电荷注入和总谐波失真，可适用于各种应用。

TI 的模拟开关选择树[179]如图 14.2.1 所示，纵坐标表示适应的电压范围（V），横坐标表示导通电阻 R_{ON} 的范围。在图 14.2.1 中，给出 TI 模拟开关系列的一些型号和特性。

TI 的模拟开关电压范围为 $0.8\sim40$ V,导通/关断时间为 ns 级,导通电阻 R_{ON} 范围为 0.25 $\Omega\sim20$ Ω,输入电容 C_i 小,频带宽(高达 300 MHz 或更大),插入损耗小。

一般数字开关只能通过数字信号(0、1 电平),而不能通过模拟信号,通常模拟信号通过数字开关后,则会被整形成数字信号。但是 TI 的一些数字开关能够扩展到也能很好地通过模拟信号,如 CBT、CBTLV 开关系列。而模拟开关则都能通过数字信号。

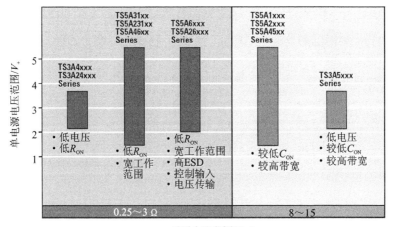

(a) 低电压系列

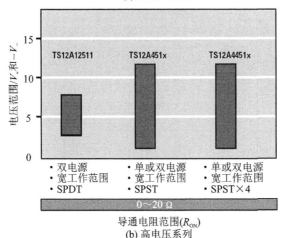

(b) 高电压系列

图 14.2.1　TI 的模拟开关选择树

14.2.2　TI 的模拟开关形式和引脚图

TI 的一些模拟开关形式和引脚图[179]如图 14.2.2 所示,其中,"SPDT"表示"单刀双掷开关","SPST"表示单刀单掷开关。

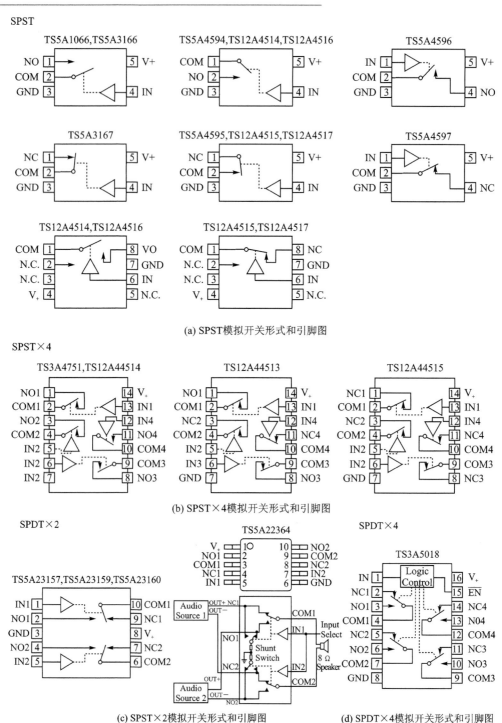

(a) SPST模拟开关形式和引脚图

(b) SPST×4模拟开关形式和引脚图

(c) SPST×2模拟开关形式和引脚图　　(d) SPDT×4模拟开关形式和引脚图

图 14.2.2　模拟开关形式和引脚图

SP3T

SP4T×2

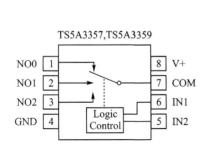

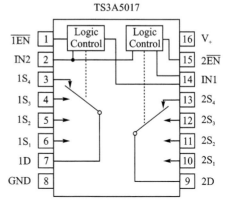

(e) SP3T模拟开关形式和引脚图　　　(f) SP4T×2模拟开关形式和引脚图

图 14.2.2　模拟开关形式和引脚图(续)

14.3　模拟开关和多路复用器应用电路

14.3.1　可调增益放大器电路

一个采用 TS12A12511 单 SPDT(单刀双掷开关)模拟开关和运算放大器构成的可调增益放大器电路[179,181]如图 14.3.1 所示,TS12A12511 可以采用±2.7 V 到 ±6 V 双电源或者+2.7 V 到 +12 V 单电源供电,导通电阻最大为 8 Ω,开关时间: $t_{ON}=115$ ns, $t_{OFF}=56$ ns(±5 V)。

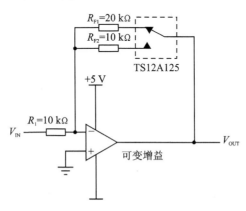

图 14.3.1　可调增益放大器电路

采用图 14.3.1 所示电路结构,利用 TS5A3357 单路、导通电阻 5 Ω 、SP3T 模拟开关(5 V/14.3V 的 3:1模拟多路复用器/多路解复用器)可以构成 3 档可调增益放大器。

14.3.2　64/256 通道输入单端输出电路

　　一个采用 4 个单端 16 通道输入模拟多路复用器 MPC506A 构成的 64 通道输入单端输出电路[183]如图 14.3.2 所示,MPC506A 的每个输入通道电阻为 1 kΩ,采用 6 位二进制计数器构成的译码器实现通道选择与控制,MPC506A 的通道选择与 A3～A0 的关系如表 14.3.1 所列。电路可以直接输出,也可以通过利用运算放大器(例如 OPA602 等)构成的缓冲器输出。

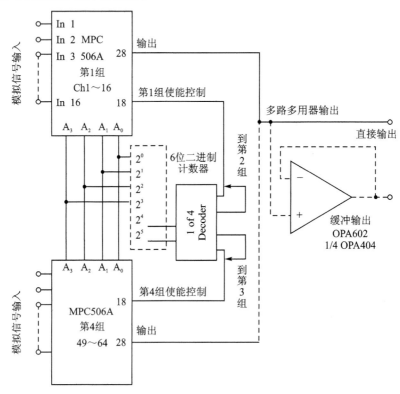

图 14.3.2　64 通道输入单端输出电路

表 14.3.1　MPC506A 的通道选择与 A3～A0 的关系

A_3	A_2	A_1	A_0	EN	"ON"通道
X	X	X	X	L	关断
L	L	L	L	H	1
L	L	L	H	H	2
L	L	H	L	H	3
L	L	H	H	H	4
L	H	L	L	H	5
L	H	L	H	H	6

续表 14.3.1

A_3	A_2	A_1	A_0	EN	"ON"通道
L	H	H	L	H	7
L	H	H	H	H	8
H	L	L	L	H	9
H	L	L	H	H	10
H	L	H	L	H	11
H	L	H	H	H	12
H	H	L	L	H	13
H	H	L	H	H	14
H	H	H	L	H	15
H	H	H	H	H	16

　　增加 MPC506A 的数量,可以构成更多通道输入单端输出电路。例如,采用 16+1 个 MPC506A,可以构成一个 256(16×16)通道输入单端输出电路[183],如图 14.3.3 所示。

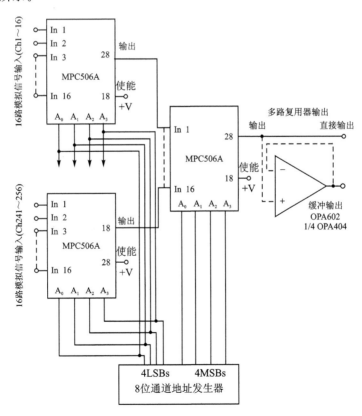

图 14.3.3　256 通道输入单端输出电路

除 MPC506A 外,该结构形式的电路也可以采用 MPC507/AMPC508A/MPC509A 等多路复用器实现。

14.3.3　负载开关电路

TI 公司可以提供 TPS229xx 系列集成负载开关,允许通过开关电流为 0.5～4 A。例如,TPS22920[184]的输入电压范围为 0.75 V～14.6 V,芯片内部集成的 P 型 FET R_{DSON}＝2 mΩ(@14.6 V),在输入电压 0.75 V～14.6 V 范围内,R_{ON} 变化范围为 7.3 mΩ～5.3 mΩ,允许通过开关电流为 4 A。

一个采用超低导通电阻、单通道负载开关 TPS229xx 构成的负载开关电路如图 14.3.4 所示。在图 14.3.4 中,SMPS(Switched mode power supply)为开关模式电源。

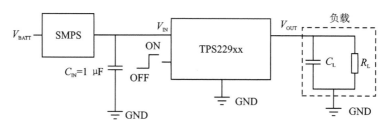

图 14.3.4　TPS229 xx 构成的负载开关电路

14.3.4　USB 2.0 和 MHL 开关电路

一个采用双刀双掷(DPDT)多路复用器 TS3USB3000 构成的 USB 2.0 和 MHL 开关电路[185]如图 14.3.5 所示。

TS3USB3000 在同一个封装中集成包含了高速移动高清连接(MHL)开关和一个 USB 2.0 高速(480 Mbps)开关。电源电压 V_{CC} 范围为 2.7 V～4.3 V,电流消耗为 30 μA。移动高清连接(MHL)开关的－3 dB 带宽为 6.1GHz,导通电阻(R_{ON})为 5.7 Ω,导通电容(C_{ON})为 1.6 pF。USB 开关的－3 dB 带宽为 6.1GHz,导通电阻(R_{ON})为 4.6 Ω,导通电容(C_{ON})为 1.4 pF。

14.3.5　音频路由开关电路

一个采用具有负电压信号传输能力的 0.65 Ω 双路单刀双掷(SPDT)模拟开关 TS5A22362/TS5A22364 构成的音频路由开关电路[186]如图 14.3.6 所示。

TS5A22362/TS5A22364 的导通电阻仅 0.65Ω,导通开关电流到达 150mA,按照"先断后合"进行开关转换,负电压信号传输摆幅从－2.75 V 到＋2.75 V(电源电压为＋2.75 V)。TS5A22362/TS5A2236 芯片内部具有一个并联开关,此开关可以在 NC 或者 NO 端子未连接到 COM 端时,自动的对这些端子上的电容器进行放电。

当在两个信号源之间转换时,可以降低"喀哒/噼啪"噪声。

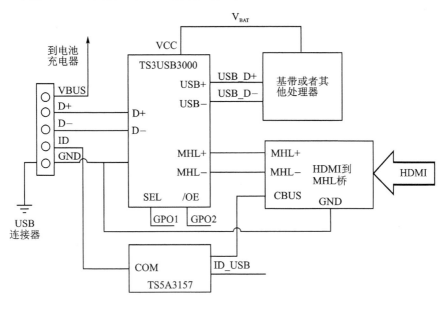

图 14.3.5　USB 2.0 和 MHL 开关电路

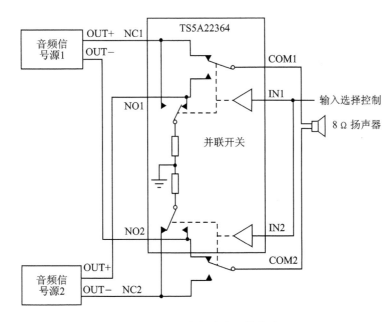

图 14.3.6　音频路由开关电路

参考文献

1. 孙肖子. 模拟及数模混合器件的原理及应用 [M]. 北京:科学出版社,2009.

2. Texas Instruments Incorporated. 黄争. 德州仪器高性能模拟器件在高校中的应用及选型指南 V2.0 [EB/OL]. www.ti.com.

3. Microchip Technology Inc. Bonnie C. Baker. AN722 运算放大器结构和直流参数 [EB/OL]. www.microchip.com.

4. Texas Instruments Incorporated. SLVA051 Voltage Feedback vs. Current Feedback Op Amps [EB/OL]. www.ti.com.

5. Bruce Carter. 运算放大器权威指南 [M]. 北京:人民邮电出版社,2010,7.

6. Texas Instruments Incorporated. THS3092 THS3096 HIGH-VOLTAGE, LOW-DISTORTION, CURRENT-FEEDBACK OPERATIONAL AMPLIFIERS [EB/OL]. www.ti.com.cn.

7. 康华光. 电子技术基础—模拟部分(第5版)[M]. 北京:高等教育出版社,2005.

8. Walter G. Jung. 运算放大器应用技术手册[M]. 北京:人民邮电出版社,2009,1.

9. Texas Instruments Incorporated. THS4081 THS4082 ultralow-power, high-speed voltage feedback amplifiers [EB/OL]. www.ti.com.cn.

10. Microchip Technology Inc. Bonnie C. Baker. AN723 运算放大器交流参数和应用 [EB/OL]. www.microchip.com.

11. Analog Devices, Inc. 精密仪表放大器 AD8221 [EB/OL]. www.analog.com.

12. Texas Instruments Incorporated. LT1014D-EP QUAD PRECISION OPERATIONAL AMPLIFIER [EB/OL]. www.ti.com.cn.

13. Texas Instruments Incorporated. INA333 Micro-Power (50 mA), Zerø-Drift, Rail-to-Rail Out Instrumentation Amplifier [EB/OL]. www.ti.com.cn.

14. Analog Devices, Inc. Paul Lee 最佳噪声性能:低噪声放大器选择指南 [EB/OL]. www.analog.com.

15. Texas Instruments Incorporated. 1.1 nV/$\sqrt{Hz}$噪声、低功耗、精准运算放大器 OPA211-EP [EB/OL]. www.ti.com.cn.

16. Texas Instruments Incorporated. Low-Noise, High-Precision, JFET-Input OPERATIONAL AMPLIFIER OPA827 [EB/OL]. www.ti.com.cn.

17. Analog Devices, Inc. MT-048 指南 运算放大器噪声关系:1/f 噪声、均方根(RMS)噪声与等效噪声带宽 [EB/OL]. www.analog.com.

18. Texas Instruments Incorporated. Dual, Low-Power, Wideband, Voltage-Feedback OPERATIONAL AMPLIFIER with Disable OPA2889 [EB/OL]. www.ti.com.cn.

19. Texas Instruments Incorporated. Wideband, Voltage-Feedback OPERATIONAL AMPLIFIER with Disable OPA690 [EB/OL]. www.ti.com.

20. Texas Instruments Incorporated. 420-MHz HIGH-SPEED CURRENT-FEEDBACK AMPLIFIER THS3001 [EB/OL]. www.ti.com.

21. Texas Instruments Incorporated. OPA734，OPA2734 OPA735，OPA2735 0.05 μV/℃ max，SINGLE-SUPPLY CMOS OPERATIONAL AMPLIFIERS Zerø-Drift，Series [EB/OL]. www.ti.com.

22. Texas Instruments Incorporated. 带有最小5倍增益的宽电源范围、轨到轨输出仪器放大器 INA827 [EB/OL]. www.ti.com.

23. Texas Instruments Incorporated. LMV321-Q1 SINGLE，LMV358-Q1 DUAL，LMV324-Q1 QUAD LOW-VOLTAGE RAIL-TO-RAIL OUTPUT OPERATIONAL AMPLIFIERS[EB/OL]. www.ti.com.

24. Analog Devices，Inc. MT-093 指南 散热设计基础 [EB/OL]. www.analog.com.

25. Texas Instruments Incorporated. Low-power rail-to-rail input/output operational amplifiers family of TLV246x [EB/OL]. www.ti.com.

26. Texas Instruments Incorporated. LOW-NOISE，HIGH-VOLTAGE，CURRENT-FEEDBACK OPERA-TIONAL AMPLIFIERS THS3110 THS3111 [EB/OL]. www.ti.com.

27. Texas Instruments Incorporated. High-speed，FET-input operational amplifier THS4601 [EB/OL]. www.ti.com.

28. 吴运昌. 模拟集成电路原理与应用 [M]. 广州：华南理工大学出版社，2004，9.

29. [美]赛尔吉欧. 基于运算放大器和模拟集成电路的电路设计 [M]. 西安：西安交通大学出版社，2009.2.

30. [日]松井邦彦. OP 放大器应用技巧 100 例 [M]. 北京：科学出版社，2006，1.

31. [日]内山明治. 运算放大器电路 [M]. 北京：科学出版社，2009，1.

32. [日]稻叶. 模拟技术应用技巧 101 例[M]. 北京：科学出版社，2006，1.

33. [日]远坂俊昭. 测量电子电路设计—滤波器篇 [M]. 北京：科学出版社，2006，6.

34. [日]远坂俊昭. 测量电子电路设计—模拟篇 [M]. 北京：科学出版社，2006，6.

35. [日]冈村迪夫. OP 放大器设计 [M]. 北京：科学出版社，2004，9.

36. Texas Instruments Incorporated. INA159 Precision，Gain of 0.2 Level Translation DIFFERENCE AMPLI-FIER [EB/OL]. www.ti.com.cn.

37. Texas Instruments Incorporated. Precision，Low-Noise，Rail-to-Rail Output，36-V，Zero-Drift Operational Amplifiers OPA188 [EB/OL]. www.ti.com.cn.

38. Texas Instruments Incorporated. 低噪声、900kHz、轨至轨输入/输出（RRIO）、高精度运算放大器零漂移系列 OPA378，OPA2378 [EB/OL]. www.ti.com.cn.

39. Texas Instruments Incorporated. OPA454 High-Voltage（100V），High-Current（50mA）OPERATIONAL AMPLIFIERS，G＝1 Stable [EB/OL]. www.ti.com.cn.

40. Texas Instruments Incorporated. OPA547 High-Voltage，High-Current OPERATIONAL AMPLIFIER [EB/OL]. www.ti.com.cn.

41. Texas Instruments Incorporated. LMH6611/LMH6612 Single Supply 345 MHz Rail-to-Rail Output Amplifiers [EB/OL]. www.ti.com.cn.

42. Texas Instruments Incorporated. OPA659 Wideband，Unity-Gain Stable，JFET-Input OPERATIONAL AMPLIFIER [EB/OL]. www.ti.com.cn.

43. Texas Instruments Incorporated. THS3091 THS3095 HIGH-VOLTAGE，LOW-DISTORTION，CUR-RENT-FEEDBACK OPERATIONAL AMPLIFIERS [EB/OL]. www.ti.com.cn.

44. Texas Instruments Incorporated. LMH6702QML 1.7 GHz，Ultra Low Distortion，Wideband Op Amp[EB/OL]. www.ti.com.cn.

45. Texas Instruments Incorporated. frank-huang . TI Analog & MCU Applications in University Electronic Design Contest："What is" & "How to" [EB/OL]. www.ti.com.cn.

46. Texas Instruments Incorporated. OPA694 Wideband，Low-Power，Current Feedback Operational Amplifier [EB/OL]. www.ti.com.cn.

521

47. Texas Instruments Incorporated. High Gain Adjust Range，Wideband，VARIABLE GAIN AMPLIFIER VCA810 [EB/OL]. www. ti. com. cn].

48. Texas Instruments Incorporated. 250mA HIGH-SPEED BUFFER BUF634 [EB/OL]. www. ti. com. cn].

49. Texas Instruments Incorporated. LMP2021/LMP2022 Zero Drift，Low Noise，EMI Hardened Amplifiers [EB/OL]. www. ti. com. cn.

50. Texas Instruments Incorporated. Wideband，Ultra-Low Noise，Voltage-Feedback OPERATIONAL AMPLIFIER with Shutdown OPA847 [EB/OL]. www. ti. com. cn.

51. Analog Devices，Inc. 高增益带宽产品、精密 Fast FET™运算放大器 AD8067 [EB/OL]. http://www. analog. com.

52. Analog Devices，Inc. MT037 指南运算放大器输入失调电压 [EB/OL]. http://www. analog. com/zh.

53. Analog Devices，Inc. Charles Kitchin. 避免放大器电路设计中的常见问题 [EB/OL]. www. analog. com.

54. Texas Instruments Incorporated. Wideband，Low Distortion，Unity-Gain Stable，Voltage-Feedback OPERATIONAL AMPLIFIER OPA842 [EB/OL]. www. ti. com.

55. Texas Instruments Incorporated. Wideband，Current Feedback OPERATIONAL AMPLIFIER With Disable OPA691 [EB/OL]. www. ti. com.

56. Texas Instruments Inc. Unity-Gain Stable，Low-Noise，Voltage-Feedback Operational Amplifier OPA820 [EB/OL]. www. ti. com.

57. Henry W. Ott. 电子系统中噪声的抑制与衰减技术[M]. 北京：电子工业出版社，2003.

58. Microchip Technology Inc. 0.9 μA 精密运算放大器 MCP6031/2/3/4 [EB/OL]. www. microchip. com.

59. Texas Instruments Incorporated. LMC6082 Precision CMOS Dual Operational Amplifier[EB/OL] www. ti. com.

60. Texas Instruments Incorporated. Ultra-Low Bias Current Difet® OPERATIONAL AMPLIFIER OPA129 [EB/OL] www. ti. com.

61. Texas Instruments Incorporated. 3 Femtoampere Input Bias Current Precision Amplifier LMP7721 [EB/OL] www. ti. com.

62. Texas Instruments Incorporated. Using Thermal Calculation Tools for Analog Components [EB/OL] www. ti. com.

63. Texas Instruments Incorporated. PowerPAD™ Thermally Enhanced Package [EB/OL] www. ti. com.

64. Analog Devices，Inc. Rob Reeder. 高速 ADC PCB 布局布线技巧 [EB/OL]. www. analog. com.

65. Texas Instruments Incorporated. LOW-NOISE，HIGH-VOLTAGE，CURRENT-FEEDBACK OPERATIONAL AMPLIFIERS THS3110 THS3111 [EB/OL]. www. analog. com.

66. 黄智伟. 印制电路板(PCB)设计技术与实践(第 2 版)[M]. 北京：电子工业出版社，2013，2.

67. Texas Instruments Incorporated. TechDay 09cn . Rick Downs . _Analog_Signal_1_Precision_Analog_Designs_Demand_Good_PCB_Layouts [EB/OL]. www. ti. com.

68. Texas Instruments Incorporated. DEM-ADS1210/11 EVALUATION FIXTURE [EB/OL]. www. ti. com.

69. Texas Instruments Inc. sbaa052 ANALOG-TO-DIGITAL CONVERTER GROUNDING PRACTICES AFFECT SYSTEM PERFORMANCE [EB/OL]. www. ti. com.

70. Texas Instruments Incorporated. ＋36 V，＋150 mA，Ultralow-Noise，Positive LINEAR REGULATOR TPS7A49xx [EB/OL]. www. ti. com. cn.

71. Texas Instruments Incorporated. −36 V，−200 mA，Ultralow-Noise，Negative LINEAR REGULATOR TPS7A30xx [EB/OL]. www. ti. com. cn.

72. Texas Instruments Incorporated. SLVU405 User's Guide TPS7A30-49EVM-567 [EB/OL]. www. ti. com. cn.

73. Analog Devices，Inc. Jeffrey R. Riskin. AN_244 IC 仪表放大器用户指南［EB/OL］. www. analog. com.

74. Analog Devices，Inc. MT-061 仪表放大器基础指南［EB/OL］. www. analog. com.

75. Texas Instruments Incorporated. Thomas Kugelstadt. 让您的仪表放大器设计发挥极大效能［EB/OL］. www. ti. com. cn.

76. Analog Devices，Inc. Eamon Nash. 仪表放大器应用中的误差与误差预算分析. ADI. AN-539［EB/OL］. www. analog. com.

77. Analog Devices，Inc. 低成本、低功耗仪表放大器 AD620［EB/OL］. www. analog. com.

78. Analog Devices，Inc. MT-065 In-Amp Noise［EB/OL］. www. analog. com.

79. Texas Instruments Incorporated. Low-Noise，Low-Distortion INSTRUMENTATION AMPLIFIER INA163［EB/OL］. www. ti. com. cn.

80. Texas Instruments Incorporated. Precision INSTRUMENTATION AMPLIFIER INA114［EB/OL］. www. ti. com. cn.

81. Analog Devices，Inc. A Designer's Guide to Instrumentation Amplifiers 3RD Edition［EB/OL］. www. analog. com.

82. Analog Devices，Inc. Charles Kitchin，Lew Counts，Moshe Gerstenhaber. AN-671 降低仪表放大器电路中的射频干扰整流误差［EB/OL］. www. analog. com.

83. Texas Instruments Incorporated. PRECISION，LOW POWER INSTRUMENTATION AMPLIFIERS INA128-HT，INA129-HT［EB/OL］. www. ti. com.

84. Texas Instruments Incorporated. Precision，200-μA Supply Current，2. 7-V to 36-V Supply Instrumentation Amplifier with Rail-to-Rail Output INA826［EB/OL］. www. ti. com. cn.

85. Texas Instruments Incorporated. Precision，Rail-to-Rail I/O INSTRUMENTATION AMPLIFIER INA326/INA327［EB/OL］. www. ti. com.

86. Analog Devices，Inc. Chapter_ VII MATCHING IN-AMP CIRCUITS TO MODERN ADCs Calculating ADC Requirements［EB/OL］. www. analog. com.

87. Texas Instruments Incorporated. Zero-Drift，High-Voltage，Programmable Gain INSTRUMENTATION AMPLIFIER PGA280［EB/OL］. www. ti. com. cn.

88. Texas Instruments Incorporated. Wide-Temperature，Precision INSTRUMENTATION AMPLIFIER INA337 INA338［EB/OL］. www. ti. com. cn.

89. Texas Instruments Incorporated. Zero-Drift，Programmable Instrumentation Amplifier with Diagnostics LMP8358［EB/OL］. www. ti. com. cn.

90. Analog Devices，Inc. AN-1026. John Ardizzoni Jonathan Pearson. AN1026cn 高速差分 ADC 驱动器设计考虑［EB/OL］. www. analog. com.

91. Analog Devices，Inc. AN-1026. John Ardizzoni Jonathan Pearson. AN0990cn 在单端输入应用中连接差分放大器［EB/OL］. www. analog. com.

92. Texas Instruments Incorporated. AN-1719 Noise Figure Analysis Fully Differential Amplifier［EB/OL］. www. ti. com. cn.

93. Texas Instruments Incorporated. LMH6551Q Differential，High Speed Op Amp［EB/OL］. www. ti. com. cn.

94. Texas Instruments Incorporated. Jim Karki. Using single-supply fully differential amplifiers with negative input voltages to drive ADCs［EB/OL］. www. ti. com. cn.

95. Texas Instruments Incorporated. Jim Karki. Using fully differential op amps as attenuators，Part 3：Single-ended unipolar input signals［EB/OL］. www. ti. com. cn.

96. Texas Instruments Incorporated. LMH6555 Low Distortion 1. 2 GHz Differential Driver［EB/OL］. www.

ti. com. cn.

97. Texas Instruments Incorporated. AN-1704 LMH6555 Application as High Speed ADC Input Driver[EB/OL]. www. ti. com. cn.

98. Texas Instruments Incorporated. General Purpose, Dual, Differential Amplifier With Gain Control LMH6881/LMH6882 [EB/OL]. www. ti. com. cn.

99. Texas Instruments Incorporated. LMH6552 1. 5 GHz Fully Differential Amplifier [EB/OL]. www. ti. com. cn.

100. Texas Instruments Incorporated. Broadband, Fully-Differential, 14-/16-Bit ADC Driver Amplifier THS770012 [EB/OL]. www. ti. com. cn.

101. Texas Instruments Incorporated. LMP8350 Ultra Low Distortion Fully Differential Precision ADC Driver with Selectable Power Modes [EB/OL]. www. ti. com. cn.

102. Texas Instruments Incorporated. Xavier Ramus. Ti sbaa113 PCB Layout for Low Distortion High-Speed ADC Drivers [EB/OL]. www. ti. com.

103. Texas Instruments Incorporated. Bruce Carter . A Differential Op-Amp Circuit Collection [EB/OL]. www. ti. com. cn.

104. Texas Instruments Incorporated. 毛华平. Application Report ZHCA479 - September 2012 跨阻型放大器应用指南 [EB/OL]. www. ti. com. cn.

105. Texas Instruments Incorporated. Xavier Ramus. Application Report SBOA122 - November 2009 Transimpedance Considerations for High-Speed Amplifiers [EB/OL]. www. ti. com. cn.

106. Texas Instruments Incorporated. Application Note 1803 Design Considerations for a Transimpedance Amplifier LMH6611 [EB/OL]. www. ti. com. cn.

107. Texas Instruments Incorporated. OPA334 OPA2334 OPA335 OPA2335 $0.05\mu V/℃$ max, SINGLE-SUPPLY CMOS OPERATIONAL AMPLIFIERS Zero-Drift Series[EB/OL]. www. ti. com. cn.

108. Texas Instruments Incorporated. LMH6629 Ultra-Low Noise, High-Speed Operational Amplifier with Shutdown [EB/OL]. www. ti. com. cn.

109. Texas Instruments Incorporated. Wideband, Ultra-Low Noise, Voltage-Feedback OPERATIONAL AMPLIFIER with Shutdown OPA847 [EB/OL]. www. ti. com. cn.

110. Texas Instruments Incorporated. 1. 6GHz, Low-Noise, FET-Input OPERATIONAL AMPLIFIER OPA657 [EB/OL]. www. ti. com. cn.

111. Texas Instruments Incorporated. OPA2846 Dual, Wideband, Low-Noise, Voltage-Feedback Operational Amplifier [EB/OL]. www. ti. com. cn.

112. 王卫东. 现代模拟集成电路原理及应用 [M]. 北京. 电子工业出版社,2008.

113. Texas Instruments Incorporated. Xavier Ramus. Application Report SBOA117A Demystifying the Operational Transconductance Amplifier [EB/OL]. www. ti. com. cn.

114. Texas Instruments Incorporated. Wide Bandwidth OPERATIONAL TRANSCONDUCTANCE AMPLIFIER (OTA) and BUFFER OPA860 [EB/OL]. www. ti. com. cn.

115. Texas Instruments Incorporated. Wide Bandwidth OPERATIONAL TRANSCONDUCTANCE AMPLIFIER (OTA) OPA861 [EB/OL]. www. ti. com. cn.

116. Texas Instruments Incorporated. Wide-Bandwidth, DC Restoration Circuit OPA615 [EB/OL]. www. ti. com. cn.

117. Texas Instruments Incorporated. Thomas Kugelstadt. Integrated logarithmic amplifiers for industrial applications [EB/OL]. www. ti. com. cn.

118. Analog Devices, Inc. MT-077 指南 对数放大器基础知识[EB/OL]. http://www. analog. com.

119. Texas Instruments Incorporated. TL441 LOGARITHMIC AMPLIFIER [EB/OL]. www. ti. com. cn.

120. Texas Instruments Incorporated. LOG114 Single-Supply，High-Speed，Precision LOGARITHMIC AM-PLIFIER [EB/OL]. www. ti. com. cn.

121. Texas Instruments Incorporated. Precision LOGARITHMIC AND LOG RATIO AMPLIFIERS LOG112 LOG2112 [EB/OL]. www. ti. com. cn.

122. Texas Instruments Incorporated. Kevin Gingerich，Chris Sterzik. 解读高速数字电路中电子隔离应用技巧 [EB/OL]. www. ti. com. cn.

123. Texas Instruments Incorporated. Kevin Gingerich，Chris Sterzik. 高速数字隔离器产品 ISO72x 系列 [EB/OL]. www. ti. com. cn.

124. Texas Instruments Incorporated. ISO122 Precision Lowest Cost ISOLATION AMPLIFIER [EB/OL]. www. ti. com. cn.

125. Texas Instruments Incorporated. Rod Burt and R. Mark Stitt. SINGLE-SUPPLY OPERATION OF ISO-LATION AMPLIFIERS [EB/OL]. www. ti. com. cn.

126. Texas Instruments Incorporated. Thomas Kugelstadt. 数字隔离器工业数据采集接口[EB/OL]. www. ti. com. cn.

127. Texas Instruments Incorporated. Thomas Kugelstadt. Isolated RS-485 Reference Design [EB/OL]. www. ti. com. cn.

128. 邹逢兴. 集成模拟电子技术 [M]. 北京:电子工业出版社,2005,2.

129. Maxim Integrated Products，Inc. 应用笔记 886 比较器的合理选择[EB/OL]. http://china. maxim-ic. com.

130. Maxim Integrated Products，Inc. 应用笔记 3616 建立比较器的外部滞回电压[EB/OL]. http://china. maxim-ic. com.

131. Analog Devices，Inc. MT-083 TUTORIAL Comparators. www. analog. com.

132. Texas Instruments Incorporated. 40 ns、微功耗、推挽输出比较器 TLV3201，TLV3202 [EB/OL]. www. ti. com. cn.

133. Texas Instruments Incorporated. LMH7322 Dual 700 ps High Speed Comparator with RSPECL Outputs [EB/OL]. www. ti. com. cn.

134. Texas Instruments Incorporated. TLV7256 DUAL COMPARATOR [EB/OL]. www. ti. com. cn.

135. Analog Devices，Inc. James Bryant. 将运算放大器用作比较器 [EB/OL]. www. analog. com.

136. Texas Instruments Incorporated. LM193/LM293/LM393/LM2903 Low Power Low Offset Voltage Dual Comparators [EB/OL]. www. ti. com. cn.

137. Texas Instruments Incorporated. Ultra-Low Power Quad Comparator LP339 [EB/OL]. www. ti. com. cn.

138. Texas Instruments Incorporated. LM111/LM211/LM311 Voltage Comparator [EB/OL]. www. ti. com. cn.

139. Texas Instruments Incorporated. LMV761/LMV762/LMV762Q Low Voltage，Precision Comparator with Push-Pull Output [EB/OL]. www. ti. com. cn.

140. Texas Instruments Incorporated. LMP7300 Micropower Precision Comparator and Precision Reference with Adjustable Hysteresis [EB/OL]. www. ti. com. cn.

141. Texas Instruments Incorporated. LM139/LM239/LM339/LM2901/LM3302 Low Power Low Offset Volt-age Quad Comparators [EB/OL]. www. ti. com. cn.

142. Texas Instruments Incorporated. 4. 5-ns RAIL-TO-RAIL HIGH-SPEED COMPARATOR TLV3502-Q1 [EB/OL]. www. ti. com. cn.

143. Texas Instruments Incorporated. LMH7324 Quad 700 ps High Speed Comparator with RSPECL Outputs

[EB/OL]. www. ti. com. cn.

144. Texas Instruments Incorporated. TLV3491A-EP，TLV3492A-EP，TLV3494A-EP1. 8 V，NANOPOW-ER，PUSH/PULL OUTPUT COMPARATORS [EB/OL]. www. ti. com. cn.

145. Texas Instruments Incorporated. LMV7219 7 nsec，2. 7V to 5V Comparator with Rail-to-Rail Output [EB/OL]. www. ti. com. cn.

146. Maxim Integrated Products，Inc. Akshay Bhat. 应用笔记 4362 用单片 IC 产生精密三角波 [EB/OL]. www. maxim-ic. com.

147. Texas Instruments Incorporated. LM613 Dual Operational Amplifiers，Dual Comparators，and Adjustable Reference [EB/OL]. www. ti. com. cn.

148. Texas Instruments Incorporated. TLV3701 nanopower comparator [EB/OL]. www. ti. com. cn.

149. Texas Instruments Incorporated. MPY634 Wide Bandwidth PRECISION ANALOG MULTIPLIER [EB/OL]. www. ti. com. cn.

150. Texas Instruments Incorporated. LM231A/LM231/LM331A/LM331 Precision Voltage-to-Frequency Converters [EB/OL]. www. ti. com. cn.

151. Texas Instruments Incorporated. AN-C V/F Converter ICs Handle Frequency-to-Voltage Needs [EB/OL]. www. ti. com. cn].

152. Texas Instruments Incorporated. LM2907/LM2917 Frequency to Voltage Converter [EB/OL]. www. ti. com. cn.

153. Texas Instruments Incorporated. FilterPro™ MFB 及 Sallen-Key 低通滤波器设计程序 [EB/OL]. www. ti. com. cn.

154. Analog Devices，Inc. AN649 应用笔记 ADI 有源滤波器设计工具的使用[EB/OL]. [EB/OL]. www. ana-log. com.

155. Analog Devices，Inc. AN-282 Fundamentals of Sampled Data Systems. www. analog. com.

156. ADI 公司. ADI 模数转换器应用笔记(第 1 册)[M]. 北京:北京航空航天大学出版社,2011,7.

157. Texas Instruments Incorporated. LMF100 High Performance Dual Switched Capacitor Filter [EB/OL]. www. ti. com. cn.

158. Texas Instruments Incorporated. A Basic Introduction to Filters – Active，Passive，and Switched-Capacitor [EB/OL]. www. ti. com. cn.

159. Texas Instruments Incorporated. TLC04/MF4A-50，TLC14/MF4A-100 BUTTERWORTH FOURTH-ORDER LOW-PASS SWITCHED-CAPACITOR FILTERS [EB/OL]. www. ti. com. cn.

160. Texas Instruments Incorporated. UNIVERSAL ACTIVE FILTER UAF42 [EB/OL]. www. ti. com. cn.

161. Texas Instruments Incorporated. R. Mark Stitt. SIMPLE FILTER TURNS SQUARE WAVES INTO SINE WAVES [EB/OL]. www. ti. com. cn.

162. Texas Instruments Incorporated. 3V Video Amplifier with 6dB Gain and Filter in SC70 OPA360 OPA361 OPA362 [EB/OL]. www. ti. com. cn.

163. Texas Instruments Incorporated. 具有一个 CVBS 和 3 个全高清滤波器和 6dB 增益的 4 通道视频放大器 THS7372 [EB/OL]. www. ti. com. cn.

164. Maxim Integrated. 利用数字电位器实现数控低通滤波器 [EB/OL]. www. maxim-ic. com. cn.

165. Texas Instruments Incorporated. 具有 I²C 接口的 128 抽头单通道数字电位器 TPL0401A，TPL0401B，TPL0401C [EB/OL]. www. ti. com. cn.

166. Maxim Inc. 应用笔记 2879 选择最佳的电压基准源[EB/OL]. china. maxim-ic. com.

167. Maxim Inc. 应用笔记 4003. 串联型或并联型电压基准的选择[EB/OL]. china. maxim-ic. com.

168. Texas Instruments Incorporated. TL1431 PRECISION PROGRAMMABLE REFERENCE [EB/OL].

www. ti. com. cn.

169. Texas Instruments Incorporated. LT1004-1. 2, LT1004-2. 5 MICROPOWER INTEGRATED VOLTAGE REFERENCES [EB/OL]. www. ti. com. cn.

170. Texas Instruments Incorporated. TL4050 PRECISION MICROPOWER SHUNT VOLTAGE REFERENCE [EB/OL]. www. ti. com. cn.

171. Texas Instruments Incorporated. REF5020-Q1, REF5025-Q1, REF5030-Q1 REF5040-Q1, REF5045-Q1, REF5050-Q1 LOW-NOISE, VERY LOW DRIFT, PRECISION VOLTAGE REFERENCE [EB/OL]. www. ti. com. cn.

172. Texas Instruments Incorporated. LM4128/LM4128Q SOT-23 Precision Micropower Series Voltage Reference[EB/OL]. www. ti. com. cn.

173. Texas Instruments Incorporated. LM4121 Precision Micropower Low Dropout Voltage Reference [EB/OL]. www. ti. com. cn.

174. Texas Instruments Incorporated. LM4140 High Precision Low Noise Low Dropout Voltage Reference[EB/OL]. www. ti. com. cn.

175. Texas Instruments Incorporated. REF3212-EP, REF3220-EP, REF3225-EP REF3230-EP, REF3233-EP, REF3240-EP 4 ppm/℃, 100 μA SOT23-6 SERIES VOLTAGE REFERENCES [EB/OL]. www. ti. com. cn.

176. Texas Instruments Incorporated. LM134/LM234/LM334 3-Terminal Adjustable Current Sources [EB/OL]. www. ti. com. cn.

177. Texas Instruments Incorporated. REF200 DUAL CURRENT SOURCE/CURRENT SINK[EB/OL]. www. ti. com. cn.

178. Texas Instruments Inc. Bonnie Baker . VOLTAGE REFERENCE SCALING TECHNIQUES Increase the Accuracy of the Converter as well as Resolution [EB/OL]. www. ti. com.

179. Texas Instruments Incorporated. Analog Switch Guide [EB/OL]. www. ti. com. cn.

180. Analog Devices, Inc. MT-088 指南 模拟开关和多路复用器基本知识 [EB/OL]. http://www. analog. com/zh.

181. Texas Instruments Incorporated. ±6 V, +12 V 5-Ω SPDT Analog Switch TS12A12511 [EB/OL]. www. ti. com. cn.

182. Texas Instruments Incorporated. LMS4684 0. 5Ω Low-Voltage, Dual SPDT Analog Switch [EB/OL]. www. ti. com. cn.

183. Texas Instruments Incorporated. Single-Ended 16-Channel/Differential 8-Channel CMOS ANALOG MULTIPLEXERS [EB/OL]. www. ti. com. cn.

184. Texas Instruments Incorporated. Single-Ultra-Low On-Resistance, 4-A Integrated Load Switch with Controlled Turn-on TPS22920 [EB/OL]. www. ti. com. cn.

185. Texas Instruments Incorporated. 双刀双掷(DPDT) USB 2. 0 高速(480Mbps) 和移动高清连接(MHL) 开关 TS3USB3000 [EB/OL]. www. ti. com. cn.

186. Texas Instruments Incorporated. 0. 65-Ω DUAL SPDT ANALOG SWITCHES WITH NEGATIVE SIGNALING CAPABILITY TS5A22362 TS5A22364 [EB/OL]. www. ti. com. cn.

187. 黄智伟,等. ARM9 嵌入式系统基础教程(第 2 版)[M]. 北京:北京航空航天大学出版社,2013.

188. 黄智伟,王兵,朱卫华. STM32F 32 位微控制器应用设计与实践[M].北京:北京航空航天大学出版社,2012,1.

189. 黄智伟. 低功耗系统设计—原理、器件与电路[M].北京:电子工业出版社,2011,8.

190. 黄智伟,等. 超低功耗单片无线系统应用入门[M].北京:北京航空航天大学出版社,2011,7.

全
国
大
学
生
电
子
设
计
竞
赛
基
于
TI
器
件
的
模
拟
电
路
设
计

191. 黄智伟,等. 32 位 ARM 微控制器系统设计与实践 [M]. 北京:北京航空航天大学出版社,2010,3.

192. 黄智伟,等. ARM9 嵌入式系统基础教程 [M]. 北京:北京航空航天大学出版社,2008,8.

193. 黄智伟. 基于 NI mulitisim 的电子电路计算机仿真设计与分析(修订版)[M]. 北京:电子工业出版社, 2011,6.

194. 黄智伟. 全国大学生电子设计竞赛 系统设计(第 2 版)[M]. 北京:北京航空航天大学出版社,2011,1.

195. 黄智伟. 全国大学生电子设计竞赛 电路设计(第 2 版)[M]. 北京:北京航空航天大学出版社,2011,1.

196. 黄智伟. 全国大学生电子设计竞赛 技能训练(第 2 版)[M]. 北京:北京航空航天大学出版社,2011,1.

197. 黄智伟. 全国大学生电子设计竞赛 制作实训(第 2 版)[M]. 北京:北京航空航天大学出版社,2011,1.

198. 黄智伟. 全国大学生电子设计竞赛 常用电路模块制作 [M]. 北京:北京航空航天大学出版社,2011,1.

199. 黄智伟,等. 全国大学生电子设计竞赛 ARM 嵌入式系统应用设计与实践 [M]. 北京:北京航空航天大学出版社,2011,1.

200. 黄智伟. 全国大学生电子设计竞赛培训教程(修订版)[M]. 北京:电子工业出版社,2010,6.

201. 黄智伟. 射频小信号放大器电路设计 [M]. 西安:西安电子科技大学出版社,2008,1.

202. 黄智伟. 锁相环与频率合成器电路设计 [M]. 西安:西安电子科技大学出版社,2008,10.

203. 黄智伟. 混频器电路设计 [M]. 西安:西安电子科技大学出版社,2009,9.

204. 黄智伟. 射频功率放大器电路设计 [M]. 西安:西安电子科技大学出版社,2009,1.

205. 黄智伟. 调制器与解调器电路设计 [M]. 西安:西安电子科技大学出版社,2009,4.

206. 黄智伟. 单片无线发射与接收电路设计 [M]. 西安:西安电子科技大学出版社,2009,4.

207. 黄智伟. 无线发射与接收电路设计(第 2 版)[M]. 北京:北京航空航天大学出版社,2007.

208. 黄智伟. GPS 接收机电路设计 [M]. 北京:国防工业出版社,2005,6.

209. 黄智伟. 单片无线收发集成电路原理与应用 [M]. 北京:人民邮电出版社,2005,9.

210. 黄智伟. 无线通信集成电路 [M]. 北京:北京航空航天大学出版社 2005,7.

211. 黄智伟. 蓝牙硬件电路 [M]. 北京:北京航空航天大学出版社 2005,8.

212. 黄智伟. 射频电路设计 [M]. 北京:电子工业出版社,2006,4.

213. 黄智伟. 通信电子电路 [M]. 北京:机械工业出版社,2007,7.

214. 黄智伟. FPGA 系统设计与实践 [M]. 北京:电子工业出版社,2005,1.

215. 黄智伟. 基于 NI mulitisim 的电子电路计算机仿真设计与分析 [M]. 北京:电子工业出版社,2008,1.

216. 黄智伟. 凌阳单片机课程设计 [M]. 北京:北京航空航天大学出版社,2007,6.

217. 黄智伟. 全国大学生电子设计竞赛 技能训练 [M]. 北京:北京航空航天大学出版社,2007,2.

218. 黄智伟. 全国大学生电子设计竞赛 制作实训 [M]. 北京:北京航空航天大学出版社,2007,2.

219. 黄智伟. 全国大学生电子设计竞赛 系统设计 [M]. 北京:北京航空航天大学出版社,2006,12.

220. 黄智伟. 全国大学生电子设计竞赛 电路设计 [M]. 北京:北京航空航天大学出版社,2006,12.

221. 黄智伟. 全国大学生电子设计竞赛培训教程 [M]. 北京:电子工业出版社,2007,6.

222. 黄智伟. 基于 mulitisim2001 的电子电路计算机仿真设计与分析 [M]. 北京:电子工业出版社,2006,7.

223. 黄智伟. 无线发射与接收电路设计 [M]. 北京:北京航空航天大学出版社,2004,5.

224. 黄智伟. 单片无线数据通信 IC 原理应用 [M]. 北京:北京航空航天大学出版社,2004,11.

225. 黄智伟. 射频集成电路原理与应用设计 [M]. 北京:电子工业出版社,2004,3.

226. 黄智伟. 无线数字收发电路设计 [M]. 北京:电子工业出版社,2004,1.

全国大学生电子设计竞赛基于 TI 器件的模拟电路设计